高职交通运输与土建类专业规划教材

# 土木工程材料（第二版）

TU MU GONG CHENG CAI LIAO DI ER BAN

主　编　赵丽萍

副主编　徐　燕　步文萍　王建利

主　审　牛远程

 人民交通出版社

China Communications Press

# 内 容 提 要

本书分为第一、第二两篇,第一篇为公共模块,即通用材料部分,内容包括:土木工程材料的基本性质,气硬性胶凝材料,水泥,集料,外加剂和掺和料,混凝土,建筑砂浆,建筑钢材,沥青;第二篇为专业模块,即具有公路、铁路和建筑专业特色的工程材料部分,内容包括:无机结合料稳定材料,沥青混合料,土工合成材料,砌体材料,CA砂浆,防水材料,铁路道砟,装饰、吸声和绝热材料。

本书适于高职及各类成人教育公路与桥梁工程、铁道工程、建筑工程等交通与土建类相关专业学生选作教材使用,亦可供相关专业工程人员参考使用。

## 图书在版编目(CIP)数据

土木工程材料/赵丽萍主编. —2 版. —北京：

人民交通出版社,2013.1

ISBN 978-7-114-10334-6

Ⅰ.①土… Ⅱ.①赵… Ⅲ.①土木工程—建筑材料—高等职业教育—教材 Ⅳ.①TU5

中国版本图书馆 CIP 数据核字(2013)第 015628 号

书 名:土木工程材料（第二版）
著 作 者:赵丽萍
责任编辑:杜 琛 卢 珊
出版发行:人民交通出版社股份有限公司
地 址:(100011) 北京市朝阳区安定门外外馆斜街 3 号
网 址:http://www.ccpress.com.cn
销售电话:(010) 59757973
总 经 销:人民交通出版社股份有限公司发行部
经 销:各地新华书店
印 刷:北京市密东印刷有限公司
开 本:787×1092 1/16
印 张:21
字 数:535 千
版 次:2009 年 8 月 第 1 版
 2013 年 1 月 第 2 版
印 次:2019 年 1 月 第 8 次印刷 累计第 14 次印刷
书 号:ISBN 978-7-114- 10334- 6
定 价:42.00 元

# 第二版前言 | Preface of 2nd Edition

本教材第一版自 2009 年 8 月出版以来,得到了广大读者的认可,被很多院校选作教材使用。为了更好地适应教育部对高职高专交通土建类专业学生的培养要求,2011 年夏,编者开始对教材进行修订。此次修订中,全书采用了模块化结构体系,各单元在题型和题量上进行了扩充与增补。余修订内容还包括:

1. 增补三个专业材料模块

交通土建类专业高职学生就业后将从事公路、铁路、城市轨道交通、房屋建筑等多方面的建设工作,为满足就业要求,需要对教学资源进行整合,在教材中体现大土木的综合性,提高教学效率。因此,本次修订新增了土木合成材料、CA 砂浆和铁路道砟三个专业材料内容,作为学生的课外阅读资料,在单元前加注了 *。

2. 依最新标准、规范修改相关内容

"土木工程材料"是交通土建类专业高职学生的专业基础课,学习内容与现行相关规范有着密切的联系。因此,此次修订依据最近发布的技术标准、规范[包括《普通混凝土配合比设计规程》(JGJ 55—2011)、《公路工程沥青及沥青混合料试验规程》(JTG E20—2011)等],对第一版内容进行了修改。

3. 图文并茂,增强教材的可读性

本版教材在知识描述中力求采用图解方式,选用了大量施工现场图片、表格等,使教材更加贴近现场实际工作,使学生在学习知识过程中对未来工作环境有所熟悉。

4. 增加岗位标准相关习题

为了体现高职学生在就业岗位上"用得上"的特点,本版教材内容选取主要依据公路、铁路和建筑方面的材料试验员岗位要求,各单元均编写了大量与考取试验员证相关的题目,以便学生练习,为将来岗前证的取得打下良好的基础。

另外,此次修订中增加了"学习导读"部分,既方便了教师教学,又对学生后续练习有一定的指导作用。

本版教材由多校联合、校企合作,经调研后编写而成。陕西铁路工程职业技术学院赵丽萍担任主编,并负责全书的统稿工作。哈尔滨铁道职业技术学院徐燕、山东职业学院步文萍、中国铁建二十局第二工程公司王建利担任副主编。参与编写人员包括:陕西铁路工程职业技术学院梁小英(第一篇单元一),哈尔滨铁道职业技术学院徐燕(第一篇单元二、第一篇单元三、第二篇单元一、第二篇单元八),陕西铁路工程职业技术学院赵丽萍(第一篇单元四、第一篇单元五、第一篇单元六),山东职业学院步文萍(第一篇单元七、第一篇单元九、第二篇单元二、第二篇单元六),陕西铁路工程职业技术学院何文敏(第一篇单元八),山东职业学院冉晋(第二篇单元二),陕西铁路工程职业技术学院刘冬(第二篇单元三),陕西铁路工程职业技术学院张小利(第二篇单元四),中铁七局集团第三工程有限公司袁智峰(第二篇单元五),中国铁建二十局第二工程公司王建利(第二篇单元七)。中铁第一勘察设计院集团有限公司牛远程高级工程师任本书主审,提出了有益的修改意见和编写建议,在此表示由衷感谢。

本教材在编写过程中,陕西铁路工程职业技术学院王闯教授对本书提出了许多宝贵的意见和建议,中国铁建二十局第二工程公司王建利高级工程师提供了大量的一手资料,同时人民交通出版社编辑杜琛和编者所在院校的同仁们对本书提供了大力的支持和帮助,在此一并表示衷心地感谢!

由于时间仓促,编者水平有限,书中不乏错误与不妥之处,敬请读者批评指正,望将意见与建议及时反馈给我们,以便完善。

如有意见和建议请至编者邮箱:tmgchcl@163.com

欢迎访问我们的网站:http://jiaoxue.sxri.net/

编者

**2013 年 1 月**

# 前言 | Preface

本教材依据教育部对高职高专人才培养目标、培养规格、培养模式以及与之相适应的知识、技能、能力和素质结构的要求,贴合企业实际需要,采用最新技术标准和规范[如《钢筋混凝土用热轧光圆钢筋》(GB 1499.1—2008)]编写而成。本教材具如下特点。

(1)教材结构的合理性。教材的体系设计合理、循序渐进,符合学生的认知规律。每章列有职业能力目标,便于教师授课,体现了以职业能力为本位的教学思想;同时列有学习要求与小节,更加明确了学生应掌握的重点内容。

(2)知识的实用性。强调理论知识够用,以实用为原则,吸收了施工企业人员的意见和建议。同时本教材还列有一些工程实例,加强了教学的针对性。为培养学生具有较强的实用技能,还专门配套出版了《土木工程材料实训指导》与《土木工程材料实训报告册》。

(3)职业教育性。每章附有小知识片段,以渗透职业道德和创新意识教育为目的,同时可树立学生的安全和环保意识,也提高了学生学习的积极主动性。

(4)教材适用的灵活性。本教材内容弹性化,教材结构体现模块化。对于铁道工程、道路与桥梁和建筑工程等交通运输与土建类专业,可根据教学要求选择不同的授课内容。非教学内容也可便于学生自学,以拓宽专业口径。

本书由陕西铁路工程职业技术学院赵丽萍任主编,哈尔滨铁道职业技术学院徐燕、济南铁道职业技术学院步文萍任副主编。具体编写分工如下:赵丽萍(绪论、第五章),徐燕(第二、三、四章,第十章的第二、三、四节),步文萍(第六、九章,第十章的第一节),陕西铁路工程职业技术学院梁小英(第一章),陕西铁路工程职业技术学院张小利(第七章),陕西铁路工程职业技术学院何文敏(第八章)。

中国中铁一局集团物贸公司工程师曹新刚和吉林交通职业技术学院教师姜志青审阅了本书,并提出了宝贵意见。

本书在编写过程中,得到了人民交通出版社编辑杜琛、中铁一局集团有限公司高级工程师刘为帛和编者所在院校同仁们的大力支持和帮助,在此表示衷心的感谢。

由于时间仓促,编者水平有限,书中错误与不妥之处,敬请读者批评指正,谢谢。

编者

**2009 年 6 月**

# 学习导读 | Guidance

"土木工程材料"是交通土建类学生学习的一门实践性较强的专业基础课,主要讲述公路、铁路和建筑等交通土建工程中通用的水泥、混凝土和钢材等材料的技术性能及其检测、储存与保管等方面的内容,以及专业行业领域使用的一些材料相关知识(如道路工程中使用的沥青混合料、铁路工程中使用的 CA 砂浆、房屋建筑工程中使用的装饰材料等),种类繁多、内容庞杂。

本书共分为两篇,具有大土木的综合性,为了便于学习,各校可根据不同专业开设情况有所侧重地讲授相关单元。对于第一篇——公共模块部分,主要介绍通用工程材料,建议不同专业均进行全部学习,需要 64 学时左右;对于第二篇——专业模块部分,分为道路与桥梁工程(以下简称道桥)、铁道工程和建筑工程三个专业方向,可进行选择性重点学习。其中,土工合成材料、CA 砂浆和铁路道砟可作为拓展内容让学生在课外阅读完成,具体分配建议见表1。该表学时分配仅作为教师在授课过程中的参考,各校可根据实际情况在学生实践方面加大学时,针对不同专业增加相应试验项目。

单元划分 表1

| 模 块 | 单 元 内 容 | 学时(理论+实践) |
|---|---|---|
| 第一篇<br>公共模块 | 单元一　土木工程材料的基本性质 | 4 |
| | 单元二　气硬性胶凝材料 | 2 |
| | 单元三　水泥 | 16(10+6) |
| | 单元四　集料 | 10(4+6) |
| | 单元五　外加剂和掺合料 | 2 |
| | 单元六　混凝土 | 14(10+4) |
| | 单元七　建筑砂浆 | 4(2+2) |
| | 单元八　建筑钢材 | 6(2+2) |
| | 单元九　沥青 | 6(4+2) |
| | 小计 | 64(22) |
| 第二篇<br>专业模块 | 单元一　无机结合料稳定材料(道桥类专业) | 12(8+4) |
| | 单元二　沥青混合料(道桥类专业) | 16(12+4) |
| | 单元三　土工合成材料*(道桥类专业、铁道工程类专业) | 课外 |
| | 单元四　砌体材料(建筑工程类专业) | 6(4+2) |
| | 单元五　CA 砂浆*(铁道工程类专业) | 课外 |
| | 单元六　防水材料(建筑工程类专业) | 4 |
| | 单元七　铁路道砟*(铁道工程类专业) | 课外 |
| | 单元八　装饰、吸声和绝热材料(建筑工程类专业) | 4 |
| | 小计 | 42(10) |

学生将来就业的最初岗位多为试验员(材料)岗位,所以还需要掌握较强的试验操作技能。

为了提高学生的实践能力,我们配套编写了《土木工程材料实训指导书》与相应的《试验报告册》,为学生动手操作提供了较为详细的学习参考。该书由何文敏主编,第二版于 2012 年 8 月出版。同时,为了使学生能实现与将来就业岗位的无缝对接,建议学生可学习有关计量认证、试验检测技术与管理等方面的专业知识。学习途径可参照表 2。

学 习 途 径                                                                    表 2

| 学 习 途 径 | 具 体 内 容 |
|---|---|
| 参考书籍 | 1.孙忠义,王建华.公路工程试验工程师手册[M].3 版.北京:人民交通出版社,2009.<br>2.安文汉.铁路工程试验与检测[M].太原:山西科学技术出版社,2006.<br>3.山西省交通质监站,山西省交通设计院.公路工程试验检测仪器设备校准指南[M].北京:人民交通出版社,2011.<br>4.张求书.土质学与土力学[M].北京:人民交通出版社,2008.<br>5.解先荣.公路水运工程试验检测人员考试用书:公共基础[M].2 版.北京:人民交通出版社,2012.<br>6.金桃.公路工地试验室建设与管理[M].北京:人民交通出版社,2006. |
| 参考网站 | 1.监理检测网试验检测论坛:http://bbs.3c3t.com/shiyanjiance/<br>2.检测师论坛:http://jianceshi.5d6d.net/bbs.php<br>3.筑龙论坛:http://bbs.zhulong.com/<br>4.南京交通职业技术学院(国家级精品课程道路建筑材料检测与应用)精品课程网站:http://www3.njci.edu.cn/jldlckc/Index.aspx<br>5.陕西铁路工程职业技术学院(土木工程材料试验与检测)课程网站:http://jiaoxue.sxri.net/ |

**编者**
**2013 年 1 月**

# 目录 Contents

# 第二篇 专业模块

# 第一篇　公共模块

# 单元一 土木工程材料的基本性质

◎ **职业能力目标**

1. 能对材料的基本性质指标进行计算；
2. 能够区分与材料基本性质相关的术语。

◎ **知识目标**

1. 了解土木工程材料各项性质的基本概念；
2. 熟练掌握各项性质指标的计算方法；
3. 了解影响材料基本性质的相关因素。

## 学习项目一 材料的基本物理性质

### 一 真实密度、表观密度、毛体积密度、堆积密度

密度是材料的基本属性，但在现实操作中，采用的检测方法不同，检测的结果也随之不同；在实际应用中，对密度精度要求不同，所采用的密度也随之有所区别。

材料的体积一般由材料实体部分、孔隙（开口孔隙、闭口孔隙）部分和散状颗粒之间的空隙部分组成（图 1-1-1）。

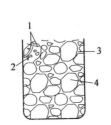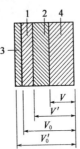

图 1-1-1 散粒材料堆积及体积示意图

1-开口孔隙；2-闭口孔隙；3-空隙；4-固体实体；$V$-实体体积；$V'$-表观体积（实体＋闭口孔隙）；$V_0$-毛体积（实体＋闭口孔隙＋开口孔隙）；$V'_0$-堆积体积（实体＋开口孔隙＋闭口孔隙＋空隙）

1. **真实密度（密度，Density）**

真实密度是指材料在绝对密实状态下单位体积的质量，真实密度也称为密度。密度是材料的基本属性之一，材料的密度大小取决于其内部的原子量大小及分子结构，按式（1-1-1）计算：

$$\rho = \frac{m}{V} \tag{1-1-1}$$

式中：$\rho$——真实密度（g/cm³ 或 kg/m³）；

　　$m$——材料的质量（g 或 kg）；

　　$V$——材料的绝对密实体积（实体体积）（cm³ 或 m³）。

　　绝对密实状态下的体积不包括孔隙，在自然界中，除钢材、玻璃等少数材料外，绝大多数材料都有一些孔隙。测定有孔隙材料（如砖）的密度时，应将材料磨成细粉，干燥后，用李氏瓶测定其体积，然后按式(1-1-1)进行计算。

　　2. 表观密度（Apparent Density）

　　表观密度是指材料单位表观体积的质量。在自然界的各种材料中，除少数材料接近绝对密实状态（玻璃），大多数材料内部或多或少都包含有一定闭口孔隙，按式(1-1-2)计算：

$$\rho' = \frac{m}{V'} \tag{1-1-2}$$

式中：$\rho'$——表观密度（g/cm³ 或 kg/m³）；

　　$m$——材料的质量（g 或 kg）；

　　$V'$——材料的表观体积（cm³ 或 m³）。

　　表观体积是指包括内部闭口孔隙在内的体积，一般用排水法测定。其封闭孔隙的多少、孔隙中是否含有水及含水的多少，均可能影响其总质量或体积。

　　因此，材料的表观密度与其内部构成状态及含水状态有关。一般情况下，材料的闭口孔隙越多，材料的表观密度越小；若孔隙中含有水分，则实际计算时，材料的质量和体积均有变化。一般情况下，表观密度是指气干状态（材料的含水率与大气湿度相平衡时）下的表观密度，而在烘干状态下的表观密度，称为干表观密度。

　　3. 毛体积密度（Bulk Density）

　　毛体积密度是指单位体积（含材料的实体矿物成分及其闭口孔隙、开口孔隙等颗粒表面轮廓线所包围的毛体积）物质颗粒的干质量。因其质量是指试件烘干后的质量，故也称干毛体积密度。

　　对于规则形状材料的体积，可用量具测得。如黏土砖、加气混凝土砌块的体积（图 1-1-2）是逐块量取长、宽、高三个方向的轴线尺寸，计算其体积。对于不规则形状材料的体积，可用封蜡排液法测得。

图 1-1-2　黏土砖与混凝土砌块

　　毛体积密度按式(1-1-3)计算：

$$\rho_0 = \frac{m}{V_0} \tag{1-1-3}$$

式中：$\rho_0$——材料的毛体积密度（g/cm³ 或 kg/m³）；

　　$m$——材料的质量（g 或 kg）；

　　$V_0$——材料的毛体积（cm³ 或 m³）。

　　4. 堆积密度（Stacking Density）

　　堆积密度是指粉状或粒状材料，在堆积状态下单位体积的质量。

　　散粒材料（图 1-1-3）的堆积体积，除包括材料的密实体积外，还包括材料内部的孔隙体积和外部颗粒间的空隙体积。其值的大小不但取决于材料颗粒的表观密度，而且还与堆积的密实程度有关。材料的含水状态也影响材料的堆积密度值。

测量方法一般是将自然状态下的散粒材料装满一定容积的容器中,容器的体积即为散粒材料的堆积体积。

堆积密度按式(1-1-4)计算:

$$\rho_0' = \frac{m}{V_0'} \quad\quad (1-1-4)$$

式中:$\rho_0'$——材料的堆积密度($g/cm^3$ 或 $kg/m^3$);

$m$——材料的质量($g$ 或 $kg$);

$V_0'$——材料的堆积体积($cm^3$ 或 $m^3$)。

在土木工程中,计算材料的用量、构件的自重、配料用量、运输量及确定材料的堆放空间时,经常需要用到密度、表观密度、毛体积密度和堆积密度等数据。

图 1-1-3 碎石

## 二 孔隙率、密实度、空隙率和填充率

1. 孔隙率(Porosity)

材料内部孔隙构造分为封闭孔隙(与外界隔绝)和连通孔隙(与外界连通)。孔隙按尺寸大小分为粗大孔隙、细小孔隙、极细微孔隙。

孔隙率是指材料内部孔隙的体积占材料总体积的百分率。材料在不同测试状态下,其孔隙率计算略有不同。

(1)当以单个材料为研究及测试对象时,孔隙率为该单个材料的闭口及开口孔隙占该材料毛体积的百分比。孔隙率按式(1-1-5)计算:

$$P = \frac{V_0 - V}{V_0} \times 100\% = \left(1 - \frac{\rho_0}{\rho}\right) \times 100\% \quad\quad (1-1-5)$$

式中:$V$——材料的绝对密实体积($cm^3$ 或 $m^3$);

$V_0$——材料的毛体积($cm^3$ 或 $m^3$);

$\rho_0$——材料的毛体积密度($g/cm^3$ 或 $kg/m^3$);

$\rho$——密度($g/cm^3$ 或 $kg/m^3$)。

在工程实际应用中,黏土砖的孔隙率测试符合以上条件,所以按式(1-1-5)计算。

(2)当以堆积状态下一定数量的材料为研究及测试对象时,因为开口孔隙已转化为空隙的一部分(图1-1-4),所以孔隙率为闭口孔隙占材料实体与闭口孔隙之和(表观体积)的百分比。孔隙率按式(1-1-6)计算:

$$P = \frac{V' - V}{V'} \times 100\% = \left(1 - \frac{\rho'}{\rho}\right) \times 100\% \quad\quad (1-1-6)$$

式中:$V$——材料的绝对密实体积($cm^3$ 或 $m^3$);

$V'$——材料的表观体积($cm^3$ 或 $m^3$);

$\rho'$——材料的表观密度($g/cm^3$ 或 $kg/m^3$);

$\rho$——真实密度($g/cm^3$ 或 $kg/m^3$)。

在工程实际应用中,用砂石拌制混凝土时,因其内部的开口孔被水占据,因此该砂石材料的体积只包括材料实体及闭口孔隙体积。砂、石孔隙率按式(1-1-6)计算。

孔隙率的大小反映了材料的致密程度,而孔隙构造、孔隙特征对材料性能(如吸水性、强度、抗渗性、导热性等)影响较大。

## 2.密实度(Dense Condition)

密实度是指材料体积内固体物质填充的程度,即物质实体的体积占材料自然体积的百分比。其与孔隙率为相对的概念:

$$P + D = 1 \tag{1-1-7}$$

密实度的计算公式如下。

单个材料:

$$D = \frac{V}{V_0} \times 100\% = \frac{\rho_0}{\rho} \times 100\% \tag{1-1-8}$$

以一定数量堆积态材料:

$$D = \frac{V}{V'} \times 100\% = \frac{\rho'}{\rho} \times 100\% \tag{1-1-9}$$

对于绝对密实材料,因 $\rho_0 = \rho$,故密实度 $D=1$ 或 $D=100\%$。对于大多数土木工程材料,因 $\rho_0 < \rho$,故密实度 $D<1$ 或 $D<100\%$。

开口孔隙　　空隙

图 1-1-4　开口孔隙转化为空隙

## 3.空隙率(Void Ratio)

空隙率是指散粒材料在其堆积体积中,颗粒之间的空隙体积所占的比例。当散粒体材料以堆积状态存在时,其材料内部的开口孔隙将转变为该堆积材料空隙的一部分(图 1-1-4)。

空隙率按式(1-1-10)计算:

$$P' = \frac{V_0' - V'}{V_0'} \times 100\% = \left(1 - \frac{V'}{V_0'}\right) \times 100\% = 1 - \left(\frac{\rho_0'}{\rho}\right) \times 100\% \tag{1-1-10}$$

式中:$\rho'$——材料表观密度;

$\rho_0'$——材料的堆积密度。

空隙率的大小反映了散粒材料的颗粒互相填充的程度。空隙率可作为控制混凝土集料级配与计算砂率的依据。

## 4.填充率(Fill Ratio)

填充率是指散粒材料在其堆积体积内,被颗粒填充的程度。其与空隙率为相对的概念:

$$P' + D' = 1 \tag{1-1-11}$$

填充率的计算公式如下:

$$D' = \frac{V'}{V_0'} \times 100\% = \frac{\rho_0'}{\rho} \times 100\% \tag{1-1-12}$$

## 三　材料与水有关的性质

### 1.材料的亲水性与憎水性(Hydrophilic and Hydrophobic Nature)

与水接触时,材料表面能被水润湿的性质称为亲水性;材料表面不能被水润湿的性质称为憎水性。表现为:亲水性材料与水接触时的润湿角≤90°;憎水性材料与水接触时的润湿角>90°。润湿角是指在材料、水和空气的交点处,沿水滴表面的切线与水和固体接触面所形成的夹角,如图 1-1-5 所示。

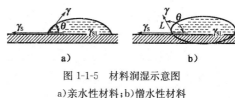

图 1-1-5 材料润湿示意图
a)亲水性材料;b)憎水性材料

材料具有亲水性或憎水性取决于材料的分子结构。亲水性材料与水分子之间的分子作用力,大于水分子相互之间的内聚力;憎水性材料与水分子之间的作用力,小于水分子相互之间的内聚力。

2. 吸水性(Water Absorption)

材料在水中吸收水分的能力,称为材料的吸水性。吸水性的大小以吸水率来表示。

1)质量吸水率

质量吸水率是指材料在吸水饱和时,所吸水量占材料在干燥状态下的质量百分比,以 $W_m$ 表示。质量吸水率的计算见式(1-1-13):

$$W_m = \frac{m_b - m_g}{m_g} \times 100\% \tag{1-1-13}$$

式中:$m_b$——材料吸水饱和状态下的质量(g 或 kg);

$m_g$——材料在干燥状态下的质量(g 或 kg)。

2)体积吸水率

轻质多孔的材料或轻质疏松状的纤维材料因其质量吸水率往往超过 100%,不便于比较其吸水性的大小,常以体积吸水率表示。体积吸水率是指材料在吸水饱和时,所吸水的体积占材料自然体积的百分率,以 $W_V$ 表示。体积吸水率的计算见式(1-1-14):

$$W_V = \frac{m_b - m_g}{V_0} \times \frac{1}{\rho_w} \times 100\% = W_m \cdot \rho_0 \cdot \frac{1}{\rho_w} \tag{1-1-14}$$

式中:$m_b$——材料吸水饱和状态下的质量(g 或 kg);

$m_g$——材料在干燥状态下的质量(g 或 kg);

$V_0$——材料在自然状态下的体积($cm^3$ 或 $m^3$);

$\rho_w$——水的密度(g/$cm^3$ 或 kg/$m^3$),常温下取 $\rho_w = 1.0$g/$cm^3$ 或 1000kg/$m^3$。

材料的吸水率与其孔隙率有关,更与其孔特征有关。因为水分是通过材料的开口孔吸入并经过连通孔渗入内部的。材料内与外界连通的细微孔隙愈多,其吸水率就愈大。

3. 吸湿性(Moisture Absorption)

材料的吸湿性是指材料在潮湿空气中吸收水分的性质。用含水率表示,其计算见式(1-1-15):

$$W_h = \frac{m_s - m_g}{m_g} \times 100\% \tag{1-1-15}$$

式中:$m_s$——材料吸湿状态下的质量(g 或 kg);

$m_g$——材料在干燥状态下的质量(g 或 kg)。

当空气中湿度在较长时间内稳定时,材料的吸湿和干燥过程处于平衡状态,此时材料的含水率保持不变,其含水率称为平衡含水率。

4. 耐水性(Water Resistance)

材料的耐水性是指材料长期在饱和水的作用下不破坏,强度也不显著降低的性质。材料耐水性的指标用软化系数表示:

$$K_R = \frac{f_b}{f_g} \tag{1-1-16}$$

式中:$K_R$——材料的软化系数;

$f_b$——材料吸水饱和状态下的抗压强度（MPa）；

$f_g$——材料在干燥状态下的抗压强度（MPa）。

软化系数反映了材料饱水后强度降低的程度，是材料吸水后性质变化的重要特征之一。

一般材料吸水后，水分会分散在材料内微粒的表面，削弱其内部结合力，强度则有不同程度的降低。当材料内含有可溶性物质（如石膏、石灰等）时，吸入的水还可能溶解部分物质，造成强度的严重降低。

软化系数的波动范围为0～1。工程中通常将$K_R > 0.85$的材料称为耐水性材料，可以用于水中或潮湿环境中的重要工程。用于一般受潮较轻或次要的工程部位时，材料软化系数也不得小于0.75。

5. 抗冻性（Frost Resistance）

抗冻性是指材料在吸水饱和状态下，能经受反复冻融循环作用而不破坏，质量损失较小，强度也不显著降低的性能。

材料吸水后，在负温作用条件下，水在材料毛细孔内冻结成冰，体积膨胀所产生的冻胀压力造成材料的内应力，会使材料遭到局部破坏。随着冻融循环的反复，材料的破坏作用逐步加剧，这种破坏称为冻融破坏。

抗冻性以试件在冻融后的质量损失和强度损失不超过一定限度时所能经受的冻融循环次数来表示，或称为抗冻等级。

材料的抗冻等级可分为F15、F25、F50、F100、F200等，分别表示此材料可承受15次、25次、50次、100次、200次等的冻融循环。

实际应用中，抗冻性的好坏不但取决于材料的孔隙率及孔隙特征，并且还与材料受冻前的吸水饱和程度（即材料孔隙中水的体积与孔隙体积之比）、材料本身的强度以及冻结条件（如冻结温度、速度、冻融循环作用的频繁程度）有关。

所以，对于受大气和水作用的材料，抗冻性往往决定了它的耐久性，抗冻等级越高，材料越耐久。对抗冻等级的选择应根据工程种类、结构部位、使用条件、气候条件等因素决定。

6. 抗渗性（Impermeability）

抗渗性是材料在压力水作用下抵抗水渗透（图1-1-6）的性能，用渗透系数或抗渗等级表示。

1）渗透系数

材料的渗透系数可通过式（1-1-17）计算：

$$K = \frac{Qd}{AtH} \tag{1-1-17}$$

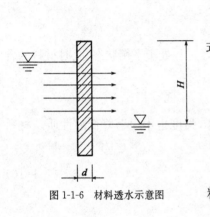

图1-1-6 材料透水示意图

式中：$K$——渗透系数（cm/h）；

$Q$——渗水量（cm³）；

$A$——渗水面积（cm²）；

$H$——材料两侧的水压差（cm）；

$d$——试件厚度（cm）；

$t$——渗水时间（h）。

材料的渗透系数越大，表示材料渗透的水量愈多，即材料的抗渗性越差。

2）抗渗等级

材料的抗渗等级是指用标准方法进行透水试验时，材料标准试件在透水前所能承受的最大水压力，并以字母 P 及可承受的水压力（以 0.1MPa 为单位）来表示抗渗等级。如 P4、P6、P8、P10 等，表示试件能承受逐步增高至 0.4MPa、0.6MPa、0.8MPa、1.0MPa 等而不渗透的水压。可见，抗渗等级越高，抗渗性越好。

实际上，材料抗渗性不仅与其亲水性有关，更与材料的孔隙率、孔隙特征有关。孔隙率小而且孔隙封闭的材料具有较高的抗渗性。

# 学习项目二   材料的力学性质

##  材料的强度（Strength）

材料的强度是指材料在应力作用下抵抗破坏的能力。

根据外力作用方式的不同，有抗压强度（Compressive Strength）、抗剪强度（Shear Strength）、抗拉强度（Tensile Strength）、抗折强度（Bending Strength）等，如图 1-1-7 所示。

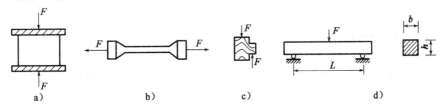

图 1-1-7   材料承受各种外力示意图
a）抗压；b）抗拉；c）抗剪；d）抗折

其中，抗压强度、抗拉强度、抗剪强度的计算见式（1-1-18）：

$$R = \frac{F_{max}}{A} \qquad (1\text{-}1\text{-}18)$$

式中：$R$——材料强度（MPa）；

$F_{max}$——材料破坏时的最大荷载（N）；

$A$——试件受力面积（$mm^2$）。

中间作用一集中荷载，对矩形截面试件，则其抗弯拉强度用式（1-1-19）计算：

$$R = \frac{3F_{max}L}{2bh^2} \qquad (1\text{-}1\text{-}19)$$

式中： $R$——材料的抗弯强度（MPa）；

$F_{max}$——材料弯曲破坏时的最大荷载（N）；

$L$、$b$、$h$——两支点的间距、试件横截面的宽及高（mm）。

结构材料在土木工程中的主要作用，就是承受结构荷载。对大部分建（构）筑物来说，相当一大部分的承载能力用于承受材料本身的自重。因此，欲提高结构材料承受外荷载的能力，一方面应提高材料的强度，另一方面应减轻材料本身的自重，这就要求材料应具备轻质高强的特点。

反映材料轻质高强的力学参数是比强度。比强度是指按单位体积质量计算的材料强度，即材料的强度与其表观密度之比（$R/\rho'$）。在高层建筑及大跨度结构工程中常采用比强度较高的材料（表 1-1-1），这类轻质高强的材料，也是未来土木建筑材料发展的主要方向。

| 材　料 | 表观密度(kg/m³) | 强度(MPa) | 比强度 |
|---|---|---|---|
| 低碳钢 | 7850 | 420 | 0.054 |
| 普通混凝土(抗压) | 2400 | 40 | 0.017 |
| 松木(顺纹抗拉) | 500 | 100 | 0.200 |
| 玻璃钢 | 2000 | 450 | 0.225 |

 **弹性与塑性**(Elasticity and Plasticity)

　　材料在外力作用下产生变形,当外力取消后,能够完全恢复到原来形状的性质称为弹性,这种完全被恢复的变形称为弹性变形(或瞬时变形)。

　　材料在外力作用下产生变形,当外力取消后,仍保持变形后的形状尺寸,并且本身无裂缝产生的性质称为塑性,这种不能恢复的变形称为塑性变形(或永久变形)。

　　许多材料受力不大时,仅产生弹性变形,受力超过一定限度后,即产生塑性变形,如建筑钢材。而有些材料在受力时弹性变形和塑性变形同时产生,如果取消外力,则弹性变形可以恢复,而其塑性变形则不能恢复,如混凝土材料。

 **脆性和韧性**(Brittleness and Toughness)

　　材料受力达到一定程度时,突然发生破坏,并无明显的变形,材料的这种性质称为脆性。大部分无机非金属材料均属脆性材料,如天然石材、烧结普通砖、陶瓷、玻璃、普通混凝土、砂浆等。脆性材料的另一特点是抗压强度高而抗拉、抗折强度低。在工程中使用时,应注意发挥这类材料的特性。

　　韧性是指材料在冲击或振动荷载的作用下,能吸收较大能量,并产生较大变形而不发生破坏的性质。建筑钢材、木材、橡胶等属于韧性材料,其特点是塑性变形大,受力时产生的抗拉强度接近或高于抗压强度。

# 学习项目三　材料的热工性质

一 **导热性**(Thermal Conduction)

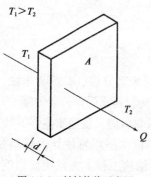

图 1-1-8　材料传热示意图

　　当材料两面存在温度差时,建筑材料传递热量(图 1-1-8)的性质,称为材料的导热性。导热性用导热系数 $\lambda$ 表示:

$$\lambda = \frac{Qd}{At(T_1 - T_2)} \quad (1-1-20)$$

式中:$\lambda$——导热系数[W/(m·K)];

　　　$Q$——传导的热量(J);

　　　$d$——材料厚度(m);

　　　$A$——热传导面积(m²);

$t$——热传导时间(h);

$T_1 - T_2$——材料两面温度差(K)。

物理意义:单位厚度(1m)的材料、两面温度差为 1K 时,在单位时间(1s)内通过单位面积(1m²)的热量。

## 二 热容量和比热(Heat Capacity and Specific Heat)

材料在受热时吸收热量、冷却时放出热量的性质称为材料的热容量。用热容量系数或比热表示。比热的计算如式(1-1-21)所示:

$$C = \frac{Q}{m(T_1 - T_2)} \qquad (1\text{-}1\text{-}21)$$

式中：$C$——材料的比热[J/(g·K)];

$Q$——材料吸收或放出的热量(热容量)(J);

$m$——材料质量(g);

$T_1 - T_2$——材料受热或冷却前后的温差(K)。

## 三 热阻

热阻是指材料层(墙体或其他围护结构)抵抗热流通过的能力。热阻的定义及计算式为:

$$R = \frac{d}{\lambda} \qquad (1\text{-}1\text{-}22)$$

式中:$R$——材料层热阻[(m²·K)/W];

$d$——材料层厚度(m);

$\lambda$——材料的导热系数[W/(m·K)]。

# 学习项目四  材料的耐久性

材料的耐久性(Durability)是泛指材料在使用条件下,受各种内在或外来自然因素及有害介质的作用,能长久地保持其使用性能的性质。

材料在建筑物之中,除要受到各种外力的作用之外,还经常要受到环境中许多自然因素的破坏作用。这些破坏作用包括物理、化学、机械及生物的作用。

物理作用可分为干湿变化、温度变化及冻融变化等。这些作用会使材料发生体积胀缩,或内部裂缝扩展,时间长久之后即导致材料逐渐破坏。在寒冷地区,冻融变化对材料起着显著的破坏作用。在高温环境下,经常处于高温状态的建筑物或构筑物,所选用的建筑材料要具有耐热性能。在民用和公共建筑中,考虑安全防火要求,需选用具有抗火性能的难燃或不燃的材料。

化学作用包括大气、环境水以及使用条件下酸、碱、盐等液体或有害气体对材料的侵蚀作用。

机械作用包括使用荷载的持续作用,交变荷载引起材料疲劳,冲击、磨损、磨耗等。

生物作用包括菌类、昆虫等的作用而使材料腐朽、蛀蚀被破坏。

砖、石料、混凝土等矿物材料,多是由于物理作用而破坏,也可能同时受到化学作用的破坏。金属材料的破坏主要是由于化学作用引起的腐蚀。木材等有机质材料常因生物作用而破坏。沥青材料、高分子材料在阳光、空气和热的作用下,会逐渐老化而使材料变脆或开裂。

材料的耐久性指标是根据工程所处的环境条件来决定的。例如处于冻融环境的工程,所用材料的耐久性以抗冻性指标来表示;处于暴露环境的有机材料,其耐久性以抗老化能力来表示。耐久性是一项长期性质,因此在进行材料的耐久性检测时,一般针对于不同材料在不同环境中对其耐久性影响最大的一个或几个方面来进行快速模拟试验。

使用耐久性材料可以使整体工程的综合费用降低,利用率提高,收益增大,因此,研究如何提高材料的耐久性将是土木工程材料生产及应用的重要课题之一。

## ◄ 单 元 小 结 ►

土木工程材料是组成土木工程结构的基本元素,所以土木工程材料应具有一定的强度以及环境耐久性及稳定性,以抵抗温度及周围介质(水、水蒸气、水中溶物及水和冰的冻融循环等)的物理化学作用的破坏。一般来说,土木工程材料的基本性质包含:物理性质、热工性质、力学性质及耐久性等。

## ◄ 拓 展 知 识 ►

岩石的真密度测定方法一般有两种:砂浴煮法和真空抽气法。前者是将 15g(<0.2mm) 的干燥岩石细粉装入 100mL 比重瓶内,通过砂浴在沸蒸馏水中沸煮 1~1.5h,冷却后,在固定温度下,测定其排开水的体积(近似认为是岩石实体体积);后者是将装有 15g(<0.2mm)干燥岩石细粉及适量蒸馏水的 100mL 比重瓶放入真空抽气装置内,抽气(抽气的真空度为 0.001MPa)至无气泡发生且不少于 1h,再放入空气,测试其排开水的体积(近似认为是岩石实体体积),可参见《煤和岩石真密度测定方法》(GB/T 23561.2—2009)。

# 思考与练习

## 一、填空题

1. 材料内部的孔隙分为(    )孔隙和(    )孔隙。一般情况下,材料的孔隙率越大,且连通孔隙越多的材料,则其强度越(    ),吸水性、吸湿性越(    ),导热性越(    ),保温隔热性能越(    )。

2. 材料的抗渗性用(    )表示;抗冻性用(    )表示。

## 二、选择题

1. 软化系数表示材料的(    )。

  A. 抗渗性             B. 抗冻性             C. 耐水性             D. 吸湿性

2.在100kg含水率为3%的湿砂中,水的质量为(    )。

    A.3.0kg          B.2.5kg          C.3.3kg          D.2.9kg

3.某钢材、木材、混凝土抗压强度分别为 400MPa、35MPa、30MPa,表观密度分别为 7860kg/m³、500kg/m³、2400kg/m³,它们的比强度之间的关系为(    )。

    A.钢＞木材＞混凝土                B.钢＞混凝土＞木材

    C.木材＞钢＞混凝土                D.混凝土＞钢＞木材

4.在材料抗压强度试验中,其他条件相同,则试件尺寸越大,测定的抗压值越(    )。

    A.无法判断          B.小          C.大          D.视情况而变

5.某一材料的下列指标中为常数的是(    )。

    A.密度          B.表观密度          C.导热系数          D.强度

### 三、问答题

1.材料的质量吸水率与体积吸水率有什么关系?什么情况下用体积吸水率表示材料的吸水性?

2.新建的房屋保暖性差,到了冬季更甚,这是为什么?(提示:从导热系数的影响因素考虑)

### 四、计算题

1.某工地拌混凝土所用卵石材料的密度为2650kg/m³、表观密度为2610kg/m³、堆积密度为1680kg/m³,计算此石子的孔隙率与空隙率。

2.某石材在气干、绝干、水饱和情况下测得的抗压强度分别为 174MPa、178MPa、165MPa,求该石材的软化系数,并判断该石材可否用于水下工程。

# 单元二　气硬性胶凝材料

胶凝材料（Binding Material）是指经过一系列物理化学变化后，能够产生凝结硬化，将块状材料或颗粒状材料胶结为一个整体的材料。胶凝材料的分类如下：

$$胶凝材料\begin{cases}无机胶凝材料\begin{cases}气硬性无机胶凝材料\\水硬性无机胶凝材料\end{cases}\\有机胶凝材料，如沥青、树脂等\end{cases}$$

气硬性胶凝材料是指加水后形成的浆体，只能在干燥空气中凝结硬化，不能在潮湿环境及水中硬化的胶凝材料，如石灰、石膏、水玻璃、菱苦土等。根据其特点，只能用于干燥环境而不能用于潮湿环境及水中的工程部位。在土木工程中，使用较多的有石灰和石膏，其次是菱苦土和水玻璃。

水硬性胶凝材料是指加水后形成的浆体，不仅能在干燥环境中凝结硬化，而且能更好地在水中硬化，保持或发展其强度的胶凝材料，通称为"水泥"（单元三介绍）。如硅酸盐水泥、铝酸盐水泥等。根据其特点，这类胶凝材料不仅能用于干燥环境中，而且能用于潮湿环境及水中的工程部位。

## 学习项目一　石　　灰

石灰是人类在建筑工程中使用最早的胶凝材料之一。由于具有原材料分布广、生产工艺简单、成本低廉等特点，因此，至今仍被广泛应用于土木工程中。石灰根据化学成分的不同，分为生石灰和熟石灰。生石灰的主要化学成分是 CaO，熟石灰的主要成分是 $Ca(OH)_2$。根据成品加工方法的不同，可分为块状生石灰、生石灰粉、消石灰粉、石灰浆和石灰乳。

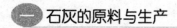
### 一 石灰的原料与生产

石灰的主要原料是石灰岩，其主要成分是碳酸钙，其次是碳酸镁，其他成分还有黏土等杂質,一般要求原料中的黏土杂质控制在 8% 以下。此外,还可以利用化学工业副产品作为石灰的生产原料,如用碳化钙(即电石)制取乙炔时,所产生的主要成分为氢氧化钙的电石渣,或者用氨碱法制碱所得的残渣,主要成分为碳酸钙。

石灰岩经高温煅烧释放出 $CO_2$,生成以 CaO 为主要成分(少量 MgO)的生石灰,化学反应式如下。

$$CaCO_3 \xrightarrow{900℃} CaO + CO_2 \uparrow$$

$$MgCO_3 \xrightarrow{700℃} MgO + CO_2 \uparrow$$

上述反应温度为达到化学平衡时的温度。在实际生产中,为了加快石灰石的分解,使 $CaCO_3$ 能迅速充分分解成 CaO,必须提高煅烧温度,一般为 1000～1200℃。

煅烧情况良好、杂质含量少的生石灰,颜色洁白或微黄,呈多孔结构,体积密度较低(800～1000kg/m³),质量最好,这种石灰称为正火石灰。

煅烧温度过低或煅烧时间过短,或者石灰石块体太大等原因,使生石灰中存在未分解完全的石灰石,这种石灰称为欠火石灰。欠火石灰产浆量小,质量较差,利用率较低。

煅烧温度过高或煅烧时间过长,石灰块体体积密度增大,颜色变深,即为过火石灰。过火石灰与水反应的速度大大降低,在硬化后才与游离水分发生熟化反应,产生较大体积膨胀,使硬化后的石灰表面局部产生鼓包、崩裂等现象,工程上称为"爆灰"。"爆灰"是建筑工程质量通病之一。

 **石灰的分类**

**1. 按化学成分分类**

根据石灰中 MgO 的含量多少,生石灰粉和建筑消石灰粉的具体分类及指标见表 1-2-1。

**生石灰粉和消石灰粉按化学成分的分类** 表 1-2-1

| 石 灰 品 种 | 种 类 | MgO 含 量 |
|---|---|---|
| 生石灰粉 | 钙质生石灰粉 | ≤5% |
| | 镁质生石灰粉 | >5% |
| 消石灰粉 | 钙质消石灰粉 | <4% |
| | 镁质消石灰粉 | 4%<MgO<24% |
| | 白云石质消石灰粉 | 24%<MgO<30% |

注:表中强度以 2h 强度为标准。

**2. 按生石灰的熟化速度分类**

根据熟化速度,将生石灰分为快熟石灰、中熟石灰和慢熟石灰三种。生石灰的熟化速度,用加水至石灰内部达到最高温度所需时间表示。快熟石灰小于 10min、中熟石灰 10～30min、慢熟石灰大于 30min。

**3. 按有效 CaO+MgO 含量分类**

建筑生石灰、建筑生石灰粉、建筑消石灰粉分别分为优等品、一等品和合格品三个等级。建筑石灰中有效 CaO+MgO 含量越高,则质量越好。

## 三 石灰的熟化

生石灰加水形成熟石灰的过程,称为熟化或消化。生石灰除磨细生石灰粉可以直接在工程中使用外,一般均需熟化后使用。在熟化过程中,发生如下化学反应。

$$CaO + H_2O \longrightarrow Ca(OH)_2 + 64.83kJ$$

$$MgO + H_2O \longrightarrow Mg(OH)_2$$

### 1. 熟化方式

熟化方式主要有淋灰和化灰两种。淋灰一般在石灰厂进行,是将块状生石灰堆成垛,先加入石灰熟化总用水量70%的水,熟化1～2d后,将剩余30%的水加入继续熟化而成。由于加水量小,熟化后为粉状,也称消石灰粉。化灰一般在施工现场进行,是将块状生石灰放入化灰槽(池)中,用大量水冲淋,使水面超过石灰表面熟化而成。由于加入大量水分,形成的熟石灰为膏状,简称"灰膏"。

### 2. 熟化过程的特点

生石灰中氧化钙(CaO)与水反应是一个放热反应,放出的热量为64.83kJ/mol。由于生石灰疏松多孔,与水反应后形成的氢氧化钙体积比生石灰增大1.5～3.5倍。

### 3. 注意事项

熟化后的熟石灰在使用前必须"陈伏"15d以上,以消除过火石灰因熟化慢,体积膨胀引起隆起和开裂(即"爆灰"现象)。此外,在"陈伏"时,必须在化灰池表面保留一层水,使熟石灰与空气隔绝,防止石灰与空气中二氧化碳发生化学反应(碳化)而降低石灰的活性。

## 四 石灰的硬化

石灰浆体使用后在空气中逐渐硬化,主要有以下两个过程。

### 1. 结晶作用

随着游离水的蒸发,氢氧化钙晶体逐渐从饱和溶液中析出。

### 2. 碳化作用

氢氧化钙在潮湿条件下,与空气中二氧化碳发生化学反应,形成碳酸钙晶体。

$$Ca(OH)_2 + CO_2 + nH_2O \longrightarrow CaCO_3 + (n+1)H_2O$$

碳化作用是从熟石灰表面开始缓慢进行的,生成的碳酸钙晶体与氢氧化钙晶体交叉连生,形成网络状结构,使石灰具有一定的强度。表面形成的碳酸钙结构致密,会阻碍二氧化碳进一步进入,且空气中二氧化碳的浓度很低,在相当长的时间内,仍然是表层为 $CaCO_3$,内部为 $Ca(OH)_2$,因此石灰的硬化是一个相当缓慢的过程。

## 五 石灰的技术要求

### 1. 建筑生石灰的技术要求

按照标准《建筑生石灰》(JC/T 479—1992)的规定,建筑生石灰的技术指标见表1-2-2。

建筑生石灰的技术指标　　　　　　　　　表 1-2-2

| 项　目 | | 钙质生石灰 | | | 镁质生石灰 | | |
|---|---|---|---|---|---|---|---|
| | | 优等品 | 一等品 | 合格品 | 优等品 | 一等品 | 合格品 |
| CaO＋MgO 含量(%) | ≥ | 90 | 85 | 80 | 85 | 80 | 75 |
| 未消化残渣含量(5mm 圆孔筛余)(%) | ≤ | 5 | 10 | 15 | 5 | 10 | 15 |
| $CO_2$(%) | ≤ | 5 | 7 | 9 | 6 | 8 | 10 |
| 产浆量(L/kg) | ≥ | 2.8 | 2.3 | 2.0 | 2.8 | 2.3 | 2.0 |

　　生石灰熟化时的未消化残渣含量和产浆量的测定方法为:将规定质量、一定粒径的生石灰放入装有水的筛筒内,在规定时间内使其熟化,然后,测定筛上未消化残渣的含量,再测定筛下生成的石灰浆体积,便得到产浆量(L/kg)。一般 1kg 生石灰约加 2.5kg 水,经熟化沉淀除水后,可制得体积密度为 1300～1400kg/m³ 的石灰膏 1.5～3.0L。

　　2.建筑生石灰粉的技术要求

　　按照标准《建筑生石灰粉》(JC/T 480—1992)的规定,建筑生石灰粉的技术指标见表1-2-3。

建筑生石灰粉的技术指标　　　　　　　　　表 1-2-3

| 项　目 | | 钙质生石灰粉 | | | 镁质生石灰粉 | | |
|---|---|---|---|---|---|---|---|
| | | 优等品 | 一等品 | 合格品 | 优等品 | 一等品 | 合格品 |
| CaO＋MgO 含量(%) | ≥ | 85 | 80 | 75 | 80 | 75 | 70 |
| $CO_2$(%) | ≤ | 7 | 9 | 11 | 8 | 10 | 12 |
| 细度 | 0.90mm 筛的筛余(%) ≤ | 0.2 | 0.5 | 1.5 | 0.2 | 0.5 | 1.5 |
| | 0.125mm 筛的筛余(%) ≤ | 7.0 | 12.0 | 18.0 | 7.0 | 12.0 | 18.0 |

　　按照标准《建筑消石灰粉》(JC/T 481—1992)中的规定,建筑消石灰粉的技术指标见表1-2-4。

建筑消石灰粉的技术指标　　　　　　　　　表 1-2-4

| 项　目 | | 钙质消石灰粉 | | | 镁质消石灰粉 | | | 白云石消石灰粉 | | |
|---|---|---|---|---|---|---|---|---|---|---|
| | | 优等品 | 一等品 | 合格品 | 优等品 | 一等品 | 合格品 | 优等品 | 一等品 | 合格品 |
| CaO＋MgO 含量(%) ≥ | | 70 | 65 | 60 | 65 | 60 | 55 | 65 | 60 | 55 |
| $CO_2$(%) ≤ | | 0.4～2.0 | 0.4～2.0 | 0.4～2.0 | 0.4～2.0 | 0.4～2.0 | 0.4～2.0 | 0.4～2.0 | 0.4～2.0 | 0.4～2.0 |
| 体积安定性 | | 合格 | 合格 | — | 合格 | 合格 | — | 合格 | 合格 | — |
| 细度 | 0.90mm 筛筛余(%) ≤ | 0 | 0 | 0.5 | 0 | 0 | 0.5 | 0 | 0 | 0.5 |
| | 0.125mm 筛筛余(%)≤ | 3 | 10 | 15 | 3 | 10 | 15 | 3 | 10 | 15 |

　　体积安定性是指在硬化过程中体积变化的均匀性。其测定方法是:将一定稠度的石灰浆做成中间厚、边缘薄的一定直径的试饼,然后在 100～105℃下烘干 4h,若无溃散、裂纹、鼓包等现象,则安定性合格。

## 六 石灰的特性

**1. 保水性好**

保水性是指固体材料与水混合时，能够保持水分不易泌出的能力。由于石灰膏中 $Ca(OH)_2$ 粒子极小，比表面积很大，颗粒表面能吸附一层较厚的水膜，所以，石灰膏具有良好的可塑性和保水性，可以掺入水泥砂浆中，提高砂浆的保水能力，便于施工。

**2. 吸湿性强，耐水性差**

生石灰在存放过程中，会吸收空气中的水分而熟化。如存放时间过长，还会发生碳化而使石灰的活性降低。硬化后的石灰，如果长期处于潮湿环境或水中，$Ca(OH)_2$ 就会逐渐溶解而导致结构破坏。

**3. 凝结硬化慢，强度低**

石灰浆体的凝结硬化所需时间较长。体积比为 1:3 的石灰砂浆，其 28d 抗压强度为 0.2～0.5MPa。

**4. 硬化后体积收缩较大**

在石灰浆体的硬化过程中，大量水分蒸发，使内部网状毛细管失水收缩，石灰会产生较大的体积收缩，导致表面开裂。因此，工程中通常需要在石灰膏中加入砂、纸筋、麻丝或其他纤维材料，以防止或减少开裂。

**5. 放热量大，腐蚀性强**

生石灰的熟化是放热反应，熟化时会放出大量的热。熟石灰中的 $Ca(OH)_2$ 是一种中强碱，具有较强的腐蚀性。

## 七 石灰的应用

建筑工程中使用的石灰品种主要有块状生石灰、磨细生石灰、消石灰粉和熟石灰膏。除块状生石灰外，其他品种均可在工程中直接使用。

**1. 配制建筑砂浆**

石灰可配制石灰砂浆、混合砂浆等，用于砌筑、抹灰等工程。

**2. 配制三合土和灰土**

三合土是采用以生石灰粉（或消石灰粉）、黏土、砂为原材料，按体积比为 1:2:3 的比例，加水拌和均匀夯实而成；石灰、黏土或粉煤灰、碎砖或砂等原材料可以配制石灰粉煤灰土、碎砖三合土等。灰土是用生石灰粉和黏土按 1:(2～4) 的体积比，加水拌和夯实而成。三合土和灰土主要用于建筑物的基础、路面或地面的垫层。

**3. 生产硅酸盐制品**

以石灰为原料，可生产硅酸盐制品（以石灰和硅质材料为原料，加水拌和，经成型、蒸养或蒸压处理等工序而制成的建筑材料），如蒸压灰砂砖、碳化砖、加气混凝土等。

**4. 磨制生石灰粉**

采用块状生石灰磨细制成的磨细生石灰粉，可不经熟化直接应用于工程中，具有熟化速度快、体积膨胀均匀、生产效率高、硬化速度快、消除了欠火石灰和过火石灰的危害等优点。

5.制造静态破碎剂

利用过火石灰水化慢且同时伴有体积膨胀的特性,配制静态破碎剂,用于混凝土和钢筋混凝土构筑物的拆除以及对岩石(大理石、花岗石等)的破碎和割断。静态破碎剂是一种非爆炸性破碎剂,它是由一定量的 $CaO$ 晶体、粒径为 $10\sim100\mu m$ 的过火石灰粉与 $5\%\sim7\%$ 的水硬性胶凝材料及 $0.1\%\sim0.5\%$ 的调凝剂混合制成。使用时,将静态破碎剂与适量的水混合调成浆体,注入到欲破碎物的钻孔中,由于水硬性胶凝材料硬化后,过火石灰才水化、膨胀,从而对孔壁可产生大于 $30MPa$ 的膨胀压力,使物体破碎。

## 八 石灰的运输和储存

生石灰在运输时不准与易燃、易爆和液体物品混装,同时,要采取防水措施。生石灰、消石灰粉应分类、分等级储存于干燥的仓库内,且不宜长期储存。块状生石灰通常进场后立即熟化,将保管期变为"陈伏"期。

## 学习项目二 石 膏

石膏是一种理想的高效节能材料,更是一种应用历史悠久的胶凝材料。当人类发现了火以后,就能利用煅烧所得的石膏和石灰调制建筑砂浆。对古老的金字塔进行的化学分析就已证明,那时所用的胶凝材料往往是煅烧石膏。石膏除了在土木工程中应用外,还在化工、机械行业中用于制作模具;在工艺美术行业中制作雕塑;在医药等行业中更有应用。随着高层建筑的发展,在建筑工程中的应用正逐年增多,成为当前重点发展的新型建筑材料之一。应用较多的石膏品种有建筑石膏、高强石膏、硬石膏水泥。

## 一 石膏的生产

石膏的生产原料主要是天然二水石膏,也可采用化工石膏。天然二水石膏($CaSO_4 \cdot 2H_2O$)又称为生石膏。化工石膏是指含有 $CaSO_4 \cdot 2H_2O$ 的化学工业副产品废渣或废液,经提炼处理后制得的建筑石膏,如磷石膏、氟石膏、硼石膏、钛石膏等。

石膏的生产工艺为煅烧工艺。将生石膏在不同的压力和温度下加热,可得到晶体结构和性质各异的石膏胶凝材料。

1.低温煅烧石膏

(1)熟石膏:当加热温度为 $107\sim170℃$ 时,部分结晶水脱出,二水石膏转化为 $\beta$ 型半水石膏,又称为熟石膏或建筑石膏。反应式为:

$$CaSO_4 \cdot 2H_2O \xrightarrow{107\sim170℃} \beta\text{-}CaSO_4 \cdot 0.5H_2O + 1.5H_2O$$

当加热温度在 $170\sim200℃$ 时,半水石膏继续脱水,成为可溶性硬石膏($CaSO_4 \text{Ⅲ}$)。这种石膏凝结快,但强度低。当温度升高到 $200\sim250℃$ 时,石膏中残留很少的水,凝结硬化非常缓慢。

(2)模型石膏:与建筑石膏化学成分相同,也是 $\beta$ 型半水石膏($\beta\text{-}CaSO_4 \cdot 0.5H_2O$),但含杂质较少,细度小。可制作成各种模型和雕塑。

(3)高强石膏:当在压力为 $0.13MPa$、温度为 $124℃$ 的压蒸条件下蒸炼脱水,则生成 $\alpha$ 型半水石膏,即高强石膏。高强石膏与建筑石膏相比,其晶体比较粗大,比表面积小,达到一定稠度时需水量较小,因此硬化后具有较高的强度,可达15～25MPa。反应式为:

$$CaSO_4 \cdot 2H_2O \xrightarrow{0.13MPa124℃} \alpha\text{-}CaSO_4 \cdot 0.5H_2O + 1.5H_2O$$

**2.高温煅烧石膏**

当加热温度高于400℃时,石膏完全失去水分,成为不溶性硬石膏($CaSO_4$Ⅱ),失去凝结硬化能力,称为死烧石膏;当煅烧温度在800℃以上时,部分石膏分解出氧化钙(CaO),磨细后的产品称为高温煅烧石膏。氧化钙(CaO)在硬化过程中起碱性激发剂的作用,硬化后具有较高的强度、抗水性和耐磨性,称为地板石膏。

## 二 石膏的凝结硬化

将建筑石膏与适量水拌和成浆体,建筑石膏很快溶解于水,并与水发生化学反应,形成二水石膏。

$$CaSO_4 \cdot 0.5H_2O + 1.5H_2O = CaSO_4 \cdot 2H_2O$$

由于形成的二水石膏的溶解度比$\beta$型半水石膏小得多,仅为$\beta$型半水石膏溶解度的1/5,使溶液很快成为过饱和状态,二水石膏晶体将不断从饱和溶液中析出。这时,溶液中二水石膏浓度降低,使半水石膏继续溶解水化,直至半水石膏完全水化为止。

随着浆体中自由水分的逐渐减少,浆体会逐渐变稠而失去可塑性,这一过程称为凝结。随着二水石膏晶体的大量生成,晶体之间互相交叉连生,形成多孔的空间网络状结构,使浆体逐渐变硬,强度逐渐提高,这一过程称为硬化。由于石膏的水化过程很快,故石膏的凝结硬化过程非常快。

## 三 石膏的技术要求

建筑石膏是天然石膏或工业副产石膏经脱水处理制得的,以$\beta$半水硫酸钙($\beta$-$CaSO_4$ · $1/2H_2O$)为主要成分,不预加任何外加剂或添加物的粉状胶凝材料,密度一般为2.60～2.75$g/cm^3$,堆积密度为800～1000$kg/m^3$。根据《建筑石膏》(GB 9776—2008)规定,建筑石膏按抗折强度、抗压强度、细度和凝结时间分为优等品、一等品和合格品三个等级。其技术要求见表1-2-5。

建筑石膏的物理力学性能　　　　　　　　　　　　　　　　　　表1-2-5

| 等　级 | 细度(0.2mm方孔筛筛余)(%) | 凝结时间(min) | | 2h强度(MPa) | |
|---|---|---|---|---|---|
| | | 初凝 | 终凝 | 抗折 | 抗压 |
| 3.0 | | | | ≥3.0 | ≥6.0 |
| 2.0 | ≤10 | ≥3 | ≤30 | ≥2.0 | ≥4.0 |
| 1.6 | | | | ≥1.6 | ≥3.0 |

## 四 建筑石膏的特性

**1.凝结硬化快**

建筑石膏的凝结硬化快,在常温下加水拌和,30min内即达终凝,在室内自然条件下,达到完全硬化仅需一周,因此,在实际工程中,往往需要掺入适量缓凝剂,如亚硫酸纸浆废液、硼砂、柠檬酸、动物皮胶等。若要加快石膏的硬化,可以采用对制品进行加热的方法或掺促凝剂(氟化钠、硫酸钠等)。

**2. 孔隙率较大,强度较低**

由于建筑石膏与水反应形成二水石膏的理论需水量为 18.6%,在生产中,为了使浆体达到一定的稠度,以满足施工的要求,通常实际加水量为石膏质量的 60%～80%。硬化后多余水分蒸发,在内部留下大量孔隙,因此石膏的强度较低。

**3. 吸湿性强,耐水性差**

石膏硬化后,开口孔和毛细孔的数量较多,使其具有较强的吸湿性,可以调节室内空气的湿度。硬化后的二水硫酸钙微溶于水,吸水饱和后石膏晶体的黏结力大大降低,强度明显下降,故软化系数较小,一般为 0.30～0.45,长期浸水会因二水石膏晶体溶解而引起溃散破坏。

**4. 防火性能好**

硬化后的石膏制品大约含有 20% 的结晶水,当遇火时,石膏制品中一部分结晶水脱出并吸收大量的热,而蒸发出的水分在石膏制品表面形成水蒸气层,能够阻止火势蔓延,且脱水后的无水石膏仍然是阻燃物。

**5. 硬化后体积产生微膨胀**

建筑石膏硬化后体积产生微膨胀,膨胀值约 1%。这是石膏胶凝材料的突出特性之一。石膏在硬化后不会产生收缩裂纹,硬化后表面光滑饱满,干燥时不开裂,能够使制品造型棱角分明,有利于制造复杂图案花型的石膏装饰件。

**6. 具有良好的可加工性和装饰性**

建筑石膏制品在加工使用时,可以采用很多加工方式,如锯、刨、钉、钻、螺栓连接等。质量较纯净的石膏,其颜色洁白,材质细密,采用模具经浇筑成型后,可形成各种图案,质感光滑细腻,具有较好的装饰效果。

**7. 硬化体绝热性良好**

建筑石膏制品的孔隙率大,体积密度小,因而热导率小,一般在 0.121～0.205W/(m·K),故具有良好的绝热性。

## 五 石膏的应用

**1. 生产粉刷石膏**

粉刷石膏是由建筑石膏或者由建筑石膏和不溶性硬石膏混合,掺入外加剂、细集料等制成的胶凝材料,用于室内粉刷。粉刷石膏按用途可分为面层粉刷石膏(M)、底层粉刷石膏(D)和保温层粉刷石膏(W)三类。

**2. 建筑石膏制品**

建筑石膏制品品种较多,主要有纸面石膏板、石膏空心条板、纤维石膏板、石膏砌块和装饰石膏制品等。

**3. 水泥生产中,作水泥的缓凝剂**

为了延缓水泥的凝结,在生产水泥时需要加入天然二水石膏或无水石膏作为水泥的缓凝剂。

4.作油漆打底用腻子的原料

## 六 石膏的运输和储存

建筑石膏一般采用袋装,采用具有防潮及不易破损的纸袋或其他复合袋包装。包装上应清楚标明产品标记、生产厂名、生产批号、出厂日期、质量等级、商标和防潮标志等。

建筑石膏在运输和储存时不得受潮和混入杂物。不同等级应分别储运,不得混杂。自生产之日起,储存期为三个月(通常建筑石膏在储存三个月后强度将降低 30% 左右)。储存期超过三个月的建筑石膏,应重新进行检验,以确定其等级。

# 学习项目三 水 玻 璃

水玻璃俗称泡花碱,为无定型硅酸钾或硅酸钠的水溶液,是以石英砂和纯碱为原材料,在玻璃熔炉中熔融,冷却后溶解于水而制成的气硬性无机胶凝材料。

## 一 水玻璃的生产

常用的水玻璃为钠水玻璃($Na_2O \cdot nSiO_2$),无色、青绿或灰黄色黏稠液体。水玻璃的生产方法有湿法和干法两种:湿法生产是将石英砂和氢氧化钠水溶液,在蒸压锅内于 $0.2\sim$ $0.3MPa$ 的压力下,用蒸汽加热溶解而制成水玻璃溶液;干法是将石英砂和纯碱按比例混合磨细,在比例熔炉中于 $1300\sim1400℃$ 的温度下熔融冷却后形成固态水玻璃,然后在 $0.3\sim$ $0.8MPa$ 的蒸压釜内加热溶解成为液态水玻璃。化学反应式为:

$$Na_2CO_3+nSiO_2 =\!=\!= Na_2O \cdot nSiO_2+CO_2 \uparrow$$

水玻璃的化学通式为 $R_2O \cdot nSiO_2$,式中,$n$ 为水玻璃模数,一般在 $1.5\sim3.5$ 之间。水玻璃的模数 $n$ 值越大,则水玻璃黏度越大,黏结力越大,但越难溶于水。水玻璃可与水按任意比例混合成不同浓度的溶液。同一模数的液体水玻璃,浓度越大,黏结力越大。建筑工程中常用水玻璃的模数为 $2.6\sim2.8$,密度为 $1.36\sim1.50g/cm^3$。

## 二 水玻璃的硬化

液态水玻璃在使用后,与二氧化碳发生化学反应生成二氧化硅凝胶。其反应式为:

$$Na_2O \cdot nSiO_2+CO_2+mH_2O =\!=\!= Na_2CO_3+nSiO_2 \cdot mH_2O$$

二氧化硅凝胶($nSiO_2 \cdot mH_2O$)干燥脱水,析出固态二氧化硅($SiO_2$)而使水玻璃硬化。由于这一过程非常缓慢,通常需要加入固化剂氟硅酸钠($Na_2SiF_6$),以加快硅胶的析出,促进水玻璃的硬化。

氟硅酸钠的掺量一般为水玻璃质量的 $12\%\sim15\%$。用量过少,硬化速度较慢,强度较低,未硬化的水玻璃易溶于水,导致耐水性降低;用量过多,会引起凝结过快,造成施工困难,且抗渗性下降,强度低。

水玻璃不燃烧,有较高的耐热性;具有良好的胶结能力,硬化后形成的硅酸凝胶能堵塞材料毛细孔而提高其抗渗性;水玻璃具有高度的耐酸性能,可抵抗绝大多数无机酸(氢氟酸除外)和有机酸的作用。

由于水玻璃具有上述性能,故在建筑中有下列用途。

1. 用作涂料涂刷于建筑材料表面

水玻璃可以涂刷在天然石材、烧结砖、水泥混凝土和硅酸盐制品表面或浸渍多孔材料,它能够渗入材料的孔或缝隙中,提高其密实度、强度和耐久性。但不能涂刷在石膏制品表面,因为硅酸钠会与石膏中硫酸钙发生化学反应形成硫酸钠,在制品孔隙中结晶而产生较大的体积膨胀,使石膏制品开裂破坏。

2. 配制耐酸材料

水玻璃与耐酸粉料、粗细集料一起,配制耐酸胶泥、耐酸砂浆和耐酸混凝土,广泛用于防腐工程中。

3. 用作耐热材料、耐火材料的胶凝材料

水玻璃耐高温性能良好,能长期承受一定高温作用而强度不降低,可与耐热集料一起配制成耐热砂浆、耐热混凝土。

4. 加固土壤和地基

用水玻璃与氯化钙溶液交替灌入地基土壤内,反应式为:

$$Na_2O \cdot nSiO_2 + CaCl_2 + mH_2O = nSiO_2 \cdot (m-1)H_2O + Ca(OH)_2 + 2NaCl$$

反应形成的硅胶起胶结作用,能够包裹土粒并填充其孔隙,而氢氧化钙又与加入的氯化钙起化学反应生成氧氯化钙,也起胶结和填充孔隙的作用。这不仅能够提高地基的承载能力,而且可以增强其不透水的能力。

◄ 单 元 小 结 ►

无机胶凝材料按硬化时的特点分为气硬性无机胶凝材料和水硬性无机胶凝材料两大类。气硬性无机胶凝材料常用的品种有石灰、石膏、水玻璃。

工程中应用的石灰品种主要有块状生石灰、磨细生石灰粉、熟石灰粉和熟石灰膏。块状生石灰不能直接使用,须熟化为熟石灰粉或石灰膏,才能用于工程中。生石灰熟化时放出大量热且形成的熟石灰会产生较大的体积膨胀。熟石灰在使用前必须"陈伏"15d 以上,以消除过火石灰的危害。石灰的质量等级按 CaO+MgO 的含量分为优等品、一等品和合格品三个等级。石灰的特性决定其应用范围。

建筑石膏是以硫酸钙为主要成分的气硬性胶凝材料,工程中常用的是建筑石膏和高强石膏。石膏具有色白、材质细腻、质轻、保温、吸声、防火、能调节湿度,其制品尺寸饱满准确等优良性能,但抗冻性、抗渗性和耐水性较差。石膏是生产装饰材料的重要原材料之一,也是一种具有节能意义的新型轻质墙体材料。

水玻璃在空气中硬化较缓慢,常加入促硬剂 $Na_2SiF_6$ 以加速其硬化。水玻璃具有黏结强度高,耐热性、耐酸性好等特点,是耐热、耐酸工程中常用的胶凝材料。常用品种为钠水玻璃。

◀ **拓 展 知 识** ▶

菱苦土,又称镁质胶凝材料。是由含碳酸镁($MgCO_3$)的原料,如菱镁矿,经煅烧而得到的以氧化镁($MgO$)为主要成分的气硬性胶凝材料。

菱苦土与水拌和后迅速水化并放出较多的热量,但其凝结硬化很慢,强度低。通常用氯化镁的水溶液来拌制。氯化镁的用量为 $55\% \sim 60\%$(以 $MgCl_2 \cdot 6H_2O$ 计)。初凝时间为 $30 \sim 60min$,$1d$ 的强度即可达最高强度的 $60\% \sim 80\%$,$7d$ 左右可达最高强度($40 \sim 70MPa$)。体积密度为 $1000 \sim 1100kg/m^3$。

菱苦土材料的缺点是易吸湿、表面泛霜(即返卤)、变形或翘曲,并且耐水性差。

菱苦土在建筑上主要应用是与木丝、木屑配合制成菱苦土木丝板、木屑板用于地面,具有保温、防火、防爆(碰撞时不发火星)及一定的弹性。表面宜刷油漆。

## 思考与练习

**一、名词解释**

1. 气硬性胶凝材料　　　2. 水硬性胶凝材料

**二、填空题**

1. 无机胶凝材料按硬化条件分(　　　)、(　　　)。

2. 石灰膏在储液坑中存放两周以上的过程称(　　　)。

3. 水玻璃常用的促硬剂为(　　　)。

**三、选择题**

1. 石灰的有效成分是(　　　)。

    A. CaO　　　　　　B. MgO　　　　　　　　C. CaO　　　　　　　　D. $Ca(OH)_2$

2. 硬化中的石灰其主要成分有(　　　)。

    A. $Ca(OH)_2$　　　　B. $CaCO_3$　　　　　　C. CaO　　　　　　　D. $Ca(OH)_2 + CaCO_3$

3. 下列不属于石灰性质的是(　　　)。

    A. 保水性好、可塑性好　　　　　　　　B. 硬化慢、强度低、耐水性差

    C. (生石灰)吸水性强　　　　　　　　　D. 凝结硬化是体积有微膨胀

4. 石灰熟化过程中的陈伏是为了(　　　)。

    A. 利于结晶　　　　　　　　　　　　　B. 蒸发多余水分

    C. 消除过火石灰的危害　　　　　　　　D. 降低发热量

5. 低温煅烧石膏的产品有(　　　)。

    A. 人造大理石板　　B. 建筑石膏　　　　　C. 模型石膏　　　　　D. 高强度石膏

6. 对石灰的技术要求主要有(　　　)。

A. 细度                 B. 强度             C. 有效 CaO、MgO 含量

D. 未消化残渣含量    E. $CO_2$ 含量           F. 产浆量

7. 对石膏的技术要求主要有（      ）。

     A. 细度                               B. 强度

     C. 有效 CaO、MgO 含量               D. 凝结时间

8. 生产石膏的主要原料是（      ）。

     A. $CaCO_3$          B. $Ca(OH)_2$          C. $CaSO_4 \cdot 2H_2O$         D. CaO

9. 生产石灰的主要原料成分是（      ）。

     A. $CaCO_3$          B. $Ca(OH)_2$          C. $CaSO_4 \cdot 2H_2O$         D. CaO

10. 罩面用的石灰浆不得单独使用，应掺入砂子、麻刀和纸筋等以（      ）。

     A. 易于施工           B. 减少收缩           C. 增加美观           D. 增加厚度

## 四、问答题

1. 工地上使用石灰为何要进行熟化处理？

2. 使用石灰砂浆作为内墙粉刷材料，过了一段时间后，出现了凸出的呈放射状的裂缝，试分析原因。

3. 石灰的用途如何？在储存和保管时需要注意哪些方面？

4. 建筑石膏的主要成分是什么？其特性与用途有哪些？

5. 建筑石膏为什么不宜用于室外？

6. 水玻璃的用途有哪些？

# 单元三　水　　泥

◎ **职业能力目标**

1. 能检验通用硅酸盐水泥的技术指标；
2. 能根据工程情况合理选用水泥的品种；
3. 能对水泥进行正常的验收与保管。

◎ **知识目标**

1. 了解硅酸盐水泥的生产、凝结硬化过程；
2. 掌握硅酸盐水泥熟料矿物的组成及其特性；
3. 掌握通用硅酸盐水泥的技术性质及应用；
4. 了解其他品种水泥的特性与用途。

水泥(Cement)属于无机水硬性胶凝材料，不仅可用于干燥环境中的工程，而且也可以用于潮湿环境及水中的工程，在建筑、交通、水利电力、能源矿山、国防、航空航天、农业等基础设施建设工程中得到广泛应用。

水泥的品种很多，分类方法主要有以下两种。

**1. 按水泥的性能和用途分**

水泥按性能和用途分为通用水泥、专用水泥和特性水泥三大类，见表1-3-1。

水泥按性能和用途的分类　　　　　　　　　　　　　　　表 1-3-1

| 水泥种类 | 性能及用途 | 主要品种 |
|---|---|---|
| 通用水泥 | 指一般土木建筑工程通常采用的水泥。这类水泥的产量大，适用范围广 | 包括硅酸盐水泥、普通硅酸盐水泥、矿渣硅酸盐水泥、火山灰硅酸盐水泥、粉煤灰硅酸盐水泥、复合硅酸盐水泥共六大品种 |
| 专用水泥 | 具有专门用途的水泥 | 如砌筑水泥、道路水泥、大坝水泥、油井水泥、型砂水泥等 |
| 特性水泥 | 某种性能比较突出的水泥 | 如快硬硅酸盐水泥、抗硫酸盐硅酸盐水泥、低热微膨胀水泥、自应力硅酸盐水泥、白色硅酸盐水泥等 |

注：专用水泥和特性水泥，在工程中习惯统称为特种水泥。

**2. 按水泥主要水硬性物质分**（表1-3-2）。

水泥按主要水硬性物质的分类　　　　　　　　　　　　　表 1-3-2

| 水泥种类 | 主要水硬性物质 | 主要品种 |
|---|---|---|
| 硅酸盐水泥 | 硅酸钙 | 绝大多数通用水泥、专用水泥和特性水泥 |
| 铝酸盐水泥 | 铝酸钙 | 高铝水泥、自应力铝酸盐水泥、快硬高强铝酸盐水泥等 |
| 硫铝酸盐水泥 | 无水硫铝酸钙 硅酸二钙 | 自应力硫铝酸盐水泥、低碱度硫铝酸盐水泥、快硬硫铝酸盐水泥等 |

| 水 泥 种 类 | 主要水硬性物质 | 主 要 品 种 |
|---|---|---|
| 铁铝酸盐水泥 | 铁相、无水硫铝酸钙、硅酸二钙 | 自应力铁铝酸盐水泥、膨胀铁铝酸盐水泥、快硬铁铝酸盐水泥等 |
| 氟铝酸盐水泥 | 氟铝酸钙、硅酸二钙 | 氟铝酸盐水泥等 |
| 以火山灰或潜在水硬性材料以及其他活性材料为主要组分的水泥 | 活性二氧化硅 活性氧化铝 | 石灰火山灰水泥、石膏矿渣水泥、低热钢渣矿渣水泥等 |

通用硅酸盐水泥是土木工程中用量最大的水泥,因此,本章主要以硅酸盐水泥为主线,讲述硅酸盐系水泥中的通用水泥。

# 学习项目一　通用硅酸盐水泥

根据《通用硅酸盐水泥》(GB 175—2007)规定,通用硅酸盐水泥(Common Portland Cement)是由硅酸盐水泥熟料和适量的石膏及规定的混合材料制成的水硬性胶凝材料。通用硅酸盐水泥的组分应符合表1-3-3的规定。

**通用硅酸盐水泥的组分**(%)　　　　　　　　　表 1-3-3

| 品　种 | 代号 | 组　分 | | | | |
|---|---|---|---|---|---|---|
| | | 熟料+石膏 | 粒化高炉矿渣 | 火山灰混合材料 | 粉煤灰 | 石灰石 |
| 硅酸盐水泥 | P·Ⅰ | 100 | — | — | — | — |
| | P·Ⅱ | ≥95 | ≤5 | — | — | — |
| | | ≥95 | — | — | — | ≤5 |
| 普通硅酸盐水泥 | P·O | ≥80且<95 | >5且≤20 | | | |
| 矿渣硅酸盐水泥 | P·S·A | ≥50且<80 | >20且≤50 | — | — | — |
| | P·S·B | ≥30且<50 | >50且≤70 | — | — | — |
| 火山灰硅酸盐水泥 | P·P | ≥60且<80 | — | >20且≤40 | — | — |
| 粉煤灰硅酸盐水泥 | P·F | ≥60且<80 | — | — | >20且≤40 | — |
| 复合硅酸盐水泥 | P·C | ≥50且<80 | >20且≤50 | | | |

## 一 硅酸盐水泥

硅酸盐水泥在国际上统称波特兰水泥。19世纪初,英国人阿斯普丁首先取得专利并建厂生产水泥,因其硬化后的外观颜色与英国波特兰地方所产的一种常用于建筑的石灰石的颜色相似,故被命名为波特兰水泥。后通过研究,确认其主要成分是硅酸盐类物质,所以也称硅酸盐水泥。

1.硅酸盐水泥的生产

硅酸盐水泥的生产工艺,可简单概括为"两磨一烧",即:原料按比例混合后磨细制成生料;生料(Raw Meal)经过煅烧为熟料(Clinker);熟料、混合材料、石膏混合后磨细得成品。其生产工艺流程见图1-3-1。

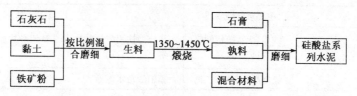

图1-3-1 硅酸盐系列水泥的水泥的生产工艺流程示意图

生料中各种成分的含量必须达到一定的要求,见表1-3-4。

水泥生料中各种成分的含量范围                                    表1-3-4

| 项目 \ 化学成分 | CaO | SiO$_2$ | Al$_2$O$_3$ | Fe$_2$O$_3$ |
|---|---|---|---|---|
| 含量范围 | 62%～67% | 20%～24% | 4%～7% | 2.5%～6.0% |

硅酸盐水泥原料主要有三部分:石灰质原料、黏土质原料和校正原料。石灰质原料指天然石灰石、凝灰岩和贝壳等,主要提供水泥中所需的CaO;黏土质原料指页岩、泥岩、粉砂岩、河泥等,其主要成分为SiO$_2$,其次为Al$_2$O$_3$和少量Fe$_2$O$_3$;为了补充黏土中铁质含量的不足,有时还要加入铁矿粉,主要化学成分为Fe$_2$O$_3$,通常采用赤铁矿。

2. 硅酸盐水泥的组成材料

1)硅酸盐水泥熟料

硅酸盐系列水泥熟料是在高温下形成的,其矿物主要由硅酸三钙(3CaO·SiO$_2$)、硅酸二钙(2CaO·SiO$_2$)、铝酸三钙(3CaO·Al$_2$O$_3$)和铁铝酸四钙(4CaO·Al$_2$O$_3$·Fe$_2$O$_3$)组成。另外,还含有少量的游离氧化钙(f-CaO)、游离氧化镁(f-MgO)以及杂质。游离氧化钙和游离氧化镁是水泥中的有害成分,含量高时会引起水泥安定性不良。

熟料矿物经过磨细之后均能与水发生化学反应—水化反应,表现较强的水硬性。水泥熟料主要矿物组成及其特性见表1-3-5。因此,这类熟料也称为"硅酸盐水泥熟料"。

水泥熟料主要矿物组成及其特性                                    表1-3-5

| 项目 \ 矿物名称 | 硅酸三钙 | 硅酸二钙 | 铝酸三钙 | 铁铝酸四钙 |
|---|---|---|---|---|
| 化学式(简写) | 3CaO·SiO$_2$(C$_3$S) | 2CaO·SiO$_2$(C$_2$S) | 3CaO·Al$_2$O$_3$(C$_3$A) | 4CaO·Al$_2$O$_3$·Fe$_2$O$_3$(C$_4$AF) |
| 质量分数(%) | 36～67 | 15～30 | 7～15 | 10～18 |
| 水化反应速度 | 快 | 慢 | 最快 | 快 |
| 强度 | 高 | 早期低,后期高 | 低 | 低(含量多时对抗折强度有利) |
| 水化热 | 较高 | 低 | 最高 | 中 |

硅酸三钙和硅酸二钙占熟料总质量的75%～82%,是决定水泥强度的主要矿物,水泥由多种矿物成分组成,不同的矿物组成有不同的特性,改变生料配料及各种矿物组成的含量比例,可以生产出各种性能的水泥。

2)石膏

在生产水泥时,必须掺入适量石膏,以延缓水泥的凝结。在硅酸盐水泥、普通硅酸盐水泥中,石膏主要起缓凝作用;而在掺较多混合材料的水泥中,石膏还起激发混合材料活性的作用。掺入的石膏主要为天然石膏矿或工业副产石膏。

3）混合材料（Addition）

为了改善水泥的性能，调节水泥强度等级，提高水泥的产量，扩大水泥品种，降低成本，在生产水泥时加入的矿物质材料，称为混合材料。混合材料分为活性混合材料和非活性混合材料两类，其种类、性能及常用品种见表1-3-6。

混合材料种类、性能及常用品种　　　　　　　　　　　表1-3-6

| 混合材料种类 | 性　　能 | 常　用　品　种 |
| --- | --- | --- |
| 活性混合材料 | 具有潜在水硬性或火山灰性，或兼具有火山灰性和水硬性的矿物质材料 | 粒化高炉矿渣、粉煤灰、火山灰混合材料（含水硅酸质、烧黏土质、火山灰等） |
| 非活性混合材料 | 不具有潜在水硬性或质量活性指标，不能达到规定要求的混合材料 | 慢冷矿渣、磨细石英砂、石灰石粉等 |

注：火山灰性是指一种材料磨成细粉，单独不具有水硬性，但在常温下和石灰一起与水拌和后能形成具有水硬性的化合物的性能。

（1）活性混合材料（Active Mixed Material）。

①粒化高炉矿渣（Blastfurnace Slag）。粒化高炉矿渣是高炉冶炼生铁的副产品，见图1-3-1，是以硅酸钙和铝酸钙为主要成分的熔融物经水淬成粒后的产品。粒化高炉矿渣的化学成分主要为 $CaO$、$Al_2O_3$ 和 $SiO_2$，占总质量的 90% 以上，另外，还含有少量的 $MgO$、$Fe_2O_3$ 和一些硫化物。矿渣在淬冷成粒时形成不稳定的玻璃体而具有潜在水硬性。

图1-3-1　粒化高炉矿渣

②火山灰混合材料（Pozzolanic Addition）。火山灰混合材料指具有火山灰特性的天然或人工的矿物质材料，分含水硅酸质材料（硅藻土、硅藻石等）、烧黏土质（烧黏土、煤渣、粉煤灰等）和火山灰（火山灰、凝灰岩等）三类。

③粉煤灰（Fly Ash）。粉煤灰是热力发电厂的工业废料，由燃煤锅炉排出的细颗粒废渣，以 $SiO_2$ 和 $Al_2O_3$ 为主要成分，含有少量 $CaO$，具有火山灰特性。

（2）非活性混合材料。非活性混合材料掺入水泥中，主要起填充作用，可以提高水泥的产量，降低水化热，降低强度等级，对水泥其他性能影响不大。

（3）窑灰。从水泥回转窑窑尾废气中收集下来的粉尘，其性能介于活性混合材料与非活性混合材料之间。

3．硅酸盐水泥的凝结与硬化

1）硅酸盐水泥的水化

水泥与水拌和均匀后，颗粒表面的熟料矿物开始溶解并与水发生化学反应，生成一系列的水化产物，并放出一定的热量，常温下水泥熟料单矿物的水化反应式如下：

$$2(3CaO \cdot SiO_2) + 6H_2O === 3CaO \cdot 2SiO_2 \cdot 3H_2O(水化硅酸钙) + 3Ca(OH)_2$$

$$2(2CaO \cdot SiO_2) + 4H_2O === 3CaO \cdot 2SiO_2 \cdot 3H_2O + Ca(OH)_2$$

$$3(CaO \cdot Al_2O_3) + 6H_2O === 3CaO \cdot Al_2O_3 \cdot 6H_2O(水化铝酸钙)$$

$$4CaO \cdot Al_2O_3 \cdot Fe_2O_3 + 7H_2O === 3CaO \cdot Al_2O_3 \cdot 6H_2O + CaO \cdot Fe_2O_3 \cdot H_2O(水化铁酸钙)$$

硅酸三钙和硅酸二钙水化生成的水化硅酸钙不溶于水，以胶体微粒析出，并逐渐凝聚成凝胶体(C—S—H);生成的氢氧化钙在溶液中的浓度很快达到饱和,呈六方晶体析出。铝酸三钙和铁铝酸四钙水化生成的水化铝酸钙(为立方晶体,在氢氧化钙饱和溶液中,还能与氢氧化钙进一步反应,生成六方晶体的水化铝酸四钙。水化铝酸钙遇到水泥中加入的石膏,会形成高硫型水化硫铝酸钙针状晶体($3CaO \cdot Al_2O_3 \cdot 3CaSO_4 \cdot 31H_2O$,代号 AFt,称为钙矾石),发生的反应式如下:

$$3CaO \cdot Al_2O_3 \cdot 6H_2O + 3(CaSO_4 \cdot 2H_2O) + 19H_2O ===3CaO \cdot Al_2O_3 \cdot 3CaSO_4 \cdot 31H_2O$$

当石膏消耗完后,部分高硫型的水化硫铝酸钙会逐渐转变为低硫型水化硫铝酸钙晶体($3CaO \cdot Al_2O_3 \cdot CaSO_4 \cdot 12H_2O$,代号 AFm)。钙矾石是难溶于水的针状晶体,它包裹在$C_3A$表面,阻止水分的进入,延长了水化产物的析出,从而起到了缓凝的作用。但石膏掺量不能过多,过多时,不仅缓凝作用不大,还会在硬化后期继续生成钙矾石,引起体积膨胀,导致水泥的安定性不良。

如果不考虑硅酸盐水泥水化后的一些少量生成物,那么硅酸盐水泥水化后的主要产物有:水化硅酸钙凝胶(C—S—H)、氢氧化钙晶体(CH)、水化铝酸钙晶体($C_3AH_6$)、水化硫铝酸钙晶体(高硫型 AFt,低硫型 AFm)、水化铁酸钙凝胶(C—F—H)。

2)硅酸盐水泥的凝结硬化过程

硅酸盐水泥加水拌和后成为可塑性的浆体。随着时间的推移,其塑性逐渐降低,直至最后失去塑性,这个过程称为水泥的凝结。随着水化的深入进行,水化产物不断增多,形成的空间网状结构更加密实,水泥浆体便产生强度,即达到了硬化。水泥的凝结硬化是一个连续不断的过程,其发展的四个时期及内容见表 1-3-7。

**水泥凝结硬化发展的四个时期及其内容**　　　　表 1-3-7

| 序号 | 时期名称 | 时期内容 |
|---|---|---|
| 1 | 初始反应期 | 水泥颗粒与水接触,发生化学反应,生成水化产物,组成水泥—水—水化产物混合体系 |
| 2 | 诱导期 | 初始反应期的水化产物迅速扩散到水中,逐渐形成水化产物的饱和溶液,并在水泥颗粒表面或周围析出,形成水化物膜层,使得水化反应进行较缓慢,这期间,水泥颗粒仍然分散,水泥浆还保持有良好的可塑性 |
| 3 | 凝结期 | 随着水化的继续进行,水化产物不断生成并析出,自由水分逐渐减少,水化产物颗粒互相接触并黏结在一起形成网状结构,水泥浆体逐渐变稠,失去可塑性 |
| 4 | 硬化期 | 水化反应进一步进行,水化产物不断生成、长大并填充毛细孔,使整个体系更加紧密,水泥浆体逐渐硬化,强度随时间不断增长 |

水泥强度随龄期增长而不断增长。硅酸盐系列水泥,在 3～7d 龄期范围内,强度增长速度快;在 7～28d 龄期范围内,强度增长速度较快;28d 以后,强度增长速度逐渐下降,但只要环境温度和湿度适宜,在几年甚至几十年后,水泥石强度仍会缓慢增长。

水泥的凝结硬化速度,主要与熟料矿物的组成有关,另外,还与水泥细度、加水量、硬化时的温度、湿度、养护龄期等因素有关。水泥细度越大,比表面积越大,水化速度越快,凝结就越快。一定质量的水泥,加水量越大,水泥浆越稀,凝结硬化越慢。当温度越高时,水泥的水化反应加速,凝结硬化越快;当温度低于 0℃时,水泥的水化反应基本停止。水泥石表面长期保持潮湿,可减少水分蒸发,有利于水泥的水化,表面不易产生收缩裂纹,有利于水泥石的强度发展。

3）水泥石的结构

水泥石主要由凝胶体、晶体、孔隙、水、空气和未水化的水泥颗粒等组成，存在固相、液相和气相。因此，硬化后的水泥石是一种多相多孔体系，如图1-3-2所示。

水泥石的结构（水化产物的种类及相对含量、孔的结构）对其性能影响最大。对于同种水泥，水泥石的性能主要取决于孔的结构，包括孔的尺寸、形状、数量和分布状态等。一定质量的水泥，水化需水量一定，其加水量越大（水灰比越大），水化后剩余的水分越多，水泥石中毛细孔所占的比例就越大，水泥石的强度和耐久性则越低。

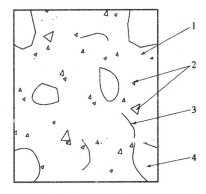

图1-3-2 水泥石的结构
1-凝胶体（C—S—H凝胶，水化铁酸钙凝胶）；2-晶体（氢氧化钙、水化铝酸钙、水化硫铝酸钙）；3-孔隙（毛细孔、凝胶孔、气孔等）；4-未水化的水泥颗粒

**4. 水泥石的腐蚀及防止**

水泥石在使用过程中，受到各种腐蚀性介质的作用，其结构遭到破坏，强度降低、耐久性下降，甚至发生破坏的现象，称为水泥石的腐蚀。

引起水泥石腐蚀的原因主要有内因和外因两个方面。内因在于水泥石内部存在容易引起腐蚀的水化产物[如$Ca(OH)_2$和$3CaO \cdot Al_2O_3 \cdot 6H_2O$]以及水泥石内存在的孔隙。外因是水泥石外部存在腐蚀性介质。水泥石腐蚀的形式主要有四种。

1）软水腐蚀（Leaching Corrosion）

雨水、雪水及许多河水和湖水均属于软水（重碳酸盐含量低的水）。软水腐蚀又称溶出性侵蚀。当水泥石长期处于软水中时，水泥石中的$Ca(OH)_2$逐渐溶于水中。由于$Ca(OH)_2$的溶解度较小，仅微溶于水，因此，在静止和无水压的情况下，$Ca(OH)_2$很容易在周围溶液中达到饱和，使溶解反应停止，不会对水泥石产生较大的破坏作用，但在流动水中，溶解的$Ca(OH)_2$被流动水带走，水泥石中的$Ca(OH)_2$继续不断地溶解于水。随着侵蚀不断增加，水泥石中$Ca(OH)_2$含量降低，还会使水化硅酸钙、水化铝酸钙等水化产物分解，引起水泥石结构破坏和强度降低。

2）酸类腐蚀（Acid Corrosion）

酸腐蚀又称为溶解性化学腐蚀，是指水泥石中氢氧化钙与碳酸以及一般酸发生中和反应，形成可溶性盐类的腐蚀。

（1）碳酸腐蚀。在某些工业废水、地下水和沼泽水中，常溶解有$CO_2$及其盐类，它们会与水泥石中的$Ca(OH)_2$发生化学反应。

$$CO_2 + H_2O + Ca(OH)_2 = CaCO_3 + 2H_2O$$

当水中的$CO_2$含量较低时，由于$CaCO_3$沉淀到水泥石表面的孔隙中而使腐蚀停止；当水中的$CO_2$含量较高时，上述反应还会继续进行。

$$CaCO_3 + CO_2 + H_2O = Ca(HCO_3)_2$$

生成的碳酸氢钙易溶于水，造成水泥石密实度下降，强度降低，甚至结构破坏。

（2）一般酸腐蚀。水泥石处于工业废水、地下水或沼泽水等含有无机酸和有机酸的水中，水泥石中$Ca(OH)_2$与$H^+$发生中和反应，形成可溶性盐类，使水泥石强度降低。

3）盐类腐蚀（Salt Corrosion）

（1）硫酸盐腐蚀（Sulfate Corrosion）。通过海湾、沼泽或跨越污染河流的线路，沿线桥涵墩台，有时会受到海水、沼泽水、工业污水的侵蚀，这时如水中含有碱性硫酸盐，就会与水泥石中

的 $Ca(OH)_2$ 作用形成硫酸钙,而生成的硫酸钙又会与硬化水泥石中的水化铝酸钙反应生成高硫型的水化硫铝酸钙,即钙矾石,内部含有大量的结晶水,比原有水泥石体积增大大约 1.5 倍,造成膨胀性破坏,也将其称为"水泥杆菌"。反应式如下:

$$Na_2SO_4 + Ca(OH)_2 + 2H_2O \Longrightarrow CaSO_4 \cdot 2H_2O + 2NaOH$$

$$3CaO \cdot Al_2O_3 \cdot 6H_2O + 3(CaSO_4 \cdot 2H_2O) + 19H_2O \Longrightarrow 3CaO \cdot Al_2O_3 \cdot 3CaSO_4 \cdot 31H_2O$$

当水中硫酸盐浓度较高时,所生成的硫酸钙还会在孔隙中直接结晶成二水石膏,会产生明显的体积膨胀而导致破坏。

(2)镁盐腐蚀(Magnesium Salt Corrosion)。在海水、地下水中常含有大量镁盐,主要是氯化镁和硫酸镁,均可以与水泥石中的氢氧化钙发生置换反应。所生成的氢氧化镁松散且无胶结力,氯化钙又易溶于水,所以导致水泥石结构破坏。

$$MgCl_2 + Ca(OH)_2 \Longrightarrow CaCl_2 + Mg(OH)_2$$

当硫酸镁与水泥石接触时,将产生下列反应:

$$MgSO_4 + Ca(OH)_2 + 2H_2O \Longrightarrow CaSO_4 \cdot 2H_2O + Mg(OH)_2$$

所生成的氢氧化镁松散且无胶结力,而生成的石膏又会进一步对水泥石产生硫酸盐腐蚀,故其破坏性极大,又称双重腐蚀。

4)强碱腐蚀(Alkali Corrosion)

当介质中碱含量较低时,对水泥石不会产生腐蚀;当介质中碱含量高且水泥石中水化铝酸钙含量较高时,会发生以下反应:

$$3CaO \cdot Al_2O_3 \cdot 6H_2O + 2NaOH \Longrightarrow Na_2O \cdot Al_2O_3 + 3Ca(OH)_2 + 4H_2O$$

由于生成的 $Na_2O \cdot Al_2O_3$ 极易溶于水,造成水泥石密实度下降,强度和耐久性降低。当水泥石受到干湿交替作用时,进入水泥石内部的 NaOH 与空气中的 $CO_2$ 作用生成 $Na_2CO_3$,并在毛细孔内结晶析出,使水泥石发生膨胀而开裂。

为了减少水泥石腐蚀,可采取以下措施:

(1)根据侵蚀环境的特点,合理选择水泥品种。选择含硅酸三钙少的水泥,或者选用水泥熟料中铝酸三钙含量小于 5% 的水泥,或者选用掺混合材料的硅酸盐水泥等,均可不同程度地提高水泥石的抗腐蚀性能。

(2)提高水泥石的密实度。水泥石的密实度越大,孔隙率越小,气孔和毛细孔等孔隙越少,则腐蚀性介质难以进入水泥石内部,可提高水泥石的抗腐蚀性能。

(3)在水泥石表面作保护层。用耐腐蚀的石料、陶瓷、塑料、沥青等覆盖水泥石表面,可以阻止腐蚀性介质与水泥石直接接触和侵入水泥石内部,达到防止腐蚀的目的。

**5.硅酸盐水泥的技术性质及技术标准**

根据标准《通用硅酸盐水泥》(GB 175—2007)规定,对硅酸盐水泥的技术要求如下。

1)化学指标

(1)氧化镁含量。在水泥熟料中,存在游离的氧化镁。它的水化速度很慢,而且水化产物为氢氧化镁,氢氧化镁能产生体积膨胀,可以导致水泥石结构裂缝甚至破坏。因此,氧化镁是引起水泥安定性不良的原因之一。

(2)三氧化硫含量。水泥中的三氧化硫主要是生产水泥的过程中掺入的石膏,或者是煅烧水泥熟料时加入的石膏矿化剂带入的。如果石膏掺量超出一定限度,在水泥硬化后,它会继续水化并产生膨胀,导致结构物破坏。因此,三氧化硫也是引起水泥安定性不良的原因之一。

(3)烧失量。水泥煅烧不理想或者受潮后,会导致烧失量增加,因此,烧失量是检验水泥质量的一项指标。烧失量的测定方法是以水泥试样在950～1000℃下灼烧15～20min,冷却至室温称量。如此反复灼烧,直到恒重,计算灼烧前后水泥质量损失百分率。

(4)不溶物含量。水泥中不溶物主要是指煅烧过程中存留的残渣,其含量会影响水泥的黏结质量。水泥中不溶物的测定是用盐酸溶解滤去不溶残渣,经碳酸钠处理再用盐酸中和,高温灼烧到恒重后称量,灼烧后不溶物质量占试样总质量的比例即为不溶物。

(5)氯离子含量。水泥混凝土是碱性的,钢筋氧化保护膜也为碱性,故一般情况下,在水泥混凝土中的钢筋不致锈蚀,但如果水泥中氯离子含量较高,氯离子会强烈促进锈蚀反应,破坏保护膜,加速钢筋锈蚀。

硅酸盐水泥化学指标应符合表1-3-8规定。

硅酸盐水泥化学指标规定(%) 表1-3-8

| 品　种 | 代　号 | 不　溶　物 | 烧　失　量 | 三氧化硫 | 氧　化　镁 | 氯　离　子 |
|---|---|---|---|---|---|---|
| 硅酸盐水泥 | P·Ⅰ | ≤0.75 | ≤3.0 | ≤3.5 | ≤5.0 | ≤0.06 |
| | P·Ⅱ | ≤1.50 | ≤3.5 | | | |

注:1. 如果水泥压蒸试验合格,则水泥中氧化镁的含量允许放宽至6.0%。

　　2. 当有更低要求时,氯离子含量由买卖双方确定。

(6)碱含量(选择性指标)。水泥中的碱含量由 $Na_2O+0.658K_2O$ 计算值表示。若水泥中的碱含量高,就可能会产生碱—集料反应,从而导致混凝土产生膨胀破坏。因此,当使用活性集料时,应采用低碱水泥,碱含量应不大于0.6%,或由供需双方商定。

2)物理指标

(1)细度(Fineness,选择性指标)。细度指水泥颗粒的粗细程度。水泥颗粒的粗细,直接影响水化反应速度、活性和强度。颗粒越细,其比表面积越大,与水接触反应的表面积越大,水化反应快且较完全,水泥的早期强度越高,在空气中硬化收缩较大,成本也越高;颗粒过粗,不利于水泥活性的发挥。水泥细度用负压筛析仪(图1-3-3)或比表面积测定仪(图1-3-4)测定。筛析法是以 $80\mu m$ 或 $45\mu m$ 的方孔筛筛余不得超过10%或30%。比表面积法是以1kg的水泥所具有的总表面积。硅酸盐水泥的细度要求见表1-3-9。

图1-3-3　水泥负压筛析仪

图1-3-4　全自动比表面积测定仪

(2)标准稠度用水量(Water Consumption for Standard Consistency)。为使水泥凝结时间和安定性的测定结果具有可比性,在测定时,必须采用标准稠度的水泥净浆。水泥标准稠度用

33

水量是指水泥净浆达到标准稠度时的用水量，以水占水泥质量的百分数表示。采用标准法测定时，以试杆沉入水泥净浆并距底板 6mm±1mm 的净浆为"标准稠度"。图 1-3-5 为水泥标准稠度仪（维卡仪）。

（3）凝结时间（Setting Time）。凝结时间分为初凝时间和终凝时间。初凝时间是从加水至水泥浆开始失去塑性的时间；终凝时间是从加水至水泥浆完全失去塑性的时间。水泥的凝结时间用凝结时间测定仪测定。国家标准规定，从水泥加入拌和水中起，至试针沉入标准稠度的水泥净浆中，并距底板 4mm±1mm 时所经历的时间为初凝时间；从水泥加入拌和水中起至试针沉入水泥净浆 0.5mm 时所经历的时间为终凝时间，如图 1-3-6 所示。

水泥的凝结时间在施工中有着重要意义。初凝时间不宜过早，是为了有足够时间进行施工操作，如搅拌、运输、浇筑和成型等。终凝时间不宜过迟，主要是为了使水泥尽快凝结，减少水分蒸发，有利于水泥性能的提高，同时也有利于下一道工序及早进行。硅酸盐水泥的凝结时间要求见表 1-3-9。

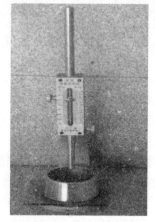

图 1-3-5 标准法维卡仪

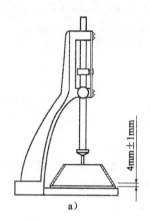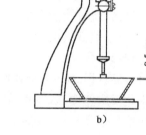

图 1-3-6 初凝与终凝测试示意图
a）初凝；b）终凝

硅酸盐水泥物理指标                                        表 1-3-9

| 品　　种 | 细度（比表面积）（m²/kg） | 凝结时间（min） | | 安定性（沸煮法） | 强　　度 |
| --- | --- | --- | --- | --- | --- |
| | | 初　　凝 | 终　　凝 | | |
| 硅酸盐水泥 | ≥300 | ≥45 | ≤390 | 必须合格 | 见表 1-3-10 |
| 备注 | 细度为选择性指标 | | | | |

（4）体积安定性（Soundness）。体积安定性指水泥浆体硬化后体积变化的稳定性。水泥在硬化过程中体积变化不稳定，即为体积安定性不良。安定性不良的水泥，在水泥硬化过程中或硬化后产生不均匀的体积膨胀，导致水泥制品、混凝土构件产生膨胀开裂，甚至崩溃，引起严重的工程事故。

水泥安定性不良的原因是熟料中含有过量的游离氧化钙（f-CaO）或游离氧化镁（f-MgO），或生产水泥时掺入的石膏过量所致。上述成分均在水泥硬化后开始或继续进行水化反应，其水化产物均会产生体积膨胀而使水泥石开裂。

由游离氧化镁（f-MgO）引起的水泥安定性不良需用压蒸法才能检验出来，由于石膏过量所致的水泥安定性不良需长期在水中才可检测。因此，国家标准对其含量在出厂时进行了限定。而游离氧化钙(f-CaO)引起的水泥安定性不良则用沸煮法进行检验。所谓沸煮法,包括试饼法和雷氏法两种。试饼法是将标准稠度水泥净浆抹成试饼。沸煮3h后,若用肉眼观察未发现裂纹,用直尺检查没有弯曲现象,则成为安定性合格;雷氏法是测定标准稠度水泥净浆在雷氏夹中沸煮前后的膨胀值,若膨胀值未超过规定值,则认为安定性合格。当雷氏法与试饼法两者结论有矛盾时,以雷氏法为准。图1-3-7为雷氏夹及膨胀值测定仪。

硅酸盐水泥的安定性要求见表1-3-9。

(5)强度等级(Strength)。水泥的强度是评定其质量的重要指标。国家标准《水泥胶砂强度检验方法(ISO法)》(GB/T 17671—1999)规定,水泥和标准砂按1:3.0,水灰比为0.50,用标准制作方法制成40mm×40mm×160mm的标准试件。

在标准养护条件[温度为20℃±1℃,相对湿度90%以上的空气中带模(图1-3-8)养护;1d以后拆模,放入20℃±1℃的水中养护]下,测定其达到规定龄期(3d,28d)的抗折强度和抗压强度,即为水泥的胶砂强度。用规定龄期的抗折强度和抗压强度划分水泥的强度等级。硅酸盐水泥的强度等级划分为42.5、42.5R、52.5、52.5R、62.5、62.5R;其中,R型水泥为早强型,主要是3d强度较同强度等级水泥高。硅酸盐水泥各龄期的强度不得低于表1-3-10所示数值。

图1-3-7 雷氏夹及膨胀值测定仪

图1-3-8 水泥胶砂强度三联试模

硅酸盐水泥各龄期的强度值　　　　　　　　　　　　　　　表1-3-10

| 品　　种 | 强度等级 | 抗压强度(MPa) | | 抗折强度(MPa) | |
| --- | --- | --- | --- | --- | --- |
| | | 3d | 28d | 3d | 28d |
| 硅酸盐水泥 | 42.5 | ≥17.0 | ≥42.5 | ≥3.5 | ≥6.5 |
| | 42.5R | ≥22.0 | | ≥4.0 | |
| | 52.5 | ≥23.0 | ≥52.5 | ≥4.0 | ≥7.0 |
| | 52.5R | ≥27.0 | | ≥5.0 | |
| | 62.5 | ≥28.0 | ≥62.5 | ≥5.0 | ≥8.0 |
| | 62.5R | ≥32.0 | | ≥5.5 | |

3)合格品和不合格品的规定

水泥中不溶物、烧失量、三氧化硫、氧化镁、氯离子、凝结时间、安定性、强度各指标均符合《通用硅酸盐水泥》(GB 175—2007)规定的为合格品。若其中有一项不符合标准规定的则为不合格品。碱含量和细度为选择性指标,不作为评定水泥是否合格的依据。

【工程实例】 某立窑水泥厂生产的普通硅酸盐水泥游离氧化钙含量较高,加水拌和后初凝时间仅 40min,本属于不合格品,但放置 1 个月后,凝结时间又恢复正常,而强度下降,请分析原因。

原因分析:

(1)该立窑水泥厂的普通硅酸盐水泥游离氧化钙含量较高,该氧化钙相当部分的煅烧温度较低。加水拌和后,水与氧化钙迅速反应生成氢氧化钙,并放出水化热,加速了其他熟料矿物的水化速度。从而产生了较多的水化产物,使凝结时间较短。

(2)水泥放置一段时间后,吸收了空气中的水汽,大部分氧化钙生成氢氧化钙,或进一步与空气中的二氧化碳反应,生成碳酸钙。故此时加入拌和水后,其他水泥熟料矿物与空气中的水汽反应,凝结时间又恢复了正常,而强度产生了下降。

6.硅酸盐水泥的性能及应用

1)早期强度高

硅酸盐水泥凝结硬化快,早期强度和强度等级都高,可用于对早期强度有要求的工程,如现浇混凝土楼板、梁、柱、预制混凝土构件;也可用于预应力混凝土结构和高强混凝土工程。

2)水化热大、抗冻性较好

硅酸盐水泥水化热较大,因此有利于冬季施工,但不宜用于大体积混凝土工程(一般指长、宽、高均在 1m 以上),因为容易在混凝土构件内部聚集较大的热量,产生温度应力,造成混凝土结构破坏。

硅酸盐水泥石结构密实且早期强度高,所以抗冻性好,适用于严寒地区遭受反复冻融的工程及抗冻性要求较高的工程。

3)干缩小、耐磨性好

硅酸盐水泥硬化时干缩小,不易产生干缩裂缝。一般可用于干燥环境工程。由于干缩小,表面不易起粉,因此耐磨性较好,可用于道路工程中。但早强型(R 型)硅酸盐水泥由于水化热大,凝结时间短,不利于混凝土远距离输送或高温季节施工,只适用于快速抢修工程和冬季施工。

4)抗碳化性能较好

水泥石中的氢氧化钙与空气中的二氧化碳和水作用生成碳酸钙的过程称为碳化。碳化会引起水泥石内部的碱度降低。当水泥石中的碱度降低时,钢筋混凝土中的钢筋便失去钝化保护膜而锈蚀。硅酸盐水泥硬化后水泥石中含有较多的氢氧化钙,碳化时水泥的碱度降低少,对钢筋的保护作用强,因此,可用于空气中二氧化碳浓度较高的环境中,如热处理车间等。

5)耐腐蚀性差

硅酸盐水泥硬化后水泥石中含有大量的氢氧化钙和水化铝酸钙,因此,其耐软水和耐化学腐蚀性差,不能用于海港工程和抗硫酸盐工程等。

6)耐热性差

当水泥石处于 250～300℃的高温环境时,其中的水化硅酸钙开始脱水,体积收缩,强度下降。氢氧化钙在 600℃以上会分解成氧化钙和二氧化碳,高温后的水泥石受潮时,生成的氧化钙与水作用,体积膨胀,造成水泥石的破坏,因此硅酸盐水泥不宜用于温度高于 250℃的耐热混凝土工程,如工业窑炉和高炉的基础。

**【工程实例】** 某大体积的混凝土工程,浇筑两周后拆模,发现挡墙有多道贯穿型的纵向裂缝。该工程使用某立窑水泥厂生产 42.5Ⅱ型硅酸盐水泥,其熟料矿物组成如下:$C_3S$ 61%,$C_2S$ 14%,$C_3A$ 14%,$C_4AF$ 11%。

原因分析:

由于该工程所使用的水泥 $C_3A$ 和 $C_3S$ 含量高,导致该水泥的水化热高,且在浇筑混凝土中,混凝土的整体温度高,以后混凝土温度随环境温度下降,混凝土产生冷缩,造成混凝土贯穿型的纵向裂缝。

## 二 普通硅酸盐水泥(Ordinary Portland Cement)

普通硅酸盐水泥的代号为 P·O,加入了>5%且≤20%的活性混合材料,并允许不超过水泥质量的8%的非活性混合材料或不超过水泥质量的5%的窑灰代替部分活性混合材料。

(1)普通硅酸盐水泥的技术指标见表 1-3-11、表 1-3-12 和表 1-3-13。

普通硅酸盐水泥化学指标规定(%)　　　　　　表 1-3-11

| 品　种 | 烧失量 | 三氧化硫 | 氧化镁 | 氯离子 | 碱含量(选择性指标) |
|---|---|---|---|---|---|
| 普通硅酸盐水泥 | ≤5.0 | ≤3.5 | ≤5.0 | ≤0.06 | 同硅酸盐水泥要求 |

注:1. 如果水泥压蒸试验合格,则水泥中氧化镁的含量允许放宽至 6.0%。

2. 当有更低要求时,氯离子含量由买卖双方确定。

普通硅酸盐水泥物理指标规定　　　　　　表 1-3-12

| 品　种 | 细度(比表面积)(m²/kg) | 凝结时间(min) | | 安定性(沸煮法) | 强　度 |
|---|---|---|---|---|---|
| | | 初　凝 | 终　凝 | | |
| 普通硅酸盐水泥 | ≥300 | ≥45 | ≤600 | 必须合格 | 见表 1-3-13 |
| 备注 | 细度为选择性指标 | | | | |

普通硅酸盐水泥各龄期的强度值　　　　　　表 1-3-13

| 品　种 | 强度等级 | 抗压强度(MPa) | | 抗折强度(MPa) | |
|---|---|---|---|---|---|
| | | 3d | 28d | 3d | 28d |
| 普通硅酸盐水泥 | 42.5 | ≥17.0 | ≥42.5 | ≥3.5 | ≥6.5 |
| | 42.5R | ≥22.0 | | ≥4.0 | |
| | 52.5 | ≥23.0 | ≥52.5 | ≥4.0 | ≥7.0 |
| | 52.5R | ≥27.0 | | ≥5.0 | |

火山灰硅酸盐水泥、粉煤灰硅酸盐水泥、复合硅酸盐水泥和掺火山灰混合材料的普通硅酸盐水泥在进行胶砂强度检验时,其用水量按 0.50 水灰比和胶砂流动度不小于 180mm 来确定。当流动度小于 180mm 时,须以 0.01 的整倍数递增的方法将水灰比调整至胶砂流动度不小于 180mm。

(2)普通硅酸盐水泥的性能及应用。普通硅酸盐水泥由于掺加的混合材料较少,因此其性能与硅酸盐水泥基本相同。只是强度等级、水化热、抗冻性、耐磨性、抗碳化性等方面较硅酸盐水泥有所降低,耐腐蚀性、耐热性有所提高。其应用范围与硅酸盐水泥大致相同。普通硅酸盐水泥是土木工程中应用最广泛的水泥品种之一。

## 三 大量掺混合材料的硅酸盐水泥

1. 大量掺混合材料的硅酸盐水泥品种

1)矿渣硅酸盐水泥(Slag Portland Cement)

矿渣硅酸盐水泥分为两种类型,若加入>20%且≤50%粒化高炉矿渣混合材料的为 A 型,代号 P·S·A;加入>50%且≤70%粒化高炉矿渣混合材料的为 B 型,代号 P·S·B。其中,允许不超过水泥质量的 8%的活性混合材料、非活性混合材料和窑灰中的任一种材料代替部分矿渣。

2)火山灰硅酸盐水泥(Pozzolanic Portland Cement)

火山灰硅酸盐水泥代号 P·P,其中,加入了>20%且≤40%的火山灰混合材料。

3)粉煤灰硅酸盐水泥(Fly Ash Portland Cement)

粉煤灰硅酸盐水泥代号 P·F,其中,加入了>20%且≤40%的粉煤灰。

4)复合硅酸盐水泥(Composite Portland Cement)

复合硅酸盐水泥代号 P·C,其中,加入了两种(含)以上>20%且≤50%的混合材料,并允许用不超过水泥质量的 8%的窑灰代替部分混合材料,所用混合材料为矿渣时,其掺加量不得与矿渣硅酸盐水泥重复。

2. 大量掺混合材料的硅酸盐水泥技术指标

技术指标见表 1-3-14、表 1-3-15 和表 1-3-16。

大量掺混合材料的硅酸盐水泥化学指标规定(%)　　　　表 1-3-14

| 品　　种 | | 三氧化硫 | 氧化镁 | 氯离子 | 碱含量(选择性指标) |
|---|---|---|---|---|---|
| 矿渣硅酸盐水泥 | P·S·A | ≤4.0 | ≤6.0 | ≤0.06 | 同硅酸盐水泥要求 |
| | P·S·B | | — | | |
| 火山灰硅酸盐水泥<br>粉煤灰硅酸盐水泥<br>复合硅酸盐水泥 | | ≤3.5 | ≤6.0 | | |

注:1. 如果水泥压蒸试验合格,则水泥中氧化镁的含量允许放宽至 6.0%。
　　2. 当有更低要求时,氯离子含量由买卖双方确定。

大量掺混合材料的硅酸盐水泥物理指标规定　　　　表 1-3-15

| 品　　种 | 细度(%)(筛余率) | | 凝结时间(min) | | 安定性<br>(沸煮法) | 强　　度 |
|---|---|---|---|---|---|---|
| | 45μm 方孔筛 | 80μm 方孔筛 | 初凝 | 终凝 | | |
| 矿渣硅酸盐水泥<br>火山灰硅酸盐水泥<br>粉煤灰硅酸盐水泥<br>复合硅酸盐水泥 | ≤30 | ≤10 | ≥45 | ≤600 | 必须合格 | 见表 1-3-16 |
| 备注 | 细度为选择性指标 | | | | | |

**大量掺混合材料的硅酸盐水泥各龄期的强度值**　　　　表 1-3-16

| 品　　种 | 强度等级 | 抗压强度（MPa） | | 抗折强度（MPa） | |
|---|---|---|---|---|---|
| | | 3d | 28d | 3d | 28d |
| 矿渣硅酸盐水泥<br>火山灰硅酸盐水泥<br>粉煤灰硅酸盐水泥<br>复合硅酸盐水泥 | 32.5 | ≥10.0 | ≥32.5 | ≥2.5 | ≥5.5 |
| | 32.5R | ≥15.0 | | ≥3.5 | |
| | 42.5 | ≥15.0 | ≥42.5 | ≥3.5 | ≥6.5 |
| | 42.5R | ≥19.0 | | ≥4.0 | |
| | 52.5 | ≥21.0 | ≥52.5 | ≥4.0 | ≥7.0 |
| | 52.5R | ≥23.0 | | ≥4.5 | |

第一篇　单元三

水　泥

3. 大量掺混合材料的硅酸盐水泥水化特点

大量掺混合材料的硅酸盐水泥的水化主要分两步进行，首先是水泥熟料的水化，即水化生成水化硅酸钙、氢氧化钙、水化铝酸钙、水化铁酸钙等。然后是活性混合材料开始水化。熟料矿物析出的氢氧化钙作为碱性激发剂，石膏作为硫酸盐激发剂，促使混合材料中的活性氧化硅和活性氧化铝的活性发挥，生成水化硅酸钙、水化铝酸钙和水化硫铝酸钙等一些水硬性物质。

4. 大量掺混合材料的硅酸盐水泥的性能及应用

这四种水泥因为都加入了大量的混合材料，所以其性能有很多共同点，主要表现在以下几个方面：

1）早期强度发展慢，后期强度增长快

由于熟料含量较少，故早期水化产物也相应减少，凝结硬化速度慢；又因为熟料水化之后可以进行二次水化，所以后期强度增长较快，甚至可超过同强度等级的硅酸盐水泥，该水泥不适用于早期强度要求高的工程，如现浇混凝土楼板、梁、柱等。

2）放热速度慢、水化热较低

水泥中掺了大量的混合材料，熟料含量少，则放热量高的 $C_3A$、$C_3S$ 量相应减少。因此水化速度慢，放热量少，适合用于大体积工程。

3）耐腐蚀性好，抗碳化能力差

由于二次水化消耗了大量的氢氧化钙，碱度低，因此抗碳化能力较差，对防止钢筋锈蚀不利，不宜用于重要的钢筋混凝土结构和预应力混凝土，但抗软水和海水侵蚀的能力较强，可用于有耐腐蚀要求的海港、水工等混凝土工程。

4）硬化时对温度、湿度敏感性强

当温度、湿度低时，凝结硬化慢，故不适合冬季施工，但在湿热条件下，可加速二次反应，28d 的强度可提高 10%～20%。特别适合蒸汽养护的混凝土预制构件。

5）抗冻性、耐磨性差

与硅酸盐水泥相比，由于加入了较多的混合材料，用水量增大，水泥石中孔隙较多，故抗冻性、耐磨性较差，不宜用于受反复冻融作用的工程及有耐磨要求的工程。

这四种水泥除上述的共性外，由于掺加的混合材料的种类和数量不同，又有各自的一些特点：

1）矿渣硅酸盐水泥

由于矿渣硅酸盐水泥硬化后氢氧化钙含量低，矿渣本身又有一定的耐高温性，所以矿渣水泥具有较好的耐热性。适用于高温环境，如轧钢、铸造等高温车间的高温窑炉基础及温度达到

39

300～400℃的热气体通道等耐热工程。同时，由于矿渣为玻璃体结构，呈多棱角状，所以矿渣水泥保水性差，易产生泌水、干缩性较大，不适用于有抗渗要求的混凝土工程。

2）火山灰硅酸盐水泥

火山灰硅酸盐水泥需水量大，在硬化过程中的干缩较矿渣水泥更为显著，在干热环境中易产生干缩裂缝。因此，火山灰水泥不适用于干燥环境中的混凝土工程，使用时必须加强养护，使其在较长时间内保持潮湿状态。

火山灰水泥颗粒较细，泌水性小，故具有较高的抗渗性，适用于有一般抗渗要求的混凝土工程。

3）粉煤灰硅酸盐水泥

粉煤灰颗粒多呈球形玻璃体结构，比较稳定，吸水率小，因而粉煤灰硅酸盐水泥干缩性较小，抗裂性好，用其配制的混凝土和易性好。但其早期强度较其他掺和材料的水泥低。所以，粉煤灰水泥适用于承受荷载较迟的工程，尤其适用于大体积工程。

4）复合硅酸盐水泥

复合硅酸盐水泥由于掺入了两种或以上的混合材料，可以明显地改善水泥的性能，克服了掺加单一混合材料的弊端，有利于水泥的使用与施工。因此，复合硅酸盐水泥的用途较硅酸盐水泥、矿渣硅酸盐水泥等更为广泛，是一种大力发展的新型水泥。

## 四 水泥的应用与储运

**1. 通用硅酸盐水泥的选用原则**

通用硅酸盐水泥是土木工程中广泛使用的水泥品种。为方便查阅与选用，现将其特点及选用原则见表 1-3-17 和表 1-3-18，以供参考。

通用硅酸盐水泥的特点及适用范围

表 1-3-17

| 水泥品种 | 主要特性 | | 适用范围 | |
|---|---|---|---|---|
| | 优点 | 缺点 | 适用于 | 不适用于 |
| 硅酸盐水泥 | (1)强度等级高；<br>(2)快硬、早强；<br>(3)抗冻性好，耐磨性和不透水性强 | (1)水化热高；<br>(2)耐热性较差；<br>(3)耐蚀性较差 | (1)配制高强混凝土；<br>(2)生产预制构件；<br>(3)道路、低温下施工的工程 | (1)大体积混凝土；<br>(2)地下工程；<br>(3)受化学侵蚀的工程 |
| 普通硅酸盐水泥 | 与硅酸盐水泥性能基本相似，有以下特点：<br>(1)早期强度略低；<br>(2)抗冻性、耐磨性稍有下降；<br>(3)低温凝结时间有所延长；<br>(4)抗硫酸盐侵蚀能力有所增强 | | 适应性较强，如无特殊要求的工程都可以使用，是应用最广泛的水泥品种之一 | |
| 矿渣硅酸盐水泥 | (1)水化热较低；<br>(2)抗硫酸盐侵蚀性好；<br>(3)蒸汽养护适应性好；<br>(4)耐热性较好 | (1)早期强度较低，后期强度增长较快；<br>(2)保水性差；<br>(3)抗冻性较差 | (1)地面、地下、水中的混凝土工程；<br>(2)高温车间建筑；<br>(3)采用蒸汽养护的预制构件 | 需要早强和受冻融循环，干湿交替的工程 |

| 水泥品种 | 主要特性 | | 适用范围 | |
|---|---|---|---|---|
| | 优点 | 缺点 | 适用于 | 不适用于 |
| 火山灰硅酸盐水泥 | (1)保水性较好；<br>(2)水化热低；<br>(3)抗硫酸盐侵蚀能力强 | (1)早期强度较低,后期强度增长较快；<br>(2)需水性大,干缩性大；<br>(3)抗冻性差 | (1)地下、水下工程、大体积混凝土工程；<br>(2)一般工业与民用建筑工程 | 需要早强和受冻融循环,干湿交替的工程 |
| 粉煤灰硅酸盐水泥 | (1)水化热较低；<br>(2)抗硫酸盐侵蚀性能好；<br>(3)保水性好；<br>(4)需水性和干缩率较小 | (1)早期强度比矿渣水泥还低；<br>(2)其余同火山灰水泥 | (1)大体积混凝土和地下工程；<br>(2)一般工业与民用建筑工程 | (1)对早期强度要求较高的工程；<br>(2)低温环境下施工而无保温措施的工程 |
| 复合硅酸盐水泥 | (1)早期强度较高；<br>(2)和易性较好；<br>(3)易于成型 | (1)需水性较大；<br>(2)耐久性不及普通水泥混凝土 | (1)一般混凝土工程；<br>(2)配制砌筑、抹面砂浆等 | 需要早强和受冻融循环、干湿交替的工程 |

**通用硅酸盐水泥的选用**                                                   表 1-3-18

| 混凝土工程特点及所处环境特点 | | 优先选用 | 可以选用 | 不宜选用 |
|---|---|---|---|---|
| 普通混凝土 | 1 | 在一般环境中的混凝土 | 普通硅酸盐水泥 | 矿渣硅酸盐水泥、火山灰硅酸盐水泥、粉煤灰硅酸盐水泥、复合硅酸盐水泥 | |
| | 2 | 在干燥环境中的混凝土 | 普通硅酸盐水泥 | 矿渣硅酸盐水泥 | 火山灰硅酸盐水泥、粉煤灰硅酸盐水泥 |
| | 3 | 在高温环境中或长期处于水中的混凝土 | 矿渣硅酸盐水泥、火山灰硅酸盐水泥、粉煤灰硅酸盐水泥、复合硅酸盐水泥 | 普通硅酸盐水泥 | |
| | 4 | 厚大体积混凝土 | 矿渣硅酸盐水泥、火山灰硅酸盐水泥、粉煤灰硅酸盐水泥、复合硅酸盐水泥 | | 硅酸盐水泥 |
| 有特殊要求的混凝土 | 1 | 要求快硬、高强(>C40)的混凝土 | 硅酸盐水泥 | 普通硅酸盐水泥 | 矿渣硅酸盐水泥、火山灰硅酸盐水泥、粉煤灰硅酸盐水泥、复合硅酸盐水泥 |
| | 2 | 严寒地区的露天混凝土(寒冷地区处于水位升降范围的混凝土) | 普通硅酸盐水泥 | 矿渣硅酸盐水泥(强度等级>32.5) | 火山灰硅酸盐水泥、粉煤灰硅酸盐水泥 |
| | 3 | 严寒地区处于水位升降范围的混凝土 | 普通硅酸盐水泥 | | 矿渣硅酸盐水泥、火山灰硅酸盐水泥、粉煤灰硅酸盐水泥、复合硅酸盐水泥 |

| 混凝土工程特点及所处环境特点 | | 优先选用 | 可以选用 | 不宜选用 |
|---|---|---|---|---|
| 有特殊要求的混凝土 | 4 | 有抗渗要求的混凝土 | 普通水泥、火山灰硅酸盐水泥 | | 矿渣硅酸盐水泥 |
| | 5 | 有耐磨要求的混凝土 | 硅酸盐硅酸盐水泥、普通硅酸盐水泥 | 矿渣硅酸盐水泥（强度等级>32.5） | 火山灰硅酸盐水泥、粉煤灰硅酸盐水泥 |
| | 6 | 受侵蚀介质作用的混凝土 | 矿渣硅酸盐水泥、火山灰硅酸盐水泥、粉煤灰硅酸盐水泥、复合硅酸盐水泥 | | 硅酸盐水泥 |

2.通用水泥的验收

水泥是一种有效期短,质量极容易变化的材料,同时又是工程结构最重要的胶凝材料。因此,对进入施工现场的水泥必须进行验收,以检测水泥是否合格。水泥的验收包括包装标志和数量的验收、检查出厂合格证和试验报告、复试、仲裁检验等四个方面。

1)包装标志和数量的验收

(1)包装标志的验收。水泥的包装方法有袋装和散装两种。散装水泥一般采用散装水泥输送车运输至施工现场,采用气动输送至散装水泥储仓中储存。散装水泥与袋装水泥相比,免去了包装,可减少纸或塑料的使用,符合绿色环保,且能节约包装费用,降低成本。散装水泥直接由水泥厂供货,质量容易保证。

图1-3-9 袋装水泥

袋装水泥采用多层纸袋或多层塑料编织袋进行包装。在水泥包装袋上应清楚地标明产品名称,代号,净含量,强度等级,生产许可证编号,生产者名称和地址,出厂编号,执行标准号,包装年、月、日等主要包装标志。掺火山灰混合材料的普通硅酸盐水泥,必须在包装上标上"掺火山灰"字样。包装袋两侧应印有水泥名称和强度等级。硅酸盐水泥和普通硅酸盐水泥的印刷采用红色;矿渣硅酸盐水泥的印刷采用绿色;火山灰硅酸盐水泥、粉煤灰硅酸盐水泥和复合硅酸盐水泥的印刷采用黑色或蓝色(图1-3-9)。

散装水泥在供应时必须提交与袋装水泥标志相同内容的卡片。

(2)数量的验收。袋装水泥每袋净含量为50kg,且应不少于标志质量的99%;随机抽取20袋总质量(含包装袋)应不少于1000kg。其他包装形式由供需双方协商确定,但有关袋装质量要求,必须符合上述原则规定。

2)质量的验收

(1)检查出厂合格证和出厂检验报告。水泥出厂应有水泥生产厂家的出厂合格证(图1-3-10),内容包括厂别、品种、出厂日期、出厂编号和检验报告。检验报告内容应包括出厂检验项目、细度、混合材料品种和掺加量、石膏和助磨剂的品种及掺加量、属旋窑或立窑生产及合同约定的其他技术要求。当用户需要时,生产者应在水泥发出之日起7d内寄发除28d强度以外的各项试验结果。28d 强度数值,应在水泥发出日起 32d 内补报。

图 1-3-10　水泥出厂合格证

（2）交货与验收。水泥交货时的质量验收可抽取实物试样以其检验结果为依据,也可以生产者同编号水泥的检验报告为依据。采用何种方法验收由买卖双方商定,并在合同或协议中注明。以水泥厂同编号水泥的试验报告为验收依据时,在发货前或交货时,买方在同编号水泥中取样,双方共同签封后由卖方保存 90d;或认可卖方自行取样、签封并保存 90d 的同编号水泥的封存样。在 90d 内,买方对水泥质量有疑问时,则买卖双方应将共同认可的试样送省级或省级以上国家认可的水泥质量监督检验机构进行仲裁检验。

以抽取实物试样的检验结果为验收依据时,买卖双方应在发货前或交货地共同取样和签封。取样方法按 GB 12573 进行,取样数量为 20kg,缩分为二等份。一份由卖方保存 40d,一份由买方按《通用硅酸盐水泥》(GB 175—2007)规定的项目和方法进行检验。在 40d 以内,买方检验认为产品质量不符合相应标准要求,而卖方又有异议时,则双方应将卖方保存的另一份试样送有关监督检验机构进行仲裁检验。

3.水泥的保管

水泥进入施工现场后,必须妥善保管,一方面不使水泥变质,使用后能够确保工程质量;另一方面可以减少水泥的浪费,降低工程造价。保管时需注意以下几个方面。

（1）不同品种和不同强度等级的水泥要分别存放,并应用标牌加以明确标示。由于水泥品种不同,其性能差异较大,如果混合存放,容易导致混合使用,水泥性能可能会大幅度降低。

（2）防水防潮,做到"上盖下垫"。水泥临时库房应设置在通风、干燥、屋面不渗漏、地面排水通畅的地方。袋装水泥平放时,离地、离墙 200mm 以上堆放。

（3）堆垛不宜过高,一般不超过 10 袋,场地狭窄时最多不超过 15 袋。袋装水泥一般采用平放并叠放,堆垛过高,则上部水泥重力全部作用在下面的水泥上,容易使包装袋破裂而造成水泥浪费。

（4）储存期不能过长。通用水泥储存期不超过三个月,储存期若超过三个月,水泥会受潮结块,强度大幅度降低,从而会影响水泥的使用。过期水泥应按规定进行取样复验,并按复验结果使用,但不允许用于重要工程和工程的重要部位。

对于受潮水泥,可以进行处理,然后再使用。处理方法及适用范围见表 1-3-19。

通用硅酸盐水泥的选用　　　　　　　　　　　　　　表 1-3-19

| 受潮程度 | 处理办法 | 使用要求 |
| --- | --- | --- |
| 轻微结块,可用手捏成粉末 | 将粉块压碎 | 经试验后根据实际强度使用 |
| 部分结成硬块 | 将硬块筛除,粉块压碎 | 经试验后根据实际强度使用。用于受力小的部位、强度要求不高的工程或配制砂浆 |
| 大部分结成硬块 | 将硬块粉碎磨细 | 不能作为水泥使用,可作为混合材掺入新水泥使用(掺量应小于 25%) |

# 学习项目二 其他品种水泥

 **道路硅酸盐水泥**(Portland Cement for Road)

### 1. 定义

由道路硅酸盐水泥熟料、0%～10%活性混合材料和适量石膏磨细制成的水硬性胶凝材料，称为道路硅酸盐水泥（以下简称"道路水泥"）。

道路硅酸盐水泥熟料是以硅酸钙为主要成分并且含有较多的铁铝酸钙的水泥熟料。在道路硅酸盐水泥中，熟料的化学组成和硅酸盐水泥是完全相同的，只是水泥中的铝酸三钙的含量应不超过5.0%，铁铝酸四钙的含量不应小于16.0%。

含量适当成分的生料烧至部分熔融，所得以硅酸钙为主要成分较多。

### 2. 技术要求

根据国家标准《道路硅酸盐水泥》(GB 13693—2005)规定，道路硅酸盐水泥的技术要求见表1-3-20，强度要求不低于表1-3-21所示的数值。

**道路硅酸盐水泥的技术要求**　　　　　　　表1-3-20

| 项　目 | 技术要求 | 项　目 | 技术要求 |
|---|---|---|---|
| 游离氧化钙 | 旋窑生产≤1.0%；立窑生产≤1.6% | 细度 | 比表面积300～450m²/kg |
| 碱含量 | 如用户提出要求时由供需双方商定 | 凝结时间 | 初凝≥1.5h，终凝≤10h |
| 氧化镁 | ≤5.0% | 干缩率 | 28d干缩率≤0.1% |
| 三氧化硫 | ≤3.5% | 耐磨性 | 28d的磨耗量≤3.00% |
| 安定性 | 用沸煮法检验必须合格 | 强度 | 要求见表1-3-21 |

**道路硅酸盐各龄期的强度要求**　　　　　　　表1-3-21

| 强度等级 | 抗压强度（MPa） | | 抗折强度（MPa） | |
|---|---|---|---|---|
| | 3d | 28d | 3d | 28d |
| 32.5 | 16.0 | 32.5 | 3.5 | 6.5 |
| 42.5 | 21.0 | 42.5 | 4.0 | 7.0 |
| 52.5 | 26.0 | 52.5 | 5.0 | 7.5 |

### 3. 性能及应用

道路水泥抗折强度高，耐磨性、抗冲击性、抗冻性好，干缩率小及抗硫酸盐腐蚀较强，适用于道路路面、机场跑道、城市人流较多的广场等面层混凝土工程中。

 **砌筑水泥**(Masonry Cement)

### 1. 定义与代号

凡由一种或一种以上的水泥混合材料，加入适量硅酸盐水泥熟料和石膏，经磨细制成的工作性较好的水硬性胶凝材料，称为砌筑水泥，代号M。

水泥中混合材料掺加量按质量百分比计应大于50%，允许掺入适量的石灰石或窑灰。

## 2. 主要技术要求

根据标准《砌筑水泥》(GB/T 3183—2003)规定,其主要技术要求见表1-3-22和表1-3-23。

砌筑水泥的技术要求 表1-3-22

| 项　目 | 技术要求 | 项　目 | 技术要求 |
|---|---|---|---|
| 三氧化硫 | ≤4.0% | 安定性 | 用沸煮法检验必须合格 |
| 细度 | ≤10.0% | 保水率 | ≥80% |
| 凝结时间 | 初凝≥60min,终凝≤12h | 强度 | 要求见表1-3-23 |

砌筑水泥各龄期的强度要求 表1-3-23

| 强度等级 | 抗压强度(MPa) | | 抗折强度(MPa) | |
|---|---|---|---|---|
| | 7d | 28d | 7d | 28d |
| 12.5 | 7.0 | 12.5 | 1.5 | 3.0 |
| 22.5 | 10.0 | 22.5 | 2.0 | 4.0 |

## 3. 应用

砌筑水泥具有强度较低,但和易性好的特点,主要用于砌筑与抹面砂浆、垫层混凝土等,不能应用于结构混凝土。

## 三 抗硫酸盐硅酸盐水泥(Sulfate Resisting Portland Cement)

### 1. 定义、分类与代号

抗硫酸盐硅酸盐水泥以适当成分的硅酸盐水泥熟料,加入适量石膏,磨细制成的具有抵抗中等或较高浓度硫酸根离子侵蚀的水硬性胶凝材料。

按其抗硫酸盐侵蚀程度分为中抗硫酸盐硅酸盐水泥(代号 P·MSR)和高抗硫酸盐硅酸盐水泥(代号 P·HSR)两类。

### 2. 主要技术要求

根据国家标准《抗硫酸盐硅酸盐水泥》(GB 748—2005)规定,抗硫酸盐硅酸盐水泥的主要技术要求见表1-3-24与表1-3-25。

抗硫酸盐硅酸盐水泥的技术要求 表1-3-24

| 项　目 | 技术要求 | 项　目 | 技术要求 | |
|---|---|---|---|---|
| 三氧化硫 | ≤2.5% | 碱含量 | 供需双方商定 | |
| 氧化镁 | ≤5.0% | 硅酸三钙含量 | 中抗硫酸盐硅酸盐水泥 | ≤55.0% |
| 安定性 | 用沸煮法检验必须合格 | | 高抗硫酸盐硅酸盐水泥 | ≤50.0% |
| 烧失量 | ≤3.0% | 铝酸三钙含量 | 中抗硫酸盐硅酸盐水泥 | ≤5.0% |
| 不溶物 | ≤1.5% | | 高抗硫酸盐硅酸盐水泥 | ≤3.0% |
| 细度 | 比表面积≥280m²/kg | 抗硫酸盐性(14d线膨胀率) | 中抗硫酸盐硅酸盐水泥 | ≤0.06% |
| 凝结时间 | 初凝≥45min,终凝≤10h | | 高抗硫酸盐硅酸盐水泥 | ≤0.04% |
| 强度 | 要求见表1-3-25 | | | |

| 分　　类 | 强度等级 | 抗压强度（MPa） | | 抗折强度（MPa） | |
|---|---|---|---|---|---|
| | | 3d | 28d | 3d | 28d |
| 中抗硫酸盐硅酸盐水泥 | 32.5 | 10.0 | 32.5 | 2.5 | 6.0 |
| 高抗硫酸盐硅酸盐水泥 | 42.5 | 15.0 | 42.5 | 3.0 | 6.5 |

3. 应用

抗硫酸盐水泥具有较高的抗硫酸盐腐蚀的能力，主要用于有硫酸盐侵蚀的工程，如海港、水利、地下隧涵、道路桥梁基础等。

## 四　膨胀水泥及自应力水泥（Expanding Cement and Self-stressing Cement）

硅酸盐水泥在空气中硬化时，通常都会产生一定的收缩。收缩会使混凝土制品内部产生微裂缝，对混凝土的强度和整体性不利。若用其填灌装配式构件的接头、填塞孔洞、修补裂缝，均不能达到预期效果。而膨胀水泥在硬化过程中能产生一定体积的膨胀，从而能克服或改善一般水泥的上述缺点。在钢筋混凝土中应用膨胀水泥，由于混凝土的膨胀将使钢筋产生一定的拉应力，混凝土受到相应的压应力，这种压应力能使混凝土免于产生内部微裂缝，当其值较大时，还能抵消一部分因外界因素（例如混凝土输水管）所产生的拉应力，从而有效地改善混凝土抗拉强度低的缺陷。这种预先具有的压应力来自水泥本身的水化，称为自应力，并以"自应力值（MPa）"表示混凝土中所产生的压应力大小。

膨胀水泥按自应力的大小可分为两类，当自应力值大于或等于2MPa时，称为自应力水泥；当自应力值小于2MPa时（通常为0.5MPa左右），则称为膨胀水泥。

我国常用的膨胀水泥品种有下列四种。

1. 明矾石膨胀水泥

明矾石膨胀水泥以硅酸盐熟料为主，外加天然明矾石（$Al_2O_3 > 16\%$、$SO_3 > 15\%$）和石膏、高炉矿渣配制而成。

2. 低热微膨胀水泥

低热微膨胀水泥以粒化高炉矿渣为主要成分，加入适量硅酸盐水泥熟料和石膏，磨细制成的具有低水化热和膨胀性能的水硬性胶凝材料，代号LHEC。

3. 自应力硫铝酸盐水泥

自应力硫铝酸盐水泥以无水硫铝酸钙和硅酸二钙为主要成分，外加石膏制成，代号S·SAC。

4. 自应力铁铝酸盐水泥

自应力铁铝酸盐水泥以无水硫铝酸钙、铁相和硅酸二钙为主要矿物成分的熟料，加适量石膏制成，代号S·FAC。

上述四种膨胀水泥的膨胀源均来自于水泥石中形成的钙矾石产生体积膨胀所致。调整各种组成的配合比，控制生成钙矾石的数量，可以制得不同膨胀值、不同类型的膨胀水泥。

膨胀水泥适用于配制收缩补偿混凝土，用于构件的接缝及管道接头、混凝土结构的加固和维修；防渗堵漏工程、机器底座及地脚螺栓的固定。自应力水泥适用于制造自应力钢筋混凝土输水管、喷灌用自应力钢丝网水泥管等。

## 五 白色硅酸盐水泥（White Portland Cement）

### 1. 定义

白色硅酸盐水泥是以铁含量少的硅酸盐水泥熟料、适量石膏及混合材料磨细所得的水硬性胶凝材料，简称白水泥，代号 P·W。

白色硅酸盐水泥熟料中氧化铁的含量少，生产方法与普通水泥基本相同，但对原材料要求不同。生产白水泥用的石灰石及黏土原料中的氧化铁含量应分别低于 0.1% 和 0.7%。石灰质原料采用白垩，黏土质原料常用高岭土、瓷石、白泥、石英砂等。

在生产过程中，还需采取以下措施：采用无灰分的气体燃料（如天然气）或液体燃料（如柴油、重油）；在粉磨生料和熟料时，要严格避免带入铁质，球磨机内部要镶嵌白色花岗岩或高强陶瓷衬板，并采用烧结刚玉、瓷球、卵石等作研磨体。为提高白度，对水泥熟料还需进行漂白处理，常用的措施为对刚出窑的红热熟料喷水、喷油或浸水，使高价的 $Fe_2O_3$ 还原成低价的 $FeO$。

### 2. 技术要求

按照国家标准《白色硅酸盐水泥》（GB 2015—2005）的规定，白水泥的技术要求见表 1-3-26 及表 1-3-27。

白色硅酸盐水泥的技术要求　　　　　　　　　　表 1-3-26

| 项　　目 | 技 术 要 求 | 项　　目 | 技 术 要 求 |
|---|---|---|---|
| 三氧化硫 | ≤3.5% | 细度 | 80μm 方孔筛筛余量≤10% |
| 氧化镁 | ≤5.0% | 初凝 | 初凝≥45min,终凝≤10h |
| 安定性 | 用沸煮法检验必须合格 | 白度值 | ≥87 |

白色硅酸盐水泥各龄期的强度要求　　　　　　　　表 1-3-27

| 强 度 等 级 | 抗压强度（MPa） | | 抗折强度（MPa） | |
|---|---|---|---|---|
| | 3d | 28d | 3d | 28d |
| 32.5 | 12.0 | 32.5 | 3.0 | 6.0 |
| 42.5 | 17.0 | 42.5 | 3.5 | 6.5 |
| 52.5 | 22.0 | 52.5 | 4.0 | 7.0 |

### 3. 应用

白色硅酸盐水泥主要用于各种装饰砂浆及装饰混凝土，如水刷石、水磨石及人造大理石等。

## 六 铝酸盐水泥（Aluminate Cement）

### 1. 定义、分类与代号

铝酸盐水泥是以铝酸钙为主的铝酸盐水泥熟料磨细制成的水硬性胶凝材料，代号 CA。

铝酸盐水泥按 $Al_2O_3$ 含量的百分数分为四类。

CA-50：$50\% \leqslant Al_2O_3 < 60\%$；

CA-60：$60\% \leqslant Al_2O_3 < 68\%$；

CA-70：$68\% \leqslant Al_2O_3 < 77\%$；

CA-80：$77\% \leqslant Al_2O_3$。

## 2. 主要技术要求

《铝酸盐水泥》(GB 201—2000)规定，对铝酸盐水泥的技术要求见表 1-3-28 及表 1-3-29。

**铝酸盐水泥的技术要求** 表 1-3-28

| 项　　目 | | 技　术　要　求 |
|---|---|---|
| 细度 | | 比表面积≥300m²/kg 或通过 0.045mm 筛筛余率≤20%(发生争议时，以比表面积为准) |
| 凝结时间 | CA-50 | 初凝≥30min，终凝≤6h |
| | CA-70 | |
| | CA-80 | |
| | CA-60 | 初凝≥60min，终凝≤18h |

**铝酸盐水泥各龄期的强度要求** 表 1-3-29

| 水 泥 类 型 | 抗压强度(MPa) | | | | 抗折强度(MPa) | | | |
|---|---|---|---|---|---|---|---|---|
| | 6h | 1d | 3d | 28d | 6h | 1d | 3d | 28d |
| CA-50 | 20 | 40 | 50 | — | 3.0 | 5.5 | 6.5 | — |
| CA-60 | — | 20 | 45 | 85 | — | 2.5 | 5.0 | 10.0 |
| CA-70 | — | 30 | 40 | — | | 5.0 | 6.0 | — |
| CA-80 | — | 25 | 30 | — | | 4.0 | 5.0 | — |

## 3. 特性

铝酸盐水泥具有早强快硬的特点，1d 的强度可达最高强度的 80% 以上，后期强度增长不显著；水化热高且水化放热集中，1d 内即可放出水化热总量的 70%～80%；抗硫酸盐腐蚀性强；耐热性好，能耐 1300～1400℃ 的高温；在自然条件下，后期强度降低较大，一般要降低 40%～50%，工程中应按最低稳定强度使用。

## 4. 应用

铝酸盐水泥适用于抢建、抢修、抗硫酸盐侵蚀和冬季施工等特殊工程以及配制耐热混凝土、膨胀水泥、自应力水泥等。还可作化学建材的添加剂。在施工时，铝酸盐水泥不得与硅酸盐水泥或石灰混合使用，也不得与未凝结的硅酸盐水泥浆接触，否则会产生瞬凝和强度严重下降。不得用于接触碱性溶液的工程。

◄单　元　小　结►

水泥按性能和用途分为通用水泥、专用水泥和特性水泥三大类。

通用水泥均为硅酸盐系列水泥,主要包括六大品种,其主要成分为硅酸盐水泥熟料。其主要矿物有 $C_3S$、$C_2S$、$C_3A$、$C_4AF$。它们单独水化时表现出各自的特性,可以通过改变熟料矿物的相对含量生产出不同性能的水泥。

硅酸盐水泥的水化产物主要有:水化硅酸钙凝胶、氢氧化钙晶体、水化硫铝酸钙晶体、水化铝酸钙晶体和水化铁酸钙凝胶。硬化后的水泥石是以水化硅酸钙凝胶(C—S—H)为主的水化产物与未水化水泥内核、孔隙和水形成的多相多孔体系,孔隙的大小、多少和分布状态等,与水泥石的强度及耐久性密切相关。

在水泥中掺入混合材料是为了改善水泥的某些性能,同时达到增加产量和降低成本的目的。常用的活性混合材料是粒化高炉矿渣、粉煤灰等。在硅酸盐水泥熟料中掺入适量的各种混合材料,可制成各种掺混合材料的水泥,如普通水泥、矿渣水泥、粉煤灰水泥和复合水泥等。

通用水泥的技术性质主要有凝结时间、体积安定性和强度,其中,强度是评定水泥强度等级的依据。

专用水泥和特性水泥的特性及应用为本章了解性内容。

◄ 拓 展 知 识 ►

水泥生产工业流程见图 1-3-11。

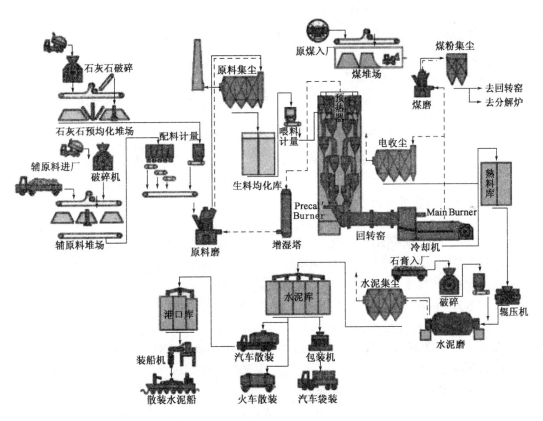

图 1-3-11 水泥生产工业流程图

## 思考与练习

**一、名词解释**

1. 通用硅酸盐水泥　　　2. 混合材料　　　3. 水泥的体积安定性

**二、填空题**

1. 硅酸盐水泥的主要矿物成分是（　　）、（　　）、（　　）和（　　）。在水泥中掺入适量石膏的目的是（　　）。

2. 用试饼法检验水泥体积安定性时，若试件表面有（　　）、（　　）或（　　），则为不合格。

3. 测定水泥凝结时间是以（　　）用水量制成的水泥净浆，从（　　）起至试针沉入净浆，距底板3～5mm时，所需时间为（　　），至试针沉入净浆不超过0.5mm所需的时间为（　　）。

4. 水泥胶砂强度试验目的是确定（　　），其方法是将水泥与（　　）按（　　）的比例，制成（　　）的标准试件，在标准养护条件下，分别测定（　　）强度和（　　）强度。

5. 对于火山灰硅酸盐水泥、粉煤灰硅酸盐水泥、复合硅酸盐水泥和掺火山灰混合材料的普通硅酸盐水泥在进行胶砂强度检验时，其用水量需通过（　　）试验进行确定。

6. 水泥颗粒愈细，凝结硬化速度越（　　），早期强度越（　　）。

7. 硅酸盐水泥矿物成分中，对水泥早期强度起主导作用的是（　　），对水泥后期强度起主导作用的是（　　），水化速度最快，放热量最大的是（　　）。

8. 硅酸盐水泥的硬化过程分（　　）、（　　）、（　　）和（　　）四个时期。

**三、选择题**

1. 水泥强度是指（　　）的强度。
   A. 胶砂　　　　　B. 水泥净浆　　　　C. 混凝土试块　　　　D. 砂浆试块

2. 通用水泥的储存期一般不超过（　　）。
   A. 一个月　　　　B. 三个月　　　　C. 六个月　　　　D. 一年

3. 在进行水泥胶砂强度试验时，金属直尺应先（　　）刮去高于试模部分的胶砂。
   A. 水平　　　　B. 倾斜45°　　　　C. 90°横向锯割　　　　D. 近似90°横向锯割

4. 水泥试验室温度要求为（　　），相对湿度不低于（　　），养护箱的温度为（　　），相对湿度不低于（　　）。
   A. 20℃±2℃、50%、20℃±1℃、95%　　　　　B. 20℃±1℃、50%、20℃±2℃、95%
   C. 20℃±2℃、50%、20℃±1℃、90%　　　　　D. 20℃±2℃、50%、20℃±1℃、95%

5. 水泥胶砂3d强度试验应在（　　）时间里进行。
   A. 72h±30min　　B. 72h±45min　　C. 72h±1h　　　　D. 72h±3h

6. 水泥胶砂强度试件在抗压试验时，以（　　）的速率均匀加载直至破坏。
   A. 240N/s±20N/s　　　　　　　　B. 2400N/s±200N/s
   C. 50N/s±10N/s　　　　　　　　D. 50N/s±5N/s

7. 检验水泥中 f-CaO 是否过量常是通过（　　）。
   A. 压蒸法　　　B. 长期温水中　　　C. 沸煮法　　　　D. 水解法

8. 硅酸盐水泥凝结时间在施工中有重要意义，其正确的范围是（　　）。

A. 初凝时间≥45min,终凝时间≤600min

B. 初凝时间≥45min,终凝时间≤390min

C. 初凝时间≤45min,终凝时间≥150min

D. 初凝时间≥45min,终凝时间≥150min

四、简答题

1. 通用水泥主要包括哪些品种? 其代号和特性是什么?

2. 硅酸盐水泥熟料的主要矿物成分有哪些? 它们在水泥水化时各表现出什么特征? 它们的水化产物是什么?

3. 国家标准对通用水泥的凝结时间是如何规定的?

4. 通用水泥的强度等级划分的依据是什么? 六大品种水泥分别有哪些强度等级?

5. 常用的活性混合材料、非活性混合材料品种有哪些?

6. 水泥体积安定性产生不良的原因是什么? 沸煮法是否可全面检验水泥体积安定性不良的问题?

7. 用试饼法进行测定水泥安定性试验时,若发现一只试饼完好,另一只试饼有裂纹,则该水泥的体积安定性如何评定?

8. 通用水泥合格品怎样判定?

9. 水泥石的腐蚀方式如何? 怎样防止水泥石的腐蚀?

10. 通用水泥验收的内容包括哪几个方面? 其中,水泥数量的验收内容如何?

11. 仓库内有三种白色胶凝材料,它们是生石灰粉、建筑石膏和白水泥,用什么简易方法可以辨别?

五、计算题

1. 称取25g某矿渣水泥做细度试验,称得筛余质量为2.0g,问该水泥的细度是否达到标准要求?

2. 某班同学用雷氏法进行普通水泥的体积安定性试验,沸煮前测得指针间的距离分别为9.0mm、9.5mm;沸煮后测得指针间的距离均为12.0mm,试评定该水泥的体积安定性是否合格?

3. 某42.5矿渣水泥,储存期超过三个月。已测得其3d强度达到强度等级为42.5级的要求。现又测得其28d的破坏荷载如表1-3-30所示,试问该水泥是否可按原等级使用?

**28d的破坏荷载表**    表1-3-30

| 试 件 编 号 | 抗折破坏荷载(kN) | 抗压破坏荷载(kN) |
|---|---|---|
| Ⅰ | 2.80 | 69.4 |
| | | 71.0 |
| Ⅱ | 2.79 | 69.8 |
| | | 70.7 |
| Ⅲ | 2.76 | 69.6 |
| | | 68.2 |

4. 某试验员对42.5级普通硅酸盐水泥进行比表面积测定,试验数据如表1-3-31所示,请完成以下要求内容。

(1)试料层体积的标定,已知试验温度下水银的密度为13.55g/cm$^3$。

51

| 编　　号 | 未装试样时的水银质量(g) | 装试样时的水银质量(g) |
|---|---|---|
| 1 | 52.00 | 26.85 |
| 2 | 52.05 | 26.90 |

请根据试验数据计算试料层体积为多少？（精确至 0.001cm³）

(2)假设计算出的试料层体积为 1.850cm³，标准水泥试样试料层的空隙率 $\varepsilon_s=0.500$，待检测水泥试样试料层的空隙率 $\varepsilon=0.530$，标准水泥密度 $\rho_s=3.0\text{g/cm}^3$，待检测水泥密度 $\rho=3.1\text{g/cm}^3$，请计算试验员在试料层内分别需要装多少标准水泥试样与待检测水泥试样？

(3)试验时，测定标准水泥试样时，压力计中液面降落的时间 $T_s=78\text{s}$；测定待检测水泥试样时，压力计中液面降落的时间 $T=83\text{s}$。已知标准水泥试样的比表面积 $S_s=335\text{m}^2\text{/kg}$，计算待检测水泥试样的比表面积 $S\left[\text{注}:S=\dfrac{S_s\rho_s\sqrt{T}(1-\varepsilon_s)\sqrt{\varepsilon^3}}{\rho\sqrt{T_s}(1-\varepsilon)\sqrt{\varepsilon_s^3}}\right]$。

(4)请根据(3)所计算的结果分析该水泥的细度是否满足《通用硅酸盐水泥》(GB 175—2007)的要求，并说明理由。

## 六、分析题

有下列混凝土构件和工程，试分别选用合适的水泥品种。

(1)现浇楼板、梁、柱。

(2)采用蒸汽养护预制构件。

(3)紧急抢修的军事工程或防洪工程。

(4)大型设备基础。

(5)有硫酸盐腐蚀的地下工程。

(6)轧钢车间的高温窑炉基础。

(7)有耐磨要求的混凝土工程。

(8)严寒地区受到反复冻融的混凝土。

(9)道路工程。

# 单元四　集　　料

◎ **职业能力目标**

1. 能对水泥混凝土用砂石进行性能检测；
2. 能对沥青混合料用砂石进行性能检测。

◎ **知识目标**

1. 了解集料的定义及分类；
2. 掌握水泥混凝土用砂石的主要技术性质要求；
3. 掌握沥青混合料用砂石的主要技术性质要求。

集料是指在混合料中起骨架和填充作用的粒料，包括碎石、砾石、机制砂、石屑、砂等天然材料，也包括一些工业废渣如冶金渣等。主要在水泥混凝土[图 1-4-1a)]、沥青混合料[图 1-4-1b)]、砂浆[图 1-4-1c)]和结合料稳定材料[图 1-4-1d)]中使用。工程中一般将集料分为粗集料和细集料两类。下面主要探讨集料在水泥混凝土与沥青混合料中的应用。

a)

b)

c)

d)

图 1-4-1　集料在土建工程中的应用

a)水泥混凝土(桩基础);b)沥青混合料(道路路面);c)建筑砂浆(砌筑砖);d)水泥粉煤灰稳定碎石(路面基层)

# 学习项目一　细　集　料

## 一　细集料的定义

在水泥混凝土中,细集料是指粒径小于 4.75mm 的岩石颗粒,包括天然砂和人工砂。在沥青混合料中,细集料是指粒径小于 2.36mm 的岩石颗粒,包括天然砂、人工砂及石屑。在工程中应用较多的细集料是砂。

砂根据来源不同分为天然砂和机制砂。天然砂是指由自然生成的,经人工开采和筛分的粒径小于 4.75mm 的岩石颗粒,包括河沙、湖沙、山砂、淡化海沙,但不包括软质、风化的颗粒,具体特点见表 1-4-1。机制砂是指经除土处理,由机械破碎、筛分制成的,粒径小于 4.75mm 的岩石、矿山尾矿或工业废渣颗粒,但不包括软质、风化的颗粒,俗称人工砂。砂按技术要求分为Ⅰ类、Ⅱ类和Ⅲ类,具体见表 1-4-2。

天然砂的特点　　　　　　　　　　　　　　　表 1-4-1

| 砂 的 分 类 | | 砂 的 特 点 |
| --- | --- | --- |
| 天然砂 | 河沙 | 比较洁净,分布较广。一般工程大都采用河沙 |
| | 湖沙 | 比较洁净,但分布较少 |
| | 山砂 | 有棱角,表面粗糙,含泥量和有机质较多 |
| | 海沙 | 表面圆滑,含盐分较多,对混凝土中的钢筋有锈蚀作用 |

砂按技术要求分类　　　　　　　　　　　　　表 1-4-2

| 分 类 | 适 用 范 围 |
| --- | --- |
| Ⅰ类 | 宜用于强度等级大于 C60 的混凝土 |
| Ⅱ类 | 宜用于强度等级 C30~C60 及抗冻、抗渗或其他要求的混凝土 |
| Ⅲ类 | 宜用于强度等级小于 C30 的混凝土和建筑砂浆 |

## 二　细集料的技术性质

1.细集料在水泥混凝土的技术要求

按照《建筑用砂》(GB/T 14684—2011)规定,混凝土用砂的技术要求主要有以下几个方面。

1)颗粒级配和粗细程度

砂的颗粒级配(Grain Gradation)是指不同粒径砂颗粒的分布情况。混凝土中砂粒之间的空隙由水泥浆填充,为节省水泥和提高混凝土的强度,就应尽量减少砂粒之间的空隙。要减少砂粒之间的空隙,就必须有大小不同的颗粒合理搭配(图 1-4-2)。

砂的粗细程度,是指不同粒径的砂混合后总体的粗细情况,通常有粗砂、中砂和细砂之分。在相同砂用量条件下,粗砂的总表面积比细砂小,则所需要包裹砂粒表面的水泥浆少。因此,用粗砂配制混凝土比用细砂所用水泥量要省。

因此,拌制混凝土时,砂的颗粒级配和粗细程度应同时考虑,常用筛分析的方法进行测定。筛(方形筛孔)分析方法是将预先通过公称直径为 10.0mm 孔径的干砂,称取 500g 置于一套公称直径分别为 4.75mm、2.36mm、1.18mm、0.60mm、0.30mm、0.15mm 的标准筛(图 1-4-3)上,由粗到细依次过筛,然后称量各筛上的筛余质量,计算出各筛上的分计筛余百分率(各筛上的筛余量占试样总量的百分率)和累计筛余百分率(某号筛的分计筛余百分率与大于该号筛的所有的分计筛余百分率之和),计算如表 1-4-3 所示。

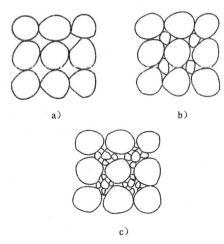

图 1-4-2 不同粒径的砂搭配的结构示意图

图 1-4-3 砂标准套筛

分计筛余率与累计筛余率的计算关系 表 1-4-3

| 筛孔尺寸(mm) | 筛余质量(g) | 分计筛余率(%) | 累计筛余率(%) |
|---|---|---|---|
| 4.75 | $m_1$ | $\alpha_1 = \dfrac{m_1}{500} \times 100$ | $A_1 = \alpha_1$ |
| 2.36 | $m_2$ | $\alpha_2 = \dfrac{m_2}{500} \times 100$ | $A_2 = \alpha_1 + \alpha_2 = \beta_1 + \alpha_2$ |
| 1.18 | $m_3$ | $\alpha_3 = \dfrac{m_3}{500} \times 100$ | $A_3 = \alpha_1 + \alpha_2 + \alpha_3 = \beta_2 + \alpha_3$ |
| 0.60 | $m_4$ | $\alpha_4 = \dfrac{m_4}{500} \times 100$ | $A_4 = \alpha_1 + \alpha_2 + \alpha_3 + \alpha_4 = \beta_3 + \alpha_4$ |
| 0.30 | $m_5$ | $\alpha_5 = \dfrac{m_5}{500} \times 100$ | $A_5 = \alpha_1 + \alpha_2 + \alpha_3 + \alpha_4 + \alpha_5 = \beta_4 + \alpha_5$ |
| 0.15 | $m_6$ | $\alpha_6 = \dfrac{m_6}{500} \times 100$ | $A_6 = \alpha_1 + \alpha_2 + \alpha_3 + \alpha_4 + \alpha_5 + \alpha_6 = \beta_5 + \alpha_6$ |

(1)砂的粗细程度用细度模数(Fineness Modulus)表示,根据式(1-4-1)计算:

$$M_{\mathrm{X}} = \frac{(A_2 + A_3 + A_4 + A_5 + A_6) - 5A_1}{100 - A_1} \tag{1-4-1}$$

注:计算砂的细度模数时,式(1-4-1)中的 $A_i(i = 1, 2, \cdots, 6)$ 不带百分比符号(%),直接用代入数字。

根据细度模数 $M_{\mathrm{X}}$ 的大小,将砂分为三类,见表 1-4-4,细度模数越大,砂越粗。

砂的粗细分类 表 1-4-4

| 分 类 | 细度模数范围 |
|---|---|
| 粗砂 | 3.7～3.1 |
| 中砂 | 3.0～2.3 |
| 细砂 | 2.2～1.6 |

(2)砂的级配按0.60mm筛孔的累计筛余率分成三个级配区,如图1-4-4所示,其级配符合表1-4-5任一级配区,都认为级配合格(也可用绘制级配曲线进行评定)。但相对而言,2区、中砂配制的混凝土性能是最好的,有条件时,应首选2区、中砂,尤其对重要工程和构件(如路面混凝土、预应力混凝土)。不同类别的砂级配区选择见表1-4-6。

砂的颗粒级配            表1-4-5

| 砂的分类 | 天 然 砂 | | | 机 制 砂 | | |
|---|---|---|---|---|---|---|
| 级配区 | 1区 | 2区 | 3区 | 1区 | 2区 | 3区 |
| 方筛孔 | 累计筛余率(%) | | | | | |
| 4.75mm | 10～0 | 10～0 | 10～0 | 10～0 | 10～0 | 10～0 |
| 2.36mm | 35～5 | 25～0 | 15～0 | 35～5 | 25～0 | 15～0 |
| 1.18mm | 65～35 | 50～10 | 25～0 | 65～35 | 50～10 | 25～0 |
| 0.60mm | 85～71 | 70～41 | 40～16 | 85～71 | 70～41 | 40～16 |
| 0.30mm | 95～80 | 92～70 | 85～55 | 95～80 | 92～70 | 85～55 |
| 0.15mm | 100～90 | 100～90 | 100～90 | 97～85 | 94～80 | 94～75 |

注:砂的实际颗粒级配与表中所列数字相比,除4.75mm和0.60mm筛档外,可以略有超出,但超出总量应小于5%。

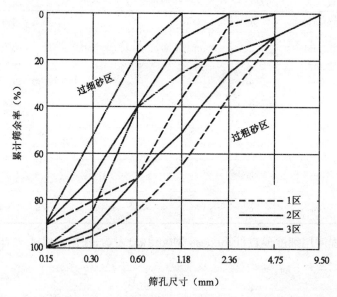

图1-4-4 砂的筛分曲线

级 配 类 别            表1-4-6

| 类 别 | Ⅰ | Ⅱ | Ⅲ |
|---|---|---|---|
| 级配区 | 2区 | 1区、2区、3区 | |

注:细度模数和颗粒级配是两个独立的指标,粗砂和1区、中砂和2区、细砂和3区之间没有一一对应关系。例如按细度模数是中砂,其级配区多数为2区,但也可能为1区或3区。因为细度模数仅反映砂的粗细程度,细度模数越大,表示砂越粗,但不能全面反映砂的粒径分布情况,不同级配的砂可以具有相同的细度模数。

56

**【例 1-4-1】**某水泥混凝土拌和站新进一批砂,做筛分试验,试验称得各筛余量如表 1-4-7 所示,计算该砂的细度模数,并判断该砂所属级配区,评价其粗细程度和级配情况。

筛 分 结 果       表 1-4-7

| 编 号 | 筛孔尺寸(mm) | 4.75 | 2.36 | 1.18 | 0.60 | 0.30 | 0.15 | 筛底 |
|---|---|---|---|---|---|---|---|---|
| 1 | 筛余质量(g) | 45 | 77 | 130 | 90 | 120 | 30 | 6 |
| | 分计筛余率 $\alpha$(%) | 9.0 | 15.4 | 26.0 | 18.0 | 24.0 | 6.0 | 1.2 |
| | 累计筛余率 $A$(%) | 9 | 24 | 50 | 68 | 92 | 98 | 99 |
| 2 | 筛余质量 $m$(g) | 48 | 75 | 131 | 90 | 118 | 30 | 7 |
| | 分计筛余率 $\alpha$(%) | 9.6 | 15.0 | 26.2 | 18.0 | 23.6 | 6.0 | 1.4 |
| | 累计筛余率 $A$(%) | 10 | 25 | 51 | 69 | 90 | 99 | 100 |
| 平均累计筛余率 $A$(%) | | 9 | 24 | 50 | 68 | 91 | 98 | 99 |

第一次试验 $M_{X1}=\dfrac{(A_2+A_3+A_4+A_5+A_6)-5A_1}{100-A_1}=\dfrac{(24+50+68+92+98)-5\times9}{100-9}=3.16$

第二次试验 $M_{X2}=\dfrac{(A_2+A_3+A_4+A_5+A_6)-5A_1}{100-A_1}=\dfrac{(25+51+69+90+99)-5\times10}{100-10}=3.16$

两次细度模数差值为:$0<0.2$       平均值 $M_X=3.2$

结论:该砂为粗砂,级配区属于 2 区,级配合格。

2)砂的含泥量、石粉含量和泥块含量

黏土、淤泥和尘屑黏附在砂表面,妨碍硬化水泥浆与砂的黏结,除降低混凝土的强度外,还会降低混凝土的抗渗性和抗冻性,并会增大混凝土的收缩。

(1)天然砂中的含泥量和泥块含量应符合表 1-4-8 规定。

**含泥量和泥块含量**       表 1-4-8

| 类 别 | Ⅰ | Ⅱ | Ⅲ |
|---|---|---|---|
| 含泥量(按质量计,%) | ≤1.0 | ≤3.0 | ≤5.0 |
| 泥块含量(按质量计,%) | ≤0 | ≤1.0 | ≤2.0 |

(2)机制砂 $M_B\leqslant1.4$ 或快速法试验合格时,石粉含量和泥块含量应符合表 1-4-9 的规定;机制砂 $M_B>1.4$ 或快速法试验不合格时,石粉含量和泥块含量应符合表 1-4-10 的规定。

**石粉含量和泥块含量**($M_B\leqslant1.4$ 或快速法试验合格)       表 1-4-9

| 类 别 | Ⅰ | Ⅱ | Ⅲ |
|---|---|---|---|
| $M_B$ 值 | ≤0.5 | ≤1.0 | ≤1.4 或合格 |
| 石粉含量*(按质量计,%) | ≤10.0 | | |
| 泥块含量(按质量计,%) | ≤0 | ≤1.0 | ≤2.0 |

注:* 表示数值根据使用地区和用途,在试验验证的基础上,可由供需双方协商确定。

**石粉含量和泥块含量**($M_B>1.4$ 或快速法试验不合格)       表 1-4-10

| 类 别 | Ⅰ | Ⅱ | Ⅲ |
|---|---|---|---|
| 石粉含量(按质量计,%) | ≤1 | ≤3 | ≤5 |
| 泥块含量(按质量计,%) | ≤0 | ≤1.0 | ≤2.0 |

(3)有害物质。为了保证混凝土的质量,必须对表1-4-11有害物质加以限制,其含量不得超过表1-4-12的规定。

有害物质 表1-4-11

| 有害物质 | 状 态 | 危 害 |
|---|---|---|
| 云母 | 薄片状,表面光滑 | 与硬化水泥浆黏结不牢,降低混凝土的强度 |
| 硫酸盐和硫化物 | 以 $FeS_2$ 或 $CaSO_4 \cdot 2H_2O$ 的碎屑存在 | 与水泥石中的水化铝酸钙反应生成钙矾石晶体,引起对混凝土的腐蚀 |
| 轻物质 | 煤、褐煤(密度小于 $2g/cm^3$) | 降低混凝土的强度和耐久性 |
| 有机物 | 动植物的腐殖质、腐殖土 | 延缓水泥水化,降低混凝土强度(尤其是早期强度) |
| 氯化物 | 来源于水泥、砂石、外掺料和水 | 引起钢筋混凝土中的钢筋锈蚀 |

有害物质限量 表1-4-12

| 项 目 | 指标 | | |
|---|---|---|---|
| | Ⅰ类 | Ⅱ类 | Ⅲ类 |
| 云母含量(按质量计,%) | ≤1.0 | ≤2.0 | |
| 轻物质含量(按质量计,%) | ≤1.0 | | |
| 有机质含量(比色法) | 合格 | | |
| 硫化物和硫酸盐含量(按 $SO_3$ 质量计,%) | ≤0.5 | | |
| 氯化物(以 $Cl^-$ 质量计,%) | ≤0.01 | ≤0.02 | ≤0.06 |
| 贝壳(按质量计,%)(仅适于海沙,其他砂种不要求) | ≤3 | ≤5 | ≤8 |

注:1. 含泥量是指天然砂中粒径小于 $75\mu m$ 的颗粒含量。
　　2. 石粉含量是指人工砂中粒径小于 $75\mu m$ 的颗粒含量。
　　3. 泥块含量是则指砂中粒径大于 $1.18mm$,经水浸洗,手捏后小于 $600\mu m$ 的颗粒含量。

(4)坚固性。坚固性是指砂在自然状态和其他外界物理化学因素作用下抵抗破裂的能力。对天然砂的坚固性采用硫酸钠溶液方法进行试验,砂样经 5 次循环后其质量损失应符合表1-4-13的规定;机制砂除了要满足表1-4-13的规定外,压碎指标还要满足表1-4-14的规定。

天然砂坚固性指标 表1-4-13

| 项 目 | 指标 | | |
|---|---|---|---|
| | Ⅰ类 | Ⅱ类 | Ⅲ类 |
| 质量损失(%) | ≤8 | | ≤10.0 |

压碎指标 表1-4-14

| 项 目 | 指标 | | |
|---|---|---|---|
| | Ⅰ类 | Ⅱ类 | Ⅲ类 |
| 单级压碎指标(%) | ≤20 | ≤25 | ≤30 |

(5)表观密度、堆积密度和空隙率。砂的表观密度、堆积密度和空隙率是砂的三项重要指标,应符合如下规定:表观密度应大于 $2500kg/m^3$,松散堆积密度应大于 $1400kg/m^3$,空隙率应小于44%。

(6)碱—集料反应。所谓碱—集料反应是指水泥、外加剂等混凝土组成物及环境中的碱与集料中碱活性矿物在潮湿环境下缓慢发生并导致混凝土开裂破坏的膨胀反应。砂经碱—集料反应试验后,由砂制备的砂浆试件应无裂缝、酥裂、胶体外溢等现象。

(7)含水率和饱和面干吸水率。当用户有要求时,应报告其实测值。

2.细集料在沥青混合料中的技术要求

按照现行的《公路工程集料试验规程》(JTG E42—2005)的规定,沥青路面的细集料包括天然砂、机制砂、石屑。

细集料应洁净、干燥、无风化、无杂质,并有适当的颗粒级配,其质量符合表1-4-15的规定,细集料的洁净程度,天然砂以小于0.075mm含量的百分数表示,石屑和机制砂以砂当量(适用于0~4.75mm)或亚甲蓝值(适用于0~2.36mm或0~0.15mm)表示。

沥青混合料用细集料质量要求 表1-4-15

| 项　目 | | 单位 | 高速公路、一级公路 | 其他等级公路 | 试验方法 |
|---|---|---|---|---|---|
| 表观相对密度 | ≥ | — | 2.50 | 2.45 | T 0328 |
| 坚固性(>0.3mm部分) | ≥ | % | 12 | — | T 0340 |
| 含泥量(小于0.075mm的含量) | ≥ | % | 3 | 5 | T 0333 |
| 砂当量 | ≥ | % | 60 | 50 | T 0334 |
| 亚甲蓝值 | ≥ | g/kg | 25 | | T 0349 |
| 棱角性(流动时间) | ≥ | s | 30 | — | T 0345 |

1)天然砂规格

天然砂可采用河沙或海沙,通常宜采用粗、中砂,其规格应符合表1-4-16的规定。砂的含泥量超过规定时应水洗后使用,海沙中的贝壳类材料必须筛除。

沥青混合料用天然砂规格 表1-4-16

| 筛孔尺寸(mm) | 通过各筛孔的质量百分率(%) | | |
|---|---|---|---|
| | 粗砂 | 中砂 | 细砂 |
| 9.5 | 100 | 100 | 100 |
| 4.75 | 90~100 | 90~100 | 90~100 |
| 2.36 | 65~95 | 75~90 | 85~100 |
| 1.18 | 35~65 | 50~90 | 75~100 |
| 0.6 | 15~30 | 30~60 | 60~84 |
| 0.3 | 5~20 | 8~30 | 15~45 |
| 0.15 | 0~10 | 0~10 | 0~10 |
| 0.075 | 0~5 | 0~5 | 0~5 |

2)机制砂或石屑规格

石屑是采石场破碎石料通过4.75mm或2.36mm的筛下部分,其规格应符合表1-4-17的要求。机制砂是由制砂机生产的细集料,其级配应符合S16的要求。

沥青混合料用机制砂或石屑的要求 表1-4-17

| 规格 | 公称粒径(mm) | 通过筛孔的质量百分率(%) | | | | | | | |
|---|---|---|---|---|---|---|---|---|---|
| | | 9.5 | 4.75 | 2.36 | 1.18 | 0.6 | 0.3 | 0.15 | 0.075 |
| S15 | 0~5 | 100 | 90 | 60~90 | 40~75 | 20~55 | 7~40 | 2~20 | 0~10 |
| S16 | 0~3 | — | 100 | 80 | 50~80 | 25~60 | 8~45 | 0~25 | 0~15 |

# 学习项目二　粗　集　料

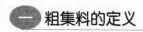 **一　粗集料的定义**

在水泥混凝土中,粗集料是指粒径大于 4.75mm 的岩石颗粒,包括卵石和碎石。按技术要求分类见表 1-4-18。在沥青混合料中,粗集料是指粒径大于 2.36mm 的碎石、破碎砾石和矿渣等。

卵石和碎石按技术要求分类

表 1-4-18

| 分　类 | 适　用　范　围 |
|---|---|
| Ⅰ类 | 宜用于强度等级大于 C60 的混凝土 |
| Ⅱ类 | 宜用于强度等级 C30～C60 及抗冻、抗渗或其他要求的混凝土 |
| Ⅲ类 | 宜用于强度等级小于 C30 的混凝土和建筑砂浆 |

**二　粗集料的技术性质**

1. 粗集料在水泥混凝土的技术要求

1)颗粒级配与最大粒径

(1)颗粒级配。石与砂一样,也要求有良好的颗粒级配,以减小空隙率,尽可能地节约水泥。石子的颗粒级配分连续级配和间断级配两种形式。采石场按供应方式,将其分为连续粒级和单粒粒级,见表 1-4-19 和表 1-4-20。粒级是粒径大小的分级,一般两个相邻筛孔为一个粒级(如 4.75～9.5mm),这是狭义的粒级;广义的粒级可能是一个较大的粒径范围(如 4.75～31.5mm)。粒级的上限采用公称最大粒径故称公称粒级。水泥混凝土用粗集料、沥青混合料的矿料级配类型均按公称粒级分类。

碎石和卵石的颗粒级配

表 1-4-19

| 累计筛余率(%) / 方筛孔(mm) / 公称粒径(mm) | | 2.36 | 4.75 | 9.50 | 16.0 | 19.0 | 26.5 | 31.5 | 37.5 | 53.0 | 63.0 | 75.0 | 90 |
|---|---|---|---|---|---|---|---|---|---|---|---|---|---|
| 连续粒级 | 5～10 | 95～100 | 80～100 | 0～15 | 0 | | | | | | | | |
| | 5～16 | 95～100 | 85～100 | 30～60 | 0～10 | 0 | | | | | | | |
| | 5～20 | 95～100 | 90～100 | 40～80 | — | 0～10 | 0 | | | | | | |
| | 5～25 | 95～100 | 90～100 | — | 30～70 | — | 0～5 | 0 | | | | | |
| | 5～31.5 | 95～100 | 90～100 | 70～90 | — | 15～45 | — | 0～5 | 0 | | | | |
| | 5～40 | — | 95～100 | 70～90 | — | 30～65 | — | — | 0～5 | 0 | | | |
| 单粒粒级 | 10～20 | | | 95～100 | 85～100 | | 0～15 | | | | | | |
| | 16～31.5 | | | 95～100 | | 85～100 | | 0～10 | 0 | | | | |
| | 20～40 | | | | 95～100 | | 80～100 | | 0～10 | 0 | | | |
| | 31.5～63 | | | | | 95～100 | | 75～100 | 45～75 | | 0～10 | 0 | |
| | 40～80 | | | | | | 95～100 | | 70～100 | | 30～60 | 0～10 | 0 |

| 级配类型 | 特点 |
|---|---|
| 连续级配 | 每一级集料占有适当的比例,拌制的混凝土和易性良好,不易发生分层、离析现象,是土木工程中最常用的级配方法 |
| 间断级配 | 在连续级配中剔除一个(或几个)粒级;拌制的混凝土节约水泥,但容易出现分层、离析现象,故在工程中应用较少。如果采用强力振捣,对低流动度和干硬性的混凝土则较为适宜 |
| 单粒粗级 | 一般不宜单独配制混凝土,可用于组合成所要求的连续级配或与连续级配掺配使用 |

卵石和碎石级配特点      表 1-4-20

(2)最大粒径。最大粒径是集料全部通过(即通过率为100%)的最小标准筛所对应的筛孔尺寸,是混凝土限制集料超尺寸颗粒的指标。集料的粒径越大,总表面积相应越小,则所需的水泥浆量也越小。所以,在条件许可的情况下,应尽量选择较大粒径的集料,但同时考虑结构形式、配筋疏密和施工运输等条件的限制。按《混凝土结构工程施工质量验收规范》(GB 50204—2002)规定:粗集料的最大粒径不得超过结构截面最小尺寸的1/4,同时不得大于钢筋最小净距的3/4。对于混凝土实心板,粗集料的最大粒径不宜超过板厚的1/3,且不得超过40mm。

注:公称最大粒径与最大粒径不同,公称最大粒径指集料可能全部通过或有少量不通过(一般容许筛余率小于10%)的最小标准筛孔尺寸。而最大粒径是指集料全部通过(即通过率为100%)的最小标准筛所对应的筛孔尺寸。通常公称最大粒径比最大粒径小一个粒级(筛余率小于10%时),也可能与最大粒径为同一筛孔尺寸,现场所说的最大粒径实际为公称最大粒径。

2)颗粒形状和表面特征

(1)颗粒形状。粗集料的颗粒形状以接近立方体或球体为最佳,而生产碎石的过程中往往会产生一定量的针、片状颗粒。所谓针状颗粒是指颗粒长度大于其平均粒径的2.4倍;片状颗粒是指颗粒厚度小于其平均粒径的0.4倍。针、片状颗粒易折断,将会影响到混凝土拌和物的和易性,因此,对其含量有限制,见表1-4-21。

针、片状颗粒含量      表 1-4-21

| 项　　目 | 指　　标 | | |
|---|---|---|---|
| | I类 | II类 | III类 |
| 针、片状颗粒(按质量计,%) | ≤5 | ≤10 | ≤15 |

(2)表面特征。粗集料的表面特征指表面的粗糙程度。碎石具有表面粗糙、多棱角的特点,其拌和的混凝土流动性较小,但与水泥浆的黏结性能好。在配合比相同的条件下,碎石配制的混凝土强度相对较高。卵石表面光滑,其拌和物的流动性较大,但黏结性能稍差,强度相对较低。若保持流动性相同,卵石的拌和水量较碎石少,因此用卵石配制的混凝土强度不一定低。

3)强度和坚固性

石子在混凝土中起骨架作用,其强度与坚固性直接影响着混凝土的强度和耐久性。

(1)强度。碎石的强度用母岩岩石立方体抗压强度或压碎值表示;卵石的强度一般用压碎值表示。岩石立方体强度一般在选择采石场或对石子强度有严格要求时才用,对于工程中经常性的生产质量控制,则采用简便实用的压碎值检验方法。

测定岩石的立方体抗压强度时,应从母岩中取 50mm×50mm×50mm 的立方体试件,或直径与高度均为50mm的圆柱体试件,在水中浸泡48h达到饱和状态,然后测定试件的抗压强度。在任何情况下,火成岩的强度不应低于80MPa,变质岩不应低于60MPa,水成岩不应低于30MPa。

压碎指标值(Index of Crushing)用于测定石子在逐渐增加的荷载下抵抗压碎的能力,能间接推测其相应的强度。压碎值愈小,说明石子抵抗压碎的能力愈强。《建筑用卵石、碎石》(GB/T 14685—2011)对石子的压碎值规定见表1-4-22。

碎石和卵石的压碎指标　　　　　　　　　　　　　　　　表1-4-22

| 类别 | I | II | III |
|---|---|---|---|
| 碎石压碎指标(%) | ≤10 | ≤20 | ≤30 |
| 卵石压碎指标(%) | ≤12 | ≤14 | ≤16 |

(2)坚固性。石子的坚固性(Soundness)是反映碎石或卵石在气候、环境变化或其他物理因素下抵抗破碎的能力。用硫酸钠饱和溶液法检验,即试样经5次循环浸渍后,测定因硫酸钠结晶膨胀引起的质量损失,其质量损失应符合表1-4-23的规定。

坚固性指标　　　　　　　　　　　　　　　　　　　表1-4-23

| 类别 | I | II | III |
|---|---|---|---|
| 质量损失(%) | ≤5 | ≤8 | ≤12 |

4)含泥量和泥块含量

泥块含量是指石子中粒径大于4.75mm,经水洗、手捏后可破碎成小于2.36mm的颗粒含量,见表1-4-24。

含泥量和泥块含量　　　　　　　　　　　　　　　表1-4-24

| 类别 | I | II | III |
|---|---|---|---|
| 含泥量(按质量计,%) | ≤0.5 | ≤1.0 | ≤1.5 |
| 泥块含量(按质量计,%) | 0 | ≤0.2 | ≤0.5 |

5)有害物质

有害物质的含量不应超过表1-4-25的规定。

有害物质含量　　　　　　　　　　　　　　　　表1-4-25

| 类别 | I | II | III |
|---|---|---|---|
| 有机物 | 合格 | 合格 | 合格 |
| 碳化物及硫酸盐(按$SO_3$质量计,%) | ≤0.5 | ≤1.0 | ≤1.0 |

6)表观密度、连续级配松散堆积空隙率

表观密度不小于$2600kg/m^3$,连续级配松散堆积空隙率应符合表1-4-26规定。

连续级配松散堆积空隙率　　　　　　　　　　　　表1-4-26

| 类别 | I | II | III |
|---|---|---|---|
| 空隙率(%) | ≤43 | ≤45 | ≤47 |

7)吸水率

应符合表1-4-27的规定。

吸 水 率         表 1-4-27

| 类别 | Ⅰ | Ⅱ | Ⅲ |
|---|---|---|---|
| 吸水率(%) | ≤1.0 | ≤2.0 | ≤2.0 |

8)碱—集料反应

同细集料要求。

9)含水率和堆积密度

报告其实测值。

2.粗集料在沥青混合料中的技术要求

粗集料应尽量选用高强度、碱性的岩石轧制而成的近似正方形、表面粗糙、棱角分明,级配合格的颗粒(表 1-4-28),同时应洁净、干燥、无风化颗粒、且杂质含量不超过规定。另外,在力学性质方面也应符合相应标准的规定(具体要求见表 1-4-29)。主要是压碎值和磨耗损失,其次是磨光值、道瑞磨耗值和冲击值。

1)集料磨光值(Aggregate Polishing Value)

集料磨光值是利用加速磨光机磨光集料,用摆式摩擦系数测定仪测定的集料经磨光后的摩擦系数值,以 PSV 表示。是反映集料抵抗轮胎磨光作用能力的指标。

2)集料冲击值(Aggregate Impact Value)

粗集料冲击值是集料抵抗多次连续重复冲击荷载作用的能力,以 LSV 表示。

3)集料磨耗值(Aggregate Abrasion Value)

集料磨耗值用于评定抗滑表层的集料抵抗车轮磨耗的能力。集料磨耗采用两种试验方法:一种是采用道瑞磨耗试验机(Dorry Abrasion Testing Machine)来测定集料磨耗值,以 AAV 表示;另一种是采用洛杉矶式磨耗试验(Los Angeles Abrasion Test)来测定粗集料的磨耗损失,以 Q 表示。

沥青混合料用粗集料规格         表 1-4-28

| 规格名称 | 公称粒径(mm) | 通过下列筛孔(mm)的质量百分率(%) | | | | | | | | | | | | |
|---|---|---|---|---|---|---|---|---|---|---|---|---|---|---|
| | | 106 | 75 | 63 | 53 | 37.5 | 31.5 | 26.5 | 19.0 | 13.2 | 9.5 | 4.75 | 2.36 | 0.6 |
| S1 | 40~75 | 100 | 90~100 | — | — | 0~15 | — | 0~5 | | | | | | |
| S2 | 40~60 | | 100 | 90~100 | — | 0~15 | — | 0~5 | | | | | | |
| S3 | 30~60 | | 100 | 90~100 | — | — | 0~15 | — | 0~5 | | | | | |
| S4 | 25~50 | | | 100 | 90~100 | — | — | 0~15 | — | 0~5 | | | | |
| S5 | 20~40 | | | | 100 | 90~100 | — | — | 0~15 | — | 0~5 | | | |
| S6 | 15~30 | | | | | 100 | 90~100 | — | 0~15 | — | 0~5 | | | |
| S7 | 10~30 | | | | | 100 | 90~100 | — | — | 0~15 | 0~5 | | | |
| S8 | 10~25 | | | | | | 100 | 90~100 | — | 0~15 | — | 0~5 | | |
| S9 | 10~20 | | | | | | | 100 | 90~100 | — | 0~15 | 0~5 | | |
| S10 | 10~15 | | | | | | | | 100 | 90~100 | 0~15 | 0~5 | | |
| S11 | 5~15 | | | | | | | | 100 | 90~100 | 40~70 | 0~15 | 0~5 | |
| S12 | 5~10 | | | | | | | | | 100 | 90~100 | 0~15 | 0~5 | |
| S13 | 3~10 | | | | | | | | | 100 | 90~100 | 40~70 | 0~20 | 0~5 |
| S14 | 3~5 | | | | | | | | | | 100 | 90~100 | 0~15 | 0~3 |

沥青混合料用粗集料的技术要求                                     表 1-4-29

| 指　　标 | | 高速公路及一级公路 | | 其他等级公路 | 试验方法 |
|---|---|---|---|---|---|
| | | 表面层 | 其他层次 | | |
| 石料压碎值(%) | ≤ | 26 | 28 | 30 | T 0316 |
| 洛杉矶磨耗损失(%) | ≤ | 28 | 30 | 35 | T 0317 |
| 表观相对密度(g/cm³) | ≥ | 2.60 | 2.50 | 2.45 | T 0304 |
| 吸水率(%) | ≤ | 2.0 | 3.0 | 3.0 | T 0304 |
| 坚固性(%) | ≤ | 12 | 12 | — | T 0314 |
| 针片状颗粒含量(混合料)(%) | ≤ | 15 | 18 | 20 | T 0312 |
| 　其中粒径大于 9.5mm | ≤ | 12 | 15 | — | |
| 　其中粒径小于 9.5mm | ≤ | 18 | 20 | — | |
| 水洗法<0.075mm 颗粒含量(%) | ≤ | 1 | 1 | 1 | T 0310 |
| 软石含量(%) | ≤ | 3 | 5 | 5 | T 0320 |

注:1.坚固性试验根据需要进行。
　2.用于高速公路、一级公路时,多孔玄武岩的表观相对密度可放宽至 2.45g/cm³,吸水率放宽至 3%,但必须得到建设单位的批准,且不得用于 SMA 路面。
　3.对 S14,即 3~5mm 规格的粗集料,针片状颗粒含量可不予要求,<0.075mm 含量可放宽至 3%。

◀ 单 元 小 结 ▶

　　集料在混合料中主要起骨架和填充作用,包括碎石、砾石、机制砂、石屑、砂等天然材料,也包括一些工业废渣如冶金渣等。本章主要介绍集料在水泥混凝土与沥青混合料中的技术要求。

◀ 拓 展 知 识 ▶

　　工业废渣是指在工业生产中,排放出的有毒的、易燃的、有腐蚀性的、传染疾病的、有化学反应性的以及其他有害的固体废物。

　　工业废渣的固体废弃物长期堆存不仅占用大量土地,而且会造成对水系和大气的严重污染和危害。大量采矿废石堆积的结果,毁坏了大片的农田和森林地带。工业有害渣长期堆存,经过雨雪淋溶,可溶成分随水从地表向下渗透。向土壤迁移转化,富集有害物质、使堆场附近土质酸化、碱化、硬化,甚至发生重金属型污染。例如,一般在有色金属冶炼厂附近的土壤里,铅含量为正常土壤中含量的 10~40 倍,铜含量为 5~200 倍,锌含量为 5~50 倍。这些有毒物质一方面通过土壤进入水体,另一方面在土壤中发生积累而被作物吸收,毒害农作物。工业废渣与城市垃圾在雨水、雪水的作用下,流入江河湖海,造成水体的严重污染与破坏,如果将工业废渣或垃圾直接倒入河流、湖泊或沿海海域中会造成更大污染。目前世界上原子反应堆的废渣、核爆炸产生的散落物以及向深海投弃的放射性废物,已使能量为 0.74EBq(2000×10000Ci)的同位素污染了海洋,海洋生物资源遭到极大破坏。工业废渣与垃圾在缩放过程中,在温度、水分的作用下,某些有机物质发生分解,产生有害气体,一些腐败的垃圾废物散发腥臭味,造成对空气的污染。例如:堆积如山的煤矸石发生自燃时,火势蔓延,难以救护。并放出大量的 $SO_2$ 气体,污染环境,此外,采取焚烧方法处理固体废物时排出的烟尘和有害气体也会污染大气。

## 思考与练习

### 一、填空题

1. 集料按其粒径范围分为粗集料和细集料,在水泥混凝土中粗细集料的分界尺寸为( ),在沥青混合料中该尺寸界限为( )。

2. 某混凝土搅拌站原使用砂的细度模数为 2.5,后改用细度模数为 2.1 的砂。改砂后原混凝土配方不变,混凝土坍落度变( )。

3. 细集料中含泥量指集料中粒径( )的颗粒含量;泥块含量指砂中粒径( ),经水浸洗,手捏后( )的颗粒含量。

4. 粗集料中泥块含量指原尺寸( ),但经水浸、手捏后( )的颗粒含量。

5. 碎石的强度用( )或( )表示。

6. 通常砂的粗细程度是用( )来表示,细度模数越大,砂( )。

7. 对于沥青混合料采用( )测定集料针片状含量,对于水泥混凝土采用( )测定集料针片状含量。

8. 碱—集料反应是指( )的碱与( )中碱活性矿物在( )缓慢发生并导致混凝土开裂破坏的膨胀反应。

9. 砂按技术要求分为( )、( )和( )。

10. 砂的级配按( )筛孔的累计筛余率分成三个级配区。

### 二、选择题

1. 当配制水泥混凝土用砂由粗砂改为中砂时,其砂率( )。
    A. 应适当减小        B. 不变        C. 应适当增加        D. 无法判定

2. 《公路工程集料试验规程》(JTG E42—2005)中粗集料的压碎值测试方法,对于水泥混凝土与沥青混凝土所用粗集料,在测试时施加荷载不同,其原因为( )。
    A. 水泥为无机材料沥青为有机材料
    B. 两种混凝土所用集料粒径不同
    C. 两种混凝土所用集料化学性质不同
    D. 沥青混凝土在施工过程中要经过压路机碾压,对集料强度要求较高

3. 石子的公称粒径通常比最大粒径( )。
    A. 小一个粒级        B. 大一个粒级    C. 相等        D. 没有关系

4. 石料的磨光值越大,说明石料( )。
    A. 不易磨光        B. 易磨光        C. 强度高        D. 抗滑性差

5. 沥青路面的细集料洁净程度,天然砂以( )表示。
    A. 砂当量                    B. 小于 0.075mm 含量的百分数

C. 亚甲蓝值

D. 小于 0.60mm 含量的百分数

6.洛杉矶磨耗试验对于粒度级别为 B 的试样,使用钢球的数量和总质量分别为(　　)。

A. 12 个,5000g±25g

B. 11 个,4850g±25g

C. 10 个,3330g±20g

D. 11 个,5000g±20g

7.配制混凝土用砂的要求是尽量采用(　　)的砂。

A. 空隙率小

B. 总表面积小

C. 总表面积大

D. 空隙率和总表面积均较小

8.在进行粗集料的试验过程中,需要根据不同的用途(用于水泥混凝土还是沥青混合料),在进行同一试验时,具体的操作应有所不同。如:

(1)针片状颗粒含量测定,针对沥青混合料时采用规准仪法进行,而针对水泥混凝土时采用游标卡尺法进行。

(2)压碎试验操作过程中,因为混凝土的强度要远高于沥青混合料,所以用于水泥混凝土的粗集料在加载时达到最大荷载要比用于沥青混合料的粗集料加载时达到的荷载要高。

(3)进行洛杉矶磨耗试验时,因为沥青混合料可以采用的集料组成类型较多,所以用于沥青混合料的粗集料应根据不同要求,要采用不同的颗粒组成,而水泥混凝土在颗粒组成上仅仅选择一种组成类型就可以。

(4)无论沥青混合料用粗集料还是水泥混凝土用粗集料,当用于高等级公路表层时,都应进行抗冲击、抗磨耗和抗磨光等项试验,但要注意两者的操作方法应有所区别。

根据实际检测原理,指出上述描述中正确的是:(　　)。

A. (1)　　　　　B. (2)　　　　　C. (3)　　　　　D. (4)

三、判断题

1.集料的磨耗值越高,表示集料的耐磨性越差。　　　　　　　　　　　　　(　　)

2.两种砂子的细度模数相同,它们的级配不一定相同。　　　　　　　　　　(　　)

3.用游标卡尺法测量颗粒最大长度方向与最大厚度方向的尺寸之比大于 3 的颗粒为针片状颗粒。　　　　　　　　　　　　　　　　　　　　　　　　　　　　　(　　)

4.细集料就是砂子。　　　　　　　　　　　　　　　　　　　　　　　　　(　　)

5.广口瓶法测定最大粒径不大于 31.5mm 的碎石表观密度。　　　　　　　　(　　)

四、简答题

1.集料中有害杂质有哪些?各有何危害?

2.什么是针、片状颗粒?有什么危害?

五、计算题

1.某砂做筛分试验,两次称取各筛筛余质量如表 1-4-30 所示,计算各号筛的分计筛余率、累计筛余率和细度模数,并评定该砂的颗粒级配和粗细程度。

各级筛余质量表

表 1-4-30

| 筛孔尺寸(mm) | | 9.5 | 4.75 | 2.36 | 1.18 | 0.60 | 0.30 | 0.15 | 筛底 |
|---|---|---|---|---|---|---|---|---|---|
| 筛余质量(g) | 1 | 0 | 8 | 82 | 70 | 98 | 124 | 106 | 14 |
| | 2 | 0 | 10 | 80 | 73 | 95 | 120 | 106 | 18 |

2.钢筋混凝土梁的截面最小尺寸为 320mm,配置钢筋的直径为 20mm,钢筋中心距离为 80mm,问可选用最大粒径为多少的石子?

# 单元五　外加剂和掺和料

◎ **职业能力目标**

1.能检测混凝土减水剂的性能指标；
2.能检测混凝土掺和料的性能指标。

◎ **知识目标**

1.了解减水剂的作用机理；
2.了解减水剂的分类及特点；
3.掌握减水剂的技术经济效果；
4.了解掺和料的应用及特点；
5.掌握掺和料的技术性能检测方法。

各种混凝土外加剂与掺和料的应用能够改善新拌和硬化混凝土的性能,促进混凝土新技术的发展,促进工业副产品在胶凝材料系统中更多的应用,有助于节约资源和环境保护,所以已经发展成为优质混凝土必不可少的材料。

## 学习项目一　外　加　剂

### 一　定义

外加剂(Concrete Miner Additives)是一种在混凝土搅拌之前或拌制过程中加入的、用以改善新拌混凝土和(或)硬化混凝土性能的材料。由于混凝土外加剂能使混凝土的性能和功能得到显著改善和提高,已被人们称为混凝土中不可缺少的第五组分。

### 二　基本作用

各类外加剂有其独自的特殊功能,综合起来,有以下几个方面的作用:

(1)改善施工条件,有利于机械化施工,对保证及提高工程质量有积极的作用。例如掺加高效能减水剂,在工地条件下可配制 C100 以上的超高强混凝土,掺加减水剂可配制泵送混凝土等。

(2)减少养护时间,加速模板周转,提早对预应力钢筋混凝土钢筋进行放张、剪筋,加快施工进度。

(3)提高混凝土的强度,增加混凝土的密实度、耐久性、抗渗性等,提高混凝土的质量。

(4)节约水泥,降低混凝土的成本。

混凝土外加剂的种类繁多,功能多样,通常分为以下几种:

(1)改善混凝土拌和物流变性能的外加剂,如各种减水剂、引气剂和泵送剂等。

(2)调节混凝土凝结、硬化性能的外加剂,如缓凝剂、早强剂和速凝剂等。

(3)改善混凝土耐久性能的外加剂,如引气剂、阻锈剂、抗冻剂和抗渗剂等。

(4)改善混凝土其他性能,如着色剂、膨胀剂、黏结剂和碱—集料反应抑制剂等。

下面主要介绍在土木工程中常用的几种外加剂:减水剂、引气剂、缓凝剂、早强剂和防冻剂。

## 四 减水剂

### 1.定义

减水剂(Water Reducing Agent)是指在混凝土坍落度基本相同的条件下,能减少拌和用水量的外加剂。

### 2.减水的作用机理

常用减水剂均属表面活性物质,是由亲水集团和憎水集团两个部分组成。当水泥加水拌和后,由于水泥颗粒间分子凝聚力的作用,使水泥浆形成絮凝结构,如图 1-5-1 所示。在这种结构中,包裹了一定的拌和水(游离水),从而降低了混凝土拌和物的和易性。如在水泥浆中加入了适量的减水剂,使水泥颗粒表面带有相同的电荷,则使水泥颗粒互相分开,如图 1-5-2a)所示,絮凝结构解体,包裹的游离水被释放出来,从而有效地增加了混凝土拌和物的流动性。同时水泥颗粒表面吸附的减水剂,其亲水集团指向水溶液,在水泥颗粒表面形成一层稳定的溶剂化水膜,如图 1-5-2b)所示,也提高了拌和物的流动性。

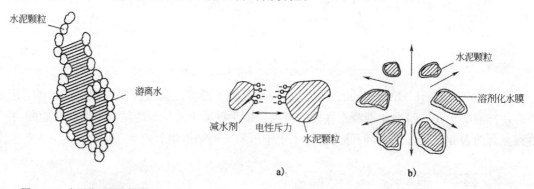

图 1-5-1　水泥浆的絮凝结构　　　　　　　　图 1-5-2　水泥浆的絮凝结构

### 3.技术经济效果

(1)在保持用水量、水泥用量不变的条件下,可增大混凝土拌和物的流动性能(坍落度增加 100~200mm)。

(2)在保持混凝土拌和物流动性、水泥用量不变的条件下,可以减少用水量(10%~20%),从而使水灰比降低,提高了混凝土的强度(15%~20%)。

(3)在保持混凝土拌和物流动性、水灰比不变的条件下,可以节约水泥的用量(10%~15%)。

(4)显著改善了混凝土的孔结构,提高了密实度,从而可提高混凝土的耐久性。

4.常用减水剂(表1-5-1)

**常 用 减 水 剂**                                                    表1-5-1

| 类别 | 普通减水剂 | | 高效减水剂 | | 高性能减水剂 |
|---|---|---|---|---|---|
| | 木质素系 | 糖蜜系 | 多环芳香族磺酸盐系(萘系) | 水溶性树脂系 | 聚羧酸系 |
| 主要品种 | 木质素系磺酸钙(木钙)<br>木质素系磺酸钠(木钠)<br>木质素系磺酸镁(木镁) | 3FG、TF、ST | NNO、NF、FDN、UNF、JN、MF、建1型、SN-2、NHJ、SP-1、DH、AF、JW-1等 | SM、CRS等 | WPC系列、LEX-9、KJ-JS、SH、SP-8等 |
| 适宜掺量(占水泥质量,%) | 0.2~0.3 | 0.2~0.3 | 0.2~1.0 | 0.5~2.0 | 0.5~2.0 |
| 我国常用减水剂品种的适用范围 | 木钙减水剂可用于一般混凝土工程,尤其适用于大体积浇筑、滑模施工、泵送混凝土及夏季施工等。木钙减水剂不宜单独用于冬季施工,在日最低气温低于5℃,应与早强剂或防冻剂复合使用。木钙减水剂也不宜单独用于蒸养混凝土及预应力混凝土,以免蒸养后混凝土表面出现疏松现象 | | 萘系减水剂的减水增强效果好,对不同品种水泥的适应性较强。适用于配制早强、高强、流态、蒸养混凝土 | SM减水剂适于配制高强混凝土、早强混凝土、流态混凝土、蒸养混凝土及耐火混凝土等。其性能优于萘系减水剂,但价格较高 | 聚羧酸系高性能减水剂具有高强、高耐久性,有明显的技术优势和较高的性价比 |

## 五 引气剂

1.定义

引气剂(Air Entraining Agent)是指在混凝土搅拌过程中,能引入大量分布均匀的、稳定而封闭的微小气泡(直径在10~100μm)的外加剂。

2.分子结构特性

引气剂为憎水性表面活性物质,它能在水泥—水—空气的界面定向排列,形成单分子吸附膜,提高泡膜的强度,并使气泡排开水分而吸附于固相粒子表面,因而能使搅拌过程混进的空气形成微小而稳定的气泡,均匀分布于混凝土中。

3.对混凝土的作用

(1)能改善混凝土拌和物的和易性。在混凝土拌和物中形成了大量微小封闭的球状气泡,从而减少了颗粒间的摩阻力,改善了混凝土拌和物的保水性和黏聚性。

(2)显著提高抗渗性、抗冻性。由于硬化后混凝土中的气泡隔断了毛细孔渗水通路,同时气泡又具有较大的弹性变形能力,对冰冻等破坏力能起缓冲作用,因此能大大提高混凝土的抗冻性能。

(3)降低混凝土强度。由于大量气泡的存在,减少了混凝土的有效受力面积,且因气泡多集聚在砂子颗粒表面,削弱了砂粒与水泥石的黏结力,因而使混凝土的强度有所降低。一般混凝土的含气量每增加1%,其抗压强度将降低4%~6%,抗折强度降低2%~3%。

**4.常用引气剂**

目前,应用较多的引气剂为松香热聚物、松香皂、烷基苯磺酸盐等。引气剂可用于抗渗混凝土、抗冻混凝土、抗硫酸盐侵蚀混凝土、泌水严重的混凝土、贫混凝土、轻混凝土以及对饰面有要求的混凝土等,但引气剂不宜用于蒸养混凝土及预应力混凝土。

近年来,引气剂逐渐被引气型减水剂所代替,因为它不但能减水且有引气作用,能提高混凝土的强度,节约水泥。

## 六 缓凝剂

**1.定义**

缓凝剂(Retarder)是指能延缓混凝土凝结时间,并对混凝土后期强度发展无不利影响的外加剂。

**2.作用机理**

有机类缓凝剂多为表面活性剂,掺入混凝土中,能吸附在水泥颗粒表面,形成同种电荷的亲水膜,使水泥颗粒相互排斥,阻碍水泥水化产物凝聚,起到缓凝作用;无机类缓凝剂,往往是在水泥颗粒表面形成一层难溶的薄膜,对水泥颗粒的正常水化起阻碍作用,从而导致缓凝。

**3.常用缓凝剂**

缓凝剂的种类主要有四种:糖类,羟基羧酸及其盐类,木质素磺酸盐类和无机盐类。最常用的是糖蜜和木钙,其中,糖蜜的缓凝效果最好。

缓凝剂具有缓凝、减水、降低水化热和增强作用,对钢筋也无锈蚀作用。主要适用于大体积混凝土和炎热气候下施工的混凝土,以及需长时间停放或长距离运输的混凝土。

## 七 早强剂

早强剂(Early Strengthening Agent)是加速混凝土早期强度发展,并对后期强度无显著影响的外加剂。

早强剂可以在常温、低温和负温(不低于$-5℃$)条件下加速混凝土的硬化过程,多用于冬季施工和抢修工程。早强剂主要有无机盐类(氯盐类、磷酸盐类)和有机胺及有机—无机的复合物三大类。

**1.氯盐类早强剂**

氯盐类早强剂主要有氯化钙、氯化钾、氯化铝及三氯化铁等,其中,以氯化钙应用最广。氯化钙为白色粉末状物,其适宜掺量为水泥质量的$0.5\%\sim1.0\%$,能使混凝土3d强度提高$5\%\sim10\%$,7d强度提高$20\%\sim40\%$,同时,能降低混凝土中水的冰点,防止混凝土早期受冻。采用氯化钙作早强剂,最大的缺点是含有$Cl^-$,会使钢筋锈蚀,并导致混凝土开裂。为了抑制氯化钙对钢筋的锈蚀作用,常将氯化钙与阻锈剂亚硝酸钠($NaNO_2$)复合作用。

**2.硫酸盐类早强剂**

硫酸盐类早强剂主要有硫酸钠、硫代硫酸钙、硫酸铝、硫酸铝钾等,其中,硫酸钠应用较多。硫酸钠为白色粉状物,一般掺量为$0.5\%\sim2.0\%$,当掺量为$1\%\sim1.5\%$时,达到混凝土设计强度70%的时间可缩短一半左右。

硫酸钠对钢筋无锈蚀作用,适用于不允许掺用氯盐的混凝土,但由于它与氢氧化钙作用生成强碱 NaOH,为防止碱—集料反应,硫酸钠严禁用于含有活性集料的混凝土,同时,应注意不能超量掺加,以免导致混凝土产生后期膨胀开裂破坏,并防止混凝土表面产生"白霜"。

3.有机胺类早强剂

有机胺类早强剂主要有三乙醇胺、三异丙醇胺等,其中,早强效果以三乙醇胺为佳。三乙醇胺为无色或淡黄色油状液体,呈碱性,能溶于水。掺量为水泥质量的 0.02%～0.05%,能使混凝土早期强度提高。三乙醇胺对混凝土稍有缓凝作用,掺量过多会造成混凝土严重缓凝和混凝土强度下降,故应严格控制掺量。

## 八 防冻剂

防冻剂(Antifreeze Agent)是能使混凝土在负温下硬化,并在规定时间内达到足够防冻强度的外加剂。工程中所用的防冻剂种类有:强电解质无机盐类(氯盐类、氯盐阻锈类和无氯盐类)、水溶性有机化合物类、有机化合物与无机盐复合类、复合型类。常用的防冻剂品种为强电解质无机盐类。

氯盐类防冻剂适用于无筋混凝土;氯盐阻锈类防冻剂适用于钢筋混凝土;无氯盐阻锈类防冻剂可用于钢筋混凝土工程和预应力钢筋混凝土工程。硝酸盐、亚硝酸盐、碳酸盐易引起钢筋的腐蚀,故不适用于预应力钢筋混凝土以及与镀锌钢材或铝铁相接触部位的钢筋混凝土结构。

防冻剂用于负温条件下施工的混凝土。掺防冻剂混凝土采用的原材料,应根据不同的气温,按下列方法进行加热:

(1)当气温低于−5℃时,可用热水拌和混凝土;当水温高于 65℃时,热水应先与集料拌和,再加入水泥。

(2)当气温低于−10℃时,集料可移入暖棚或采取加热措施。集料冻结成块时,需加热,加热温度不得高于 65℃,并应避免灼烧,用蒸汽直接加热集料带入的水分,应从拌和水中扣除。

## 九 外加剂的选择和使用

(1)选择合理的外加剂品种。外加剂品种、品牌很多,效果各异。应根据工程需要,现场材料条件,并参考有关资料,通过试验确定。

(2)确定合适的外加剂剂量。混凝土外加剂均有适宜掺量,掺量过小,达不到预期效果;掺量过大,则会影响混凝土质量,甚至造成质量事故,因此,应通过试验试配确定最佳掺量。

(3)选择合适的掺加方法。外加剂的剂量很少,必须保证其均匀分散,一般不能直接加入混凝土搅拌机内。对于可溶于水的外加剂,应先配成一定浓度的溶液,随水加入搅拌机内。对于不溶于水的外加剂,应与适量水泥或砂混合均匀后再加入搅拌机内。另外,外加剂掺入的时间对其效果的发挥也有很大的影响,如为了保证减水剂的减水效果,减水剂掺入的方法通常有同掺法、后掺法与分次掺入三种。实践证明,后掺法最好,能充分发挥减水剂的功能。

## 学习项目二 掺 和 料

为了节约水泥,改善混凝土性能,在拌制混凝土时掺入的矿物粉状材料,称为掺和料

(Mineral Admixture)，也叫矿物外加剂。常用的有粉煤灰、硅粉、磨细矿渣粉、烧黏土等，其中，粉煤灰的应用最为普遍。

 **粉煤灰**

粉煤灰(Fly Ash)按其排放方式分为干排灰与湿排灰。湿排灰含水率大，活性降低较多，质量不如干排灰。按煤种不同分为 F 类和 C 类，F 类为无烟煤或烟煤煅烧收集的粉煤灰，颜色为灰色或深灰色；C 类为褐煤或次烟煤煅烧收集的粉煤灰，其氧化钙含量一般大于 10%，为高钙粉煤灰，颜色为褐黄色。

1. 技术要求

粉煤灰受煤种、细度、燃烧条件和收尘方式等条件的限制，成分和性能波动很大。根据《用于水泥和混凝土中的粉煤灰》(GB/T 1596—2005)，其分级及品质指标如表 1-5-2 所示。

用于水泥和混凝土中的粉煤灰技术要求 表 1-5-2

| 指　　标 | | 级　　别 | | |
|---|---|---|---|---|
| | | Ⅰ级 | Ⅱ级 | Ⅲ级 |
| 细度(45μm 方孔筛筛余)(%) | F 类粉煤灰<br>C 类粉煤灰 | ≤12 | ≤25 | ≤45 |
| 需水量比(%) | | ≤95 | ≤105 | ≤115 |
| 烧失量(%) | | ≤5 | ≤8 | ≤15 |
| 含水率(%) | | ≤1 | ≤1 | ≤1 |
| 三氧化硫(%) | | ≤3 | ≤3 | ≤3 |
| 游离氧化钙(%) | | F 类粉煤灰≤1；C 类粉煤灰≤4 | | |
| 安定性，雷氏夹沸煮后增加距离(mm) | | C 类粉煤灰≤5 | | |

粉煤灰的品质指标直接关系到其在混凝土中的作用效果。通常细度小，需水量比低的粉煤灰(Ⅰ级灰)，其化学活性也较高。烧失量主要是未燃尽的碳粒所致，碳粒多孔，比表积大，吸附性强，强度低。带入混凝土后，不但影响混凝土的需水量，还会导致外加剂用量大幅度增加；对硬化后的混凝土来说，碳粒不仅影响水泥浆的黏结强度，还会增大混凝土的干缩，同时碳粒本身是惰性颗粒。因此烧失量是粉煤灰品质中的一项重要指标。

2. 掺入混凝土中的作用和效果

粉煤灰为微球状颗粒，具有增大混凝土的流动性、减少泌水、改善和易性的作用；若保持流动性不变，则可起到减水作用；粉煤灰还具有火山灰活性，这种潜在的活性效应对混凝土后期强度增长较为有利，同时可降低水化热，抑制碱—集料反应，提高抗渗、抗化学腐蚀等耐久性能。粉煤灰的抗裂性优于矿粉。

3. 掺入混凝土中的常用方法

混凝土中掺入粉煤灰的效果与粉煤灰的掺入方法有关，混凝土中掺入粉煤灰的常用方法有：等量取代法、超量取代法和外掺法。

等量取代法：以等质量的粉煤灰取代混凝土中的水泥，但通常会降低混凝土中的强度。

超量取代法：为达到掺粉煤灰后混凝土与基准混凝土等强度的目的，粉煤灰采用超量取代，其掺入量等于取代水泥的质量乘以粉煤灰超量系数。粉煤灰的品质越好，超量系数越小，通常Ⅰ级灰的超量系数为 1.0～1.4，Ⅱ级灰为 1.2～1.7，Ⅲ级灰为 1.5～2.0。

外掺法:指保持混凝土中的水泥用量不变,外掺一定量的粉煤灰。其目的是改善混凝土拌和物的和易性。

有时也有用粉煤灰代砂,由于粉煤灰具有火山灰活性,故使混凝土强度有所提高,而且混凝土和易性及抗渗性等也有显著提高。

混凝土中掺入粉煤灰时,常与减水剂或引气剂等外加剂同时掺入,称为双掺技术。减水剂的掺入可以克服某些粉煤灰增大混凝土需水量的缺点;引气剂的掺用,可以解决粉煤灰抗冻性较差的问题;在低温条件下施工时,宜掺入早强剂或防冻剂。混凝土中掺入粉煤灰后,会使混凝土抗碳化性能降低,不利于防止钢筋锈蚀。为改善混凝土抗碳化性能,也应采取双掺措施,或在混凝土中掺入阻锈剂。

## 二 粒化高炉矿渣粉

粒化高炉矿渣经干燥、粉磨(或填加少量石膏一起粉磨)达到相当细度且符合相应活性指数的粉体称为粒化高炉矿渣粉(Ground Granulated Blast Furnace Slag,简称矿渣粉)。

生产水泥时掺入的粒化高炉矿渣颗粒较粗,其活性得不到充分发挥,因而矿渣水泥配制的混凝土保水性较差,泌水性大,抗渗性差;如将粒化高炉矿渣单独磨细,则可保证混凝土所需的强度,并且微细粉体的填充作用,使混凝土内部结构更加密实。与硅粉相比,矿渣粉的增强作用略逊,但其他性能优于硅粉。

矿渣粉的活性取决于矿渣的化学成分、矿物组成、冷却条件及粉磨细度。国标《用于水泥和混凝土中的粒化高炉矿渣粉》(GB/T 18046—2008)中用活性指数表示其强度活性:

$$活性指数 = \frac{掺50\%磨细矿渣\ ISO\ 胶砂抗压强度}{100\%纯水泥\ ISO\ 胶砂抗压强度} \times 100\%$$

活性指数越大,表明矿渣活性越高,对混凝土强度贡献大。矿渣越细,通常早龄期的活性指数越大,但细度对后期活性指数的影响较小。另外,矿渣越细,混凝土的水化热和收缩加大。矿渣粉的品质指标应符合表1-5-3的要求。

粒化高炉矿渣粉的品质指标

表1-5-3

| 项 目 | | 级 别 | | |
|---|---|---|---|---|
| | | S105 | S95 | S75 |
| 密度(g/cm³) | | ≥2.8 | | |
| 比表面积(m²/kg) | | ≥350 | | |
| 活性指数(%) | 7d | ≥95 | ≥75 | ≥55 |
| | 28d | ≥105 | ≥95 | ≥75 |
| 流动度比(%) | | ≥85 | ≥90 | ≥95 |
| 含水率(%) | | ≤1.0 | | |
| 三氧化硫(%) | | ≤4.0 | | |
| 氯离子(%) | | ≤0.02 | | |
| 烧失量(%) | | ≤3.0 | | |

## 三 硅灰

硅灰又称硅粉(Silica Fume),是指从冶炼硅铁合金或硅钢等排放的硅蒸汽氧化后,收集到的极细粉末颗粒。

硅灰在掺和料中比表面积最大,为15000m²/kg,故具有很高的火山灰性,其改性效果优于粉煤灰,可用于配制高强、超高强混凝土,是高强混凝土配制中应用最早、技术最成熟,同时也是最好的活性矿物掺和料,但其资源有限,成本高,包装运输不便。一般认为,硅灰的最佳掺量为10%左右。由于硅灰的加入使混凝土拌和物的流动性明显降低,为了保证其施工性,必须使用高效减水剂,且用量比不掺硅灰时要略大。硅灰的品质指标应符合表1-5-4的要求。

硅灰的品质指标                                              表1-5-4

| 试 验 项 目 | | | 指　标 |
|---|---|---|---|
| 物理性能 | 比表面积(m²/kg) | ≥ | 15000 |
| | 含水率(%) | ≤ | 1.0 |
| 化学性能 | 烧失量(%) | ≤ | 6.0 |
| | 氯离子(%) | ≤ | 0.02 |
| | SiO₂含量(%) | ≥ | 85 |
| 胶砂性能 | 28d活性指数(%) | ≥ | 85 |
| | 需水量比(%) | ≤ | 125 |
| | | | |

◆ 单 元 小 结 ▶

随着技术的发展,外掺料(外加剂和掺和料)已经被越来越多的应用到混凝土中,只有科学、合理地应用,才能取得提高工程质量、降低成本等经济效果。

◆ 拓 展 知 识 ▶

沸石粉由天然的沸石岩磨细而成,颜色为白色。沸石是火山熔岩形成的一种架状结构的铝硅酸盐矿物。目前已知的沸石有五十多种。沸石粉的内表面积大,吸附性强,能降低混凝土的泌水和离析,增强保水性。沸石粉含有一定量的活性二氧化硅和三氧化二硅,具有微填充效应和火山灰效应,能改善混凝土的孔结构和界面相,提高强度和改善耐久性。因沸石粉的需水量大,拌和物的黏性增加,必须与高效减水剂配合使用。

## 思考与练习

1.混凝土减水剂的作用效果有哪些?

2.粉煤灰的质量指标包括哪些方面?级别如何划分?

3.粉煤灰掺入混凝土中,对混凝土性能产生哪些有利的作用?

4.减水剂的类型有哪些?[查阅《混凝土外加剂》(GB 8076—2008)]

# 单元六 混 凝 土

混凝土的发展虽只有100多年的历史，但它已是一种家喻户晓的建筑材料，如今已成为世界范围应用最广、用量最大、几乎随处可见的土建工程材料。

## 学习项目一 概 述

### 一 混凝土的定义

由胶凝材料、集料和水（或不加水），按适当的比例拌和而成的混合物，经一定时间硬化而成的人造石材，称为混凝土（Concrete）。目前使用最多的是以水泥为胶凝材料的混凝土，它是世界上用途最广、用量最大的建筑材料，而且是很重要的建筑结构材料。

### 二 混凝土的分类

混凝土的种类很多，通常从以下几个方面进行分类。

1.按表观密度分类

1）重混凝土

重混凝土干表观密度大于 $2600kg/m^3$ ，是采用密度很大的重晶石、铁矿石、钢屑等重集料和钡水泥、锶水泥等重水泥配制而成。重混凝土具有防射线性能，又称防辐射混凝土。主要用作核能工程的屏蔽结构材料。

2）普通混凝土

普通混凝土干表观密度在 $1900\sim2600kg/m^3$ 之间，是用普通的天然砂、石为集料和水泥配制而成,为土木工程中常用的混凝土,主要用作承重结构材料。

3)轻混凝土

轻混凝土干表观密度小于 1900kg/m³,是采用陶粒等轻质多孔的集料,或者不采用细集料而掺入加气剂或泡沫剂,形成多孔结构的混凝土。主要用作轻质结构材料和保温材料。

2.按所用胶凝材料分类

可分为水泥混凝土、沥青混凝土、石膏混凝土、水玻璃混凝土和聚和物混凝土等。

3.按用途分类

可分为结构混凝土、防水混凝土、道路混凝土、防辐射混凝土、耐酸混凝土、膨胀混凝土等。

4.按生产和施工方法分类

可分为泵送混凝土、喷射混凝土、碾压混凝土、挤压混凝土、离心混凝土、压力灌浆混凝土、预拌混凝土(商品混凝土)等。

5.按强度等级分类

1)普通混凝土

普通混凝土强度等级一般在 C60 以下。其中抗压强度小于 30MPa 的混凝土为低强度混凝土,抗压强度为 30～60MPa(C30～C60)为中强度混凝土。

2)高强混凝土

高强混凝土抗压强度等于或大于 60MPa。

3)超高强混凝土

超高强混凝土抗压强度在 100MPa 以上。

## 三 混凝土的特点

混凝土具有许多其他材料不可比拟的优点:

(1)原材料资源丰富,成本低。组成材料中砂、石约占总量的 80%,可就地取材,降低了混凝土的造价。

(2)良好的可塑性。混凝土拌和物在凝结硬化前可以按工程结构的要求,浇筑成各种形状和任意尺寸的整体结构或预制构件。

(3)强度高。硬化后的混凝土具有较高的抗压强度,适于作结构材料,目前西雅图双联广场是世界上使用强度最高的工程,设计强度为 131MPa。

(4)与钢筋有牢固的黏结力,可将其复合成钢筋混凝土。一方面利用钢材的韧性和较高的抗拉强度,同时碱性的混凝土环境可以保护钢筋不生锈,从而大大扩展了混凝土的应用范围。

(5)可调整性强。可根据不同要求,通过调整配合比制出不同性能的混凝土。

(6)耐久性好。与传统的结构材料(钢材、木材等)相比,混凝土不腐朽、不生锈,并且其抗冻性、抗渗性及耐腐蚀性较好。

任何事物都具有两面性,混凝土虽然有诸多优点,但也存在着一定的缺点:

(1)抗拉强度低。混凝土是一种脆性材料,抗拉强度一般只有抗压强度的 1/10～1/20,因此,受拉时变形能力小,易开裂。

(2)自重大、比强度低。普通混凝土每立方米重达 2400kg 左右,致使在土木工程中形成了肥梁、胖柱、厚基础的现象,对高层、大跨度结构很不利。

（3）施工周期长。混凝土浇筑成型受气候影响，同时需要较长时间养护才能达到一定强度，与钢材相比，施工效率低。

（4）导热系数大。普通混凝土的导热系数为 $1.4\sim1.8W/(m \cdot K)$，是普通烧结砖的 $2\sim3$ 倍，故保温隔热效果差。

# 学习项目二　普通混凝土

 **普通混凝土的定义**

普通混凝土（Ordinary Concrete）由水泥、砂、石和水按一定的比例拌和，根据需要也可加入外加剂或掺和料，硬化后表观密度在 $2400kg/m^3$ 左右。目前，它在土木工程中使用最广泛，用量最大，通常被简称为混凝土。

在混凝土中，水泥与水形成水泥浆，包裹在集料表面并填充颗粒之间的空隙，在混凝土硬化前起润滑作用，使混凝土拌和物具有一定的流动性，硬化后起胶结作用，将集料黏结成一个整体，使其具有一定的强度；集料在混凝土中，总量占到总体积的 $70\%\sim80\%$，起着骨架和抑制水泥浆收缩的作用；外加剂和掺料起改善混凝土性能、降低混凝土成本的作用。

 **普通混凝土的组成材料**

为了保证混凝土的质量，各组成材料必须满足相应的技术要求。

1. 水泥

水泥是普通混凝土的胶凝材料，其性能对混凝土的性质影响很大，同时，也是混凝土中造价最高的组分。因此，正确选择水泥就显得尤为重要。

1）水泥品种的选择

配制混凝土时，应根据工程特点、部位、气候、环境条件及设计、施工要求等，合理选择相应品种的水泥，详见单元三水泥。

2）强度等级

水泥强度等级的选择原则通常为：混凝土设计强度等级越高，则水泥强度等级也宜越高；设计强度等级低，则水泥强度等级也相应低。例如：C40 以下混凝土，一般选用强度等级 32.5级；C45～C60 混凝土一般选用 42.5 级，在采用高效减水剂等条件下也可选用 32.5 级；大于C60 的高强混凝土，一般宜选用 42.5 级或更高强度等级的水泥；对于 C15 以下的混凝土，则宜选择强度等级为 32.5 级的水泥，并外掺粉煤灰等掺和料。目标是保证混凝土中有足够的水泥，因为水泥用量过多（低强水泥配制高强度混凝土），一方面成本增加。另一方面，混凝土收缩增大，对耐久性不利。水泥用量过少（高强水泥配制低强度混凝土），混凝土的黏聚性变差，不易获得均匀密实的混凝土，严重影响混凝土的耐久性。

2. 集料（Aggregate）

详见单元四。

3. 拌和及养护用水

混凝土用水的基本要求是：不影响混凝土的和易性及凝结，无损于混凝土强度发展，不降低混凝土的耐久性，不加快钢筋锈蚀，不引起预应力钢筋脆断，不污染混凝土表面。

混凝土拌和用水按水源可分为饮用水、地表水、地下水、海水以及经过适当处理或处置后的工业废水。根据《混凝土用水标准》(JGJ 63—2006)的规定:符合国家标准的生活饮用水,可拌制各种混凝土;地表水和地下水首次使用前,应按本标准规定进行检验;海水可用于拌制素混凝土,但不可拌制钢筋混凝土、预应力混凝土和有饰面要求的混凝土;工业废水经检验合格后可用于拌制混凝土,否则必须予以处理,合格后方能使用。

用待检验水与蒸馏水(或符合国家标准的生活用水)试验所得的初凝时间差与终凝时间差不得大于30min,其初凝时间与终凝时间应符合水泥国家标准的规定;用待检验水配制的水泥砂浆和混凝土的28d抗压强度(若有早期抗压强度要求时,需增加7d抗压强度),不得低于用蒸馏水(或符合国家标准的生活用水)拌制的对应砂浆或混凝土抗压强度的90%。混凝土用水中各种物质含量限值见表1-6-1。

水中物质含量限值                           表 1-6-1

| 项 目 | 预应力混凝土 | 钢筋混凝土 | 素 混 凝 土 |
|---|---|---|---|
| pH 值 | >4 | >4 | >4 |
| 不溶物(mg/L) | <2000 | <2000 | <5000 |
| 可溶物(mg/L) | <2000 | <5000 | <10000 |
| 氯化物(以 $Cl^-$ 计)(mg/L) | <5000 * | <1200 | <3700 |
| 硫酸盐(以 $SO_4^{2-}$ 计)(mg/L) | <600 | <2700 | <2700 |
| 硫化物(以 $S^{2-}$ 计)(mg/L) | 100 | — | — |

注:* 值表示使用钢丝或经热处理钢筋的预应力混凝土,氯化物含量不得超过350mg/L。

**【工程实例】** 某糖厂建宿舍,以自来水拌制混凝土,浇筑后用曾装食糖的麻袋覆盖于混凝土表面,再淋水养护。后发现该水泥混凝土两天仍未凝结,而水泥经检验无质量问题,请分析此异常现象的原因。

**原因分析:**

由于养护水淋于曾装食糖的麻袋,养护水已成糖水,而含糖分的水对水泥的凝结有抑制作用,故使混凝土凝结异常。

**4.外掺料**

详见单元五。

### 三　普通混凝土的主要技术性质

混凝土的主要技术性质包括混凝土拌和物的和易性、硬化混凝土的强度、变形及耐久性。

**1.混凝土拌和物的和易性**

**1)定义**

混凝土在未凝结硬化以前,称为混凝土拌和物(Fresh Concrete)。混凝土拌和物的和易性,也称工作性(Workability),是指混凝土拌和物易于施工操作(拌和、运输、浇灌、捣实)并能获得质量均匀、成型密实的性能。和易性是一项综合的技术性质,包括有流动性、黏聚性和保水性等三方面的含义。

流动性(Liquidity)是指混凝土拌和物在本身自重或施工机械振捣的作用下,能产生流动,并均匀密实地填满模板的性能。

黏聚性(Cohesiveness)是指混凝土拌和物在施工过程中其组成材料之间有一定的黏聚力,不致产生分层和离析的现象。

保水性(Water Retention Poroperty)是指混凝土拌和物在施工过程中,具有一定的保水能力,不致产生严重的泌水现象。发生泌水现象的混凝土拌和物,由于水分分泌出来会形成容易透水的孔隙,而影响混凝土的密实性,降低质量。

2)评定方法

过去,世界各国提出和采用的流动性测定方法有很多种,但迄今为止尚无能全面反映混凝土拌和物的和易性的方法。《普通混凝土拌和物性能试验方法》(GB/T 50080—2002)规定,塑性混凝土的流动性用坍落度与坍落度扩展度表示,干硬性混凝土用维勃稠度来表示,并辅以直观经验来评定黏聚性和保水性。

(1)坍落度法(Slump Constant Method)。坍落度法适用于集料最大粒径不大于40mm,坍落度值不小于10mm的混凝土拌和物。测法是将拌好的混凝土拌和物按规定方法分三层装入坍落度筒内,并按规定方式插捣,待装满刮平后,垂直提起坍落度筒,量出筒高与坍落后混凝土试体最高点之间的高度差,即为新拌混凝土的坍落度(图1-6-1),以mm为单位(精确至5mm)。坍落度愈大,表示流动性愈大。当坍落度大于220mm时,用钢尺测量混凝土扩展后最终的最大直径和最小直径,在这两个直径之差小于50mm的条件下,用其算术平均值作为坍落扩展度值。

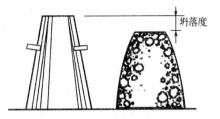

图1-6-1 混凝土拌和物坍落度的测定

进行坍落度试验时,应同时观察混凝土拌和物的黏聚性和保水性。

用捣棒在已坍落的拌和物锥体侧面轻轻敲打,如果锥体逐步下沉,表示黏聚性良好;如果突然倒塌,部分崩裂或石子离析,表示黏聚性较差。

当提起坍落度筒后,如有较多的稀浆从底部析出,锥体部分的拌和物因失浆而集料外露,则表明保水性不好;如无这种现象,则表明混凝土拌和物保水性良好。

根据坍落度的大小,可将混凝土拌和物分为四级,见表1-6-2。

混凝土按坍落度的分级                                            表1-6-2

| 级　别 | 名　　称 | 坍落度(mm) | 级　别 | 名　　称 | 坍落度(mm) |
|---|---|---|---|---|---|
| $T_0$ | 低塑性混凝土 | 10~40 | $T_2$ | 流动性混凝土 | 100~150 |
| $T_1$ | 塑性混凝土 | 50~90 | $T_3$ | 大流动性混凝土 | ≥160 |

(2)维勃稠度法(Vebe-Bee' Method)。对于干硬性的混凝土拌和物(坍落度值小于10mm)通常采用维勃稠度仪(图1-6-2)测定其稠度(即维勃稠度)。

维勃稠度法是将坍落度筒放在直径为240mm、高度为200mm的容器中,容器安装在专用的振动台上。按坍落度试验的方法将新拌混凝土通过漏斗装入坍落度筒内,然后再拔去坍落筒,并在新拌混凝土顶上置一透明圆盘,开动振动并记录时间,从开始振动至透明圆盘底面被水泥浆布满瞬间为止,所经历的时间,即为新拌混凝土的维勃稠度值(以s计)。

该法适用于集料最大粒径不超过40mm,维勃稠度在5~30s之间的混凝土拌和物稠度测定。根据维勃稠度的大小,混凝土拌和物也分为四级,见表1-6-3。

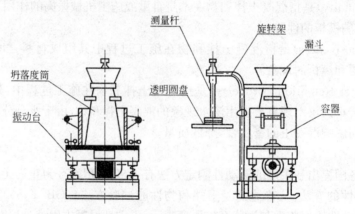

图 1-6-2 维勃稠度仪

**混凝土按维勃稠度的分级**　　　　　　　　　　　表 1-6-3

| 级　别 | 名　　称 | 维勃稠度(s) | 级　别 | 名　　称 | 维勃稠度(s) |
|---|---|---|---|---|---|
| $V_0$ | 超干硬性混凝土 | ≥31 | $V_2$ | 干硬性混凝土 | 11～20 |
| $V_1$ | 特干硬性混凝土 | 21～30 | $V_3$ | 半干硬性混凝土 | 5～10 |

3) 混凝土拌和物流动性的选择

选择混凝土拌和物的坍落度,要根据构件截面大小、钢筋疏密和捣实方法来确定。当构件截面尺寸较小或钢筋较密,或采用人工插捣时,坍落度可选择大些。反之,如构件截面尺寸较大,或钢筋较疏,或采用振动器振捣时,坍落度可选择小些。按《混凝土结构工程施工质量验收规范》(GB 50204—2002)的规定,混凝土浇筑时的坍落度宜按表 1-6-4 选用。

**混凝土浇筑时的坍落度**　　　　　　　　　　　表 1-6-4

| 项　　目 | 结 构 种 类 | 坍落度(mm) |
|---|---|---|
| 1 | 基础或地面等的垫层、无配筋的大体积结构(挡土墙、基础等)或配筋稀疏的结构 | 10～30 |
| 2 | 板、梁或大型及中型截面的柱子等 | 30～50 |
| 3 | 配筋密列的结构(薄壁、斗仓、筒仓、细柱等) | 50～70 |
| 4 | 配筋特密的结构 | 70～90 |

表 1-6-4 是指采用机械振捣的坍落度,采用人工捣实时可适当增大。当施工工艺采用混凝土泵输送混凝土拌和物时,则要求混凝土拌和物具有高流动性,其坍落度通常在 80～180mm,应掺用外加剂。

4) 影响混凝土拌和物和易性的主要因素

在配合比相同的前提下,水泥品种不同,拌和后的混凝土拌和物稠度也有所不同。一般普通水泥混凝土拌和物比矿渣水泥和火山灰水泥的工作性好;矿渣水泥拌和物的流动性虽大,但黏聚性较差,易泌水离析;火山灰水泥流动性小,但黏聚性好。同种水泥,若细度不同,则细度高的水泥配制出来的混凝土流动性偏小。

集料的种类、级配、粗细程度不同,也会使混凝土拌和物的和易性不同。河砂、卵石表面光滑无棱角,拌制的混凝土拌和物比碎石拌制的拌和物流动性大。采用较大的最大粒径、级配良好的砂石,因其总表面积和空隙率均较小,包裹集料表面和填充空隙用的水泥浆用量小,因此,拌和物的流动性也较大。

（1）组成材料的用量。单位体积用水量是指在单位体积混凝土中，所加入的水的质量。混凝土拌和物用水量增大，其流动性随之增大，但用水量过大，会使拌和物的黏聚性和保水性变差，产生严重泌水、分层或流浆，并有可能使混凝土强度和耐久性严重降低。混凝土拌和物的单位用水量应根据集料品种、粒径及施工要求的混凝土拌和物坍落度或稠度选用。施工中不能通过单纯改变用水量的办法增加拌和物的稠度流动性。

试验证明，在集料用量一定的情况下，所需拌和用水量基本上是一定的，即使水泥用量有所变动（每立方米混凝土用量增减 $50 \sim 100kg$）也无影响，这一关系称为恒定用水量法则。

水灰比（Water-cement Ratio）是指水与水泥的比值。水灰比的大小决定水泥浆的稠度，水灰比越小，水泥浆越稠，即流动性越小。当水灰比过小时，水泥浆干稠，施工困难，且不能保证混凝土的密实性。增加水灰比会使流动性加大，但水灰比过大又会导致拌和物的黏聚性和保水性较差，产生流浆、离析现象，并严重影响混凝土的强度。水灰比不能过大或过小，应根据混凝土强度和耐久性要求合理地选用。

集浆比是指集料与水泥浆的用量之比。在集料用量一定的前提下，集浆比愈小，表示水泥浆用量愈多，拌和物的流动性愈大。但水泥浆过多，不仅不经济，而且会使拌和物出现流浆现象。

砂率（Sand Ratio）是指混凝土中砂的质量占砂、石总质量的百分率。在水泥浆量一定的条件下，砂率过大时，集料的总表面积增大，水泥浆量会显得不足，将使混凝土拌和物的流动性减小。砂率过小时，虽然集料的总表面积减小，但石子间起润滑作用的砂浆层不足，也会降低混凝土拌和物的流动性，而且会严重影响其黏聚性和保水性，容易造成离析、流浆等现象。因此，砂率应有一个合理的值。

采用合理砂率时，在水与水泥用量一定的条件下，能使混凝土拌和物获得最大流动性且能保持良好黏聚性和保水性，如图 1-6-3a）所示；在混凝土拌和物获得所要求的流动性及良好的黏聚性和保水性时，水泥用量最少，如图 1-6-3b）所示。

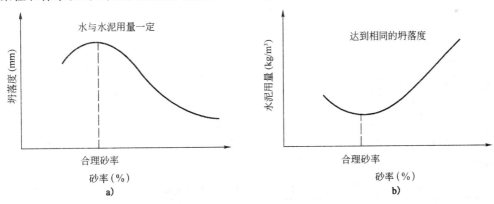

图 1-6-3　砂率与坍落度、水泥用量的关系

（2）时间与环境条件。拌和物拌制后，随着时间的延长、环境温度的升高、湿度的降低，混凝土拌和物的水分蒸发加快，拌和物的流动性变差，而且坍落度损失也变快。因此，在盛夏施工时，需充分考虑由于温度升高而引起的坍落度降低。

（3）外加剂和掺和料。在拌制混凝土时，加入少量的外加剂和适量的掺和料能使混凝土拌和物在不增加水泥用量水泥用量（或减少水泥用量）的条件下，获得很好的和易性，即增大流动性和改善黏聚性，降低泌水性。由于改变了混凝土的结构，还能提高混凝土的耐久性。

5)改善混凝土拌和物和易性的措施

(1)采用适宜的水泥品种。

(2)改善集料(特别是石子)级配,尽量采用较粗的砂石。

(3)采用合理砂率,尽可能降低砂率,有利于提高混凝土质量和节约水泥。

(4)当混凝土拌和物坍落度太小时,应保持水灰比不变,适当增加水泥浆的用量;当坍落度太大,但黏聚性良好时,可保持砂率不变,增加砂石用量;当黏聚性较差时,可适当增减砂率。

(5)掺入各种外加剂(如减水剂、引气剂等)或掺和料(如粉煤灰、硅灰等)。

**【工程实例】** 某高架桥桥台采用泵送混凝土,因该混凝土保水性较差,泌水量大,大量水泥稀浆从模板缝中流出,拆模板后可见桥台混凝土集料裸露。

**原因分析:**

泵送混凝土要求的坍落度较大,虽然较多的水泥浆保证了流动性,但保水性较差,致使大量的水泥浆流失,从而使硬化后的混凝土粗集料外露。

### 2.混凝土的强度

强度(Strength)是混凝土硬化后重要的力学指标,主要包括立方体抗压强度、轴心抗压强度、劈裂抗拉强度和抗折强度等。

1)混凝土的立方体抗压强度(Compressive Strength of Cube)

按照《普通混凝土力学性能试验方法标准》(GB/T 50081—2002)规定,将混凝土拌和物按规定方法制作边长为150mm的立方体试件,在标准条件[温度为20℃±2℃,相对湿度95%以上的标准养护室或温度为20℃±2℃的不流动的$Ca(OH)_2$溶液中]下,养护至28d龄期,测得的抗压强度值,称为混凝土立方体抗压强度,以$f_{cu}$表示,以MPa计。

$$f_{cu} = \frac{F}{A} \tag{1-6-1}$$

式中:$F$——试件破坏荷载(N);

$A$——试件受压面积($mm^2$)。

一组三个试件,按混凝土强度评定方法确定每组试件的强度代表值(具体见试验指导书)。按照《混凝土结构工程施工质量验收规范》(GB 50204—2002)规定,混凝土立方体试件的尺寸应根据粗集料的最大粒径确定,当采用非标准尺寸试件时,应将其抗压强度乘以换算系数(表1-6-5)。当混凝土强度等级>C60时,宜采用标准试件;使用非标准试件时,换算系数应由试验确定。

混凝土试件尺寸及强度的尺寸换算系数 表1-6-5

| 集料最大粒径(mm) | 试件尺寸(mm) | 强度的尺寸换算系数 |
|---|---|---|
| ≤31.5 | 100×100×100 | 0.95 |
| ≤40 | 150×150×150 | 1.00 |
| ≤63 | 200×200×200 | 1.05 |

采用标准试验方法测定混凝土强度是为了使混凝土质量具有可比性。在实际工程中,其养护条件(温度、湿度)有较大变化,为了反映工程中混凝土的强度情况,常把混凝土试件放在与工程相同条件下养护,再按所需龄期测定强度,作为工地混凝土强度控制的依据,又由于标

准试验方法试验周期长,不能及时反映工程中的质量情况,因而可以采用一些加速养护的快速试验方法,来推定混凝土 28d 的强度值。

2)混凝土的立方体抗压强度标准值和强度等级(Strength Grade of Concrete)

混凝土立方体抗压强度标准值是按标准试验方法制作和养护的标准立方体试件,在 28d 龄期用标准试验方法测得的强度总体分布中的一个值,强度低于该值的百分率不超过 5%(即具有 95% 保证率的抗压强度),用 $f_{cu,k}$ 表示。

混凝土的强度等级是根据立方体抗压强度标准值来确定的,用符号 C 与立方体抗压强度标准值表示,即 $Cf_{cu,k}$。根据我国《混凝土结构设计规范》(GB 50010—2010)规定:普通混凝土按立方体抗压强度标准值划分为 C15、C20、C25、C30、C35、C40、C45、C50、C55、C60、C65、C70、C75 和 C80 共 14 个等级。

3)混凝土的轴心抗压强度(Axial Compressive Strength of Concrete)

在实际工程中,立方体的混凝土结构形式是很少见的,大部分为棱柱体或圆柱体。为了符合工程实际,在结构设计中混凝土受压构件的计算采用混凝土的轴心抗压强度,用 $f_{cp}$ 表示。

混凝土轴心抗压强度的测定采用 150mm×150mm×300mm 的棱柱体或直径为 150mm、高度为 300mm 的圆柱体。轴心抗压强度比同截面的立方体抗压强度值小,棱柱体试件高宽比越大,轴心抗压强度越小,但当高宽比达到一定值后,强度就不再降低。但是过高的试件在破坏前由于失稳产生较大的附加偏心,又会降低其试验强度值。

立方体抗压强度 $f_{cu}$ 在 10～55MPa 范围内,轴心抗压强度 $f_{cp}=(0.7～0.8)f_{cu}$。

4)混凝土的抗折强度(Bending Strength of Concrete)

道路路面或机场跑道用水泥混凝土,以抗折强度(也称抗弯拉强度)为主要强度指标,抗压强度作为参考指标。根据《公路工程水泥及水泥混凝土试验规程》(JTG E30—2005)规定,将道路水泥混凝土拌和物按标准试验方法制备成 150mm×150mm×550mm 的梁形试件,在标准条件下,养护至 28d,然后按三分点加荷方式(图 1-6-4)测定其抗折强度,用 $f_f$ 表示,可按式(1-6-2)计算。

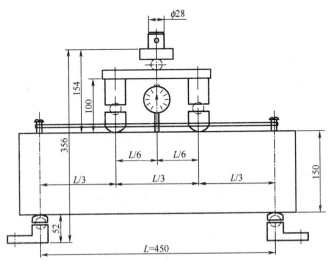

图 1-6-4　水泥混凝土抗折强度和抗折模量试验装置图(尺寸单位:mm)

$$f_f = \frac{FL}{bh^2} \tag{1-6-2}$$

式中:$F$——试件破坏荷载(N);

    $L$——支座间距(mm);

    $b$——试件宽度(mm);

    $h$——试件高度(mm)。

5)混凝土的劈裂抗拉强度(Splitting Tensile Strength of Concrete)

混凝土的抗拉强度只有抗压强度的 $1/10\sim1/20$,且随着混凝土强度等级的提高,比值有所降低,也就是当混凝土强度等级提高时,抗拉强度的增加不及抗压强度提高得快。因此,混凝土在工作时一般不依靠其抗拉强度。但抗拉强度对于开裂现象有重要意义,在结构设计中,抗拉强度是确定混凝土抗裂度的重要指标。有时也用它来间接衡量混凝土与钢筋的黏结强度等。

测定混凝土抗拉强度的方法,有轴心抗拉及劈裂抗拉试验两种,由于轴心抗拉试验中夹具附近局部破坏很难避免,而且直接拉伸时的对中比较困难,所以间接拉伸法(劈裂拉伸)是目前国内外普遍采用的试验方法。我国在劈裂抗拉试验中规定:标准试件为 150mm×150mm×150mm 的立方体(国际上多用圆柱体),采用 $\phi150$ 的弧形垫块并加三层胶合板垫条按规定速度加荷,如图 1-6-5 和图 1-6-6 所示,按式(1-6-3)计算劈裂抗拉强度 $f_{ts}$。

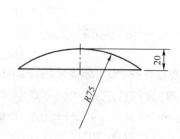

图 1-6-5　劈裂抗拉试验装置示意图

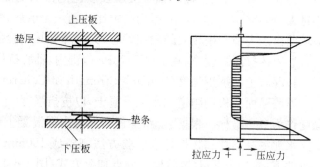

图 1-6-6　劈裂试验时垂直于受力面的应力分布图

$$f_{ts} = \frac{2F}{\pi A} = \frac{0.637F}{A} \tag{1-6-3}$$

式中:$F$——试件破坏荷载(N);

    $A$——试件劈裂面面积($mm^2$)。

一般劈裂强度高于直接抗拉强度,其与立方体抗压强度之间的关系,我国有关部门进行了对比试验,得出经验公式为:

$$f_{ts} = 0.35 f_{cu}^{\frac{3}{4}} \tag{1-6-4}$$

6)影响混凝土抗压强度的因素

普通混凝土受力破坏一般出现在集料和水泥石的分界面上,这就是常见的黏结面破坏的形式。另外,当水泥石强度较低时,水泥石本身破坏也是常见的破坏形式。在普通混凝土中,集料最先破坏的可能性小,因为集料强度经常大大超过水泥石和黏结面的强度,所以,混凝土的强度主要决定于水泥石强度及其与集料表面的黏结强度。而水泥石强度及其与集料的黏结强度又与水泥强度等级、水灰比及集料的性质有密切关系。此外,混凝土的强度还受施工工艺、养护条件及龄期的影响。

1)胶凝材料

越来越多的混凝土中胶凝材料不再是单一的水泥品种,还掺入了适量的粉煤灰和矿渣粉等,它们构成了混凝土中的活性组分,其中,水泥强度的大小和掺和料数量的多少直接影响着混凝土强度的高低。在配合比相同的条件下,所用的水泥强度等级越高,制成的混凝土强度也越高。

2)水胶比(Water-binder Ratio)

水胶比是指混凝土中的水与胶凝材料的比值。在混凝土中,当水泥品种及强度等级相同,掺和料数量相同时,混凝土的强度主要决定于水胶比。在拌制混凝土拌和物时,为了获得必要的流动性,常需用比理论拌和水量较多的水,也即较大的水胶比。当混凝土硬化后,多余的水分就残留在混凝土中形成水泡或蒸发后形成气孔,使混凝土的密实度和强度大大降低。因此,水胶比愈小,胶凝材料硬化后的石状体强度愈高,与集料黏结力也愈大,混凝土的强度就愈高。但应说明:如果加水太少(水胶比太小),拌和物过于干硬,在一定的捣实成型条件下,无法保证浇灌质量,混凝土中将出现较多的蜂窝、孔洞,强度也将下降。

3)粗集料的特征

胶凝材料硬化后的石状体与集料的黏结力还与集料的表面状况有关,碎石表面粗糙,黏结力比较大,卵石表面光滑,黏结力比较小。因此,在水泥强度等级、掺和料数量和水胶比相同的条件下,碎石混凝土的强度往往高于卵石混凝土的强度。我国根据大量对混凝土材料的研究和工程实践经验统计,提出水胶比、水泥实际强度与混凝土 28d 立方体抗压强度的关系式为:

$$f_{cu,28} = \alpha_a f_b \left( \frac{C}{W} - \alpha_b \right) \tag{1-6-5}$$

式中:$f_{cu,28}$——混凝土 28d 龄期的立方体抗压强度(MPa);

$\alpha_a$、$\alpha_b$——回归系数,根据工程使用原材料,通过试验建立的水胶比与混凝土强度关系式来确定;当不具备上述试验统计资料时,可按表 1-6-6 采用;

$\dfrac{C}{W}$——灰水比;

$f_b$——胶凝材料(水泥和矿物掺和料)28d 胶砂实际抗压强度值,试验方法按《水泥胶砂强度检验方法(ISO 法)》(GB/T 17671—1999)执行,当无实测强度时,可按下列规定确定:当矿物掺和料为粉煤灰或粒化高炉矿渣时,按式(1-6-6)推算 $f_b$ 值。

$$f_b = \gamma_c \gamma_f \gamma_s \cdot f_{ce,g} \tag{1-6-6}$$

式中:$\gamma_c$——水泥强度等级值的富余系数,可按实际统计资料确定;当缺乏实际统计资料时,也可按表 1-6-7 选用;

$\gamma_f$、$\gamma_s$——粉煤灰影响系数和粒化高炉矿渣影响系数,可按表 1-6-8 选用;

$f_{ce,g}$——水泥的强度等级值。

**回归系数 $\alpha_a$、$\alpha_b$ 选用表**　　　　表 1-6-6

| 石 子 品 种 | 回 归 系 数 | |
|---|---|---|
| | $\alpha_a$ | $\alpha_b$ |
| 碎石 | 0.53 | 0.20 |
| 卵石 | 0.49 | 0.13 |

**水泥强度等级值的富余系数**　　　　表 1-6-7

| 水泥强度等级值 | 32.5 | 42.5 | 52.5 |
|---|---|---|---|
| 富余系数 | 1.12 | 1.16 | 1.10 |

<table>
<tr><th colspan="4" style="text-align:center">粉煤灰影响系数和粒化高炉矿渣粉影响系数　　　　表 1-6-8</th></tr>
</table>

| 掺量 ＼ 种类 | 粉煤灰影响系数 | 粒化高炉矿渣粉影响系数 |
|---|---|---|
| 0 | 1.00 | 1.00 |
| 10 | 0.90～0.95 | 1.00 |
| 20 | 0.80～0.85 | 0.95～1.00 |
| 30 | 0.70～0.75 | 0.90～1.00 |
| 40 | 0.60～0.65 | 0.80～0.90 |
| 50 | — | 0.70～0.85 |

注:1. 采用Ⅰ级粉煤灰时,宜取上限值。
　　2. 采用 S75 级粒化高炉矿渣粉时,宜取下限值;采用 S95 级粒化高炉矿渣粉时,宜取上限值;采用 S105 级粒化高炉矿渣粉时,宜取上限值加 0.05。
　　3. 当超出表中的掺量时,粉煤灰和粒化高炉矿渣粉影响系数经试验确定。
　　4. 本表以 P·O42.5 为准,如采用普通硅酸盐水泥以外的通用硅酸盐水泥,可将水泥混合材料掺量 20% 以上部分计入矿物掺和料中。

4)外加剂和掺和料

混凝土中加入外加剂可按要求改变混凝土的强度及强度发展规律,如掺入减水剂可减少拌和用水量,提高混凝土强度;掺入早强剂可提高混凝土早期强度,但对其后期强度发展无明显影响。超细的掺和料可配制高性能、超高强混凝土。

5)搅拌与振捣

在施工过程中,采用机械搅拌比人工搅拌的拌和物更均匀;采用机械振捣比人工振捣的混凝土更密实,特别是在拌制低流动性混凝土时效果更明显;而用强制性搅拌机又比自由落体式搅拌机效果好。施工方式对混凝土抗压强度的影响如图 1-6-7 所示。

6)温度和湿度

周围环境的温度对混凝土初期强度有显著的影响。一般,当温度在 4～40℃ 范围内,提高养护温度,可以促进水泥的水化和硬化,混凝土的初期强度也将提高,如图 1-6-8 所示。

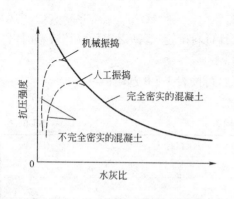

图 1-6-7　施工方式对混凝土抗压强度的影响

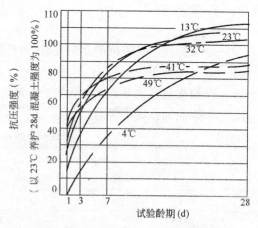

图 1-6-8　养护温度对混凝土强度的影响

不同品种的水泥,对温度有不同的适应性,因此需要有不同的养护温度,对于硅酸盐水泥和普通水泥,若养护温度过高(40℃以上),水泥水化速率加快,生成的大量水化产物来不及转移、扩散,而使水化反应变慢,混凝土后期强度反而降低。而对于掺入大量混合材料的水泥(矿渣、火山灰、粉煤灰水泥等)而言,因为有二次水化反应,提高养护温度不但能加快水泥的早期水化速度,而且对混凝土后期强度增长有利。

养护温度过低,混凝土强度发展缓慢,当温度降至冰点以下时,混凝土中的水分大部分结冰,水泥水化反应停止,这时不但混凝土强度停止发展,而且由于孔隙内水分结冰而引起膨胀(约 9%),对孔壁产生相当大的压力,使混凝土的内部结构遭受破坏,使已经获得的强度受到损失。由图 1-6-9 可以看出,混凝土早期强度低,更容易冻坏,所以,应当特别防止混凝土早期受冻。

周围环境的湿度对水泥的水化作用能否正常进行有显著影响,如图 1-6-10 所示。湿度适当,水泥水化便能顺利进行,使混凝土强度得到充分发展。如果湿度不够,混凝土会失水干燥,甚至停止水化。这不仅严重降低混凝土的强度,而且因水化作用未能完成,使混凝土结构疏松,渗水性增大,或形成干缩裂缝,从而影响混凝土的耐久性。

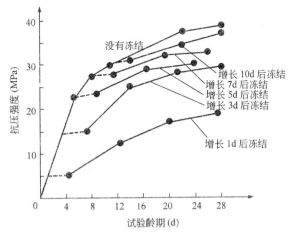

图 1-6-9 混凝土强度与冻结龄期的关系

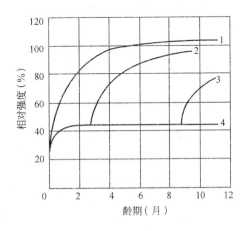

图 1-6-10 养护条件对混凝土强度的影响
1-标准湿度下养护;2-3 个月后水中养护;3-9 个月后水中养护;4-空气养护

为了使混凝土正常硬化,必须在成型后一定时间内维持周围环境有一定温度和湿度。施工现场的混凝土多采用自然养护(在自然条件下养护),其养护的温度随气温变化,为保持潮湿状态,在混凝土凝结以后(一般在 12h 以内),表面应覆盖草袋等物并不断浇水。使用硅酸盐水泥、普通水泥和矿渣水泥时,浇水保湿应不少于 7d;使用火山灰水泥和粉煤灰水泥或在施工中掺用缓凝型外加剂或有抗渗要求时,应不少于 14d;如用高铝水泥时,不得小于 3d。在夏季应特别注意浇水,保持必要的湿度,在冬季应特别注意保持必要的温度。

7)龄期的影响

混凝土在正常养护条件下,其强度随龄期(Age of Hardening)的增加而增长。在最初 7～14d 内,强度增长较快,28d 以后增长缓慢,但龄期延续很久,其强度仍有所增长。因此,在一定条件下养护的混凝土,可根据其早期强度大致地估计 28d 的强度,其强度的发展大致与龄期的对数成正比例关系(龄期不小于 3d),其关系见式(1-6-7):

$$\frac{f_{cu,n}}{\lg n} = \frac{f_{cu,a}}{\lg a} \tag{1-6-7}$$

式中:$f_{cu,n}$、$f_{cu,a}$——龄期分别 $n$d 和 $a$d 的混凝土抗压强度;

$n$、$a$——养护龄期(d),$n > a$,$a \geqslant 3$。

根据式(1-6-7),可由一已知龄期的混凝土强度,估算另一个龄期的强度。但应注意,由于水泥品种不同,或养护条件不同,混凝土的强度增长与龄期的关系也不一样。上述公式对于在标准条件下进行养护,而且龄期大于或等于 3d 的,用普通水泥配制的中等强度混凝土才是准确的。与实际情况相比,用上式推算所得结果,早期偏低,后期偏高,所以仅能作一般估算参考。

8)试验条件的影响

(1)试件形状。当试件受压面积相同,而高度不同时,高宽比越大,抗压强度越小。原因是试件受压面与压力机承压板之间的摩擦力(图 1-6-11),束缚了试件的横向膨胀作用,有利于强度的提高。离承压面愈近,这种约束作用就越大,致使试件破坏后,其上下部分各呈现一个较完整的棱锥体,这就是环箍效应,如图 1-6-12 所示。

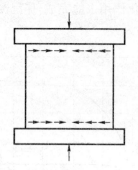

图 1-6-11 压力机压板对试件的约束作用

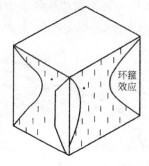

图 1-6-12 试件破坏后残存的棱柱体

(2)试件尺寸。混凝土的配合比相同,试件尺寸越小,测得的强度越高。因为尺寸增大时,试件内部存在的孔隙、缺陷等出现的几率也大,导致有效受力面积减小和应力集中,从而降低了混凝土的强度。

(3)试件表面状态与含水程度。当试件受压面有润滑剂时,试件受压时的环箍效应则大大减小,造成试件出现直裂破坏(图 1-6-13),测出的强度值降低。当试件含水率越高时,测得的强度也越低。

(4)试验温度。试验的温度对混凝土强度也有影响。即使在标准条件下养护的混凝土,较高的试验温度所获得的强度值较低。试验温度对混凝土强度测试结果的影响如图 1-6-14 所示。

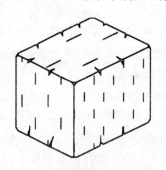

图 1-6-13 不受压板约束试件的破坏情况

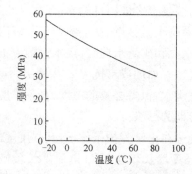

图 1-6-14 试验温度对混凝土强度测试结果的影响

(5)加荷速度。在进行混凝土抗压强度试验时,加荷速度越快,材料变形落后于荷载的增加,故测得的强度值较高,当加荷速度超过 1.0MPa/s 时,这种趋势更加显著。因此,在进行混凝土抗压强度试验时,应按规定的加荷速度进行。我国标准规定混凝土抗压强度的加荷速度为 0.3～0.8MPa/s,且应连续均匀地加荷。

9)提高混凝土强度的措施

提高混凝土强度的措施主要有:选用高强度水泥和早强型水泥;采用低水灰比的混凝土;

采用有害杂质少、级配良好的碎石和合理砂率;采用合理的机械搅拌及振捣方式;保持合适的养护温度与湿度,可能的情况下采用湿热处理;掺加合适的混凝土外加剂和掺和料。

【工程实例】 2003年10月,青藏铁路的桥墩在施工完成后,在全长1142km的青藏铁路线路上,一个个桥墩开始穿上了各式各样的"防寒服",见图1-6-15,成为青藏铁路沿线的新景观。

**原因分析:**

针对青藏高原寒冷的环境气候,采取保水护身措施,即桥墩拆完模以后,把它浇上一层水,用塑料纸包上,外面用棉帐篷包上,经过两个月的时间保湿养护,防止了桥墩受冻或温差过大产生裂缝。

图1-6-15 穿上"防寒服"的青藏线路桥墩

3. 混凝土的变形

混凝土的变形包括非荷载作用下的变形和荷载作用下的变形。非荷载下的变形,分为混凝土的化学收缩、干湿变形及温度变形;荷载作用下的变形,分为短期荷载作用下的变形及长期荷载作用下的变形——徐变。

1)非荷载作用下的变形

(1)沉降收缩。沉降收缩(Settlement Shrinkage)是指混凝土凝结前在垂直方向上的收缩,由集料下沉、泌水、气泡上升到表面和化学收缩而引起。沉降不均和过大会使同时浇筑的不同尺寸构件在交界处产生裂缝,在钢筋上方的混凝土保护层产生顺筋开裂。沉降过大,通常是由混凝土拌和物不密实而引起,引气、足够细集料、低用水量(低坍落度)可以减少沉降收缩。

(2)化学收缩。化学收缩(Chemical Shrinkage)是伴随着水泥水化而进行的,水泥水化后,水化产物的绝对体积比反应前水泥与水的绝对体积小,而使混凝土收缩,这种收缩称为化学收缩。其收缩量是随混凝土硬化龄期的延长而增加的,大致与时间的对数成正比,一般在混凝土成型后大于40d内增长较快,以后就渐趋稳定。化学收缩是不能恢复的。

(3)干湿变形。干湿变形取决于周围环境的湿度变化。混凝土在干燥过程中,随着空气湿度的降低,毛细孔中的负压逐渐增大,导致混凝土收缩。当毛细孔中的水蒸发完后,如继续干燥,则凝胶体颗粒的吸附水也发生部分蒸发,使凝胶体紧缩。混凝土这种收缩在重新吸水以后大部分可以恢复,但仍有残留变形。

当干缩变形受到约束时,常会引起混凝土表面产生裂缝,影响其耐久性。因此,可通过选择干净的砂石、合适的水泥品种,减少水泥浆量,采用振动捣实,加强养护等措施来减少混凝土的干缩。

(4)碳化收缩。在相对湿度合适的环境下,空气中的二氧化碳能与水泥石中的氢氧化钙(或其他组分)发生反应,从而引起混凝土体积减小的收缩,称为碳化收缩(Carbonation Shrinkage)。碳化收缩是完全不可逆的。

在混凝土工程中,碳化主要发生在混凝土表面处,此处干燥速率也最大,碳化收缩与干燥收缩叠加后,可能引起严重的收缩裂缝。因此,处于二氧化碳浓度较高环境的混凝土工程,对碳化收缩变形应引起足够的重视。

(5)温度变形。混凝土由于热胀冷缩引起的变形称为温度变形。混凝土的温度膨胀系数

约为 $1 \times 10^{-5}$ mm/(m·℃)，即温度升高 1℃，每米膨胀 0.01m。温度变形对大体积混凝土及大面积混凝土工程极为不利。

在混凝土硬化初期，水泥放出较多的热量，混凝土是热的不良导体，因此，有的大体积混凝土工程内外温差可高达 50～70℃。这将使混凝土产生内部膨胀和外部收缩，在外表混凝土中，产生较大的拉应力，严重时使混凝土产生裂缝。因此，对大体积混凝土工程，可采用低热水泥，减少水泥用量，采取人工降温等措施，尽可能降低混凝土的发热量。一般纵长的钢筋混凝土结构物，应每隔一段距离设置伸缩缝，或在结构物中设置温度钢筋等措施。

2）荷载作用下的变形

（1）在短期荷载作用下的变形。混凝土是一种弹塑性体。它在受力时，既会产生可以恢复的弹性变形，又会产生不可恢复的塑性变形，其应力与应变之间的关系曲线如图 1-6-16 所示。在应力—应变曲线上，任意一点的应力 $\sigma$ 与其应变 $\varepsilon$ 的比值，叫做混凝土在该应力下的变形模量。在混凝土结构或钢筋混凝土结构设计中，常采用一种按标准方法测得的静力受压弹性模量。

混凝土的弹性模量（Modulus of Elasticity）与钢筋混凝土构件的刚度有很大关系，一般建筑物须有

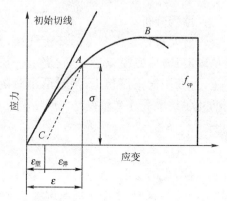

图 1-6-16　混凝土应力—应变曲线

足够的刚度，在受力下保持较小的变形，才能发挥其正常使用功能，因此所用混凝土须有足够高的弹性模量。

（2）长期荷载作用下的变形。混凝土在长期荷载作用下，沿着作用力方向的变形会随时间不断增长，一般要延续 2～3 年才逐渐趋于稳定。这种在长期荷载作用下产生的变形，通常称为徐变（Creep）。混凝土的变形与荷载关系如图 1-6-17 所示。混凝土在长期荷载作用下，一方面在开始加荷时发生瞬时变形，以弹性变形为主；另一方面发生缓慢增长的徐变。在荷载作用初期，徐变变形增长较快，以后逐渐变慢且稳定下来。混凝土的徐变应变一般可达 $3 \times 10^{-4}$ ～ $15 \times 10^{-4}$，即 0.3～1.5mm/m。当变形稳定以后卸掉荷载，这时将产生瞬时变形，这个瞬时变形的符号与原来的弹性变形相反，而绝对值则较原来的小，称为瞬时恢复。在卸荷后的一段时间，内变形还会继续恢复，称徐变恢复。

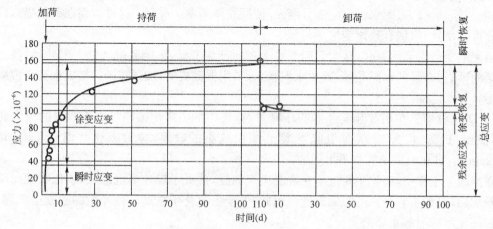

图 1-6-17　混凝土的变形与荷载作用时间的关系

一般认为混凝土徐变是由于水泥石凝胶体在长期荷载作用下的黏性流动,并向毛细孔中移动,同时,吸附在凝胶粒子上的吸附水因荷载应力而向毛细孔迁移渗透的结果。

混凝土徐变和许多因素有关。混凝土的水灰比较小或混凝土在水中养护时,徐变较小。水灰比相同的混凝土,其水泥用量愈多,其徐变愈大。混凝土所用集料弹性模量较大时,徐变较小。此外,徐变与混凝土的弹性模量也有密切关系,一般弹性模量大者,徐变小。

混凝土不论是受压、受拉或受弯时,均有徐变现象。混凝土的徐变能消除钢筋混凝土构件内的应力集中,使应力较均匀地重新分布;对大体积混凝土,能消除一部分由于温度变形所产生的破坏应力,但在预应力钢筋混凝土结构中,混凝土的徐变将使钢筋的预加应力受到损失。

4. 混凝土的耐久性

耐久性(Durability)是指混凝土在使用条件下抵抗周围环境各种因素长期作用的能力。混凝土耐久性能主要包括抗渗性、抗冻性、抗侵蚀性、碳化、碱—集料反应及混凝土中的钢筋锈蚀等性能。

1)抗渗性

抗渗性是指混凝土抵抗水、油等液体在压力作用下渗透的性能。它直接影响混凝土的抗冻性和抗侵蚀性。

混凝土的抗渗性用抗渗等级表示。抗渗等级是以 28d 龄期的标准试件,按标准试验方法试验,以所能承受的最大水静水压力来确定。混凝土的抗渗等级共有 P4、P6、P8、P10、P12 五个等级。它们分别相应表示混凝土抗渗试验时一组 6 个试件中 4 个试件未出现渗水时不同的最大水压力。抗渗等级≥P6 的混凝土为抗渗混凝土。

混凝土的抗渗性主要与其密实度及内部孔隙的大小和构造有关。提高抗渗性的措施主要有选择合适的水泥品种、降低水灰比、减小粗集料的最大粒径、加强振捣和养护、掺加一定的外加剂和掺和料等。

2)抗冻性

混凝土的抗冻性是指混凝土在吸水饱和状态下,经受多次冻融循环作用,能保持强度不显著降低和外观完整性的性能。

混凝土的抗冻性通常用抗冻等级表示。抗冻等级以龄期 28d 的试块在吸水饱和后,承受反复冻融循环,以抗压强度下降不超过 25%,而且质量损失不超过 5% 时所能承受的最大冻融循环次数来确定。混凝土抗冻等级共有:F10、F15、F25、F50、F100、F150、F200、F250 和 F300 九个等级。抗冻等级≥F50 的混凝土为抗冻混凝土。

混凝土受冻融作用破坏的原因:混凝土内部孔隙中的水在负温下结冰后体积膨胀造成的静水压力和因冰水蒸气压的差别推动未冻水向冻结区的迁移所造成的渗透压力。当这两种压力所产生的内应力超过混凝土的抗拉强度,混凝土就会产生裂缝,多次冻融使裂缝不断扩展直至破坏。混凝土的密实度、孔隙构造和数量、孔隙的充水程度是决定抗冻性的重要因素。因此,提高混凝土抗冻性的有效方法是采用质量良好的原材料、较小的水灰比、合理的养护方式及掺入一定的外加剂(如减水剂、防冻剂和引气剂等)。

3)耐磨性

耐磨性是道路和桥梁工程用混凝土的最重要的性能之一。作为高级路面的水泥混凝土,必须具有抵抗车辆轮胎磨耗和磨光的性能。作为大型桥梁的墩台用混凝土,也需要有抵抗湍流空蚀的能力。

混凝土的耐磨性评价,以试件磨损面上单位的磨损作为评定混凝土耐磨性的相对指标。

按《公路工程水泥及水泥混凝土试验规程》(JTG E30—2005)规定,以150mm×150mm×150mm的立方体试件,养护至28d时,在60℃±5℃温度下烘12h至恒重,然后在带有花轮磨头的混凝土磨耗试验机上,在200N负荷下磨削30转,记录相应质量为试件原始质量$m_1$,然后在200N负荷下磨削60转,记录剩余质量$m_2$。按式(1-6-8)计算试件的磨损量。

$$G_c = \frac{m_1 - m_2}{0.0125} \tag{1-6-8}$$

式中:$G_c$——单位面积的磨损量(kg/m²);

$\quad$ $m_1$——试件的原始质量(kg);

$\quad$ $m_2$——试件磨损后的质量(kg);

$\quad$ 0.0125——试件磨损面积(m²)。

提高混凝土抗磨损能力的措施应是提高混凝土的断裂韧性,降低脆性,减少原生缺陷,提高硬度及降低弹性模量。

4)抗侵蚀性

当所处环境中含有侵蚀性介质时,混凝土便会遭受侵蚀(Aggressiveness),通常有软水侵蚀、硫酸盐侵蚀、镁盐侵蚀、碳酸侵蚀、一般酸侵蚀与强碱侵蚀等。混凝土在海岸、海洋工程中的应用也很广,海水对混凝土的侵蚀作用除化学作用外,尚有反复干湿的物理作用;盐分在混凝土内的结晶与聚集、海浪的冲击磨损、海水中氯离子对混凝土内钢筋的锈蚀作用等,也都会使混凝土遭受破坏。

混凝土的抗侵蚀性与所用水泥的品种、混凝土的密实程度和孔隙特征有关。密实和孔隙封闭的混凝土,环境水不易侵入,故其抗侵蚀性较强。所以,提高混凝土抗侵蚀性的措施,主要是合理选择水泥品种、降低水灰比、提高混凝土的密实度和改善孔结构。

5)混凝土的碳化

混凝土的碳化(Carbonization)是空气中的二氧化碳与水泥石中的氢氧化钙,在湿度适宜时发生化学反应,生成碳酸钙和水。因氢氧化钙是碱性,碳酸钙是中性,所以碳化也称中性化。

碳化对混凝土性能既有有利的影响,也有不利的影响。碳化使混凝土碱度降低,减弱了对钢筋的保护作用,可能导致钢筋锈蚀。碳化将显著增加混凝土的收缩,使混凝土的抗压强度增大,而使混凝土抗拉、抗折强度降低。混凝土在水中或在相对湿度100%条件下,碳化停止。同样,处于特别干燥条件(如相对湿度在25%以下)的混凝土,由于缺乏使二氧化碳及氢氧化钙作用所需的水分,碳化也会停止。一般认为相对湿度50%~75%时碳化速度最快。

碳化过程是二氧化碳由表及里向混凝土内部逐渐扩散的过程。主要对混凝土碱度、强度和收缩的影响。提高混凝土抗碳化的主要措施有降低水灰比、掺入减水剂、在混凝土表面刷涂料或水泥砂浆抹面等。

6)碱—集料反应

水泥中的碱($Na_2O$、$K_2O$)与集料中的活性二氧化硅发生反应,在集料表面生成复杂的碱—硅酸凝胶,生成的凝胶吸水,体积不断膨胀(可增加3倍以上),把水泥石胀裂,这种现象称为碱—集料反应。碱—集料反应必须具备的三个条件:

(1)水泥中碱含量高,($Na_2O + 0.658K_2O$)%大于0.6%。

(2)集料中含有活性二氧化硅成分,此类岩石有流纹岩、玉髓等。

(3)环境潮湿或有水渗入混凝土。

碱—集料反应进行得很缓慢,其引起的破坏往往经过若干年后才出现,但破坏作用一旦发生便难以阻止,故素有混凝土的"癌症"之称,应以预防为主。为了避免发生碱—集料反应,首先应通过专门的试验检验集料中活性二氧化硅的含量是否对混凝土的质量有害,若确定有可能发生碱—集料反应,应按《通用硅酸盐水泥》(GB 175—1999)中规定,限制水泥中($Na_2O+0.658K_2O$)含量。

## 四 普通混凝土配合比设计(以抗压强度为指标)

1. 混凝土配合比的定义及表示方法

1)混凝土配合比的定义

混凝土配合比是指混凝土中各组成材料数量之间的比例关系。混凝土配合比设计(Mixing Proportion Design of Concrete)是通过一定的计算和试验方法、步骤来确定混凝土配合比的过程。

2)混凝土配合比的表示方法

(1)以每立方米混凝土中各材料的质量表示(表1-6-9)。该方法可方便计算拌不同立方米混凝土时所需的各材料用量,为做材料计划或工程计量提供可靠的依据。

(2)以水泥质量为1,其他材料与水泥的比例关系表示,通常按 $m_{水泥}:m_{砂}:m_{石}:m_{水}$ 的顺序排列表示(表1-6-9)。该方法便于施工,如某搅拌罐一次可投放 3 袋水泥,则由比例关系能方便算出其他材料的用量。

混凝土配合比的表示方法 表1-6-9

| 配合比表示方法 | 组 成 材 料 | | | |
|---|---|---|---|---|
| | 水泥 | 砂 | 石 | 水 |
| 每立方米混凝土中各材料的质量(kg) | 300 | 680 | 1210 | 170 |
| 水泥质量为1,其他材料与水泥的比例 | 1 | 2.27 | 4.03 | 0.57 |

2. 混凝土配合比设计的基本要求

(1)满足施工所要求的和易性。

(2)满足结构设计的强度等级要求。

(3)满足工程所处环境对混凝土耐久性的要求。

(4)符合经济原则,在保证混凝土质量的前提下,应尽量节约水泥,合理地使用材料和降低成本。

3. 混凝土配合比设计中的三个参数

混凝土配合比设计,实质是确定胶凝材料(水泥与掺和料)、水、砂和石子这四种材料用量之间的三个比例关系。即:水与胶凝材料间的比例关系,常用水胶比表示;砂与石子间的比例关系,常用砂率表示;胶凝材料浆体与集料之间的比例关系,常用单位用水量($1m^3$ 混凝土中的用水量)来反映。因此,水胶比、砂率和单位用水量是混凝土配合比设计中的三个重要的参数,其确定原则如图1-6-18所示。

4. 混凝土配合比设计的步骤

根据《普通混凝土配合比设计规程》(JGJ 55—2011)的规定,配合比设计应以干燥状态集料为基准,细集料含水率应小于 0.5%,粗集料含水率应小于 0.2%。混凝土配合比设计包括初步配合比设计的计算、试配和调整等步骤，即先根据设计资料通过查表或公式计算确定出初步计算配合比；在初步计算配合比的基础上，经试配和调整确定出能满足混凝土拌和物和易性、强度要求的配合比；最后，根据施工中集料的实际含水状态，将配合比转化为施工配合比。

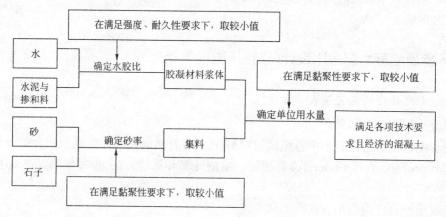

图 1-6-18　混凝土配合比中的三个重要参数

1)计算初步配合比

(1)确定混凝土的配制强度 $f_{cu,0}$。

如果把设计强度作为混凝土的配制强度，则混凝土的强度保证率仅为 50%，为了保证混凝土的配制强度具有 95% 的保证率，当混凝土的设计强度等级小于 C60 时，配制强度应按式(1-6-9)进行计算：

$$f_{cu,0} \geqslant f_{cu,k} + 1.645\sigma \tag{1-6-9}$$

式中：$f_{cu,0}$——混凝土配制强度(MPa)；

$\quad\quad f_{cu,k}$——混凝土立方体抗压强度标准值(MPa)；

$\quad\quad \sigma$——混凝土强度标准差(MPa)。

①混凝土强度标准差宜根据同类混凝土统计资料计算确定并应符合下列规定。

当具有近 1~3 个月的同一品种、同一强度等级混凝土的强度资料，且试件组数不小于 30 时，其混凝土强度标准差应按式(1-6-10)进行计算：

$$\sigma = \sqrt{\dfrac{\sum\limits_{i=1}^{n} f_{cu,i}^2 - nm_{f_{cu}}^2}{n-1}} \tag{1-6-10}$$

式中：$\sigma$——混凝土强度标准差(MPa)；

$\quad\quad f_{cu,i}$——第 $i$ 组试件的抗压强度值(MPa)；

$\quad\quad m_{f_{cu}}$——$n$ 组试件的抗压强度平均值(MPa)；

$\quad\quad n$——试件组数。

注：1. 对于强度等级不大于 C30 的混凝土，当混凝土强度标准差计算值不小于3.0MPa时，应按式(1-6-10)计算结果取值；当混凝土强度标准差计算值小于 3.0MPa 时，应取 3.0MPa。

2. 对于强度等级大于 C30 且不大于 C60 的混凝土，当混凝土强度标准差计算值不小于 4.0MPa时，应按式(1-6-10)计算结果取值；当混凝土强度标准差计算值小于 4.0MPa 时，应取 4.0MPa。

②当没有近期的同一品种、同一强度等级混凝土的强度资料时，其强度标准差可按表1-6-10 规定取用。

| 标准差 σ 值 | | | 表 1-6-10 |
|---|---|---|---|
| 混凝土强度等级 | ≤C20 | C25~C45 | C50~C55 |
| σ(MPa) | 4 | 5 | 6 |

(2)计算水胶比 $W/B$。混凝土强度等级不大于 C60 时,混凝土水胶比宜按式(1-6-11)计算。

$$\frac{W}{B} = \frac{\alpha_a f_b}{f_{cu,0} + \alpha_a \alpha_b f_b} \qquad (1-6-11)$$

式中:$\alpha_a$、$\alpha_b$——回归系数,不具备试验统计资料时,可按表1-6-6采用;

　　　$f_b$——胶凝材料(水泥和矿物掺和料)28d 胶砂实际抗压强度值。

按式(1-6-11)计算的水胶比是按强度要求计算得到的结果。在确定采用的水胶比时,还应根据混凝土所处的环境条件,参考《混凝土结构设计规范》(GB 50010—2010)允许的最大水胶比(表1-6-11)进行校核,从中选择小者。

| 结构混凝土耐久性的基本要求 | | | 表 1-6-11 |
|---|---|---|---|
| 环 境 条 件 | 最大水胶比 | 最大氯离子含量（%） | 最大碱含量（kg/m³） |
| 室内正常环境;<br>无侵蚀性静水浸没环境 | 0.60 | 0.30 | 不限制 |
| 室内潮湿环境;<br>非严寒和非寒冷地区的露天环境,非严寒和非寒冷地区与无侵蚀性的水或土壤直接接触的环境;<br>严寒和寒冷地区的冰冻线以下与无侵蚀性的水或土壤直接接触的环境 | 0.55 | 0.20 | 3.0 |
| 干湿交替环境;<br>水位频繁变动环境;<br>严寒和寒冷地区的露天环境;<br>严寒和寒冷地区的冰冻线以下与无侵蚀性的水或土壤直接接触的环境 | 0.50 | 0.15 | |
| 严寒和寒冷地区冬季水位变动区环境;<br>受除冰盐影响环境;<br>海风环境 | 0.45 | 0.15 | |
| 盐渍土环境;<br>受除冰盐作用环境;<br>海岸环境 | 0.40 | 0.10 | |

(3)确定单位用水量 $m_{w0}$ 和外加剂用量 $m_{a0}$。

①对于干硬性、塑性混凝土,用水量的确定。

a. 当混凝土的水灰比在 0.40~0.80 之间时,其用水量可根据粗集料的品种、粒径及施工要求的混凝土拌和物稠度,按表1-6-12 和表1-6-13 选取。

**干硬性混凝土的用水量(kg/m³)**  表 1-6-12

| 拌和物稠度 | | 卵石最大公称粒径(mm) | | | 碎石最大公称粒径(mm) | | |
|---|---|---|---|---|---|---|---|
| 项目 | 指标 | 10 | 20 | 40 | 16 | 20 | 40 |
| 维勃稠度(s) | 16~20 | 175 | 160 | 145 | 180 | 170 | 155 |
| | 11~15 | 180 | 165 | 150 | 185 | 175 | 160 |
| | 5~10 | 185 | 170 | 155 | 190 | 180 | 165 |

**塑性混凝土的用水量(kg/m³)**  表 1-6-13

| 拌和物稠度 | | 卵石最大公称粒径(mm) | | | | 碎石最大公称粒径(mm) | | | |
|---|---|---|---|---|---|---|---|---|---|
| 项目 | 指标 | 10 | 20 | 31.5 | 40 | 16 | 20 | 31.5 | 40 |
| 坍落度(mm) | 10~30 | 190 | 170 | 160 | 150 | 200 | 185 | 175 | 165 |
| | 35~50 | 200 | 180 | 170 | 160 | 210 | 195 | 185 | 175 |
| | 55~70 | 210 | 190 | 180 | 170 | 220 | 205 | 195 | 185 |
| | 75~90 | 215 | 195 | 185 | 175 | 230 | 215 | 205 | 195 |

注:1. 本表用水量系采用中砂时的取值。采用细砂时,每立方米混凝土用水量可增加 5~10kg;采用粗砂时,则可减少 5~10kg。

2. 掺用各种外加剂或掺和料时,用水量应相应调整。

b. 掺外加剂时,每立方米流动性或大流动性混凝土的用水量 $m_{w0}$ 可按式(1-6-12)计算:

$$m_{w0} = m'_{w0}(1 - \beta) \tag{1-6-12}$$

式中:$m_{w0}$——计算配合比每立方米混凝土的用水量(kg/m³);

$m'_{w0}$——未掺外加剂时推定的满足实际坍落度要求的每立方米混凝土用水量(kg/m³),以表 1-6-12 中坍落度 90mm 的用水量为基础,按坍落度每增大 20mm,用水量相应增加 5kg 来计算;

$\beta$——外加剂的减水率(%),应经混凝土试验确定。

②每立方米混凝土中外加剂用量($m_{a0}$)应按式(1-16-13)计算:

$$m_{a0} = m_{b0}\beta_a \tag{1-6-13}$$

式中:$m_{a0}$——计算配合比每立方米混凝土中外加剂用量(kg/m³);

$m_{b0}$——计算配合比每立方米混凝土中胶凝材料用量(kg/m³),应按式(1-6-14)计算;

$\beta_a$——外加剂掺量(%),应经混凝土试验确定。

(4)计算胶凝材料、矿物掺和料和水泥用量。

①每立方米混凝土的胶凝材料用量($m_{b0}$)应按式(1-6-14)计算,并应进行试拌调整,在拌和物性能满足的情况下,取经济合理的胶凝材料用量。除配制 C15 及其以下强度等级的混凝土外,混凝土的最小胶凝材料用量应符合表 1-6-14 要求。

$$m_{b0} = \frac{m_{w0}}{W/B} \tag{1-6-14}$$

**混凝土的最小胶凝材料用量**  表 1-6-14

| 最大水胶比 | 最小胶凝材料用量 | | |
|---|---|---|---|
| | 素混凝土 | 钢筋混凝土 | 预应力混凝土 |
| 0.60 | 250 | 280 | 300 |
| 0.55 | 280 | 300 | 300 |
| 0.50 | 320 | | |
| ≤0.50 | 330 | | |

②每立方米混凝土的矿物掺和料用量（$m_{f0}$）应按式(1-6-15)计算：

$$m_{f0} = m_{b0}\beta_f \qquad (1\text{-}6\text{-}15)$$

式中：$m_{f0}$——计算配合比每立方米混凝土中的矿物掺和料用量（kg/m³）；

$m_{b0}$——计算配合比每立方米混凝土中胶凝材料用量（kg/m³）；

$\beta_f$——矿物掺和料掺量（%），可参照表表 1-6-15 确定。

钢筋（预应力）混凝土中矿物掺和料最大掺量　　　　　　　　　表 1-6-15

| 矿物掺和料种类 | 水 胶 比 | 最大掺量（%） | |
|---|---|---|---|
| | | 采用硅酸盐水泥时 | 采用普通硅酸盐水泥时 |
| 粉煤灰 | ≤0.40 | 45(35) | 35(30) |
| | >0.40 | 40(25) | 30(20) |
| 粒化高炉矿渣粉 | ≤0.40 | 65(55) | 55(45) |
| | >0.40 | 55(45) | 45(35) |
| 钢渣粉 | — | 30(20) | 20(10) |
| 磷渣粉 | — | 30(20) | 20(10) |
| 硅灰 | — | 10 | 10 |
| 复合掺和料 | ≤0.40 | 65(55) | 55(45) |
| | >0.40 | 55(45) | 45(35) |

注：1. 采用其他通用硅酸盐水泥时，宜将水泥混合材掺量 20% 以上的混合材量计入矿物掺和料。

2. 复合掺和料各组分的掺量不宜超过单掺时的最大掺量。

3. 在混合使用两种或两种以上矿物时，矿物掺和料总掺量应符合表中复合掺和料的规定。

③每立方米混凝土的水泥用量（$m_{c0}$）应按式(1-6-16)计算：

$$m_{c0} = m_{b0} - m_{f0} \qquad (1\text{-}6\text{-}16)$$

式中：$m_{c0}$——计算配比每立方米混凝土中的水泥用量（kg/m³）。

(5)确定砂率。

①砂率应根据集料的技术指标、混凝土拌和物性能和施工要求，参考既有历史资料确定。

②当缺乏砂率的历史资料可参考时，混凝土砂率的确定应符合下列规定：

a. 坍落度小于 10mm 的混凝土，其砂率应经试验确定。（干硬性混凝土）

b. 坍落度为 10～60mm 的混凝土，其砂率可根据粗集料品种、最大公称粒径及水胶比按表 1-6-16 选取。在表内不能直接查取的，可用内插法计算后选取确定。

混凝土的砂率（%）　　　　　　　　　表 1-6-16

| 水灰比（$\frac{W}{C}$） | 卵石最大公称粒径（mm） | | | 碎石最大公称粒径（mm） | | | |
|---|---|---|---|---|---|---|---|
| | 10 | 20 | 40(31.5) | 16 | 20 | 31.5 | 40 |
| 0.40 | 26～32 | 25～31 | 24～30 | 30～35 | 29～34 | 28～33 | 27～32 |
| 0.50 | 30～35 | 29～34 | 28～33 | 33～38 | 32～37 | 31～36 | 30～35 |
| 0.60 | 33～38 | 32～37 | 31～36 | 36～41 | 35～40 | 34～39 | 33～38 |
| 0.70 | 36～41 | 35～40 | 34～39 | 39～44 | 38～43 | 37～42 | 36～41 |

注：1. 本表数值系中砂的选用砂率，对细砂或粗砂，可相应地减少或增大砂率。

2. 一个单粒级粗集料配制混凝土时，砂率应适当增大。

3. 采用人工砂配制混凝土时，砂率可适当增大。

4. 为便于查取，表中列出了用内插法确定的碎石最大粒径 31.5mm 对应的砂率。

第一篇 单元六

混凝土

c.坍落度大于 60mm 的砂率,可经试验确定,也可在表 1-6-16 的基础上,按坍落度每增大 20mm,砂率增大 1% 的幅度予以调整。

(6)计算粗集料和细集料的用量,确定初步配合比。

a.质量法。此法假定混凝土拌和物的表观密度为一定值,由混凝土拌和物的各组成材料单位用量之和组成,可按式(1-6-17)进行计算:

$$\begin{cases} m_{f0} + m_{c0} + m_{g0} + m_{s0} + m_{w0} = m_{cp} \\ \beta_s = \dfrac{m_{s0}}{m_{g0} + m_{s0}} \times 100\% \end{cases} \quad (1\text{-}6\text{-}17)$$

式中:$m_{g0}$——每立方米混凝土的粗集料用量$(kg/m^3)$;

$m_{s0}$——每立方米混凝土的细集料用量$(kg/m^3)$;

$\beta_s$——砂率$(\%)$;

$m_{cp}$——每立方米混凝土拌和物的假定质量$(kg)$,其值可取 2350～2450kg。

b.体积法。此法假定混凝土拌和物的体积等于各组成材料的绝对体积与混凝土拌和物中所含空气之和。可按式(1-6-18)计算确定:

$$\begin{cases} \dfrac{m_{c0}}{\rho_c} + \dfrac{m_{f0}}{\rho_f} + \dfrac{m_{g0}}{\rho_g} + \dfrac{m_{s0}}{\rho_s} + \dfrac{m_{w0}}{\rho_w} + 0.01\alpha = 1 \\ \dfrac{m_{so}}{m_{so} + m_{go}} \times 100\% = \beta_s \end{cases} \quad (1\text{-}6\text{-}18)$$

式中:$\rho_c$——水泥密度$(kg/m^3)$,可按现行国家标准《水泥密度测定方法》(GB/T 208—1994)进行测定,也可取 2900～3100kg/m³;

$\rho_f$——矿物掺和料密度$(kg/m^3)$,可按现行国家标准《水泥密度测定方法》(GB/T 208—1994)测定;

$\rho_g$——粗集料的表观密度$(kg/m^3)$,应按《普通混凝土用砂、石质量及其检验方法标准》(JGJ 52—2006)测定;

$\rho_s$——细集料的表观密度$(kg/m^3)$,应按《普通混凝土用砂、石质量及其检验方法》(JGJ 52—2006)测定;

$\rho_w$——水的密度$(kg/m^3)$,可取 1000kg/m³;

$\alpha$——混凝土的含气量百分数,在不使用引气型外加剂时,$\alpha$ 可取 1。

通过以上两种方法可以看出,质量法计算过程比较简单,同时也不需要各种组成材料的密度资料。体积法是根据各组成材料实测的密度来计算的,所以能获得较为精确的结果,但工作量相对较大。如果施工单位已经积累了当地常用材料所组成的混凝土的表观密度资料,通过质量法计算也可得到较为准确的结果。在实际工程中,可根据具体情况选择使用。

经过上述计算,即可得到 1m³ 混凝土各组成材料的用量。

2)试配与调整

以上求出的初步配合比,是借助于经验公式、图表计算或查得的,能否满足混凝土的设计要求,还需要通过试验及试配调整来完成。

(1)混凝土拌和物试配的用量。混凝土试拌应采用强制式搅拌机进行搅拌,试验用拌和物的用量,每盘混凝土的最小搅拌量应符合表 1-6-17 的规定,并不应小于搅拌机公称容量的 1/4 且不应大于搅拌机公称容量。

| 粗集料最大公称粒径(mm) | 拌和物数量(L) |
|:---:|:---:|
| ≤31.5 | 20 |
| 40 | 25 |

(2)在计算配合比的基础上进行试拌。按计算量称取各材料进行试拌,测定其坍落度,并观察黏聚性和保水性。当试拌得出的拌和物坍落度或维勃稠度不能满足要求,或黏聚性和保水性不好时,可作一定调整,调整方法见表 1-6-18。

混凝土拌和物和易性不良的调整方法      表 1-6-18

| 试拌混凝土拌和物的实测情况 | 调整方法 |
|:---:|:---|
| 实测坍落度大于设计要求 | 保持砂率不变,增加砂石用量,每减少10mm坍落度,增加2%~5%的砂石;或保持水灰比不变,减少水和水泥用量 |
| 实测坍落度小于设计要求 | 保持水灰比不变,增加水和水泥用量,每增大10mm坍落度,需增加5%~8%的水泥浆 |
| 砂浆不足以包裹石子,黏聚性保水性差 | 单独加砂,即增大砂率 |

在和易性调整过程中,有时会出现增加水泥浆量,但坍落度不但不增加,拌和物的黏聚性和保水性还明显变差的情况,其原因是粗集料级配过差,砂率偏小,水泥砂浆不足以包裹粗集料的表面。在这种情况下,应增加砂率。当问题还不能解决时,应考虑改善粗集料的级配。

在和易性调整过程中,如果经验不足,重新试拌时,应将前一次的拌和物作为废料清除,按调整后的配合比称料拌和。如果经验丰富,可以利用原拌和物试拌。比如坍落度小于要求时,可以保持水灰比不变,适当增加水与水泥的用量。

在调整过程中,宜保持计算水胶比不变,以节约胶凝材料为原则,调整胶凝材料用量、用水量、外加剂用量和砂率等,直到混凝土拌和物性能符合设计和施工要求,然后修正计算配合比,提出试拌配合比。

(3)在试拌配合比基础上进行混凝土强度试验。

①制作试件、检验强度。混凝土配合比除满足和易性要求外,还需满足强度的要求。检验混凝土强度时至少应采用三个不同的配合比。当采用三个不同的配合比时,其中,一个为试拌配合比,另外两个配合比的水胶比,宜较试拌配合比分别增加和减少0.05;用水量应与试拌配合比相同,砂率可分别增加和减少1%。

每个配合比制作一组(三块)试件,在制作混凝土强度试件时,应检验混凝土拌和物的坍落度(或维勃稠度)、黏聚性和保水性性能。在标准条件下养护28d,测得混凝土立方体抗压强度(也可通过快速检验或较早龄期试压方式确定),用作图法(横轴为灰水比,纵轴为立方体抗压强度)或插值法确定出与混凝土配制强度($f_{cu,0}$)对应的胶水比。

在实际生产过程中,上述做法(作图法)一般不被采用,通常直接选取一个强度等于或略大于试配强度$f_{cu,0}$的配合比,但这样做会浪费水泥,加大工程造价,因此,建议采用经济合理的配合比,较大限度地节约成本。

②在配合比确定过程中,用水量和外加剂用量应根据确定的水胶比进行调整,胶凝材料根据用水量乘以确定的胶水比计算得出。粗、细集料用量应根据用水量和胶凝材料用量进行调整。

③根据计算的各材料用量,确定混凝土的计算表观密度值$\rho_{c,c}$,见式(1-6-19),经坍落度

(或维勃稠度)试验并测定其湿表观密度 $\rho_{c,t}$，然后计算混凝土配合比校正系数 $\delta$，见式(1-6-20)。

$$\rho_{c,c} = m_c + m_f + m_g + m_s + m_w \qquad (1\text{-}6\text{-}19)$$

式中：$\rho_{c,c}$——混凝土拌和物的表观密度计算值（kg/m³）；

$m_c$——每立方米混凝土的水泥用量（kg/m³）；

$m_f$——每立方米混凝土的矿物掺和料用量（kg/m³）；

$m_g$——每立方米混凝土的粗集料用量（kg/m³）；

$m_s$——每立方米混凝土的细集料用量（kg/m³）；

$m_w$——每立方米混凝土的用水量（kg/m³）。

$$\delta = \frac{\rho_{c,t}}{\rho_{c,c}} \qquad (1\text{-}6\text{-}20)$$

式中：$\delta$——混凝土配合比校正系数；

$\rho_{c,t}$——混凝土拌和物的表观密度实测值（kg/m³）；

$\rho_{c,c}$——混凝土拌和物的表观密度计算值（kg/m³）。

④当混凝土拌和物表观密度实测值与计算值之差的绝对值不超过计算值的 2% 时，试拌调整后的配合比则保持不变；当两者之差超过计算值的 2% 时，应将配合比中每项材料用量分别乘以校正系数 $\delta$。

⑤配合比调整后，应测定拌和物水溶性氯离子含量（表 1-6-11），并对设计要求的混凝土耐久性进行试验，设计出符合规定的配合比。

(4)换算为施工配合比。在确定上述配合比时，集料均以干燥状态为基准，而现场的砂、石材料都含有一定的水分，因此，应根据现场砂、石的含水率，对试拌调整后的配合比进行换算。

若现场砂的含水率为 $a\%$，石子的含水率为 $b\%$，经换算后，每立方米混凝土中各种材料的用量分别为：

$$m_c = m_{cb} \qquad m_f = m_{fb}$$
$$m_s = m_{sb}(1 + a\%)$$
$$m_g = m_{gb}(1 + b\%)$$
$$m_w = m_{wb} - m_{sb}a\% - m_{gb}b\%$$

式中：$m_{cb}$、$m_{fb}$、$m_{sb}$、$m_{gb}$、$m_{wb}$——经试拌调整确定的每立方米混凝土中水泥、矿物掺和料、细集料、粗集料和水的用量；

$m_c$、$m_f$、$m_s$、$m_g$、$m_w$——施工配合比确定的每立方米混凝土中水泥、矿物掺和料、细集料、粗集料和水的用量。

5. 配合比设计例题

【例】 试设计钢筋混凝土桥 T 形梁混凝土配合比。

**原始资料：**

(1)已知混凝土设计强度等级为 C30，无强度历史统计资料，要求混凝土拌和物坍落度为 120～140mm，桥梁所在地属寒冷地区。

(2)组成材料：强度等级为 42.5 级的普通硅酸盐水泥，密度为 3100kg/m³，强度富余系数为 1.16；砂为中砂，表观密度为 2650kg/m³；碎石最大粒径为 31.5mm，表观密度为 2700kg/m³；水为自来水。

设计要求:

(1)按题给资料计算初步配合比。

(2)按初步配合比在试验室进行试拌调整得出相应配合比。

(3)若现场砂、石实测含水率分别为 4‰和 1‰,则该混凝土的施工配合比为多少?

设计步骤:

1.计算初步配合比

(1)确定混凝土的配制强度 $f_{cu,0}$

$$f_{cu,0} \geqslant f_{cu,k} + 1.645\sigma = 30 + 1.645 \times 5.0 = 38.2(\text{MPa})$$

无历史统计资料,$\sigma$ 查表确定。

(2)计算水胶比 $W/B$

$$\begin{aligned}
\frac{W}{B} &= \frac{\alpha_a f_b}{f_{cu,0} + \alpha_a \alpha_b f_b} \\
&= \frac{\alpha_a \gamma_f \gamma_s \gamma_c f_{ce,k}}{f_{cu,0} + \alpha_a \alpha_b \gamma_f \gamma_s \gamma_c f_{ce,k}} \\
&= \frac{0.53 \times 1.0 \times 1.0 \times 1.16 \times 42.5}{38.2 + 0.53 \times 0.20 \times 1.0 \times 1.0 \times 1.16 \times 42.5} = 0.60
\end{aligned}$$

根据混凝土所处环境为寒冷地区,查表 1-6-11,根据结构混凝土耐久性的基本要求知,允许最大水胶比为 0.55,故采用表中数据水胶比 0.55 进行下面的计算。

(3)确定单位用水量 $m_{w0}$

由设计资料知:混凝土拌和物坍落度要求为 120~140mm,碎石公称最大粒径31.5mm,查表 1-6-13 可知,混凝土用水量在坍落度为 90mm 的基础上增加 7.5kg,初步选用为 212kg/m³。

(4)计算胶凝材料用量 $m_{b0}$

$$m_{b0} = \frac{m_{w0}}{W/B} = \frac{212}{0.55} = 385(\text{kg/m}^3)$$

该混凝土中不掺矿物掺和料,即胶凝材料仅为水泥,根据混凝土所处环境为寒冷地区,查表 1-6-14 知,最小水泥用量不低于 300kg/m³,按上式计算的水泥用量满足耐久性要求,故水泥用量初步确定为 385kg/m³。

(5)选择砂率 $\beta_s$

根据粗集料为碎石、公称最大粒径 31.5mm,水胶比为 0.55,查表 1-6-16,用内插法计算砂率的范围为 32%~37%,取 $\beta_s = 35\%$。

(6)计算砂石用量

①质量法。

假定混凝土拌和物的表观密度 $m_{cp} = 2400\text{kg/m}^3$,根据式(1-6-17)进行计算:

$$\begin{cases} m_{f0} + m_{c0} + m_{g0} + m_{s0} + m_{w0} = m_{cp} \\ \beta_s = \dfrac{m_{s0}}{m_{s0} + m_{g0}} \times 100\% \end{cases}$$

$$\begin{cases} 0 + 385 + m_{g0} + m_{s0} + 212 = 2400 \\ 35\% = \dfrac{m_{s0}}{m_{s0} + m_{g0}} \times 100\% \end{cases}$$

解得：

$$\begin{cases} m_{s0} = 631 \text{kg/m}^3 \\ m_{g0} = 1172 \text{kg/m}^3 \end{cases}$$

则该混凝土的初步配合比以质量法表示为：

$m_{c0} = 385 \text{kg/m}^3$，$m_{s0} = 631 \text{kg/m}^3$，$m_{g0} = 1172 \text{kg/m}^3$，$m_{w0} = 212 \text{kg/m}^3$

以比例关系表示为：

$$m_{c0} : m_{s0} : m_{g0} : m_{w0} = 1 : 1.64 : 3.04 : 0.55$$

②体积法。

$$\begin{cases} \dfrac{m_{c0}}{\rho_c} + \dfrac{m_{s0}}{\rho_s} + \dfrac{m_{g0}}{\rho_g} + \dfrac{m_{w0}}{\rho_w} + 0.01\alpha = 1 \\ \beta_s = \dfrac{m_{s0}}{m_{s0} + m_{g0}} \times 100\% \end{cases}$$

$$\begin{cases} \dfrac{385}{3100} + \dfrac{m_{s0}}{2650} + \dfrac{m_{g0}}{2700} + \dfrac{212}{1000} + 0.01 \times 1 = 1 \\ 35\% = \dfrac{m_{s0}}{m_{s0} + m_{g0}} \times 100\% \end{cases}$$

解得：

$$\begin{cases} m_{s0} = 610 \text{kg/m}^3 \\ m_{g0} = 1133 \text{kg/m}^3 \end{cases}$$

则该混凝土的初步配合比以质量法表示为：

$m_{c0} = 385 \text{kg/m}^3$，$m_{s0} = 610 \text{kg/m}^3$，$m_{g0} = 1133 \text{kg/m}^3$，$m_{w0} = 212 \text{kg/m}^3$

以比例关系表示为：

$$m_{c0} : m_{s0} : m_{g0} : m_{w0} = 1 : 1.58 : 2.94 : 0.55$$

在配合比设计时，根据实际情况可任选质量法或体积法中的一种进行计算。

2. 试配与调整

(1)检验工作性

①计算混凝土拌和物试配的用量。

因为石子最大公称粒径为 31.5mm，则混凝土试配的最小搅拌量为 20L，各材料用量计算如下(按体积法确定的初步配合比计算)：

水泥：　　　　　　　　$385 \times 0.02 = 7.70 \text{kg}$

水：　　　　　　　　　$212 \times 0.02 = 4.24 \text{kg}$

砂：　　　　　　　　　$610 \times 0.02 = 12.20 \text{kg}$

石：　　　　　　　　　$1133 \times 0.02 = 22.66 \text{kg}$

②检验混凝土拌和物的和易性。

按计算材料用量拌制混凝土拌和物，测定其坍落度为 100mm，观察黏聚性、保水性良好。因此保持水灰比不变，增加 5% 的水泥浆，经过拌和后测定其坍落度为 120mm，黏聚性、保水性均良好，满足施工和易性要求。此时，混凝土拌和物中各组成材料的实际用量为：

$$m_{c拌} = 7.70(1 + 5\%) = 8.08 \text{kg}$$

$$m_{w拌} = 4.24(1 + 5\%) = 4.45 \text{kg}$$

$$m_{s拌} = 12.20 \text{kg}$$

$$m_{g拌}=22.66\text{kg}$$

③试拌后配合比的确定。

因为测得混凝土拌和物的表观密度为 $\rho_{混凝土}=2420\text{kg/m}^3$，则调整后 $1\text{m}^3$ 混凝土中的各材料用量分别为：

$$m_{ca}=\frac{m_{c拌}}{m_{c拌}+m_{s拌}+m_{g拌}+m_{w拌}}\times\rho_{混凝土}$$
$$=\frac{8.08}{8.08+12.20+22.66+4.45}\times2405$$
$$=410(\text{kg})$$

$$m_{sa}=\frac{m_{s拌}}{m_{c拌}+m_{s拌}+m_{g拌}+m_{w拌}}\times\rho_{混凝土}$$
$$=\frac{12.20}{8.08+12.20+22.66+4.45}\times2405$$
$$=619(\text{kg})$$

$$m_{ga}=\frac{m_{g拌}}{m_{c拌}+m_{s拌}+m_{g拌}+m_{w拌}}\times\rho_{混凝土}$$
$$=\frac{22.66}{8.08+12.20+22.66+4.45}\times2405$$
$$=1150(\text{kg})$$

$$m_{wa}=\frac{m_{w拌}}{m_{c拌}+m_{s拌}+m_{g拌}+m_{w拌}}\times\rho_{混凝土}$$
$$=\frac{4.45}{8.08+12.20+22.66+4.45}\times2405$$
$$=226(\text{kg})$$

则该混凝土和易性满足后确定的配合比为：

$$m_{ca}:m_{sa}:m_{ga}:m_{wa}=410:619:1150:226=1:1.51:2.80:0.55$$

(2)在试拌配合比基础上进行混凝土强度试验

①制作试件、检验强度。

第一组配合比(水灰比减小 0.05，砂率减小 1%)。

水：　　　　　　　　　　　226kg

水泥：　　　　　　　　　　$\frac{226}{0.50}=452\text{kg}$

砂石用量根据体积法计算：

$$\begin{cases}\dfrac{452}{3100}+\dfrac{m_{sa}}{2650}+\dfrac{m_{ga}}{2700}+\dfrac{226}{1000}+0.01\times1=1\\[2mm]\dfrac{m_{sa}}{m_{sa}+m_{ga}}\times100\%=34\%\end{cases}$$

解得：

$$\begin{cases}m_{sa}=566\text{kg/m}^3\\ m_{ga}=1098\text{kg/m}^3\end{cases}$$

第二组配合比(采用和易性满足后的配合比)。

水：　　　　　　　　　　　226kg

| 水泥： | 410kg |
|---|---|
| 砂： | 619kg |
| 石： | 1150kg |

第三组配合比（水灰比增加 0.05，砂率增加 1％）。

| 水： | 226kg |
|---|---|
| 水泥： | $\frac{226}{0.59}=383kg$ |

砂石用量根据体积法计算：

$$\begin{cases} \dfrac{383}{3100}+\dfrac{m_{sa}}{2650}+\dfrac{m_{ga}}{2700}+\dfrac{226}{1000}+0.01\times1=1 \\ \dfrac{m_{sa}}{m_{sa}+m_{ga}}\times100\%=36\% \end{cases}$$

解得：

$$\begin{cases} m_{sa}=619kg/m^3 \\ m_{ga}=1098kg/m^3 \end{cases}$$

根据以上不同的配合比，分别计算试拌 20L 混凝土所需的各材料用量，拌和后经坍落度试验测定其和易性均满足要求。然后按规定方法制作试件，在标准条件下养护 28d 后，测定其立方体抗压强度，见表 1-6-19。

不同水胶比的混凝土强度值 表 1-6-19

| 组别 | 水胶比（W/B） | 胶水比（B/W） | 28d 混凝土立方体抗压强度 $f_{cu,28}$（MPa） |
|---|---|---|---|
| 1 | 0.50 | 2.00 | 45.3 |
| 2 | 0.55 | 1.82 | 39.5 |
| 3 | 0.60 | 1.67 | 34.2 |

根据表 1-6-19 的试验结果，绘制混凝土 28d 立方体抗压强度（$f_{cu,28}$）与胶水比（$B/W$）的关系图（图 1-6-19）。由图 1-6-19 可知，与混凝土配制强度 $f_{cu,0}=38.2MPa$ 对应的胶水比为 1.80，即水胶比为 0.56。

②确定强度符合要求的配合比。

| 用水量： | $m_{wb}=226kg$ |
|---|---|
| 水泥用量： | $m_{cb}=226\times1.80=407kg$ |

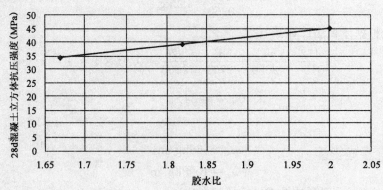

图 1-6-19　28d 混凝土立方体抗压强度与胶水比的关系

砂、石用量（用体积法计算）：

$$\begin{cases} \dfrac{407}{3100}+\dfrac{m_{sb}}{2650}+\dfrac{m_{gb}}{2700}+\dfrac{226}{1000}+0.01\times1=1 \\ 35\%=\dfrac{m_{sb}}{m_{sb}+m_{gb}}\times100\% \end{cases}$$

解得：

$$m_{sb}=591\mathrm{kg/m^3}$$
$$m_{gb}=1098\mathrm{kg/m^3}$$

根据计算的各材料用量，确定混凝土的计算湿表观密度值 $\rho_{c.c}$，经坍落度（或维勃稠度）试验后满足和易性要求，并测定其湿表观密度 $\rho_{c.t}=2355\mathrm{kg/m^3}$，然后计算混凝土配合比校正系数 $\delta$。

计算湿表观密度值：

$$\rho_{c.c}=407+591+1098+226=2322(\mathrm{kg/m^3})$$

校正系数：

$$\delta=\frac{2355}{2322}=1.02$$

因为

$$\frac{|2355-2322|}{2322}\times100\%=1.4\%\leqslant2\%$$

所以计算的各材料用量不用修正，则该混凝土的试验室配合比为：

$$m_{cb}:m_{sb}:m_{gb}:m_{wb}=407:509:1098:226=1:1.25:2.70:0.56$$

③耐久性要求。

混凝土中氯离子含量，计算如下：

水泥中氯离子含量：0.006%

砂中氯离子含量：0.01%

碎石中氯离子含量：0.01%

水中氯离子含量：0.0026%

单方混凝土中总氯离子含量：$(407\times0.006\%+509\times0.01\%+1098\times0.01\%+226\times0.0026\%)\div407=0.047\%<0.1\%$，符合要求。

3. 现场砂、石实测含水率分别为 4% 和 1%，则换算后每立方米混凝土中各材料用量：

$$m_c=m_{cb}=407(\mathrm{kg})$$
$$m_s=m_{sb}(1+a\%)=509(1+4\%)=529(\mathrm{kg})$$
$$m_g=m_{gb}(1+b\%)=1098(1+1\%)=1109(\mathrm{kg})$$
$$m_w=m_{wb}-m_{sb}a\%-m_{gb}b\%=226-509\times4\%-1098\times1\%=195(\mathrm{kg})$$

则混凝土的施工配合比为：

$$m_c:m_s:m_g:m_w=407:529:1109:195=1:1.29:2.72:0.48$$

## 五 路面混凝土配合比设计

水泥混凝土路面用混凝土配合比设计方法，按现行国家标准《公路水泥混凝土路面施工技术规范》(JTG F30—2003)的规定，采用抗折强度或抗压强度为指标的方法，本节介绍该规范推荐的抗折强度为指标的经验公式法。

路面用水泥混凝土配合比设计应满足:施工工艺性;抗折强度;耐久性(包括耐磨性);经济合理的要求。

1. 路面用水泥混凝土配合比设计步骤

1)计算初步配合比

(1)确定配制强度。

$$f_c = \frac{f_r}{1 - 1.04C_v} + ts \tag{1-6-21}$$

式中:$f_c$——混凝土配制28d抗折强度的均值(MPa);

$f_r$——混凝土设计抗折强度的均值(MPa);

$t$——保证率系数,按表1-6-20确定;

$C_v$——抗折强度变异系数,应按统计数据,在表1-6-21的规定范围内取值(在无统计数据时,抗折强度变异系数应按设计取值;如施工配制抗折强度超出设计给定的抗折强度变异系数上限,则必须改进机械装备和提高施工控制水平);

$s$——抗折强度试验样本的标准差(MPa)。

(2)计算水灰比。

混凝土拌和物的水灰比,根据已知的混凝土配制抗折强度和水泥的实际抗折强度,代入式(1-6-22)和式(1-6-23)得出水灰比。

对碎石或碎卵石混凝土:

$$\frac{W}{C} = \frac{1.5684}{f_c + 1.0097 - 0.3595f_s} \tag{1-6-22}$$

对卵石混凝土:

$$\frac{W}{C} = \frac{1.2618}{f_c + 1.5492 - 0.4709f_s} \tag{1-6-23}$$

式中:$f_c$——意义同前;

$f_s$——水泥实际抗折强度(MPa);

$W/C$——水灰比。

**保 证 率 系 数**　　　　　　　　　　　表 1-6-20

| 公路等级 | 判别概率 | 样本数 $n$ 组 | | | | |
|---|---|---|---|---|---|---|
| | | 3 | 6 | 9 | 15 | 20 |
| 高速公路 | 0.05 | 1.36 | 0.79 | 0.61 | 0.45 | 0.39 |
| 一级公路 | 0.10 | 0.95 | 0.59 | 0.46 | 0.35 | 0.30 |
| 二级公路 | 0.15 | 0.72 | 0.46 | 0.37 | 0.28 | 0.24 |
| 三、四级公路 | 0.20 | 0.56 | 0.37 | 0.29 | 0.22 | 0.19 |

**各级公路混凝土路面抗弯拉强度变异系数**　　　　　　　　表 1-6-21

| 公路等级 | 高速公路 | 一级公路 | | 二级公路 | 三级、四级公路 | |
|---|---|---|---|---|---|---|
| 混凝土抗折强度变异系数水平等级 | 低 | 低 | 中 | 中 | 中 | 高 |
| 抗折强度变异系数 $C_v$ 允许变化范围 | 0.05~0.10 | 0.05~0.10 | 0.10~0.15 | 0.10~0.15 | 0.10~0.15 | 0.15~0.20 |

掺入粉煤灰时,应计入超量取代中代替水泥的那一部分粉煤灰用量(代替砂的超量部分不计入),用水胶比 $W/(C+F)$ 代替水灰比 $W/C$,水灰比不得超过表 1-6-22 规定的最大水灰比。

(3)计算单位用水量。每立方米混凝土拌和物的用水量,按式(1-6-24)和式(1-6-25)计算。

对碎石混凝土:

$$m_{w0} = 104.97 + 0.309S_L + 11.27\frac{C}{W} + 0.61S_p \qquad (1\text{-}6\text{-}24)$$

对卵石混凝土:

$$m_{w0} = 86.89 + 0.370S_L + 11.24\frac{C}{W} + 1.00S_p \qquad (1\text{-}6\text{-}25)$$

式中:$S_L$——混凝土拌和物坍落度(mm);

$S_p$——砂率(%),参考表 1-6-23 选定。

按式(1-6-24)和式(1-6-25)计算出的用水量是按集料为自然风干状态计。

**混凝土满足耐久性的最大水灰比和最小单位水泥用量** 表 1-6-22

| 公 路 等 级 | | 高速公路、一级公路 | 二 级 公 路 | 三级、四级公路 |
|---|---|---|---|---|
| 最大水灰(水胶)比 | | 0.44 | 0.46 | 0.48 |
| 抗冰冻要求最大水灰(水胶)比 | | 0.42 | 0.44 | 0.46 |
| 抗盐冻要求最大水灰(水胶)比 | | 0.40 | 0.42 | 0.44 |
| 最小单位水泥用量 (kg/m³) | 42.5 级 | 300 | 300 | 290 |
| | 32.5 级 | 310 | 310 | 305 |
| 抗冰(盐)冻最小单位 水泥用量(kg/m³) | 42.5 级 | 320 | 320 | 315 |
| | 32.5 级 | 330 | 330 | 325 |
| 掺粉煤灰时最小单位 水泥用量(kg/m³) | 42.5 级 | 260 | 260 | 255 |
| | 32.5 级 | 280 | 270 | 265 |
| 抗冰(盐)冻掺粉煤灰时最小单位水泥用量 (42.5 级)(kg/m³) | | 280 | 270 | 265 |

**砂的细度模数与最优砂率关系** 表 1-6-23

| 砂的细度模数 | | 2.2~2.5 | 2.5~2.8 | 2.8~3.1 | 3.1~3.4 | 3.4~3.7 |
|---|---|---|---|---|---|---|
| 砂率 $S_p$(%) | 碎石 | 30~34 | 32~36 | 34~38 | 36~40 | 38~42 |
| | 卵石 | 28~32 | 30~34 | 32~36 | 34~38 | 36~40 |

注:碎卵石可在碎石和卵石混凝土之间内插取值。

掺外加剂的混凝土单位用水量按式(1-6-26)计算。

$$m_{W_0w} = m_{w0}\left(1 - \frac{\beta}{100}\right) \qquad (1\text{-}6\text{-}26)$$

式中:$m_{W_0w}$——掺外加剂混凝土的单位用水量(kg/m³);

$\beta$——所用外加剂剂量的实测减水率(%)。

(4)计算单位水泥用量($m_{c0}$)。

每立方米混凝土拌和物的水泥用量按式(1-6-27)计算。

$$m_{c0} = \frac{w_0}{\dfrac{W}{C}} \qquad (1\text{-}6\text{-}27)$$

单位水泥用量不得小于表 1-6-22 中按耐久性要求的最小水泥用量。

(5)计算砂石材料单位用量($m_{S0}$、$m_{g0}$)。砂石单位用量可按前述绝对体积法或质量法确定。

按质量法计算时,混凝土单位质量可取 2400~2450kg/m³;按体积法计算时,应计入设计含气量。采用超量取代法掺用粉煤灰时,超量部分应代替砂,并折减用砂量。经计算得到的配合比应验算单位粗集料填充体积率(每立方米混凝土中石的质量占其堆积密度的百分比),不宜小于70%。

2)配合比调整

(1)试拌调整。按初步计算配合比进行调整:流动性不满足要求,应在水灰比不变的情况下,增减水泥浆用量;如果黏聚性或保水性不符合要求,则调整砂率的大小。

(2)实测拌和物相对密度。由于在计算砂、石用量时未考虑含气量,故应实测混凝土拌和物捣实后的相对密度,并对各组成材料进行最后的调整,以确定基准配合比。

(3)强度复核。按试拌调整后的道路混凝土配合比,同时配制和易性满足设计要求的、较计算配合比水灰比增大0.03或减少0.03共三组混凝土试件,经标准养护28d,测其抗折强度,选定既满足设计要求,又节约水泥的配合比为试验室配合比。

(4)施工配合比的换算。根据施工现场的材料性质、砂石材料表面含水率,对理论配合比进行换算,最后得出施工配合比。

2. 配合比设计例题

【例2】 某高速公路拟采用水泥混凝土路面,试设计路面用混凝土配合比。

**原始资料:**

(1)混凝土抗折强度等级为5.0MPa,施工要求混凝土抗折强度原本的标准差为0.4MPa($n=9$)。混凝土拌和物的坍落度为30~50mm。

(2)组成材料:52.5级普通硅酸盐水泥,密度为3100kg/m³,实测28d胶砂抗折强度为8.7MPa;碎石,最大粒径37.5mm,级配合格,表观密度为2700kg/m³;中砂,表观密度为2630kg/m³,细度模数为2.64,其他各项指标均符合技术要求;水,应用水。

**设计要求:**

按题给资料设计初步配合比。

**设计步骤:**

(1)确定试配强度

$$f_c = \frac{f_r}{1-1.04C_v} + t \cdot s = \frac{5}{1-1.04 \times 0.075} + 0.61 \times 0.4 = 5.67 \text{ (MPa)}$$

(2)计算水灰比

$$\frac{W}{C} = \frac{1.5684}{f_c + 1.0097 - 0.3595f_s} = 0.42$$

查表1-6-22得耐久性允许最大水灰比为0.44,故取计算水灰比0.42。

(3)计算用水量

由表1-6-23得,$W/C=0.42$时,$S_p=34\%$,代入式(1-6-24)中:

$$m_{w0} = 104.97 + 0.309S_l + 11.27\frac{C}{W} + 0.61S_p = 143 \text{ (kg/m}^3\text{)}$$

(4)计算水泥用量

$$m_{c0} = 143 \times \frac{1}{0.42} = 340 \text{ (kg/m}^3\text{)}$$

查表1-6-22得,耐久性允许的最小水泥用量为300kg/m³,故取340kg/m³。

(5)计算砂、石用量

$$\frac{340}{3100} + \frac{m_{s0}}{2630} + \frac{m_{g0}}{2700} + \frac{143}{1000} + 0.01 \times 1 = 1$$

解得：

$$\begin{cases} m_{s0}=671\mathrm{kg/m^3} \\ m_{g0}=1302\mathrm{kg/m^3} \end{cases}$$

验算：碎石的填充体积 $=\dfrac{1302}{1701}\times100\%=74.2\%>70\%$，符合要求。

由此确定路面混凝土的初步配合比为：

$$m_{w0}=143\mathrm{kg/m^3},m_{c0}=340\mathrm{kg/m^3},m_{s0}=671\mathrm{kg/m^3},m_{g0}=1302\mathrm{kg/m^3}$$

路面混凝土的基准配合比、试验室配合比与施工配合比设计的内容与普通混凝土相同。

## 六 普通混凝土的质量控制

**1.混凝土的质量波动**

混凝土和其他材料一样，它的质量不是完全均匀的，其质量波动是客观存在，不可避免的。由于强度是混凝土的主要技术指标，其他性能可从强度得到间接反映，故以强度为例分析波动的因素。

1)原材料的质量波动

主要有：砂细度模数和级配的波动；粗集料最大粒径和级配的波动；集料含泥量的波动；集料含水率的波动；水泥强度（不同批或不同厂家的实际强度可能不同）的波动；外加剂质量的波动（如减水剂的减水率）等。所有这些质量波动，均将影响混凝土的强度。

2)施工养护引起的混凝土质量波动

混凝土的质量波动与施工养护有着十分紧密的关系。如混凝土搅拌时间长短；计量时未根据砂石含水率变动及时调整配合比；运输时间过长引起分层、离析；振捣时间过长或不足；浇水养护时间，或者未能根据气温和湿度变化及时调整保温保湿措施等。

3)试验条件变化引起的混凝土质量波动

试验条件的变化主要指取样方法的差异，成型质量（特别是不同人员操作时），试件的养护条件变化，试验机自身误差以及试验人员操作的熟练程度等。

实践证明，在混凝土的施工控制中，用数理统计方法分析和评价试验结果，用统计特征来反映混凝土的母体质量的变异程度，以此来评定结构或构件中的混凝土质量是否能够满足设计要求，是一个比较合理而有效的方法。

**2.普通混凝土的质量控制**

普通混凝土的质量控制（Quality Control）包括混凝土的原材料控制、混凝土性能技术规定、配合比控制、生产控制水平要求、生产与施工质量控制和混凝土质量检验与验收。

1)原材料控制

(1)水泥：水泥品种与强度等级的选用应根据设计、施工要求以及工程所处环境确定；水泥质量主要控制项目应包括凝结时间、安定性、胶砂强度、氧化镁和氯离子含量，碱含量低于0.6%的水泥主要控制项目还应包括碱含量，中、低热硅酸盐水泥或低热矿渣硅酸盐水泥主要控制项目还应包括水化热；在应用时，宜采用新型干法窑生产的水泥；应标明水泥中的混合材的品种和掺量；用于水泥混凝土中的水泥温度不宜高于60℃。

(2)粗集料：粗集料应符合现行行业标准《普通混凝土用砂、石质量及检验方法标准》(JGJ

52—2006)的规定。粗集料质量主要控制项目应包括颗粒级配、针片状颗粒含量、含泥量、泥块含量、压碎值指标和坚固性,用于高强混凝土的粗集料主要控制项目还应包括岩石抗压强度。

(3)细集料:应符合现行行业标准《普通混凝土用砂、石质量及检验方法标准》(JGJ 52—2006)的规定;混凝土用海沙应符合现行行业标准《海沙混凝土应用技术规范》(JGJ 206—2010)的有关规定;细集料质量主要控制项目应包括颗粒级配、细度模数、含泥量、泥块含量、坚固性、氯离子含量和有害物质含量;海沙主要控制项目除应包括上述指标外,尚应包括贝壳含量;人工砂主要控制项目除应包括上述指标外,尚应包括石粉含量和压碎值;人工砂主要控制项目可不包括氯离子含量和有害物质含量。

(4)矿物掺和料:用于混凝土中的矿物掺和料可包括粉煤灰、粒化高炉矿渣粉、硅灰、沸石粉、钢渣粉、磷渣粉;可采用两种或两种以上的矿物掺和料按一定比例混合使用。粉煤灰应符合现行国家标准《用于水泥和混凝土中的粉煤灰》(GB/T 1596—2005)的有关规定,粒化高炉矿渣粉应符合现行国家标准《用于水泥和混凝土中的粒化高炉矿渣粉》(GB/T 18046—2008)的有关规定,钢渣粉应符合现行国家标准《用于水泥和混凝土中的钢渣粉》(GB/T 20491—2006)的有关规定,其他矿物掺和料应符合相关现行国家标准的规定并满足混凝土性能要求;矿物掺和料的放射性应符合现行国家标准《建筑材料放射性核素限量》(GB 6566—2010)的有关规定。

(5)外加剂:外加剂应符合国家现行标准《混凝土外加剂》(GB 8076—2008)、《混凝土防冻剂》(JC 475—2004)和《混凝土膨胀剂》(GB 23439—2009)的有关规定。

(6)水:混凝土用水应符合现行行业标准《混凝土用水标准》(JGJ 63—2006)的有关规定。

2)混凝土性能要求

(1)混凝土拌和物性能应满足设计和施工要求。混凝土拌和物性能试验方法应符合现行国家标准《普通混凝土拌和物性能试验方法标准》(GB/T 50080—2002)的有关规定;坍落度经时损失试验方法应符合本标准附录 A 的规定。混凝土拌和物稠度允许偏差符合表 1-6-24规定。

混凝土拌和物稠度允许偏差    表 1-6-24

| 拌和物性能 | | 允 许 偏 差 | | |
|---|---|---|---|---|
| 坍落度(mm) | 设计值 | ≤40 | 50~90 | 100 |
| | 允许偏差 | ±10 | ±20 | ±30 |
| 维勃稠度(s) | 设计值 | ≥11 | 10~6 | ≤5 |
| | 允许偏差 | ±3 | ±2 | ±1 |
| 扩展度(mm) | 设计值 | ≥350 | | |
| | 允许偏差 | ±30 | | |

(2)力学性能。

混凝土的力学性能应满足设计和施工的要求。混凝土力学性能试验方法应符合现行国家标准《普通混凝土力学性能试验方法标准》(GB/T 50081—2002)的有关规定;混凝土强度等级应按立方体抗压强度标准值(MPa)划分为 C10、C15、C20、C25、C30、C35、C40、C45、C50、C55、C60、C65、C70、C75、C80、C85、C90、C95 和 C100;混凝土抗压强度应按现行国家标准《混凝土强度检验评定标准》(GB/T 50107—2010)的有关规定进行检验评定,并应合格。

(3)长期性能和耐久性能。混凝土的长期性能和耐久性能应满足设计要求。试验方法应符合现行国家标准《普通混凝土长期性能和耐久性能试验方法标准》(GB/T 50082—2009)的有关规定。

①混凝土的抗冻性能、抗水渗透性能和抗硫酸盐侵蚀性能的等级划分应符合表1-6-25的规定。

②混凝土抗氯离子渗透性能按氯离子迁移系数(RCM法)划分等级时应符合表1-6-26规定，混凝土龄期应为84d；当采用电通量划分混凝土抗氯离子渗透性能等级时，应符合表1-6-27的规定，且混凝土龄期宜为28d。当混凝土中水泥混合材与矿物掺和料之和超过胶凝材料用量的50%时，测试龄期可为56d。混凝土抗碳化性能的等级见表1-6-28。混凝土早期抗裂性能的等级见表1-6-29。

**混凝土的抗冻性能、抗水渗透性能和抗硫酸盐侵蚀性能的等级划分** 表1-6-25

| 抗冻等级（快冻） | | 抗冻标号 | 抗渗等级 | 抗硫酸盐等级 |
|---|---|---|---|---|
| F50 | F250 | D50 | P4 | KS30 |
| F100 | F300 | D100 | P6 | KS60 |
| F150 | F350 | D150 | P8 | KS90 |
| F200 | F400 | D200 | P10 | KS120 |
| >F400 | | >D200 | P12 | KS150 |
| | | | >P12 | >KS150 |

**混凝土抗氯离子渗透性能等级** 表1-6-26

| 等 级 | RCM-Ⅰ | RCM-Ⅱ | RCM-Ⅲ | RCM-Ⅳ | RCM-Ⅴ |
|---|---|---|---|---|---|
| 氯离子迁移系数 $D_{RCM}(\times 10^{12} m^2/s)$ | $D_{RCM} \geq 4.5$ | $3.5 \leq D_{RCM} < 4.5$ | $2.5 \leq D_{RCM} < 3.5$ | $1.5 \leq D_{RCM} < 2.5$ | $D_{RCM} < 1.5$ |

**混凝土抗氯离子渗透性能等级** 表1-6-27

| 等 级 | Q-Ⅰ | Q-Ⅱ | Q-Ⅲ | Q-Ⅳ | Q-Ⅴ |
|---|---|---|---|---|---|
| 电通量 $Q_S$(C) | $Q_S \geq 4000$ | $2000 \leq Q_S < 4000$ | $1000 \leq Q_S < 2000$ | $500 \leq Q_S < 1000$ | $Q_S < 500$ |

**混凝土抗碳化性能等级** 表1-6-28

| 等 级 | T-Ⅰ | T-Ⅱ | T-Ⅲ | T-Ⅳ | T-Ⅴ |
|---|---|---|---|---|---|
| 碳化深度 $d$(mm) | $d \geq 30$ | $20 \leq d < 30$ | $10 \leq d < 20$ | $0.1 \leq d < 10$ | $d < 0.1$ |

**混凝土早期抗裂性能等级** 表1-6-29

| 等 级 | L-Ⅰ | L-Ⅱ | L-Ⅲ | L-Ⅳ | L-Ⅴ |
|---|---|---|---|---|---|
| 单位面积上的总开裂面积 $C$(mm²/m²) | $C \geq 1000$ | $700 \leq C < 1000$ | $400 \leq C < 700$ | $100 \leq C < 400$ | $d < 100$ |

③混凝土耐久性能应按现行行业标准《混凝土耐久性检验评定标准》(JGJ/T 193—2009)的有关规定进行检验评定，并应合格。

3)配合比控制

混凝土配合比设计应符合现行行业标准《普通混凝土配合比设计规程》(JGJ 55—2011)的有关规定。对首次使用、使用间隔时间超过三个月的配合比应进行开盘鉴定，开盘鉴定应符合下列规定：

(1)生产使用的原材料应与配合比设计一致。

(2)混凝土拌和物性能应满足施工要求。

(3)混凝土强度评定应符合设计要求。

(4)混凝土耐久性能应符合设计要求。

4)生产控制水平

(1)混凝土工程宜采用预拌混凝土。

(2)混凝土生产控制水平可按强度标准差 $\sigma$ 和实测强度达到强度标准值组数的百分率 $P$ 表征。

(3)混凝土强度标准差 $\sigma$ 应按式(1-6-28)计算,并宜符合表 1-6-30 的规定。

$$\sigma = \sqrt{\frac{\sum_{i=1}^{n} f_{cu,i}^2 - n m_{f_{cu}}^2}{n-1}} \qquad (1\text{-}6\text{-}28)$$

式中:$f_{cu,i}$——统计周期内第 $i$ 组混凝土立方体试件的抗压强度,精确至 0.1MPa;

$m_{f_{cu}}$——统计周期内 $n$ 组混凝土立方体试件的抗压强度算术平均值,精确至 0.1MPa;

$\sigma$——混凝土强度标准差,精确至 0.1MPa;

$n$——统计周期内相同强度等级混凝土的试件组数,$n$ 值不应小于 30。

混凝土强度标准差 表 1-6-30

| 生 产 场 所 | 强度标准差 $\sigma$ | | |
|---|---|---|---|
| | <C20 | C20~C40 | ≥C45 |
| 预拌混凝土搅拌站<br>原则混凝土构件厂 | ≤3.0 | ≤3.5 | ≤4.0 |
| 施工现场搅拌 | ≤3.5 | ≤4.0 | ≤4.5 |

(4)实测强度达到强度标准值组数的百分率 $P$ 应按式(1-6-29)计算,且 $P$ 不应小于 95%。

$$P = \frac{n_0}{n} \times 100\% \qquad (1\text{-}6\text{-}29)$$

式中:$P$——统计周期内实测强度达到强度标准值组数的百分率,精确到 0.1%;

$n_0$——统计周期内相同强度等级混凝土达到强度标准值的试件组数。

(5)预拌混凝土搅拌站和预制混凝土构件厂的统计周期可取一个月;施工现场搅拌站的统计周期可根据实际情况确定,但不宜超过三个月。

5)生产与施工质量控制

(1)一般规定。

①混凝土生产施工之前,应制订完整的技术方案,并应做好各项准备工作。

②混凝土拌和物在运输和浇筑成型过程中严禁加水。

(2)生产质量控制包括原材料进场、计量、搅拌和运输等工序的控制。施工质量控制包括混凝土浇筑成型和养护等工序的控制。应符合《混凝土质量控制标准》(GB 50164—2010)有关规定。

6)混凝土质量检验

(1)混凝土原材料质量检验。

①原材料进场时,应按规定批次验收型式检验报告、出厂检验报告或合格证等质量证明文件,外加剂产品还应具有使用说明书。

②混凝土原材料进场时应进行检验,检验样品应随机抽取。

③混凝土原材料的检验批量应符合下列规定：

a. 散装水泥应按每 500t 为一个检验批；袋装水泥应按每 200t 为一个检验批；粉煤灰或粒化高炉矿渣粉等矿物掺和料应按每 200t 为一个检验批；硅灰应按每 30t 为一个检验批；砂、石集料应按每 400m³ 或 600t 为一个检验批；外加剂应按每 50t 为一个检验批；水应按同一水源不少于一个检验批。

b. 当符合下列条件之一时，可将检验批量扩大一倍。

• 对经产品认证机构认证符合要求的产品；

• 来源稳定且连续三次检验合格；

• 同一厂家的同批出厂材料，用于同时施工且属于同一工程项目的多个单位工程。

c. 不同批次或非连续供应的不足一个检验批量的混凝土原材料应作为一个检验批。

（2）混凝土拌和物性能检验。

①在生产施工过程中，应在搅拌地点和浇筑地点分别对混凝土拌和物进行抽样检验。

②混凝土拌和物的检验频率应符合下列规定：

a. 混凝土坍落度取样检验频率应符合现行国家标准《混凝土强度检验评定标准》(GB/T 50107—2010)的有关规定。

b. 同一工程、同一配合比、采用同一批次水泥和外加剂的混凝土的凝结时间应至少检验 1 次。

c. 同一工程、同一配合比的混凝土的氯离子含量应至少检验 1 次；同一工程、同一配合比和采用同一批次海沙的混凝土的氯离子含量应至少检验 1 次。

（3）硬化混凝土性能检验。包括混凝土强度、耐久性能和长期性能检验评定，应符合《混凝土强度检验评定标准》(GB/T 50107—2010)和《混凝土耐久性检验评定标准》(JGJ/T 193—2009)规定。其中，混凝土强度评定按照下列方法进行评定：

①统计方法评定。

a. 当连续生产的混凝土，生产条件在较长时间内保持一致，且同一品种、同一强度等级混凝土的强度变异性保持稳定，样本容量为连续的三组试件时，其强度应符合下列规定：

当混凝土强度等级＞C20 时
$$\begin{cases} m_{f_{cu}} \geqslant f_{cu,k} + 0.7\sigma_0 \\ f_{cu,min} \geqslant f_{cu,k} - 0.7\sigma_0 \\ f_{cu,min} \geqslant 0.90 f_{cu,k} \end{cases} \tag{1-6-30}$$

当混凝土强度等级≤C20 时
$$\begin{cases} m_{f_{cu}} \geqslant f_{cu,k} + 0.7\sigma_0 \\ f_{cu,min} \geqslant f_{cu,k} - 0.7\sigma_0 \\ f_{cu,min} \geqslant 0.85 f_{cu,k} \end{cases} \tag{1-6-31}$$

式中：$m_{f_{cu}}$——同一验收批混凝土立方体抗压强度平均值($N/mm^2$)，精确至 $0.1N/mm^2$；

$f_{cu,k}$——设计的混凝土立方体抗压强度标准值($N/mm^2$)，精确至 $0.1N/mm^2$；

$f_{cu,min}$——同一检验批混凝土立方体抗压强度的最小值($N/mm^2$)，精确至 $0.1N/mm^2$；

$\sigma_0$——检验批混凝土立方体抗压强度的标准差($N/mm^2$)，精确至 $0.1N/mm^2$；当检验批混凝土强度标准差 $\sigma_0$ 值小于 $2.5N/mm^2$ 时，应取 $2.5N/mm^2$。

检验批混凝土的强度标准差 $\sigma_0$ 按式(1-6-32)计算。

$$\sigma_0 = \sqrt{\frac{\sum\limits_{i=1}^{n} f_{cu,i}^2 - n m_{f_{cu}}^2}{n-1}} \tag{1-6-32}$$

式中：$f_{cu,i}$——前一个检验期内同一品种、同一强度等级的第 $i$ 组混凝土立方体试件的抗压强度代表值（$N/mm^2$），精确至 $0.1N/mm^2$；该检验期不得小于 60d，也不得大于 90d；

$m_{f_{cu}}$——同一验收批混凝土立方体抗压强度平均值（$N/mm^2$），精确至 $0.1N/mm^2$；

$n$——前一个检验期内的样本容量，在该期间内样本容量不应小于 45。

b. 当样本容量不少于 10 组时，其强度应同时满足下列公式要求：

$$\begin{cases} m_{f_{cu}} \geqslant f_{cu,k} + \lambda_1 S_{f_{cu}} \\ f_{cu,min} \geqslant \lambda_2 f_{cu,k} \\ S_{f_{cu}} = \sqrt{\dfrac{\sum\limits_{i=1}^{n} f_{cu,i}^2 - n m_{f_{cu}}^2}{n-1}} \end{cases} \tag{1-6-33}$$

式中：$S_{f_{cu}}$——同一验收批混凝土立方体抗压强度的标准差（$N/mm^2$），精确至 $0.01N/mm^2$；当检验批混凝土强度标准差 $S_{f_{cu}}$ 值小于 $2.5N/mm^2$ 时，应取 $2.5N/mm^2$；

$\lambda_1$、$\lambda_2$——合格评定系数，按表 1-6-31 确定；

$n$——本检验期内的样本容量。

混凝土强度的合格评定系数 表 1-6-31

| 试 验 组 数 | 10～14 | 15～19 | ≥20 |
|---|---|---|---|
| $\lambda_1$ | 1.15 | 1.05 | 0.95 |
| $\lambda_2$ | 0.90 | 0.85 | |

②非统计方法评定。

当用于评定的样本容量少于 10 组时，按式（1-6-34）采用非统计方法评定混凝土强度。

$$\begin{cases} m_{f_{cu}} \geqslant \lambda_3 f_{cu,k} \\ f_{cu,min} \geqslant \lambda_4 f_{cu,k} \end{cases} \tag{1-6-34}$$

式中：$\lambda_3$、$\lambda_4$——合格评定系数，按表 1-6-32 确定。

混凝土强度的合格评定系数 表 1-6-32

| 强 度 等 级 | <C60 | ≥C60 |
|---|---|---|
| $\lambda_3$ | 1.15 | 1.10 |
| $\lambda_4$ | 0.95 | |

③当检验结果满足上述强度方法评定时，则该批混凝土强度合格，否则为不合格。

学习项目三　其他品种混凝土

 **高强高性能混凝土**

根据《高强混凝土结构技术规程》（CECS104:99），将强度等级大于等于 C50 的混凝土称为高强混凝土；将具有良好的施工和易性和优异耐久性，且均匀密实的混凝土称为高性能混凝土;同时具有上述各性能的混凝土称为高强高性能混凝土;而《普通混凝土配合比设计规程》(JGJ 55—2000)中则将强度等级大于等于C60的混凝土称为高强混凝土;《混凝土结构设计规范》(GB 50010—2010)则未明确区分普通混凝土或高强混凝土,只规定了钢筋混凝土结构的混凝土强度等级不应低于C15,混凝土强度范围为C15~C80。综合国内外对高强混凝土的研究和应用实践,以及现代混凝土技术的发展,将大于等于C60的混凝土称为高强度混凝土是比较合理的。

高性能混凝土是在1990年由美国NIST和ACI召开的一次国际会议上首先提出来的,并立即得到各国学者和工程技术人员的积极响应,但对高性能混凝土国内外尚无统一的认识和定义。根据一般的理解,对高性能混凝土有以下几点共识:

(1)混凝土的使用寿命要长。

(2)混凝土应具有较高的体积稳定性。

(3)高性能混凝土应具有良好的施工性能。

(4)具有一定的强度和密实度,但不一定是高强度,亦可以是中、低强度高性能。

获得高强高性能混凝土的最有效途径主要有掺高性能混凝土外加剂和活性掺和料,并同时采用高强度等级的水泥和优质集料。对于具有特殊要求的混凝土,还可掺用纤维材料提高抗拉、抗弯性能和冲击韧性;也可掺用聚合物等提高密实度和耐磨性。常用的外加剂有高效减水剂、高效泵送剂、高性能引气剂、防水剂和其他特种外加剂。常用的活性混合材料有Ⅰ级粉煤灰或超细磨粉煤灰、磨细矿粉、沸石粉、偏高岭土、硅粉等,有时,也可掺适量超细磨石灰石粉或石英粉。常用的纤维材料有钢纤维、聚酯纤维和玻璃纤维等。

1.高强高性能混凝土的原材料

1)水泥

水泥的品种通常选用硅酸盐水泥和普通水泥,也可采用矿渣水泥等。强度等级选择一般为:C50~C80混凝土宜用强度等级42.5;C80以上选用更高强度的水泥。1m³混凝土中的水泥用量要控制在500kg以内,且尽可能降低水泥用量。水泥和矿物掺和料的总量不应大于600kg/m³。

2)掺和料

(1)硅粉:也称硅灰,是高强混凝土配制中应用最早、技术最成熟、应用较多的一种掺和料。硅灰的适宜掺量为水泥用量的5%~10%。

研究结果表明,硅粉对提高混凝土强度十分显著,当外掺6%~8%的硅灰时,混凝土强度一般可提高20%以上,同时,可提高混凝土的抗渗、抗冻、耐磨、耐碱—集料反应等耐久性能,但硅灰对混凝土也带来不利影响,如增大混凝土的收缩值、降低混凝土的抗裂性、减小混凝土流动性、加速混凝土的坍落度损失等。

(2)磨细矿渣:磨细矿渣具有优异的早期强度和耐久性。掺量一般控制在20%~50%之间。矿粉的细度越大,其活性越高,增强作用越显著,但粉磨成本也大大增加。与硅粉相比,增强作用略逊,但其他性能优于硅粉。

(3)优质粉煤灰:一般选用Ⅰ级灰,利用其内含的玻璃微珠润滑作用,降低水灰比,以及细粉末填充效应和火山灰活性效应,提高混凝土强度和改善综合性能。掺量一般控制在20%~30%之间。Ⅰ级粉煤灰的作用效果与矿粉相似,且抗裂性优于矿粉。

(4)沸石粉:天然沸石粉能有效改善混凝土的黏聚性和保水性,并增强了内养护,从而提高混凝土后期强度和耐久性,掺量一般为5%~15%。

(5)偏高岭土:偏高岭土是由高岭土在700~800℃条件下脱水制得的白色粉末,平均粒径1~2$\mu m$,$SiO_2$和$Al_2O_3$含量90%以上,特别是$Al_2O_3$较高。在混凝土中的作用机理与硅粉及其他火山灰相似,由于其极高的火山灰活性,故有超级火山灰(Super-pozzolan)之称。

研究结果表明,掺入偏高岭土能显著提高混凝土的早期强度和长期抗压强度、抗弯强度及劈裂抗拉强度。由于高活性偏高岭土对钾、钠和氯离子的强吸附作用和对水化产物的改善作用,能有效抑制混凝土的碱—集料反应和提高抗硫酸盐腐蚀能力。J. Bai 的研究结果表明,随着偏高岭土掺量的提高,混凝土的坍落度将有所下降,因此需要适当增加用水量或高效减水剂的用量。A. Dubey 的研究结果表明,混凝土中掺入高活性偏高岭土能有效改善混凝土的冲击韧性和耐久性。

3)外加剂

高效减水剂(或泵送剂)是高强高性能混凝土最常用的外加剂品种,减水率一般要求大于20%,以最大限度降低水灰比,提高强度。为改善混凝土的施工和易性及提供其他特殊性能,也可同时掺入引气剂、缓凝剂、防水剂、膨胀剂、防冻剂等。掺量可根据不同品种和要求根据需要选用。

4)砂、石料

一般宜选用级配良好的中砂,细度模数宜大于2.6。含泥量不应大于1.5%,当配制C70以上混凝土,含泥量不应大于1.0%。有害杂质控制在国家标准以内。

石子宜选用碎石,最大集料粒径一般不宜大于26mm,强度宜大于混凝土强度的1.20倍。对强度等级大于C80的混凝土,最大粒径不宜大于19mm,针片状含量不宜大于5%,含泥量不应大1.0%。对强度等级大于C100的混凝土,含泥量不应大于0.5%。

2.高强高性能混凝土的配合比设计

高强高性能混凝土配合比设计理论尚不完善,一般可遵循下列原则进行。

1)水灰比

普通混凝土配合比设计中的鲍罗米公式对C60以上的混凝土已不尽适用,但水灰比仍是决定混凝土强度的主要因素,目前尚无完善的公式可供选用,故配合比设计时通常根据设计强度等级、原材料和经验选定水灰比。

2)用水量和水泥用量

普通水泥中用水量根据坍落度要求、集料品种、粒径选择。高强度高性能混凝土可参考执行,当由此确定的用水量导致水泥或胶凝材料总用量过大时,可通过调整减水剂品种或掺量来降低用水量或胶凝材料用量。也可以根据强度和耐久性要求,首先确定水泥或胶凝材料用量,再由水灰比计算用水量,当流动性不能满足设计要求时,再通过调整减水剂品种或掺量加以调整。

3)砂率

对泵送高强混凝土,砂率的选用要考虑可泵性要求,一般为34%~44%,在满足施工工艺和施工和易性要求时,砂率宜尽量选小些,以降低水泥用量。从原则上来说,砂率宜通过试验确定最优砂率。

4)高效减水剂

高效减水剂的品种选择原则,除了考虑减水率大小外,尚要考虑对混凝土坍落度损失、保水性和黏聚性的影响,更要考虑对强度、耐久性和收缩的影响。

减水剂的掺量可根据减水率的要求,在允许掺量范围内,通过试验确定,但一般不宜因减水的需要而超量掺用。

5)掺和料

其掺量通常根据混凝土性能要求和掺和料品种性能,结合原有试验资料和经验选择并通过试验确定。

其他设计计算步骤与普通混凝土基本相同。

**3.高强高性能混凝土的主要技术性质**

(1)高强混凝土的早期强度高,但后期强度增长率一般不及普通混凝土,故不能用普通混凝土的龄期—强度关系式(或图表),由早期强度推算后期强度。如 C60～C80 混凝土,3d 强度为 28d 的 60%～70%;7d 强度为 28d 的 80%～90%。

(2)高强高性能混凝土由于非常致密,故抗渗、抗冻、抗碳化、抗腐蚀等耐久性指标均十分优异,可极大地提高混凝土结构物的使用年限。

(3)由于混凝土强度高,因此构件截面尺寸可大大减小,从而改变"肥梁胖柱"的现状,减轻建筑物自重,简化地基处理,并使高强钢筋的应用和效能得以充分利用。

(4)高强混凝土的弹性模量高,徐变小,可大大提高构筑物的结构刚度。特别是对预应力混凝土结构,可大大减小预应力损失。

(5)高强混凝土的抗拉强度增长幅度往往小于抗压强度,即拉压比相对较低,且随着强度等级提高,脆性增大,韧性下降。

(6)高强混凝土的水泥用量较大,故水化热大,自收缩大,干缩也较大,较易产生裂缝。

**4.高强高性能混凝土的应用**

高强高性能混凝土作为住房和城乡建设部推广应用的十大新技术之一,是建设工程发展的必然趋势。发达国家早在 20 世纪 50 年代即已开始研究应用。我国约在 20 世纪 80 年代初首先在轨枕和预应力桥梁中得到应用。在高层建筑中的应用则始于 20 世纪 80 年代末,进入 20 世纪 90 年代,研究和应用逐渐增加,北京、上海、广州、深圳等许多大中城市已建起了多幢高强高性能混凝土建筑。

随着国民经济的发展,高强高性能混凝土在建筑、道路、桥梁、港口、海洋、大跨度及预应力结构、高耸建筑物等工程中的应用将越来越广泛,强度等级也将不断提高,C50～C80 的混凝土将普遍得到使用,C80 以上的混凝土将在一定范围内得到应用。

## 二 轻混凝土

轻混凝土(Light-weight Concrete)是指表观密度小于 1950kg/m³ 的混凝土。可分为轻集料混凝土、多孔混凝土和无砂大孔混凝土三类。轻混凝土的主要特点为:

(1)表观密度小。轻混凝土与普通混凝土相比,其表观密度一般可减小 1/4～3/4,使上部结构的自重明显减轻,从而显著地减少地基处理费用,并且可减小柱子的截面尺寸。又由于构件自重产生的恒载减小,因此可减少梁板的钢筋用量。此外,还可降低材料运输费用,加快施工进度。

(2)保温性能良好。材料的表观密度是决定其导热系数的最主要因素,因此,轻混凝土通常具有良好的保温性能,降低建筑物使用能耗。

(3)耐火性能良好。轻混凝土具有保温性能好、热膨胀系数小等特点,遇火强度损失小,故特别适用于耐火等级要求高的高层建筑和工业建筑。

（4）力学性能良好。轻混凝土的弹性模量较小、受力变形较大，抗裂性较好，能有效吸收地震能，提高建筑物的抗震能力，故适用于有抗震要求的建筑。

（5）易于加工。轻混凝土中，尤其是多孔混凝土，易于打入钉子和进行锯切加工。这对于施工中固定门窗框、安装管道和电线等带来很大方便。

轻混凝土在主体结构中的应用尚不多，主要原因是价格较高，但是，若对建筑物进行综合经济分析，则可收到显著的技术和经济效益，尤其是考虑建筑物使用阶段的节能效益，其技术经济效益更佳。

1. 轻集料混凝土（Lightweight Aggregate Concrete）

用轻粗集料、轻细集料（或普通砂）和水泥配制而成的混凝土，其干表观密度不大于1950kg/m³，称为轻集料混凝土。当粗细集料均为轻集料时，称为全轻混凝土；当细集料为普通砂时，称砂轻混凝土。

1）轻集料的种类及技术性质

（1）轻集料的种类。凡是集料粒径为 4.75mm 以上，堆积密度小于 1000kg/m³ 的轻质集料，称为轻粗集料。粒径小于 4.75mm，堆积密度小于 1200kg/m³ 的轻质集料，称为轻细集料。

轻集料按来源不同分为三类：天然轻集料（如浮石、火山渣及轻砂等）；工业废料轻集料（如粉煤灰陶粒、膨胀矿渣、自燃煤矸石等）；人造轻集料（如膨胀珍珠岩、页岩陶粒、黏土陶粒等）。

（2）轻集料的技术性质。轻集料的技术性质主要有松堆密度、强度、颗粒级配和吸水率等，此外，还有耐久性、体积安定性、有害成分含量等。

①松堆密度。轻集料的表现密度直接影响所配制的轻集料混凝土的表观密度和性能，轻粗集料按松堆密度划分为 8 个等级：300kg/m³、400kg/m³、500kg/m³、600kg/m³、700kg/m³、800kg/m³、900kg/m³、1000kg/m³。轻砂的松堆密度为 410～1200kg/m³。

②强度。轻粗集料的强度，通常采用"筒压法"测定其筒压强度。筒压强度是间接反映轻集料颗粒强度的一项指标，对相同品种的轻集料，筒压强度与堆积密度常呈线性关系。但筒压强度不能反映轻集料在混凝土中的真实强度，因此，技术规程中还规定采用强度标号来评定轻粗集料的强度。"筒压法"和强度等级测试方法可参考有关规范。

③吸水率。轻集料的吸水率一般都比普通砂石大，因此，将显著影响混凝土拌和物的和易性、水灰比和强度的发展。在设计轻集料混凝土配合比时，必须根据轻集料 1h 吸水率计算附加用水量。国家标准中关于轻集料 1h 吸水率的规定是：轻砂和天然轻粗集料吸水率不作规定，其他轻粗集料的吸水率不应大于 22%。

④最大粒径与颗粒级配。保温及结构保温轻集料混凝土用的轻集料，其最大粒径不宜大于 37.5mm。结构轻集料混凝土的轻集料不宜大于 19mm。

对轻粗集料的级配要求，其自然级配的空隙率不应大于 50%。轻砂的细度模数不宜大于4.0；大于 4.75mm 的累计筛余率不宜大于 10%。

2）轻集料混凝土的技术性质

（1）和易性。轻集料具有表观密度小、总表面积大、易于吸水等特点，因此其拌和物的和易性与普通混凝土略有区别。若流动性过大则会使轻集料上浮、离析；过小则会使捣实困难。同时集料吸水率大，使得加在混凝土中的水一部分将被轻集料吸收，余下部分供水泥水化和赋予拌和物流动性。因而拌和物的用水量应由两部分组成，一部分为使拌和物获得要求流动性的用水量，称为净用水量；另一部分为轻集料 1h 的吸水量，称为附加水量。

（2）表观密度。轻集料混凝土按其干表观密度分为十二个等级，即 $800\sim1900kg/m^3$，每增加 $100kg/m^3$ 为一个等级，而每个密度等级有一定的变化范围，如 800 密度等级的变化范围为 $760\sim850kg/m^3$，900 密度等级的为 $860\sim950kg/m^3$，其余依次类推。某一密度等级的轻集料混凝土的密度标准值，则取该密度等级变化范围的上限，即取其密度等级值加 $50kg/m^3$。如 1900 的密度等级，其密度标准值取 $1950kg/m^3$。

（3）抗压强度。轻集料混凝土按其立方体抗压强度标准值划分为 CL5.0、CL7.5、CL10、CL15、CL20、CL25、CL30、CL35、CL40、CL45 和 CL50 十一个强度等级。

按用途不同，轻集料混凝土分为三类，见表 1-6-33。

**轻集料混凝土按用途分类**　　　　　　　　　　　表 1-6-33

| 类别名称 | 混凝土强度等级的合理范围 | 混凝土密度等级的合理范围（$kg/m^3$） | 用途 |
|---|---|---|---|
| 保温轻集料混凝土 | CL5.0 | 800 | 主要用于保温的围护结构或热工构筑物 |
| 结构保温轻集料混凝土 | CL5.0、CL7.5、CL10、CL15 | 800~1400 | 主要用于既承重又保温的围护结构 |
| 结构轻集料混凝土 | CL15、CL20、CL25、CL30、CL35、CL40、CL45、CL50 | 1400~1950 | 主要用于承重构件或构筑物 |

（4）弹性模量与变形。轻集料混凝土的弹性模量小，为同级别普通混凝土的 50%～70%，这有利于改善构筑物的抗震性能或抵抗动荷载能力。增加混凝土中普通砂的含量，可以提高轻集料混凝土的弹性模量。

轻集料混凝土的收缩和徐变比普通混凝土相应地大 20%～50% 和 30%～60%，热膨胀系数则比普通混凝土低 20% 左右。

（5）热工性。轻集料混凝土具有良好的保温隔热性能。其表观密度为 $1000\sim1800kg/m^3$，导热系数为 $0.28\sim0.87W/(m\cdot K)$，其比热容为 $0.75\sim0.84kJ/(kg\cdot K)$。

3）轻集料混凝土的配合比设计及施工要点

（1）轻集料混凝土的配合比设计，除应满足强度、和易性、耐久性和经济方面的要求外，还应满足表观密度的要求。

（2）轻集料的水灰比以净水灰比表示。净水灰比是指不包括轻集料 1h 吸水率在内的净用水量与水泥用量之比。配制全轻混凝土时，允许以总水灰比表示。总水灰比是指包括附加用水量与和净用水量在内的总用水量与水泥用量的比值。

（3）轻集料易上浮，不易搅拌均匀。因此，应选用强制式搅拌机作较长时间的搅拌；成型时振捣时间不宜过长，以免造成分层，最好采用加压振捣。

（4）为减少混凝土拌和物坍落度损失和离析，应尽量缩短运距，拌和物从搅拌机卸料起到浇筑入模的延续时间，不宜超过 45min。

（5）浇筑成型后应及时覆盖并洒水养护，以防止表面失水太快而产生网状裂缝。养护时间视水泥品种而不同，不少于 7～14d。

（6）轻集料混凝土在气温 5℃ 以上的季节施工时，可根据工程需要，对轻粗集料进行预湿处理。预湿时间可根据气温和集料的自然含水状态确定，一般应提前半天或一天对集料进行淋水预湿，然后滤干水分进行投料。

4)轻集料混凝土的应用

轻集料混凝土的表观密度比普通混凝土减少1/4～1/3,保温隔热效果好,可使结构尺寸减少,增加建筑物的使用面积,降低基础工程费用和材料运输费用,其综合效益良好。因此,轻集料混凝土主要适用于高层和多层建筑、软土地基、大跨度结构、抗震结构、要求节能的建筑和旧建筑的加层等。

2. 多孔混凝土(Porous Concrete)

多孔混凝土是指内部充满大量细小封闭的气孔,孔隙率高达60%以上,而无粗、细集料的轻质混凝土。多孔混凝土可分为加气混凝土和泡沫混凝土两种。近年来,也有用压缩空气经过充气介质弥散成大量微气泡,均匀地分散在料浆中而形成多孔结构。这种多孔混凝土称为充气混凝土。

根据养护方法不同,多孔混凝土可分为蒸压多孔混凝土和非蒸压(蒸养或自然养护)多孔混凝土两种。由于蒸压加气混凝土在生产和制品性能上有较多优越性,以及可以大量地利用工业废渣,故近年来发展应用较为迅速。

多孔混凝土质轻,其表观密度不超过1000kg/m³,通常在300～800kg/m³之间;保温性能优良,导热系数随其表观度降低而减小,一般为0.09～0.17W/(m·K);可加工性好,可锯、可刨、可钉、可钻,并可用胶粘剂黏结。

1)蒸压加气混凝土

蒸压加气混凝土是用钙质材料(水泥、石灰)、硅质材料(石英砂、尾矿粉、粉煤灰、粒状高炉矿渣、页岩等)和适量加气剂为原料,经过磨细、配料、搅拌、浇筑、切割和蒸压养护(在压力为0.8～1.5MPa下养护6～8h)等工序生产而成。

蒸压加气混凝土的吸水率大,且强度较低,所以其所用砌筑砂浆及抹面砂浆与砌筑砖墙时不同,需专门配制。墙体外表面必须作饰面处理,与门窗固定方法也与砖墙不同。

2)泡沫混凝土

泡沫混凝土是将由水泥等拌制的料浆与由泡沫剂搅拌造成的泡沫混合搅拌,再经浇筑、养护硬化而成的多孔混凝土。

配制自然养护的泡沫混凝土时,水泥强度等级不宜低于32.5,否则强度太低。当生产中采用蒸汽养护或蒸压养护时,不仅可缩短养护时间,且能提高强度,还能掺用粉煤灰、煤渣或矿渣,以节省水泥,甚至可以全部利用工业废渣代替水泥。如以粉煤灰、石灰、石膏等为胶凝材料,再经蒸压养护,制成蒸压泡沫混凝土。

泡沫混凝土的技术性质和应用,与相同表观密度的加气混凝土大体相同。也可在现场直接浇注,用作屋面保温层。

3. 大孔混凝土

大孔混凝土指无细集料的混凝土,按其粗集料的种类,可分为普通无砂大孔混凝土和轻集料大孔混凝土两类。普通大孔混凝土是用碎石、卵石、重矿渣等配制而成。轻集料大孔混凝土则是用陶粒、浮石、碎砖、煤渣等配制而成。有时为了提高大孔混凝土的强度,也可掺入少量细集料,这种混凝土称为少砂混凝土。

普通大孔混凝土的表观密度在1500～1900kg/m³之间,抗压强度为3.5～10MPa。轻集料大孔混凝土的表现密度在500～1500kg/m³之间,抗压强度为1.5～7.5MPa。

大孔混凝土的导热系数小,保温性能好,收缩一般较普通混凝土小30%～50%,抗冻性优良。

大孔混凝土宜采用单一粒级的粗集料，如粒径为 9.5～19mm 或 9.5～31.5mm。不允许采用小于 4.75mm 和大于 37.5mm 的集料。水泥宜采用等级为 32.5 或 42.5 的水泥。水灰比（对轻集料大孔混凝土为净用水量的水灰比）可在 0.30～0.40 之间取用，应以水泥浆能均匀包裹在集料表面不流淌为准。

大孔混凝土适用于制作墙体小型空心砌块、砖和各种板材，也可用于现浇墙体。普通大孔混凝土还可制成滤水管、滤水板等，广泛用于市政工程。

### 三　碾压式水泥混凝土

碾压式水泥混凝土是以较低的水泥用量和很小的水灰比配制而成的超干硬性混凝土，经机械振动碾压密实而成，通常简称为碾压混凝土。这种混凝土主要用来铺筑路面和坝体，具有强度高、密实度大、耐久性好和成本低等优点。

1. 原材料和配合比

碾压混凝土的原材料与普通混凝土基本相同。为节约水泥、改善和易性和提高耐久性，通常掺大量的粉煤灰。当用于路面工程时，粗集料最大粒径应不大于 19mm，基层则可放大到 31.5～37.5mm。为了改善集料级配，通常掺入一定量的石屑，且砂率比普通混凝土要大。

碾压混凝土的配合比设计主要通过击实试验，以最大表观密度或强度为技术指标，来选择合理的集料级配、砂率、水泥用量和最佳含水率（其物理意义与普通混凝土的水灰比相似），采用体积法计算砂石用量，并通过试拌调整和强度验证，最终确定配合比。并以最佳含水率和最大表观密度值作为施工控制和质量验收的主要技术依据。

2. 主要技术性能和经济效益

1）主要技术性能

(1)强度高：碾压混凝土由于采用很小的水灰比（一般为 0.3 左右），集料又采用连续密级配，并经过振动式或轮胎式压路机的碾压，混凝土具有密实度和表观密度大的优点，水泥胶结料能最大限度地发挥作用，因而混凝土具有较高的强度，特别是早期强度更高。如水泥用量为 200kg/m³ 的碾压混凝土抗压强度可达 30MPa 以上，抗折强度大于 5MPa。

(2)收缩小：碾压混凝土由于采用密实级配，胶结料用量低，水灰比小，因此，混凝土凝结硬化时的化学收缩小，多余水分挥发引起的干缩也小，从而混凝土的总收缩大大下降，一般只有同等级普通混凝土的 1/2～1/3。

(3)耐久性好：由于碾压混凝土的密实结构，孔隙率小，因此，混凝土的抗渗性、耐磨性、抗冻性和抗腐蚀性等耐久性指标大大提高。

2）经济效益

(1)节约水泥：在等强度条件下，碾压混凝土可比普通混凝土节约水泥用量 30% 以上。

(2)工效高、加快施工进度：碾压混凝土应用于路面工程可比普通混凝土提高工效两倍左右。又由于早期强度高，可缩短养护期、加快施工进度、提早开放交通。

(3)降低施工和维护费用：当碾压混凝土应用于大体积混凝土工程时，由于水化热小，可以大大简化降温措施，节约降温费用。对混凝土路面工程，其养护费用远低于沥青混凝土路面，而且使用年限较长。

# 四 绿色混凝土

1988 年，第一届国际材料联合会提出了"绿色材料(Green Materials)"的概念，即"在原材料采取、产品制造、使用或者再循环以及废料处理等环节中，对地球环境负荷最小和有利于人类健康的材料"。1992 年，在巴西的里约热内卢召开了联合国环境与发展大会，从此，人类社会进入了"保护自然，崇尚自然，促进持续发展"为核心的绿色时代。材料、环境及社会可持续发展的关系，在全球范围内得到空前的关注。

在以上背景条件下，作为绿色建材的一个分支，具有环境协调性和自适应性的绿色混凝土应运而生。绿色混凝土(Green Concrete)的环境协调性是指对资源和能源消耗少、对环境污染小和循环再生利用率高；绿色混凝土的自适应性是指具有满意的使用性能，能够改善环境，具有感知、调节和修复等机敏特性。

自 20 世纪 90 年代以来，国内外科技工作者对绿色混凝土开展了广泛深入的研究。其涉及的研究范围包括：绿色高性能混凝土、再生集料混凝土、环保型混凝土和机敏混凝土等。

## 1. 绿色高性能混凝土(GHPC, Green High Performance Concrete)

绿色高性能混凝土最早是由我国学者吴中伟院士提出来的概念，它是指从生产制造使用到废弃的整个周期中，最大限度地减少资源和能源的消耗，最有效的保护环境，是可以进行清洁和生产和使用的，并且可再回收循环利用的高质量高性能的绿色建筑材料。其主要特征体现为：

(1)更多地节约熟料水泥，减少环境污染。

(2)更多地掺入以工业废渣为主的掺和料。

(3)更大地发挥混凝土高性能优势，提高耐久性，以减少水泥与混凝土的用量。

## 2. 再生集料混凝土

再生集料混凝土是指用废混凝土、废砖块、废砂浆做集料而制得的混凝土。由于其制备来源不同，决定了再生集料混凝土有以下特点：

(1)由废弃混凝土配制的混凝土的抗压强度和弹性模量至少可达到由天然集料配制混凝土的 2/3，但拆除建筑物时的废弃混凝土因混有其他杂物而比较难处理，因此，对这类废弃物可以分门别类地回收和再生，效果较好。

(2)再生集料因含有 30% 左右的硬化水泥砂浆，再加上破碎过程中的损伤积累，可导致其吸水率增大，表观密度降低，从而使配制出的混凝土在抗拉强度、抗弯强度、抗剪强度和弹性模量等方面通常较低，徐变和收缩率却是较高的。所以目前在这个方面的研究应当加大，以便经济地生产适合于某种用途的再生集料混凝土。

(3)由废弃物加工成人造集料，往往比天然集料价格高，但随着天然集料来源日趋短缺，人造集料的加工技术逐渐完善和高效，这种状况将会逐渐改变。2000 年，日本混凝土的资源再利用率已达到 90% 以上。

(4)用海沙取代山砂和河沙，作为混凝土的细集料，也是解决混凝土细集料问题的有效方法。海沙资源丰富，但海砂中含有盐分、氯离子，容易使钢筋锈蚀，硫酸根离子对混凝土也有很强的破坏作用，有些海沙往往混入较多的贝壳类轻物质。因此必须先进行适当的处理才能使用，目前已开发出一些对海沙中盐分的处理方法，如洒水自然清洗法、机械清洗法、自然放置法等。此外，对于海沙存在颗粒较细，且粒度分布不均而引起的级配问题，主要采取掺入粗砂的办法进行调整。日本在海沙方面的利用已经达到了工业化生产的阶段。

### 3. 环保型混凝土

环保型混凝土是指能够改善、美化环境,对人类与自然的协调具有积极作用的混凝土材料。这类混凝土的研究和开发刚起步,它标志着人类在处理混凝土材料与环境的关系过程中更加积极、主动的态度。目前,所研究和开发的品种主要有透水、排水性混凝土、绿化植被混凝土和净化混凝土等。

植被混凝土是以多孔混凝土为基础,通过在多孔混凝土内部的孔隙加入各种有机、无机的养料来为植物提供营养,并且加入各种添加剂来改善混凝土内部性质,使得混凝土内部的环境更适合植物生长,另外,在混凝土表面铺一层混有种子的客土,提供种子早期的营养。近年来,国内相关研究机构对植被混凝土开展了系列研究,并且已经取得了一定的成果。吉林省水利科学研究院、水土保持研究院、水利实业公司等研究单位于 1998 年开始,提出了复合随机多孔型绿化混凝土结构。打破了日本有关机构提出的应采用低碱性高炉 B、C 型水泥的局限;采用工农业某些废弃材料,通过用混凝土孔隙内残存的弱碱性分解角蛋白纤维产生氨基酸,并进一步缓慢分解为铵盐供植物吸收的方式为植物提供缓释肥。经水利部鉴定,达到国际先进水平。

将光催化技术应用于水泥混凝土材料中而制成的光催化混凝土则可以起到净化城市大气的作用。如在建筑物表面使用掺有 $TiO_2$ 的混凝土,可以通过光催化作用,使汽车和工业排放的氮氧化物,硫化物等污染物氧化成碳酸、硝酸和硫酸等雨水排掉,从而净化环境。

### 4. 机敏混凝土

机敏混凝土是指具有感知、调节和修复等功能的混凝土,它是通过在传统的混凝土组分中复合特殊的功能组分而制备的具有本征机敏特性的混凝土。

随着现代电子信息技术和材料科学的迅猛发展,社会及其各个组成部分,如交通系统、办公场所、居住社区等也向智能化发展。混凝土材料作为各项建筑的基础,其智能化的研究和开发自然成为人们关注的热点。自感知混凝土、自调节混凝土、仿生自愈合混凝土等一系列机敏混凝土的相继出现,为智能混凝土的研究和发展打下了坚实的基础。

(1)自感知机敏混凝土材料对诸如热、电和磁等外部信号刺激具有监测、感知和反馈的能力,是未来智能工程建筑的必需组件。如掺有直径为 $0.1\mu m$ 的碳纤维微丝可使混凝土具有反射电磁波的性能。采用这种混凝土作为车道两侧的导航标记,可实现自动化高速公路的导航。

(2)自调节机敏混凝土材料对由于外力、温度、电场或磁场等变化具有产生形状、刚度、湿度或其他机械特性相应的能力。如在建筑物遭受台风、地震等自然灾害期间,能够调整承载能力和减缓结构振动。对于那些对室内湿度有严格要求的建筑物,如各类展览馆、博物馆及美术馆等,为实现稳定的湿度控制,往往需要许多湿度传感器、控制系统及复杂的布线等,其成本和使用维持的费用都较高。目前人们研制的自动调节环境湿度的混凝土材料自身即可完成对室内环境湿度的探测,并根据需求对其进行调控。这种材料已成功地用于多家美术馆的室内墙壁,取得非常好的效果。

(3)自修复机敏混凝土材料是模仿动物的骨组织结构和受创伤后的再生、恢复机理,采用黏结材料和水泥基材相符合的方法,对材料损伤破坏具有自行愈合和再生功能,恢复甚至提高材料性能的新型复合材料。如美国的 Dry 根据动物骨骼的结构和形成机理,制备了仿生水泥基复合材料,该材料具有优异的强度及延性等性能。而且,在材料使用过程中,如果发生损伤,多孔有机纤维会释放聚合物,愈合损伤,具有与骨骼相似的自愈合机能。

总之,绿色混凝土具有降低混凝土制造、使用过程的环境负荷,保护生态、美化环境,提高居住环境的舒适和安全性的巨大优越性,它将是 21 世纪大力提倡、发展和应用的混凝土。

## ◀单 元 小 结▶

混凝土是道路路面、机场跑道、大坝、桥梁工程结构及其附属构造物的最重要建筑工程材料之一,其中,普通混凝土的有关理论是混凝土学的基础,各种功能的新型混凝土又是由普通混凝土发展而来的。因此本章是全书的重点章之一。

普通混凝土是由水泥、水、粗集料和细集料组成,必要时掺加一定质量的外加剂。对水泥混凝土的主要技术要求是:符合施工要求的和易性、符合设计要求的强度、与工程所处环境相适应的耐久性等。

普通混凝土的组成设计包括:原材料的选择和配合比的确定。混凝土组成材料的性能,直接影响混凝土的性能。因此,在配合比设计前,首先应选用适合的原材料;混凝土配合比设计时,应满足四项基本要求,正确处理三个参数。

随着技术的发展,外掺料(外加剂和掺和料)已经被越来越多的应用到混凝土中,只有科学、合理地应用才能取得提高工程质量、降低成本等经济效果。

## ◀拓 展 知 识▶

混凝土搅拌站分为四个部分:砂石给料、粉料(水泥、粉煤灰、膨胀剂等)给料、水与外加剂给料、传输搅拌与存储。其工作流程为:搅拌机控制系统上电后,进入人—机对话的操作界面,系统进行初始化处理,其中,包括配方号、混凝土等级、坍落度、生产方量等。根据称重对各料仓、计量斗进行检测,输出料空或料满信号,提示操作人员确定是否启动搅拌控制程序。启动砂、石皮带电机进料到计量斗;打开粉煤灰、水泥罐的蝶阀,启动螺旋机电机输送粉煤灰、水泥到计量斗;开启水仓和外加剂池的控制阀使水和外加剂流入计量斗。计量满足设定要求后开启计量斗斗门,配料进入已启动的搅拌机内搅拌混合,到设定的时间打开搅拌机门,混凝土进入已接料的搅拌车内。

## 思考与练习

**一、单项选择题**

1. 在确定混凝土基准配合比时,若流动性偏小,但黏聚性与保水性良好,其调整方法是
( )。

　　A. 增加水的用量　　　　　　　　　　B. 保持水灰比不变,增加水泥浆的用量
　　C. 增加砂的用量　　　　　　　　　　D. 增加砂石的用量

2. 某批混凝土,测定其平均强度为 39.64MPa,强度标准差为 5.0MPa,则其强度等级应为
( )。

　　A. C31.41　　　　　B. C39.64　　　　　C. C30　　　　　D. C35

3. 影响混凝土强度的因素较多,其中最主要的因素是(　　)。

　　A. 水泥石的强度及水泥石与集料的黏结强度

　　B. 集料的强度

　　C. 集浆比

　　D. 单位用水量

4. 下列关于混凝土变形的说法错误的是(　　)

　　A. 水灰比大,混凝土的干缩变形大

　　B. 水泥用量多,混凝土的化学收缩大,徐变也大

　　C. 混凝土在荷载作用下的变形是弹塑性变形

　　D. 集料的弹性模量大,变形大

5. 一组三个标准混凝土梁形试件,经抗折试验,测得的极限破坏荷载分别是 35.52kN, 37.65kN,43.53kN,则最后的试验结果是(　　)MPa。

　　A. 4.74　　　　　B. 5.80　　　　　C. 5.02　　　　　D. 5.14

6. 混凝土的坍落度和维勃稠度试验的单位分别为(　　)。

　　A. s,mm　　　　B. mm,s　　　　C. mm,mm　　　　D. s,s

7. 水泥混凝土的强度等级是按照(　　)来划分的。

　　A. 立方体抗压强度的平均值　　　　　B. 立方体抗压强度的标准值

　　C. 立方体抗压强度的最大值　　　　　D. 轴心抗压强度的标准值

8. 下列不属于配制高强度混凝土途径的是(　　)。

　　A. 高强度等级的硅酸盐水泥或普通水泥　B. 较小的水灰比

　　C. 高效减水剂　　　　　　　　　　　　D. $d_{max}$ 较大的粗集料

9. 测定混凝土拌和物坍落度时,应量测坍落度筒顶面与坍落的混凝土拌和物顶面(　　)处之间的距离。

　　A. 中间　　　　B. 最低点　　　　C. 最高点　　　　D. 不作要求

10. 坍落度小于(　　)的新拌混凝土,采用维勃稠度仪测定其工作性。

　　A. 20mm　　　　B. 15mm　　　　C. 10mm　　　　D. 5mm

11. 桥用 C40 的混凝土,经设计配合比为水泥:水:砂:碎石=380:175:610:1300,采用相对用量可表示为(　　)。

　　A. 1:1.61:3.42;$W/C$=0.46　　　　B. 1:0.46:1.61:3.42

　　C. 1:1.6:3.40;$W/C$=0.46　　　　D. 1:0.5:1.6:3.40

**二、判断题**

1. 水泥混凝土混合物坍落度愈大,表示混合料的流动性愈大。　　　　　　　　(　　)

2. 水泥混凝土集料的粒径愈小,比表面愈大,需水量也愈大。　　　　　　　　(　　)

3. 在水泥强度等级相同情况下,水灰比愈水,则水泥石强度愈高。　　　　　　(　　)

4. 在水泥品种及其他条件相同的前提下,水灰比愈大,水泥浆用量愈多,水泥混凝土的干缩愈大。　　　　　　　　　　　　　　　　　　　　　　　　　　　　　　　　(　　)

5. 水泥混凝土的工作度愈大,其流动性愈好。　　　　　　　　　　　　　　　(　　)

6. 能使水泥混凝土获得最大流动性的砂率叫最佳砂率。　　　　　　　　　　　(　　)

7. 水泥混凝土中由于胶凝材料自身水化引起的体积变形称为水泥混凝土的干缩变形。　　　　　　　　　　　　　　　　　　　　　　　　　　　　　　　　　　　　(　　)

8. 普通水泥混凝土强度的增大一般与龄期的对数成正比。 （　　）

9. 水泥强度等级愈大,强度愈高,故工程中应尽量采用高强度等级水泥。 （　　）

10. 为了提高水泥混凝土耐久性,应控制水泥混凝土的最小水灰比与最大水泥用量。

（　　）

11. 坍落度和维勃稠度间无确切的关系。 （　　）

12. 其他条件相同时集料的最大粒径愈小,则流动性愈好。 （　　）

13. 在满足施工和强度要求的条件下,应选用流动较小的水泥混凝土混合物。 （　　）

14. 水泥混凝土流动性大,说明其和易性好。 （　　）

15. 混凝土强度试验,试件尺寸愈大,强度愈低。 （　　）

## 三、简答题

1. 集料中有害杂质有哪些? 各有何危害?

2. 什么是针、片状颗粒? 有什么危害?

3. 为什么要在技术条件许可的情况下,应尽可能选用粒径较大的粗集料?

4. 什么是混凝土拌和物的和易性? 和易性测试的方法主要有哪些?

5. 影响混凝土强度的主要因素有哪些?

6. 什么是混凝土配合比? 配合比的表示方法有哪些? 配合比设计的基本要求有哪些?

## 四、计算题

1. 有一组 150mm×150mm×150mm 混凝土试件,原设计强度等级为 C30,标养 28d 试压破坏荷载分别为 712kN、733kN、835kN。

(1)计算该组混凝土立方体抗压强度值。

(2)在只有这一组试件的情况下,问该组混凝土是否符合 C30 强度等级的要求?

2. 某工程设计要求的混凝土强度等级为 C25,要求强度保证率 $P=95\%$。试求:

(1)当混凝土强度标准差为 5.5MPa 时,混凝土的配制强度应为多少?

(2)若提高施工管理水平,降为 3.0MPa 时,混凝土的配制强度为多少?

(3)若采用矿渣硅酸盐水泥 32.5 和卵石配制混凝土,用水量为 180kg/m³,水泥富余系数 $K_c=1.10$。问强度标准差从 5.5MPa 降到 3.0MPa,每立方米混凝土可节约水泥多少千克?

3. 某工程在一个施工期内浇筑的某部位混凝土,各班测得的混凝土 28d 的立方体抗压强度值(MPa)如表 1-6-34 所示。

**混凝土 28d 的立方体抗压强度值(MPa)**　　　　　　　表 1-6-34

| 序号 | 1 | 2 | 3 | 4 | 5 | 6 | 7 | 8 | 9 | 10 |
|---|---|---|---|---|---|---|---|---|---|---|
| $f_{cu,i}$ | 22.6 | 23.6 | 30.0 | 33.0 | 23.2 | 23.2 | 22.8 | 27.2 | 21.2 | 26.0 |
| 序号 | 11 | 12 | 13 | 14 | 15 | 16 | 17 | 18 | 19 | 20 |
| $f_{cu,i}$ | 24.0 | 30.8 | 22.4 | 21.2 | 24.4 | 23.2 | 24.4 | 22.0 | 24.4 | 26.20 |
| 序号 | 21 | 22 | 23 | 24 | 25 | 26 | 27 | 28 | 29 | 30 |
| $f_{cu,i}$ | 21.8 | 29.0 | 19.9 | 21.0 | 29.4 | 21.2 | 24.4 | 26.8 | 24.2 | 19.0 |
| 序号 | 31 | 32 | 33 | 34 | 35 | 36 | 37 | 38 | 39 | 40 |
| $f_{cu,i}$ | 20.6 | 21.8 | 28.6 | 26.6 | 28.6 | 28.8 | 37.8 | 36.8 | 29.2 | 35.6 |

若该部位混凝土设计强度等级为 C20,试计算该批混凝土的平均强度及强度保证率 $P$。

4. 某班进行混凝土坍落度试验,各材料用量分别为:水泥 4.5kg,砂 9.9kg,碎石 18.9kg,水 2.7kg,调整和易性时增加水泥浆 10%,同时测得混凝土拌和物的湿表观密度为 2450kg/m³,试计算:

(1)调整后每立方米混凝土中各材料的用量?

(2)若将(1)中配合比作为试验室配合比,现场砂含水率为 4%,石子含水率为 1%,则混凝土的施工配合比为多少?

**五、设计题**

1. 某现浇混凝土框架结构梁,设计强度等级 C25,施工要求坍落度 30～50mm,施工单位无历史统计资料。原材料采用:普通硅酸盐水泥 42.5 级(28d 实际抗压强度为 47.2MPa,密度为 3000kg/m³;中砂,表观密度为 2600kg/m³;碎石,最大粒径 $d_{max} = 20mm$,表观密度为 2700kg/m³;自来水。试确定该混凝土的初步配合比。

2. 试用抗弯强度为指标的方法,设计某高速公路路面用水泥混凝土的配合比。设计原始资料如下:

(1)交通量属于特重级,混凝土设计抗弯拉强度为 5.0MPa,施工单位混凝土抗弯强度标准差为 0.5(样本 $n = 6$),现场采用小型机具摊铺。

(2)施工要求坍落度 10～30mm。

(3)水泥:普通水泥 42.5,实测 28d 抗弯强度为 7.45MPa,密度 3100kg/m³。

(4)碎石:最大粒径为 37.5mm,表观密度为 2750kg/m³。

(5)河沙:细度模数为 2.6,表观密度为 2700kg/m³。

(6)水:饮用水,符合水泥混凝土拌和水要求。

试计算该路面混凝土的初步配合比。

# 单元七　建 筑 砂 浆

## ◎ 职业能力目标

1. 能对砌筑砂浆的主要技术性质进行检测；
2. 能对建筑砂浆进行配合比设计，并进行质量评定。

## ◎ 知识目标

1. 熟悉砂浆的组成材料及对材料质量要求；
2. 掌握砌筑砂浆的技术性质；
3. 掌握砂浆配合比选用和设计的方法；
4. 了解抹面砂浆、防水砂浆的用途。

　　建筑砂浆（Building Mortar）是由胶凝材料、细集料、掺加料、水和外加剂按一定的比例配制而成。它与混凝土的主要区别是组成材料中没有粗集料，因此建筑砂浆又可视为细集料混凝土。

　　建筑砂浆是土木工程中用量大、用途广泛的材料之一，起到黏结、衬垫和传递应力的作用。建筑砂浆主要作用体现在以下两个方面：

　　（1）在砌体结构中，用于把单块砖、石、砌块等块状材料胶结起来构成砌体，见图1-7-1a)，并用于砖墙的勾缝、大中型墙板及各种构件的接缝；

a)　　　　　　　　　　　　　　　　　　　b)

图 1-7-1　砂浆主要作用

a)砌体结构中；b)装饰工程中

　　（2）在装饰工程中，用于墙面、地面及梁、柱等结构表面的抹灰，见图1-7-1b)，用于天然石材、人造石材、瓷砖、陶瓷锦砖、马赛克等饰面材料的镶贴。

　　根据所用胶凝材料的不同，建筑砂浆分为水泥砂浆、石灰砂浆和混合砂浆（如水泥石灰砂浆、水泥黏土砂浆和石灰黏土砂浆等）。

根据用途又分为砌筑砂浆、抹面砂浆(如普通抹面砂浆、装饰砂浆)、特种砂浆(如防水砂浆、保温砂浆、吸声砂浆、耐腐蚀建筑砂浆等)。

# 学习项目一　砌筑砂浆

将砖、石、砌块等黏结成为砌体的砂浆称为砌筑砂浆(Masonry Mortar)。砌筑砂浆的作用主要是把分散的块状材料胶结成坚固的整体,提高砌体的强度、稳定性;使上层块状材料所受的荷载能够均匀传递到下层,填充块状材料之间的缝隙,提高建筑物的保温、隔音、防潮等性能。

## 一　砌筑砂浆的组成材料

1. 胶凝材料

常用的胶凝材料有水泥、石灰、有机聚合物等。胶凝材料的品种应根据建筑砂浆的使用环境和用途来选择,对于干燥环境下的结构物,可以选用气硬性胶凝材料,如石灰、石膏等;处于潮湿环境或水中的建筑砂浆,则必须选用水硬性胶凝材料。为了提高建筑砂浆与基层材料的黏结力,还可以在水泥砂浆中掺入有机聚合物。

1)水泥

水泥是砌筑砂浆的主要胶凝材料。水泥品种的选择应根据设计要求、砌筑部位和所处的工程环境选择,常用的有普通水泥、矿渣水泥、火山灰水泥、粉煤灰水泥和砌筑水泥等。对于特定环境应选用相适应的水泥品种,以保证砌体的耐久性。

水泥的强度应满足砌筑砂浆设计强度的要求,并尽量选用低强度等级的水泥。水泥砂浆采用的水泥,其强度等级不宜大于 32.5 级;水泥混合砂浆采用的水泥,其强度等级不宜大于 42.5 级。通常水泥强度(MPa)为砂浆强度等级的 4~5 倍为宜。

砂浆强度一般较低,采用中等强度等级的水泥配制砂浆较好,如选择高等级水泥,根据计算其用量少,保水性能差,还要掺加部分石灰膏、粉煤灰、炉灰或干黏土等混合材料。

2)石膏

以石膏配制的石膏砂浆可以用作高级抹灰层,石膏砂浆具有调温调湿作用(因为石膏热容量大,吸湿性大),且粉刷后的表面光滑、细腻、洁白美观。

3)聚合物

由于聚合物为链型或体型高分子化合物,且黏性好,在建筑砂浆中可呈膜状大面积分布,因此可提高建筑砂浆的黏结性、韧性和抗冲击性。同时也有利于提高建筑砂浆的抗渗、抗碳化等耐久性能。但是聚合物可能会使建筑砂浆的抗压强度下降,常用的聚合物有聚乙烯醇缩甲醛(107 胶)、聚醋酸乙烯乳液、甲基纤维素醚、聚酯树脂、环氧树脂等。

环氧树脂砂浆(Expoxy Resin Mortar)力学性能优良,强度高、黏结力强,具有良好的柔韧性和抗冲击性能;耐久性好,具有抗渗、抗冻、耐盐、耐碱、耐弱酸腐蚀的性能;与混凝土匹配好,其热膨胀系数与混凝土接近,故不易从被黏结的基材上脱开;施工性能优良,常温施工,易于操作。环氧砂浆广泛应用于:

(1)建筑物、轨道板、公路路面、桥梁、隧道、矿井、机场跑道等混凝土构筑物的裂缝、蜂窝、漏洞和露筋的修补加固、缺陷处理,见图 1-7-2a),也可用于黏钢加固和黏碳纤维加固时做底层找平。

（2）做成耐磨地坪，见图1-7-2b)，应用于仓库、码头、工厂车间、高速公路、飞机跑道、停车场等。

（3）化工、石油、工厂、码头等混凝土或金属构件抗酸碱盐腐蚀的防护与修补。

（4）钢结构与混凝土的黏结，以及多种同质或异质材料的黏结，如金属、木材、陶瓷、玻璃等。

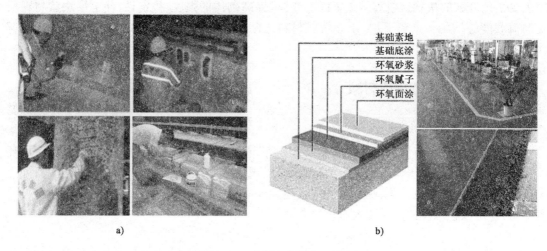

图1-7-2　环氧树脂砂浆的主要应用
a)结构修补加固；b)耐磨地坪

2. 细集料

细集料多为天然砂，建筑砂浆用砂应符合混凝土用砂的技术要求外，还要注意下面两点：

1）砂的最大粒径的限制

由于砂浆层较薄，对砂子的最大粒径应有限制，理论上砂的最大粒径应小于砂浆层厚度的1/4～1/5。砌筑毛石砌体宜选用粗砂，砂的最大粒径以不大于4.75mm为宜；砖砌体用砂，宜选用中砂，最大粒径不大于2.36mm。光滑的抹面及勾缝的砂浆应使用细砂，最大粒径以不大于1.18mm为宜。

2）砂的含泥量规定

为保证砂浆的质量，应选用洁净的砂。砂中黏土杂质的含量不宜过大，一般规定砂的含泥量不应超过5%，其中强度等级为M2.5的水泥混合砂浆，砂的含泥量不应超过10%。若砂中含泥量过大，不仅会增加建筑砂浆中水泥的用量，还可能使建筑砂浆的收缩值增大、耐久性降低。因此，当采用人工砂、山砂及特细砂时，应经试配确认满足砌筑砂浆技术要求后才能使用。

3. 掺加料（Materials Mixed in Mortar）

为了改善砂浆的和易性和节约水泥，可在砂浆中加入一些无机掺加料，如石灰膏、电石膏、粉煤灰等。掺加料应符合下列规定：

1）石灰膏（Lime Paste）

所用生石灰必须经过充分熟化并调制成和易性良好的石灰膏（通常块灰的熟化时间不得少于7d，磨细生石灰粉的熟化时间不得少于2d）；生石灰熟化成石灰膏时，应用孔径不大于3mm×3mm的网过滤。

130

砌筑砂浆中应避免使用经过干燥、冻结或污染的石灰膏,严禁使用已失效的石灰膏。

2)电石膏(Calcium Carbide Sludge)

制作电石膏的电石渣应用孔径不大于 3mm×3mm 的网过滤,检验时应加热至 70℃并保持 20min,没有乙炔气味后,方可使用。

石灰膏和电石膏试配时的稠度,应为 120mm±5mm。

3)粉煤灰

粉煤灰的品质指标和磨细生石灰的品质指标应符合国家标准《用于水泥和混凝土中的粉煤灰》(GB/T 1596—2005)的要求。若采用高钙粉煤灰或细炉灰时,还必须检验其安定性。

4. 水

应选用不含有害杂质的洁净水来拌制砂浆。拌和砂浆用水应符合《混凝土用水标准》(JGJ 63—2006)的规定。

5. 外加剂

为改善建筑砂浆的和易性、保温性、防水性、抗裂性等性能,或改善装饰效果,常在建筑砂浆中掺入外加剂。水泥黏土混合砂浆中不得掺入有机塑化剂。

若掺入塑化剂(微沫剂、减水剂、泡沫剂等),可以提高建筑砂浆的和易性、抗裂性、抗冻性及保温性,减少用水量,还可以代替大量石灰。塑化剂有皂化松香、纸浆废液、硫酸盐、酒精废液等,掺量由试验确定。

若掺入引气剂,可以提高建筑砂浆的保温性。

若掺入防水剂,可以提高建筑砂浆的防水性和抗渗性等。

若掺入 NaCl、$CaCl_2$,则可以提高冬季施工建筑砂浆的抗冻性。

外加剂应具有法定检测机构出具的该产品砌体强度形式检验报告,并经砂浆性能试验合格后,方可使用。

## 二 砌筑砂浆的技术性质

新拌的砂浆必须具有良好的和易性,硬化后的砂浆应满足设计强度等级要求,并具与基底足够的黏结力,而且变形不宜过大。水泥砂浆拌和物的密度不宜小于 1900kg/$m^3$,水泥混合砂浆拌和物的密度不宜小于 1800kg/$m^3$。

### 1. 砂浆的和易性

砌筑砂浆的和易性是指砂浆拌和料能在粗糙的砌筑表面上铺成均匀的薄层,能和基底紧密黏结,不致分层离析的性质。

评价建筑砂浆和易性,主要从流动性和保水性两个方面进行。

1)流动性

砂浆的流动性(Consistence of Masonry Mortar)又称稠度,是指砂浆在自重或外力作用下产生流动的性能。流动性的大小用"沉入度"表示,通常用砂浆稠度测定仪测定,见图 1-7-3。以标准圆锥体在砂浆内自由沉入 10s,沉入深度即为沉入度,以毫米(mm)表示。沉入度大,说明砂浆流动性大。砂浆流动性过大,则砂浆太稀,过稀的砂浆不仅铺砌困难,而且硬化后强度降低;流动性过小,砂浆太稠,难于铺平。所以,新拌砌筑砂浆应具有适宜的流动性。

砂浆流动性的选择与砌体材料种类、施工方法及天气情况有关。一般情况下用于多孔吸水的砌体材料或干热的天气,流动性应选的大些;用于密实不吸水的材料或湿冷的天气,流动性应选的小些。砂浆流动性符合《砌筑砂浆配合比设计规程》(JGJ/T 98—2010)的规定,可按表1-7-1选用。

砌筑砂浆流动性选择 表1-7-1

| 砌 体 种 类 | 砌筑砂浆稠度(mm) |
|---|---|
| 烧结普通砖砌体、粉煤灰砖砌体 | 70~90 |
| 混凝土砖砌体、普通混凝土小型空心砌块砌体、灰砂砖砌体 | 50~70 |
| 烧结多孔砖、烧结空心砖砌体、轻集料混凝土小型空心砌块砌体、蒸压加气混凝土砌块砌体 | 60~80 |
| 石砌体 | 30~50 |

2)保水性

对于现场拌制砂浆,砂浆的保水性用"分层度"表示,即用砂浆分层度仪(图1-7-4)测定。先将拌好的建筑砂浆用砂浆稠度测定仪测出砂浆的沉入度记作 $K_1$;静止30min后,去掉上面200mm厚的砂浆,将下面剩余的100mm砂浆倒出拌和均匀,测其沉入度 $K_2$,则 $K_1-K_2$ 为分层度,以毫米(mm)表示。砂浆的分层度一般应为10~20mm,不得大于30mm。若分层度小于10mm,主要是由于胶凝材料用量过多,或砂过细,砂浆过于黏稠而易发生干缩裂缝;若分层度大于30mm,则砂浆保水性差,易于离析,不宜采用。

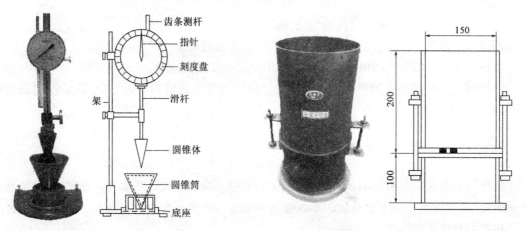

图1-7-3 秒浆稠度仪　　　　图1-7-4 秒浆分层度仪(尺寸单位:mm)

随着我国目前砂浆品种日益增多,用分层度试验来衡量砂浆各组分的稳定性或保持水分的能力,已不太适宜。因此,《建筑砂浆基本性能试验方法标准》(JGJ/T 70—2009)中新增加了保水性测定方法,用保水率来测定砂浆的保水性能。

砂浆保水率是指吸水处理后砂浆中保留的水质量占未处理前水质量的百分数。测定或计算拌和好的砂浆的含水率,计算砂浆中水的质量,并将砂浆按规定方法填入保水率试模,见图1-7-5,以 2kg 的重物压在砂浆上 2min,以滤纸吸取挤出的水分,计算砂浆处理后失水的质量,从而计算出处理后仍保留在砂浆中水的质量,最终计算保水率。砂浆的保水率的规定:水泥砂浆≥80%;水泥混合砂浆≥84%;预拌砌筑砂浆≥88%。

砂浆保水性的优劣与材料组成有关,如果砂浆中砂和水用量过大,胶凝材料不足,则砂浆保水性就差,若掺入适量的掺加料,如石灰膏或粉状工业废料等,则砂浆保水性可得到显著改善。如果砂子过粗，易于下沉，使水分上浮，也容易分层离析。在砂浆中掺入塑化剂或引气剂，可以有效地改善砂浆的流动性、保水性。

2.砂浆的强度

黏结力能够准确表达砂浆强度，但试验较复杂且局部破损（现场原位试验），而抗压强度试验方法成熟、简单，所以工程上采用抗压强度为砂浆的主要技术指标，同时也是划分砂浆等级的主要依据。

1)强度等级

根据《建筑砂浆基本性能试验方法标准》(JGJ/T 70—2009)规定，砂浆的抗压强度是以 3 个 70.7mm×70.7mm×70.7mm 的立方体试块，在标准条件(温度为 20℃±2℃，相对湿度为 90％以上)下养护 28d 后，用标准方法测得的抗压强度(MPa)来评定。砂浆的强度等级分为 M5、M7.5、M10、M15、M20、M25、M30 七个等级。砂浆抗压强度试模见图 1-7-6。

图 1-7-5　保水率试模

图 1-7-6　70.7m³ 三联砂浆抗压试模

2)影响强度的因素

砂浆的强度除了与水泥的强度和用量有关外，还与基层材料的吸水性有关。砂浆强度可用下列两种方法计算。

(1)不吸水基底(如致密的石材等)。砂浆的强度与水泥强度等级和水灰比大小有关，砂浆强度可根据经验式(1-7-1)表示：

$$f_{m,0} = Af_{ce}\left(\frac{C}{W} - B\right) \qquad (1-7-1)$$

式中：$f_{m,0}$——砂浆的 28d 抗压强度(MPa)；

　　$f_{ce}$——所用水泥的实测强度，确定方法同混凝土；

　　$C/W$——灰水比；

　　$A、B$——经验系数，根据试验资料统计，用普通水泥时，$A=0.29$，$B=0.4$。

(2)吸水基底(如砖、加气混凝土砌块等多孔材料)。由于基层吸水，砂浆中保留水分的多少取决于砂浆的保水性，而与水灰比的关系不大，砌筑砂浆强度等级主要取决于水泥用量和水泥强度等级，砂浆强度可用经验公式[式(1-7-2)]表示：

$$f_{m,0} = \frac{\alpha f_{ce} Q_c}{1000} + \beta \qquad (1-7-2)$$

式中：$f_{m,0}$——砂浆的 28d 抗压强度(MPa)；

　　$f_{ce}$——所用水泥的实测强度(MPa)；

　　$Q_c$——每立方米砂浆中水泥用量(kg)；

　　$\alpha、\beta$——砂浆的特征系数，当砂浆为水泥混合砂浆时，$\alpha=3.03$，$\beta=-15.09$。

各地区也可用本地区试验资料确定 $\alpha、\beta$ 值，但统计试验组数不得少于 30 组。

3)砂浆强度等级的选择

砌筑砂浆的强度等级应根据工程类别、砌体部位、所处的环境等来选择。在一般建筑工程中,办公楼、教学楼及多层商店等宜用 M5～M10 的砂浆;平房宿舍、商店等多用 M5 的砂浆;食堂、仓库、地下室及工业厂房等多用 M5～M10 的砂浆;检查井、雨水井、化粪池等可用 M5 砂浆。特别重要的砌体,可采用 M15～ M30 的砂浆。

### 3.砂浆的黏结力

黏结力是指砂浆与黏结材料或涂抹材料表面的黏结能力。为保证砌体的强度和耐久性,砂浆应具有足够的黏结力。一般来说,砂浆的抗压强度越高,黏结力越强。此外,黏结力大小还与基底材料的表面粗糙程度、润湿程度、清洁程度及养护条件等因素有关。粗糙的、洁净的、湿润的表面黏结力较好。所以,砌筑前先将砌筑材料清洗并浇水润湿,干燥季节定期洒水养护,以提高砂浆的黏结力,保证砌筑质量。

### 4.砂浆的耐久性

修建水工建筑物和道路建筑物的建筑砂浆,经常与水接触,应考虑砂浆的抗渗、抗侵蚀和抗冻性。砂浆的耐久性影响因素和混凝土的基本相同。通过冻融循环试验可确定砂浆的抗冻性。

根据《砌筑砂浆配合比设计规程》(JGJ/T 98—2010)规定,稠度、保水率和抗压强度这三项技术指标是砌筑砂浆的必检项目,三项都满足规程要求者,称为合格砂浆。

**【工程实例】** 某工地采用 M10 砌筑砂浆砌筑砖墙,施工中将水泥直接倒在砂堆上,采用水泥和砂人工拌和。该砌体灰缝饱满度及黏结性均差,试分析原因。

**原因分析:**

(1)砂浆的均匀性可能有问题。水泥直接倒在砂堆上采用人工拌和的方法导致混合不够均匀,宜采用机械搅拌。

(2)仅以水泥与砂配制砌筑砂浆,使用少量水泥虽可满足强度要求,但往往流动性及保水性较差,而使砌体饱满度及黏结性较差,影响砌体强度,可掺入少量石灰膏或微沫剂等以改善砂浆的和易性。

## 三 砌筑砂浆的配合比设计

确定砂浆配合比时,一般可查阅有关手册或资料来选择相应的配合比,可参考表 1-7-2,再经试配、调整后确定出施工用的配合比。但有时工程量较大时,为了保证质量和降低造价,应进行配合比设计,并经试验调整确定。水泥混合砂浆可按下面方法进行计算,水泥砂浆配合比根据经验选用,再经试配、调整后确定其配合比。

砌筑砂浆配合比(质量比)　　　　　　　　表 1-7-2

| 砂浆强度等级 | 水泥砂浆配合比(水泥∶砂) | 水泥混合砂浆 | |
|---|---|---|---|
| | | 水泥∶石灰膏∶砂 | 水泥∶粉煤灰∶砂 |
| M5.0 | 1∶5 | 1∶0.97∶8.85 | 1∶0.63∶9.10 |
| M7.5 | 1∶4.4 | 1∶0.63∶7.30 | 1∶0.45∶7.25 |
| M10 | 1∶3.8 | 1∶0.40∶5.85 | 1∶0.30∶4.60 |

## 1. 水泥混合砂浆配合比设计

根据《砌筑砂浆配合比设计规程》(JGJ/T 98—2010)的规定,水泥混合砂浆配合比计算步骤如下。

### 1)计算试配强度

砂浆的试配强度应按式(1-7-3)计算。

$$f_{m,0} = k \cdot f_2 \tag{1-7-3}$$

式中:$f_{m,0}$——砂浆的试配强度,精确至0.1MPa;

$f_2$——砂浆强度等级值,精确至0.1MPa;

$k$——系数,按表1-7-3取值。

砌筑砂浆现场强度标准差 $\sigma$ 的确定应符合以下规定。

(1)当有近期统计资料时,按式(1-7-4)计算。

$$\sigma = \sqrt{\frac{\sum\limits_{i=1}^{n} f_{m,i}^2 - n\mu_{fm}^2}{n-1}} \tag{1-7-4}$$

式中:$f_{m,i}$——统计周期内同一品种砂浆第 $i$ 组试件的强度(MPa);

$\mu_{fm}$——统计周期内同一品种砂浆 $n$ 组试件强度的平均值;

$n$——统计周期内同一品种砂浆试件的总组数,$n \geqslant 25$。

(2)当不具有近期统计资料时,砂浆现场强度标准差 $\sigma$ 可按表1-7-3取用。

**砂浆强度标准差 $\sigma$ 及系数 $k$ 值**　　　　　　　　　　　　表1-7-3

| 砂浆强度等级 / 施工水平 | 强度标准差 $\sigma$(MPa) | | | | | | | $k$ |
|---|---|---|---|---|---|---|---|---|
| | M5.0 | M7.5 | M10 | M15 | M20 | M25 | M30 | |
| 优良 | 1.00 | 1.50 | 2.00 | 3.00 | 4.00 | 5.00 | 6.00 | 1.15 |
| 一般 | 1.25 | 1.88 | 2.50 | 3.75 | 5.00 | 6.25 | 7.50 | 1.20 |
| 较差 | 1.50 | 2.25 | 3.00 | 4.50 | 6.00 | 7.50 | 9.00 | 1.25 |

### 2)计算水泥用量

(1)不吸水基底。根据式(1-7-1)得灰水比 $C/W$,见如下公式,其中 $f_{ce}$ 确定见式(1-7-6)。

$$\frac{C}{W} = \frac{f_{m,0} + 0.116 f_{ce}}{0.29 f_{ce}} \tag{1-7-5}$$

$$f_{ce} = \gamma_c \cdot f_{ce,k} \tag{1-7-6}$$

式中:$f_{ce,k}$——水泥强度等级对应的强度值(MPa);

$\gamma_c$——水泥强度等级值的富余系数,可根据实际统计资料确定,无统计资料时,取1.0。

得到灰水比 $C/W$ 后,再根据砂浆稠度确定用水量。1m³ 砂浆的用水量可在 240~310kg 选定。最后计算出水泥用量,见式(1-7-7)。

$$Q_c = \frac{W}{W/C} \tag{1-7-7}$$

(2)吸水基底。根据式(1-7-8)计算水泥用量:

$$Q_C = \frac{1000(f_{m,0} - \beta)}{\alpha f_{ce}}$$ (1-7-8)

3)计算掺加料用量

$$Q_D = Q_A - Q_C$$ (1-7-9)

式中:$Q_D$——每立方米砂浆的石灰膏用量,精确至 1kg;

$Q_A$——每立方米砂浆中水泥和掺加料的总量,精确至 1kg,可为 350kg;

$Q_C$——每立方米砂浆的水泥用量,精确至 1kg。

石灰膏使用时稠度应为 120mm±5mm;当石灰膏稠度不同时,其换算系数可按表 1-7-4 进行换算。

石灰膏不同稠度时的换算系数 表 1-7-4

| 石灰膏的稠度 | 120 | 110 | 100 | 90 | 80 | 70 | 60 | 50 | 40 | 30 |
|---|---|---|---|---|---|---|---|---|---|---|
| 换算系数 | 1.00 | 0.99 | 0.97 | 0.95 | 0.93 | 0.92 | 0.90 | 0.88 | 0.87 | 0.86 |

4)确定砂子用量

每立方米砂浆中的砂子用量,应按干燥状态(含水率小于 0.5%)的堆积密度值作为计算值(kg)。

5)确定用水量

每立方米砂浆的用水量可在 210~310kg 之间选用。确定用水量时注意:

(1)混合砂浆中的用水量,不包括石灰膏中的水。

(2)当采用细砂或粗砂时,用水量分别取上限或下限。

(3)稠度小于 70mm 时,用水量可小于下限。

(4)施工现场气候炎热或干燥季节,可酌量增加用水量。

2.水泥砂浆配合比选用

(1)水泥砂浆材料用量可按表 1-7-5 选用。

(2)水泥粉煤灰砂浆材料用量可按表 1-7-6 选用。

每立方米水泥砂浆材料用量 表 1-7-5

| 强 度 等 级 | 水泥用量(kg) | 砂子用量(kg) | 用水量(kg) |
|---|---|---|---|
| M5 | 200~230 | | |
| M7.5 | 230~260 | | |
| M10 | 260~290 | | |
| M15 | 290~330 | 1m³ 砂子堆积密度 | 270~330 |
| M20 | 340~400 | | |
| M25 | 360~410 | | |
| M30 | 430~480 | | |

注:1.M15 及以下强度等级水泥砂浆,水泥强度等级为 32.5 级;M15 以上强度等级砂浆,水泥强度等级为 42.5 级。

2.根据施工水平合理选择水泥用量。

3.当采用细砂或粗砂时,用水量分别取上限或下限。

4.稠度小于 70mm 时,用水量可小于下限。

5.施工现场气候炎热或干燥季节,可酌量增加用水量。

**每立方米水泥粉煤灰砂浆材料用量**　　　　　表 1-7-6

| 强 度 等 级 | 水泥和粉煤灰总量(kg) | 粉煤灰用量 | 砂子用量(kg) | 用水量(kg) |
|---|---|---|---|---|
| M5 | 210～240 | 粉煤灰用量可占胶凝材料总量的15%～25% | 1m³ 砂子堆积密度 | 270～330 |
| M7.5 | 240～270 | | | |
| M10 | 270～300 | | | |
| M15 | 300～330 | | | |

注:1. 水泥强度等级为 32.5 级。

　　2. 当采用细砂或粗砂时,用水量分别取上限或下限。

　　3. 稠度小于 70mm 时,用水量可小于下限。

　　4. 施工现场气候炎热或干燥季节,可酌量增加用水量。

**3. 试配与调整**

(1)按计算或查表所得配合比,采用工程实际使用材料进行试拌,试拌时砂浆搅拌时间:水泥砂浆和水泥混合砂浆不得少于 120s;水泥粉煤灰砂浆、掺加外加剂的砂浆和预拌砂浆不得少于 180s。测定其拌和物的稠度和保水率,当不能满足要求时,调整材料用量,直到符合要求为止。然后确定为试配时的砂浆基准配合比。

(2)试配时至少应采用三个不同的配合比,其中一个为基准配合比,其他配合比的水泥用量应按基准配合比分别增加和减少 10%。在保证稠度、保水率合格的条件下,可将用水量或掺加料用量作相应调整。

(3)对三个不同配合比进行调整后,应按现行的行业标准《建筑砂浆基本性能试验方法标准》(JGJ/T 70—2009)的规定成型试件,测定砂浆的表观密度和强度,并选用符合试配强度、和易性要求且水泥用量最低的配合比作为砂浆试配配合比,经过校正为砂浆设计配合比。

【例】　要求设计用于砌筑砖墙的水泥石灰混合砂浆配合比。设计强度等级为 M5.0,稠度为 70～90mm。

原材料的主要参数:32.5 矿渣水泥;中砂,堆积密度为 1500kg/m³,含水率 2%;石灰膏,稠度 120mm;施工水平一般。

解:(1)计算试配强度

$$f_{m,0} = k \cdot f_2 = 5.0 \times 1.20 = 6(\text{MPa})$$

(2)计算水泥用量

$$Q_C = \frac{1000(f_{m,0} - \beta)}{\alpha f_{ce}} = \frac{1000(6 + 15.09)}{3.03 \times 1.0 \times 32.5} = 214(\text{kg/m}^3)$$

当 $Q_C > 200\text{kg/m}^3$ 时,取计算值。

(3)计算石灰膏用量

$$Q_D = Q_A - Q_C = 350 - 214 = 136(\text{kg/m}^3)$$

(4)计算砂子用量

$$Q_S = 1500 \times (1 + 2\%) = 1530(\text{kg/m}^3)$$

(5)根据砂浆稠度要求,选择用水量

$$Q_W = 300(\text{kg/m}^3)$$

砂浆试配时各材料用量的比例:

水泥:石灰膏:砂:水 = 214:136:1530:300 = 1:0.64:7.15:1.40

137

**【例】** 要求设计用于砌筑砖墙的水泥砂浆,设计强度为 M7.5,稠度 70~90mm。

原材料的主要参数:32.5 级矿渣水泥;中砂,堆积密度 1450kg/m³,含水率 1%;施工水平一般。

**解:**(1)根据表 1-7-5 选取水泥用量 250kg/m³,用水量 300kg/m³。

(2)砂子用量:

$$Q_s = 1450 \times (1+1\%) = 1464 (kg/m^3)$$

(3)砂浆试配时各材料用量的比例为:

水泥:砂:水=250:1464:300=1:5.86:1.20

<h1 style="text-align:center">学习项目二 抹 面 砂 浆</h1>

 **普通抹面砂浆**

凡涂抹在建筑物、构筑物或构件表面的砂浆,称为抹面砂浆,也称为抹灰砂浆。抹面砂浆不承受外力,以薄层或多层抹于表面,可以保护墙体不受风雨、潮气等侵蚀,提高墙体的耐久性;同时也使建筑表面平整、光滑、清洁美观。与砌筑砂浆不同,对抹面砂浆的要求不是抗压强度,而是和易性以及与基底材料的黏结力。

为了保证抹灰层表面现象平整,避免开裂,通常抹面砂浆分为底层、中层和面层。各层抹面的作用和要求不同,每层所用的砂浆性质也应各不相同。

底层砂浆的作用是与基层牢固的黏结,见图 1-7-7a),因此,要求砂浆具有良好的工作性和黏结力,并具有较好的保水性,以防止水分被基层吸收而影响黏结。砖墙底层抹灰多用石灰砂浆;有防水、防潮要求时,用水泥砂浆;混凝土底层抹灰多用水泥砂浆或混合砂浆;板条墙及顶棚的底层抹灰多用混合砂浆或石灰砂浆。

中层抹灰主要起找平作用,多用混合砂浆或石灰砂浆,有时可省略。

面层砂浆主要起保护装饰作用,见图 1-7-7b),多用细砂配制的混合砂浆、麻刀石灰砂浆、纸筋石灰砂浆;在容易碰撞或潮湿的部位的面层,如墙裙、踢脚板、雨篷、水池、窗台等均应采用细砂配制的水泥砂浆。

a)                    b)

图 1-7-7 抹面砂浆

a)底层砂浆施工;b)面层砂浆施工

普通抹面砂浆的配合比,可参考表 1-7-7。

| 材　料 | 配合比(体积比)范围 | 应 用 范 围 |
|---|---|---|
| 石灰：砂 | 1：2～1：4 | 用于砖石墙表面(檐口、勒脚、女儿墙等潮湿处墙除外) |
| 石灰：黏土：砂 | 1：1：4～1：1：8 | 干燥环境墙表面 |
| 石灰：石膏：砂 | 1：0.4：2～1：1：3 | 用于不潮湿房间的墙及天花板 |
| 石灰：石膏：砂 | 1：2：2～1：2：4 | 用于不潮湿房间的线脚及其他装饰工程 |
| 石灰：水泥：砂 | 1：0.5：4.5～1：1：5 | 用于檐口、勒脚、女儿墙及比较潮湿部位 |
| 水泥：砂 | 1：3～1：2.5 | 用于浴室、潮湿车间等墙裙、勒脚或地面基层 |
| 水泥：砂 | 1：2～1：1.5 | 用于地面、天棚或墙面面层 |
| 水泥：石膏：砂：锯末 | 1：1：3：5 | 用于吸间粉刷 |
| 水泥：白石子 | 1：2～1：1 | 用于水磨石(打底用 1：2.5 水泥砂浆) |
| 水泥：白石子 | 1：1 | 用于剁假石(打底用 1：2.5 水泥砂浆) |
| 白灰：麻刀 | 100：2.5(质量比) | 用于板条天棚底层 |
| 石灰膏：麻刀 | 100：1.3(质量比) | 用于板条天棚面层(或 100kg 石灰膏加 3.8kg 纸筋) |
| 纸筋：白灰浆 | 灰膏 0.1m³,纸筋 0.36kg | 较高级墙板、天棚 |

## 二　装饰抹面砂浆

涂抹在建筑物内外墙表面,以增加建筑物美观效果的砂浆称为装饰砂浆。装饰砂浆与抹面砂浆的主要区别在面层。装饰砂浆的面层应选用具有一定颜色的胶凝材料和集料并采用特殊的施工操作方法,以使表面呈现出各种不同的色彩线条和花纹等装饰效果。

装饰砂浆常用的胶凝材料有白水泥和彩色水泥,以及石灰、石膏等。集料常用大理石、花岗岩等带颜色的细石渣或玻璃、陶瓷碎粒等。

几种常用装饰砂浆的工艺作法如下。

### 1. 水刷石

水刷石是将水泥和粒径为 5mm 左右的石渣按比例配制成砂浆,涂抹成型待水泥浆初凝后,以硬毛刷蘸水刷洗,或以清水冲洗,冲洗掉石渣表面的水泥浆,使石渣半露出来。水刷石饰面具有石料饰面的质感效果,如再结合适当的艺术处理,可使饰面获得自然美观、明快庄重、秀丽淡雅的艺术效果,且经久耐用,不需维护,如图 1-7-8 所示。

图 1-7-8　水刷石墙面装饰

## 2.水磨石

水磨石是用普通水泥、白水泥或彩色水泥和有色石渣或白色大理石成为碎粒做面层,硬化后用机械磨平抛光表面而成。不仅美观而且有较好的防水、耐磨性能。水磨石分现制和预制两种。现制多用于地面装饰,预制件多用作楼梯踏步、踢脚板、地面板、柱面、窗台板、台面等,如图 1-7-9 所示。多用于室内外地面的装饰。

图 1-7-9　水磨石地面、楼梯、窗台装饰

## 3.斩假石

斩假石又称剁斧石,是在水泥砂浆基层上涂抹水泥石粒浆,待硬化有一定强度时,用钝斧及各种凿子等工具,在表面剁斩出类似石材经雕琢的纹理效果,如图 1-7-10 所示。既具有真实的质感,又有精工细作的特点,给人以朴实、自然、素雅、庄重的感觉。主要用于室内外柱面、勒脚、栏杆、踏步等处的装饰。

图 1-7-10　斩假石装饰

## 三　特种砂浆

### 1.防水砂浆

用作防水层的砂浆叫做防水砂浆,砂浆防水层又称为刚性防水层,适用于不受振动和具有一定刚度的混凝土或砖石砌体工程,应用于地下室、水塔、水池等防水工程。

防水砂浆可以采用普通水泥砂浆,通过人工多层抹压法,以减少内部连通毛细孔隙,增大密实度,达到防水效果。也可以掺加防水剂来制作防水砂浆。常用的防水剂有氯化物金属盐类防水剂、水玻璃防水剂和金属皂类防水剂等。在水泥砂浆中掺入防水剂,可促使砂浆结构密实,填充和堵塞毛细管道和孔隙,提高砂浆的抗渗能力。

配制防水砂浆,宜选用强度等级 32.5 级以上的普通硅酸盐水泥或微膨胀水泥,砂子宜采用洁净的中砂,水灰比控制在 0.50~0.55,体积配合比控制在 1∶2.5~1∶3(水泥∶砂)之间。

防水砂浆的施工操作要求较高,配制防水砂浆时先将水泥和砂子干拌均匀,再把量好的防水剂溶于拌和水中与水泥、砂搅拌均匀后即可使用。涂抹时,每层厚度约 5mm,共涂抹 4~5层,20~30mm 厚。在涂抹前先在润湿清洁的底面上抹一层纯水泥浆,然后抹一层 5mm 厚的防水砂浆,在初凝前用木抹子压实一遍,第二、三、四层都是同样的操作方法,最后一层进行压光。抹完后应加强养护。

### 2. 绝热砂浆

用水泥、石灰、石膏等胶凝材料与膨胀珍珠岩、膨胀蛭石或陶粒砂等轻质多孔集料,按一定比例配制的建筑砂浆,称为绝热砂浆。绝热砂浆具有轻质和良好的绝热性能,其热导率为0.07~0.1W/(m·K)。绝热砂浆可用于屋面、墙壁或供热管道的绝热保护。

### 3. 吸声砂浆

一般绝热砂浆因由轻质多孔集料制成,所以都具有吸声性能。同时,还可以用水泥、石膏、砂、锯末(体积比为 1∶1∶3∶5)配制吸声砂浆,或在石灰、石膏砂浆中掺入玻璃纤维、矿物棉等松软纤维材料。吸声砂浆常用于室内墙壁和吊顶的吸声处理。

◀ 单 元 小 结 ▶

本章重点介绍了砌筑砂浆的组成材料、技术性质、配合比选用与配合比设计方法,并对抹面砂浆、防水砂浆、绝热砂浆和吸声砂浆的特点做了相应的简单介绍。

◀ 拓 展 知 识 ▶

商品砂浆分为预拌砂浆(湿)和干粉砂浆,而干粉砂浆性能更为优越。它是由细集料与无机胶合料、保水增稠材料、矿物掺和料和添加剂按一定比例混合而成的一种颗粒状或粉状混合物。通俗地说,主要有黄砂、水泥、稠化粉、粉煤灰和外加剂组成。其中,黄砂占用量 70%左右;水泥只要用 42.5 矿渣水泥和 52.5 普通水泥各掺半即可,用量在 15%左右,非常节省;还有稠化粉起增稠作用,占总量 2%~3%;再就是可掺入工业废弃物粉煤灰,占总量 10%左右;另外,根据品种要求可加入早强剂、快干剂等外加剂。

干粉砂浆优于传统工艺配制的砂浆产品,它具有很多优点,如使用方便,随取随用,加水15%左右,搅拌 5~6min 即成,余下的干粉备用,有三个月的保质期,但通过试验证明放置六个月后,强度也没有明显变化。

目前,世界干粉砂浆年产量近亿吨,欧洲每年大约产 5000 万 t,其中,德国占 1/4。我国的水泥产量占世界的 40%,而干粉砂浆只占世界的 1%。因此,干粉砂浆是我国大力推广的砂浆种类。

# 思考与练习

## 一、填空题

1. 砂浆和易性包括（　　　）和（　　　）两方面的含义。
2. 砌筑砂浆掺入石灰膏而制得混合砂浆,其目的是（　　　　）。
3. 砌石工程用的砂浆,其强度主要决定于（　　　）和（　　　）。
4. 砂浆的流动性用（　　　）表示,保水性用（　　　）表示。
5. 抹面砂浆三层中底层主要起（　　　）作用,中层主要起（　　　）作用。

## 二、选择题

1. 由于基层吸水,砂浆的强度主要取决于水泥强度和（　　　）,而与（　　　）无关。

   A. 水灰比,水泥用量　　　　　　　　　B. 水泥用量,石灰膏用量
   C. 水灰比,水泥和石灰膏用量　　　　　D. 水泥用量,水灰比

2. （　　　）适用于潮湿环境、水中以及要求砂浆强度等级较高的工程。

   A. 水泥砂浆　　　　B. 石灰砂浆　　　　C. 混合砂浆　　　　D. 石灰黏土砂浆

## 三、简答题

1. 对砂浆硬化后的技术性质有哪些要求?
2. 以什么指标评定合格砂浆?
3. 如何制作防水砂浆?

## 四、设计题

要求设计用于砌筑砖墙的水泥石灰混合砂浆配合比。设计强度等级为 M7.5,稠度为 70～90mm。原材料的主要参数:32.5 矿渣水泥;中砂,堆积密度为 1400kg/m³,含水率 1.5％;石灰膏,稠度 120mm;施工水平一般。

# 单元八 建筑钢材

◎ **职业能力目标**

具有对钢筋混凝土结构常用钢筋质量检测的能力。

◎ **知识目标**

1. 掌握建筑钢材的主要技术性质；
2. 了解钢材的冶炼方法及对钢材质量的影响。
3. 熟悉化学成分与钢材性能的关系；
4. 熟悉常用建筑钢材的标准与选用；
5. 熟悉钢材的常用防护措施。

## 学习项目一 概 述

建筑钢材是指在建筑工程中使用的各种钢材,主要包括钢结构所用的各种型钢(如圆钢、角钢、工字钢、槽钢、钢管)和钢板,以及混凝土结构所用的钢筋、钢丝和钢绞线等。

钢材是在严格的技术控制条件下生产的,与非金属材料相比,具有品质均匀致密、强度高、塑性和韧性好、能经受冲击和振动荷载等优点;钢材还具有优良的加工性能,可以锻压、焊接、铆接和切割,便于装配。钢材主要的缺点是易锈蚀、维护费用大、耐火性差、生产能耗大。

采用各种型钢和钢板制作的钢结构,具有强度高、自重轻等特点,适用于大跨度结构、多层及高层结构、受动力荷载的结构和重型工业厂房结构等。

## 学习项目二 钢的冶炼及分类

### 一 钢的冶炼

钢是由生铁冶炼而成。生铁的冶炼过程是:将铁矿石、熔剂(石灰石)、燃料(焦炭)置于高炉中,约在1750℃高温下,石灰石与铁矿石中的硅、锰、硫、磷等经过化学反应,生成铁渣,浮于铁水表面,铁渣和铁水分别从出渣口和出铁口放出,铁渣排出时用水急冷得水淬矿渣;排出的生铁中含有碳、硫、磷、锰等杂质。生铁又分为炼钢生铁(白口铁)和铸造生铁(灰口铁)。生铁硬而脆、无塑性和韧性、不能焊接、锻造、轧制。钢材冶炼流程图如图1-8-1所示。

炼钢的过程就是将生铁进行精炼,使碳的含量降低到一定的限度,同时把其他杂质(主要指S、P)的含量也降低到允许范围内。所以,在理论上凡含碳量在2%以下,含有害杂质较少的铁碳合金可称为钢。

根据炼钢设备的不同,常用的炼钢方法有转炉法、平炉法、电炉法。

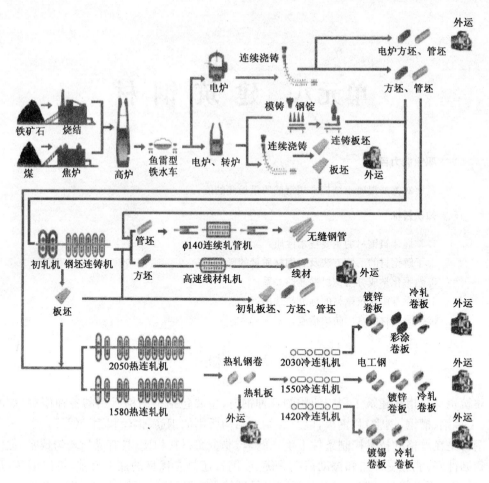

图 1-8-1　钢材冶炼流程图

### 1. 转炉炼钢法(Converter Steel)

转炉炼钢法又分为空气转炉炼钢法和氧气转炉炼钢法。空气转炉炼钢法是以熔融状态的铁水为原料,不需燃料,在转炉底部或侧面吹入高压热空气,使杂质在空气中氧化而被除去。其缺点是在吹炼过程中,易混入空气中的氮、氢等有害气体,且熔炼时间短,化学成分难以精确控制,这种钢质量较差,但成本较低,生产效率高。氧气转炉炼钢法是以熔融铁水为原料,用纯氧代替空气,由炉顶向转炉内吹入高压氧气,能有效地除去磷、硫等杂质,使钢的质量显著提高,而成本却较低。常用来炼制优质碳素钢和合金钢。

### 2. 平炉炼钢法(Martin Steel)

以固体或液体生铁、铁矿石或废钢作原料,用煤气或重油为燃料进行冶炼。平炉钢由于熔炼时间长,化学成分可以精确控制,杂质含量少,成品质量高。其缺点是能耗大、成本高、冶炼周期长。

### 3. 电炉炼钢法(Electric Furnace Steel)

电炉炼钢法是以生铁或废钢原料,利用电能迅速加热,进行高温冶炼。其熔炼温度高,而且温度可以自由调节,清除杂质容易。因此,电炉钢的质量最好,但成本高。主要用于冶炼优质碳素钢及特殊合金钢。

144

在铸锭冷却过程中,由于钢内某些元素在铁的液相中的溶解度高于固相,使这些元素向凝固较迟的钢锭中心集中,导致化学成分在钢锭截面上分布不均匀,这种现象称为化学偏析,其中尤以硫、磷最为严重。偏析现象对钢的质量有很大影响。

## 二 钢材的分类

钢的品种繁多,分类方法很多,通常有按化学成分、质量、用途等几种分类方法。钢的分类见表181。

表 1-8-1

钢 的 分 类

| 分类方法 | 类 别 | 特 性 |
|---|---|---|
| 按化学成分分类 | 非合金钢 | 参见:《钢分类 第 1 部分:按化学成分分类》(GB/T 13304.1—2008)《钢分类 第 2 部分:按主要质量等级和主要性能或使用特性的分类》(GB/T 13304.2—2008)《低合金高强结构钢》(GB/T 1591—2008)《合金结构钢》(GB/T 3077—1999) |
| | 低合金钢 | |
| | 合金钢 | |
| 按脱氧程度分类 | 沸腾钢 | 脱氧不完全,硫、磷等杂质偏析较严重,代号为"F" |
| | 镇静钢 | 脱氧完全,同时去硫,代号为"Z" |
| | 半镇静钢 | 脱氧程度介于沸腾钢和镇静钢之间,代号为"b" |
| | 特殊镇静钢 | 比镇静钢脱氧程度还要充分彻底,代号为"TZ" |
| 按质量分类 | 普通钢 | 含硫量 ≤ 0.055%~0.065%,含磷量 ≤ 0.045%~0.085% |
| | 优质钢 | 含硫量 ≤ 0.03%~0.045%,含磷量 ≤ 0.035%~0.045% |
| | 高级优质钢 | 含硫量 ≤ 0.02%~0.03%,含磷量 ≤ 0.027%~0.035% |
| 按用途分类 | 结构钢 | 工程结构构件用钢、机械制造用钢 |
| | 工具钢 | 各种刀具、量具及模具用钢 |
| | 特殊钢 | 具有特殊物理、化学或机械性能的钢,如不锈钢、耐热钢、耐酸钢、耐磨钢、磁性钢等 |

目前,在建筑工程中常用的钢种是普通碳素结构钢和普通低合金结构钢。

学习项目三 建筑钢材的主要技术性能

钢材的技术性质主要包括力学性能、工艺性能和化学性能等。力学性能主要包括抗拉性能、冲击韧性、耐疲劳和硬度等。工艺性能反应金属材料在加工制造过程中所表现出来的性质,如冷弯性能、焊接性能、热处理性能等。

## 一 钢材的力学性能

1. 拉伸性能(Extension Performance)

拉伸是建筑钢材的主要受力形式,所以拉伸性能是表示钢材性能和选用钢材的重要指标。将低碳钢(软钢)制成一定规格的试件,放在材料试验机上进行拉伸试验,可以绘出如图 1-8-2 所示的应力—应变关系曲线。从图 1-8-2 中可以看出,低碳钢受拉至拉断,经历了四个阶段:

弹性阶段(OA)、屈服阶段(AB)、强化阶段(BC)和颈缩阶段(CD)。

1)弹性阶段(Elastic Stage)

曲线中OA段是一条直线,应力与应变成正比。如卸去外力,试件能恢复原来的形状,这种性质即为弹性,此阶段的变形为弹性变形。与A点对应的应力称为弹性极限,以$\sigma_p$表示。应力与应变的比值为常数,即弹性模量$E$,$E=\sigma/\varepsilon$。弹性模量反映钢材抵抗弹性变形的能力,是钢材在受力条件下计算结构变形的重要指标。

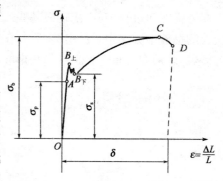

图 1-8-2　低碳钢受拉的应力-应变图

2)屈服阶段(Yield Stage)

应力超过A点后,应力、应变不再成正比关系,开始出现塑性变形。应力的增长滞后于应变的增长,当应力达B点后(上屈服点),瞬时下降至B点(下屈服点),变形迅速增加,而此时外力则大致在恒定的位置上波动,直到B点,这就是所谓的"屈服现象",似乎钢材不能承受外力而屈服,所以AB段称为屈服阶段。与$B'$点(此点较稳定、易测定)对应的应力称为屈服点(屈服强度),用$\sigma_s$表示。

钢材受力大于屈服点后,会出现较大的塑性变形,已不能满足使用要求,因此屈服强度是设计上钢材强度取值的依据,是工程结构计算中非常重要的一个参数。

3)强化阶段(Strengthening Stage)

当应力超过屈服强度后,由于钢材内部组织中的晶格发生了畸变,阻止了晶格进一步滑移,钢材得到强化,所以钢材抵抗塑性变形的能力又重新提高,BC呈上升曲线,称为强化阶段。对应于最高点C的应力值$\sigma_b$称为极限抗拉强度,简称抗拉强度。

显然,$\sigma_b$是钢材受拉时所能承受的最大应力值。屈服强度和抗拉强度之比(即屈强比=$\sigma_s/\sigma_b$)能反映钢材的利用率和结构安全可靠程度。屈强比越小,其结构的安全可靠程度越高,但屈强比过小,又说明钢材强度的利用率偏低,造成钢材浪费。建筑结构钢合理的屈强比一般为 0.60~0.75。

4)颈缩阶段(Necking Stage)

试件受力达到最高点C点后,其抵抗变形的能力明显降低,变形迅速发展,应力逐渐下降,试件被拉长,在有杂质或缺陷处,断面急剧缩小,直到断裂,故CD段称为颈缩阶段。

中碳钢与高碳钢(硬钢)的拉伸曲线与低碳钢不同,屈服现象不明显,难以测定屈服点,则规定产生残余变形为原标距长度的 0.2%时所对应的应力值,作为硬钢的屈服强度,也称条件屈服点,用$\sigma_{0.2}$表示,如图 1-8-3 所示。

2. 塑性(Plastic Property)

建筑钢材应具有很好的塑性。钢材的塑性通常用伸长率(Extension Percentage)和断面收缩率(Percentage Reduction in Area)表示。将拉断后的试件拼合起来,测定出标距范围内的长和断面收缩率表示。将拉断后的试件拼合起来,测定出标距范围内的长度$L_1$(mm),其与试件原标距$L_0$(mm)之差为塑性变形值,塑性变形值与$L_0$之比称为伸长率$\delta$,如图 1-8-4 所示。伸长率$\delta$即如式(1-8-1)所示。

$$\delta_n = \frac{L_1 - L_0}{L_0} \times 100\% \qquad (1\text{-}8\text{-}1)$$

式中：$L_1$——试件拉断后标距部分的长度（mm）；

$L_0$——试件的原标距长度（mm）；

$n$——原始标距与试件的直径之比。

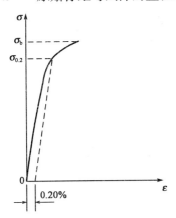

图 1-8-3　中碳钢、高碳钢的 $\sigma$-$\varepsilon$

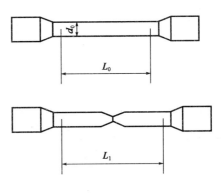

图 1-8-4　钢材拉伸试件图

伸长率是衡量钢材塑性的一个重要指标，$\delta$ 越大，说明钢材的塑性越好。而一定的塑性变形能力，可保证应力重新分布，避免应力集中，从而钢材用于结构的安全性越大。

塑性变形在试件标距内的分布是不均匀的，颈缩处的变形最大，离颈缩部位越远，其变形越小。所以原始标距与直径之比越小，则颈缩处伸长值在整个伸长值中的比重越大，计算出来的 $\delta$ 值就大。通常以 $\delta_5$ 和 $\delta_{10}$ 分别表示 $L_0=5d_0$ 和 $L_0=10d_0$ 时的伸长率。对于同一种钢材，其 $\delta_5 > \delta_{10}$。

【例】从一批 HRB335 钢筋中抽样，并截取两根钢筋做拉伸试验，测得如下结果：屈服下限荷载分别为 42.4kN、41.5kN；抗拉极限分别为 62.0kN、61.6kN，钢筋公称直径为 12mm，标距为 60mm，拉断时长度分别为 71.1mm 和 71.5mm。通过计算说明其利用率及使用中安全可靠程度；通过计算说明其塑性如何。

**解：**（1）屈强比能反映钢材的利用率和结构安全可靠程度，所以求屈强比。

屈服强度为：

$$\sigma_{s1} = \frac{42.4 \times 10^3 N}{\frac{1}{4} \times \pi \times 12^2} = 375MPa \qquad \sigma_{s2} = \frac{41.5 \times 10^3 N}{\frac{1}{4} \times \pi \times 12^2} = 365MPa$$

抗拉强度为：

$$\sigma_{b1} = \frac{62.0 \times 10^3 N}{\frac{1}{4} \times \pi \times 12^2} = 550MPa \qquad \sigma_{b2} = \frac{61.6 \times 10^3 N}{\frac{1}{4} \times \pi \times 12^2} = 545MPa$$

屈强比为：

$$\frac{\sigma_s}{\sigma_b} = \frac{375+365}{550+545} = 0.68$$

根据《钢筋混凝土用钢　第 2 部分：热轧带肋钢筋》（GB 1499.2—2007）的规定，HRB335 钢筋屈服强度应当大于 335MPa，抗拉强度应当大于 490MPa，所以该批钢筋屈服强度、抗拉强度均符合要求。屈强比为 0.68，在 0.60～0.75 之间，说明其利用率较高，安全可靠度合适。

(2)伸长率是衡量钢材塑性的一个重要指标,所以求伸长率。

$$\delta_5 = \frac{71.1 - 60}{60} \times 100\% = 18.5\%$$

$$\delta_5 = \frac{71.5 - 60}{60} \times 100\% = 19.0\%$$

根据《钢筋混凝土用钢 第2部分:热轧带肋钢筋》(GB 1499.2—2007)的规定,HRB335的伸长率 $\delta_5$ 应当不小于 16%,所以,该批钢筋塑性符合规范要求。

3. 冲击韧性(Impact Toughness)

冲击韧性是指钢材抵抗冲击荷载而不被破坏的能力。钢材的冲击韧性是用有刻槽的标准试件,在冲击试验机的一次摆锤冲击下,以破坏后缺口处单位面积上所消耗的功($J/cm^2$)来表示,其符号为 $\alpha_k$。试验时将试件放置在固定支座上,然后以摆锤冲击试件刻槽的背面,使试件承受冲击弯曲而断裂,如图 1-8-5 所示。$\alpha_k$ 值越大,冲击韧性越好。对于经常受较大冲击荷载作用的结构,要选用 $\alpha_k$ 值大的钢材。

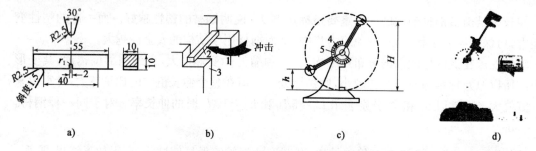

图 1-8-5 冲击韧性试验图
a)试件尺寸(mm);b)试验装置;c)试验机示意图;d)试验机图
1-摆锤;2-试件;3-试验台;4-指针;5-刻度盘
$H$-摆锤扬起高度;$h$-摆锤向后摆动高度

影响钢材冲击韧性的主要因素有:化学成分、冶炼质量、冷作及时效、环境温度等。钢材的冲击韧性随温度的降低而下降,其规律是:开始冲击韧性随温度的降低而缓慢下降,但当温度降至一定的范围(狭窄的温度区间)时,钢材的冲击韧性骤然下降很多而呈脆性,即冷脆性,这时的温度称为脆性转变温度,见图 1-8-6。脆性转变温度越低,表明钢材的低温冲击韧性越好。为此,在负温下使用的结构,设计时必须考虑钢材的冷脆性,应选用脆性转变温度低于最低使用温度的钢材。由于脆性转变温度的测定较为复杂,故规范中通常是根据气温条件规定的 $-20℃$ 或 $-40℃$ 的负温冲击韧性指标。

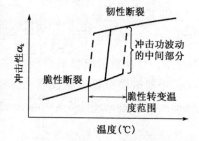

图 1-8-6 钢的脆性转变温度

4. 耐疲劳性(Fatigue Durability)

钢材在交变荷载的反复作用下,往往在最大应力远小于其抗拉强度时就发生破坏,这种现象称为钢材的疲劳性。疲劳破坏(Fatigue Failure)的危险应力用疲劳强度(或称疲劳极限)来表示,它是指疲劳试验时试件在交变应力作用下,于规定的周期基数内不发生断裂所能承受的最大应力。一般把钢材承受交变荷载 $10^6 \sim 10^7$ 次时不发生破坏的最大应力作为疲劳强度。设计承受反复荷载且需进行疲劳验算的结构时，应了解所用钢材的疲劳极限。

研究证明，钢材的疲劳破坏是拉应力引起的，首先在局部开始形成微细裂纹，其后由于裂纹尖端处产生应力集中而使裂纹迅速扩展直至钢材断裂。因此，钢材的内部成分的偏析、夹杂物的多少以及最大应力处的表面光洁程度、加工损伤等，都是影响钢材疲劳强度的因素。疲劳破坏经常是突然发生的，因而具有很大的危险性；往往造成严重事故。

**【工程案例】 韩国汉城大桥疲劳破坏**

(1)事故概况

圣水大桥是横跨汉江的十七座桥梁之一，桥长 1000m 以上，宽 19.9m，由韩国最大的建筑公司之一——东亚建设产业公司于 1979 年建成。1994 年 10 月 21 日，韩国汉城汉江圣水大桥中段 50m 长的桥体像刀切一样地坠入江中。当时正值交通繁忙时间，多架车辆掉进河里，造成多人死亡。

(2)事故原因分析

事故原因调查团经过 5 个多月的各种试验和研究，于 1995 年 4 月 2 日提交了事故报告。用相同材料进行疲劳试验表明，圣水大桥支撑材料的疲劳寿命仅为 12 年，即在 12 年后就会因疲劳而断裂。实际上，圣水大桥的倒塌发生在建成后 15 年，一方面是由于桥墩上的覆盖物起着抗疲劳的作用，另一方面是由于桥墩里的六个支撑架并没有全部断裂，因此大桥的倒塌时间才得以推迟。

根据分析结果，事故原因主要有以下两个方面：

①东亚建筑公司没有按图纸施工，在施工中偷工减料，采用疲劳性能很差的劣质钢材，这是事故的直接原因。

②当时韩国"缩短工期第一"的政治、经济和社会环境以及汉城市政当局在交通管理上的疏漏，也是导致大桥倒塌的重要原因。圣水大桥设计负荷限量为 32t，建成后随着交通流量的逐年增加，经常超负荷运行，倒塌时负荷为 43.2t。

5. 硬度（Hardness）

硬度是指金属材料在表面局部体积内，抵抗硬物压入表面的能力。亦即材料表面抵抗塑性变形的能力。测定钢材硬度采用压入法。即以一定的静荷载（压力），把一定的压头压在金属表面，然后测定压痕的面积或深度来确定硬度。按压头或压力不同，有布氏法、洛氏法等，相应的硬度试验指标称布氏硬度（HB）和洛氏硬度（HR）。较常用的方法是布氏法，其硬度指标是布氏硬度值。图 1-8-7 为布氏硬度测定示意图。

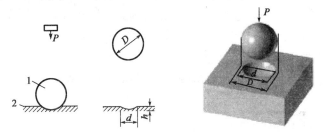

图 1-8-7 布氏硬度试验原理图

1-钢球；2-试件；$P$-施加于钢球上的荷载；$D$-钢球直径；$d$-压痕直径；$h$-压痕深度

各类钢材的 HB 值与抗拉强度之间有一定的相关关系。材料的强度越高,塑性变形抵抗力越强,硬度值也就越大。由试验得出,其抗拉强度与布氏硬度的经验关系式如下:当 HB<175 时,$f_b \approx 0.36HB$;当 HB>175 时,$f_b \approx 0.35HB$。根据这一关系,可以直接在钢结构上测出钢材的 HB 值,并估算该钢材的 $f_b$。

## 二 钢材的工艺性能

良好的工艺性能(Processing Property),可以保证钢材顺利通过各种加工,而使钢材制品的质量不受影响。冷弯、冷拉、冷拔及焊接性能均是建筑钢材的重要工艺性能。

1. 冷弯性能(Cold Bending Property)

冷弯性能是指钢材在常温下承受弯曲变形的能力。钢材的冷弯性能指标是以试件弯曲的角度 $\alpha$ 和弯心直径对试件厚度(或直径)的比值 $d/a$ 来表示,如图 1-8-8 和图 1-8-9 所示。

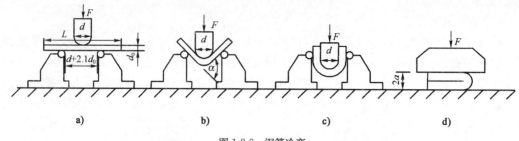

图 1-8-8 钢筋冷弯
a)试件安装;b)弯曲 90°;c)弯曲 180°;d)弯曲至两面重合

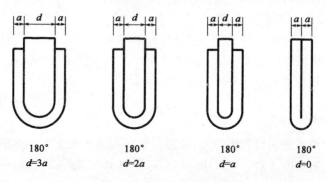

图 1-8-9 钢材冷弯规定的弯心

钢材的冷弯试验是通过直径(或厚度)为 $a$ 的试件,采用标准规定的弯心直径 $d(d=na)$,弯曲到规定的弯曲角(180°或 90°)时,试件的弯曲处不发生裂缝、裂断或起层,即认为冷弯性能合格。钢材弯曲时的弯曲角度愈大,弯心直径愈小,则表示其冷弯性能愈好。

通过冷弯试验更有助于暴露钢材的某些内在缺陷。相对于伸长率而言,冷弯是对钢材塑性更严格的检验,它能揭示钢材是否存在内部组织不均匀、内应力和夹杂物等缺陷,冷弯试验对焊接质量也是一种严格的检验,能揭示焊件在受弯表面存在未熔合、微裂纹及夹杂物等缺陷。

2. 焊接性能(Welding Performance)

在建筑工程中,各种型钢、钢板、钢筋及预埋件等需用焊接加工。钢结构有 90% 以上是焊接结构。焊接的质量取决于焊接工艺、焊接材料及钢材本身的焊接性能。

钢材的可焊性是指钢材是否适应通常的焊接方法与工艺的性能。可焊性好的钢材指易于用一般焊接方法和工艺施焊，焊口处不易形成裂纹、气孔、夹渣等缺陷；焊接后钢材的力学性能，特别是强度不低于原有钢材，硬脆倾向小。钢材可焊性能的好坏，主要取决于钢的化学成分。含碳量高将增加焊接接头的硬脆性，含碳量小于 0.25％ 的碳素钢具有良好的可焊性。

钢筋焊接应注意的问题是：冷拉钢筋的焊接应在冷拉之前进行；钢筋焊接之前，焊接部位应清除铁锈、熔渣、油污等；应尽量避免不同国家的进口钢筋之间或进口钢与国产钢筋之间的焊接。

钢材焊接后必须取样进行焊接质量检验，一般包括拉伸试验和冷弯试验，要求试验时试件的断裂不能发生在焊接处。

### 3. 冷加工性能及时效处理

#### 1）冷加工强化处理

将钢材在常温下进行冷加工（Cold-working Strengthening），如冷拉、冷拔或冷轧，使之产生塑性变形，从而提高屈服强度，但钢材的塑性、韧性及弹性模量则会降低，这个过程称为冷加工强化处理。建筑工地或预制构件厂常用的方法是冷拉和冷拔。

冷拉是将热轧钢筋用冷拉设备加力进行张拉，使之伸长。钢材经冷拉后倔服强度可提高 20％～30％，可节约钢材 10％～20％，钢材经冷拉后屈服阶段缩短，伸长率降低，材质变硬。

冷拔是将光面圆钢筋通过硬质合金拔丝模孔强行拉拔，每次拉拔断面缩小应在 10％ 以下。钢筋在冷拔过程中，不仅受拉，同时还受到挤压作用，因而冷拔的作用比纯冷拉作用强烈。经过一次或多次冷拔后的钢筋，表面光洁度高，屈服强度提高 40％～60％，但塑性大大降低，具有硬钢的性质。

#### 2）时效（Aging）

钢材经冷加工后，在常温下存放 15～20d 或加热至 100～200℃，保持 2h 左右，其屈服强度、抗拉强度及硬度进一步提高，而塑性及韧性继续降低，这种现象称为时效。前者称为自然时效，后者称为人工时效。

钢材经冷加工及时效处理（Aging Treatment）后，其性质变化的规律，可明显地在应力—应变图上得到反映，如图 1-8-10 所示。图中 $OABCD$ 为未经冷拉和时效试件的 $\sigma$-$\varepsilon$ 曲线。当试件冷拉至超过屈服强度的任意一点 $K$，卸去荷载，此时由于试件已产生塑性变形，则曲线沿 $KO'$ 下降，$KO'$ 大致与 $AO$ 平行。如立即再拉伸，则 $\sigma$-$\varepsilon$ 曲线将成为 $O'KCD$（虚线），屈服强度由 $B$ 点提高到 $K$ 点。但如在 $K$ 点卸

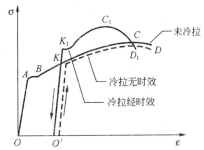

图 1-8-10　钢筋冷拉时效后应力—应变图的变化

荷后进行时效处理，然后再拉伸，则 $\sigma$-$\varepsilon$ 曲线将成为 $O'K_1C_1D_1$，这表明冷拉时效以后，屈服强度和抗拉强度均得到提高，但塑性和韧性则相应降低。

---

### 三　钢材的化学性能

除铁、碳外，钢材在冶炼过程中会从原料、燃料中引入一些的其他元素。钢材的成分对性能有重要影响。这些成分可分为两类：一类能改善优化钢材的性能称为合金元素，主要有硅、锰、钛、钒、铌等；另一类能劣化钢材的性能，属钢材的杂质，主要有氧、氮、硫、磷等。

（1）碳是决定钢材性能的最重要元素。当钢中含碳量在 0.8％以下时，随着含碳量的增加，钢材的强度和硬度提高，而塑性和韧性降低；但当含碳量在 1.0％以上时，随着含碳量的增加，钢材的强度反而下降。随着含碳的增加，钢材的焊接性能变差（含碳量大于 0.3％的钢材，可焊性显著下降），冷脆性和时效敏感性增大，耐大气锈蚀性下降。

一般工程所用碳素钢均为低碳钢，即含碳量小于 0.25％；工程所用低合金钢，其含碳量小于 0.52％。

（2）有益元素。硅、锰大部分溶于铁素体中，当硅含量小于 1％时，可提高钢材的强度，对塑性、韧性影响不大；锰一般含量在 1％～2％之间，除强化外，能削弱硫和氧引起的热脆性，且改善钢材的热加工性。硅、锰是我国低合金钢的主要合金元素。钛是强脱氧剂，钒、铌是碳化物和氮化物的形成元素，三者皆能细化晶粒，增加强度，在建筑常用的低合金钢中，三者为常用合金元素。

（3）有害元素。磷主要溶于铁素体中起强化作用，同时可提高钢材的耐磨、耐蚀性，但塑性、韧性显著降低，当温度很低时，对后两者影响更大，磷的偏析倾向强烈。氮溶于铁素体中或呈氮化物形式存在，对钢材性质影响与 C、P 相似。两者在低合金钢中可配合其他元素作为合金元素。硫、氧主要存在于非金属夹杂物中，降低各种力学性能，硫化物造成的低熔点使钢材在焊接时易于产生热裂纹，显著降低可焊性，且有强烈的偏析作用；氧有促进时效倾向的作用，氧化物所造成的低熔点亦使钢的可焊性变坏。

## 学习项目四　建筑钢材的标准与选用

建筑工程用钢有钢结构用钢和钢筋混凝土结构用钢两类，前者主要应用型钢和钢板，型钢及钢板如图 1-8-11 和图 1-8-12 所示，后者主要采用钢筋和钢丝。

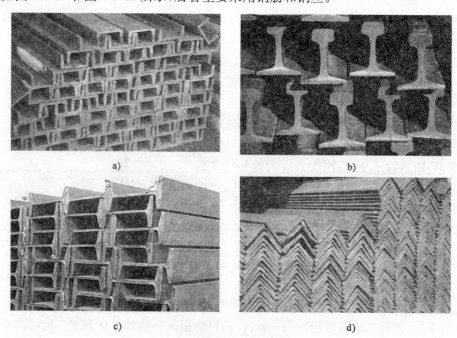

a)

b)

c)

d)

图 1-8-11　常见型钢示例图
a)槽钢；b)钢轨；c)工字钢；d)等边角钢

图 1-8-12　钢板示例图
a)光面钢板；b)压型钢板

## 一　钢结构用钢

钢结构用钢主要有碳素结构钢和低合金结构钢两种。

### 1.碳素结构钢(Carbon Structural Steel)

1)碳素结构钢的牌号及其表示方法

碳素结构钢的牌号由四部分组成：屈服点的字母(Q)、屈服点数值(N/mm²)、质量等级符号(A、B、C、D)、脱氧程度符号(F、Z、TZ)。碳素结构钢的质量等级是按钢中硫、磷含量由多至少划分的，随 A、B、C、D 的顺序质量等级逐级提高。当为镇静钢或特殊镇静钢时，则牌号表示"Z"与"TZ"符号可予以省略。

按标准规定，我国碳素结构钢分四个牌号，即 Q195、Q215、Q235 和 Q275。例如 Q235-A·F，它表示：屈服点为 235N/mm² 的 A 级沸腾碳素结构钢。

2)碳素结构钢的技术要求

按照标准《碳素结构钢》(GB/T 700—2006)规定，碳素结构钢的技术要求包括化学成分、力学性能、冶炼方法、交货状态、表面质量等五个方面。各牌号碳素结构钢的化学成分、力学性能及冷弯性能试验指标应分别符合表 1-8-2、表 1-8-3 和表 1-8-4 的要求。

碳素结构钢的冶炼方法采用氧气转炉、平炉或电炉。一般为热轧交货状态，表面质量也应符合有关规定。

碳素结构钢的化学成分(GB/T 700—2006)　　　　　　表 1-8-2

| 牌号 | 统一数字代号* | 等级 | 厚度(或直径)(mm) | 化学成分(质量分数，%)≤ | | | | | 脱氧方法 |
|---|---|---|---|---|---|---|---|---|---|
| | | | | C | Mn | Si | S | P | |
| Q195 | U11952 | — | — | 0.12 | 0.50 | 0.30 | 0.040 | 0.035 | F、Z |
| Q215 | U12152 | A | | 0.15 | 1.20 | 0.35 | 0.050 | 0.045 | F、Z |
| | U12155 | B | | | | | 0.045 | | |
| Q235 | U12352 | A | 0.22 | | 1.40 | 0.35 | 0.050 | 0.045 | F、Z |
| | U12355 | B | 0.20** | | | | 0.045 | | |
| | U12358 | C | 0.17 | | | | 0.040 | 0.040 | Z |
| | U12359 | D | | | | | 0.035 | 0.035 | TZ |

| 牌号 | 统一数字代号* | 等级 | 厚度(或直径)(mm) | C | Mn | Si | S | P | 脱氧方法 |
|---|---|---|---|---|---|---|---|---|---|
| | | | | | | | 化学成分(质量分数)(%)≤ | | |
| Q275 | U12752 | A | — | 0.24 | | | 0.050 | 0.045 | Z |
| | U12755 | B | ≤40 | 0.21 | 1.50 | 0.35 | 0.045 | 0.045 | Z |
| | | | >40 | 0.22 | | | | | |
| | U12758 | C | 0.20 | | | | 0.040 | 0.040 | Z |
| | U12759 | D | | | | | 0.035 | 0.035 | TZ |

注:1. *为镇静钢、特殊镇静钢牌号的统一数字,沸腾钢牌号的统一数字代号如下:

Q195F——U11950;

Q215AF——U12150,Q215BF——U12153;

Q235AF——U12350,Q235BF——U12353;

Q275AF——U12750。

2. **经需方同意,Q235B的碳含量可不大于0.22%。

**碳素结构钢的力学性能**(GB/T 700—2006)                                        表 1-8-3

| 牌号 | 等级 | 屈服点* $\sigma_s$(MPa) 钢筋厚度(直径)(mm) | | | | | | 抗拉强度** $\sigma_b$ (MPa) | 伸长率 $\delta_5$(%) 钢材厚度(直径)(mm) | | | | | 温度(℃) | V型冲击功(纵向)(J) |
|---|---|---|---|---|---|---|---|---|---|---|---|---|---|---|---|
| | | ≤16 | >16~40 | >40~60 | >60~100 | >100~150 | >150~200 | | ≤40 | >40~60 | >60~100 | >100~150 | >150~200 | | |
| | | ≥ | | | | | | | ≥ | | | | | | ≥ |
| Q195 | — | 195 | 185 | — | — | — | — | 315~430 | 33 | — | — | — | — | | |
| Q215 | A | 215 | 205 | 195 | 185 | 175 | 165 | 335~450 | 31 | 30 | 29 | 27 | 26 | — | — |
| | B | | | | | | | | | | | | | +20 | 27 |
| Q235 | A | 235 | 225 | 215 | 205 | 195 | 185 | 370~500 | 26 | 25 | 24 | 22 | 21 | — | — |
| | B | | | | | | | | | | | | | +20 | 27*** |
| | C | | | | | | | | | | | | | 0 | |
| | D | | | | | | | | | | | | | −20 | |
| Q275 | A | 275 | 265 | 255 | 245 | 225 | 215 | 410~540 | 22 | 21 | 20 | 18 | 17 | — | — |
| | B | | | | | | | | | | | | | +20 | |
| | C | | | | | | | | | | | | | 0 | |
| | D | | | | | | | | | | | | | −20 | |

注:1. *表示 Q195 的屈服强度值仅供参考,不作交货条件。

2. **表示厚度大于100mm 的钢材,抗拉强度下限允许降低 20N/mm²。宽带钢(包括剪切钢板)抗拉强度上限不作交货条件。

3. ***表示厚度小于 25mm 的 Q235B 级钢,如供方能保证冲击吸收功值合格,经需方同意,可不作检验。

3)碳素结构钢各类牌号的特性与用途

从表 1-8-2 和表 1-8-3 中可知,钢材随钢号的增大,碳含量相应增加,强度和硬度也相应提高,而塑性和韧性则降低。

建筑工程中常用的碳素结构钢牌号为 Q235。其含碳量不大于 0.22%,属低碳钢。由于

154

该牌号钢既具有较高的强度，又具有较好的塑性和韧性，可焊性也好，故能较好地满足一般钢结构和钢筋混凝土结构的用钢要求。相反，用 Q195 和 Q215 号钢，虽塑性很好，但强度太低；而 Q275 号钢，其强度很高，但塑性较差，可焊性亦差，所以均不适用。

Q235 号钢冶炼方便，成本较低，故在建筑中应用广泛。由于塑性好，在结构中能保证在超载、冲击、焊接、温度应力等不利条件下的安全，并适于各种加工，大量被用作轧制各种型钢、钢板及钢筋。其力学性能稳定，对轧制、加热、急剧冷却时的敏感性较小。其中，Q235-A 级钢一般仅适用于承受静荷载作用的结构，Q235-B 适合用于承受动荷载焊接的普通钢结构，Q235-C 和 Q235-D 级钢可用于重要焊接的结构。另外，由于 Q235-D 级钢含有足够的形成细晶粒结构的元素，同时对硫、磷有害元素控制严格，故其冲击韧性很好，具有较强的抗冲击、振动荷载的能力，尤其适宜在较低温度下使用。

Q195 和 Q215 号钢常用作生产一般使用的钢钉、铆钉、螺栓及铁丝等；Q275 号钢多用于生产机械零件和工具等。

碳素结构钢的冷弯试验指标（GB/T 700—2006）　　　表 1-8-4

| 牌　号 | 试样方向 | 180°冷弯试验　B＝2a | |
| --- | --- | --- | --- |
| | | 钢材厚度（直径）(mm) | |
| | | ≤60 | >60～100 |
| | | 弯心直径 d | |
| Q195 | 纵 | 0 | — |
| | 横 | 0.05a | |
| Q215 | 纵 | 0.05a | 1.5a |
| | 横 | a | 2a |
| Q235 | 纵 | a | 2a |
| | 横 | 1.5a | 2.5a |
| Q275 | 纵 | 1.5a | 2.5a |
| | 横 | 2a | 3a |

注：1. B 为试样宽度，a 为试样厚度（直径）。
　　2. 钢材厚度（直径）大于 100mm 时，弯曲试验由双方协商确定。

2. 低合金高强度结构钢（High Strength Low Alloy Structural Steel）

低合金高强度结构钢是在碳素钢结构钢的基础上，添加少量的一种或多种合金元素（总含量＜5％）的一种结构钢。其目的是提高钢的屈服强度、抗拉强度、耐磨性、耐蚀性与耐低温性等。因而它是综合性较为理想的建筑钢材，在大跨度、承重动荷载和冲击荷载的结构中更适用。此外，与使用碳素钢相比，可以节约钢材 20％～30％，而成本并不很高。

1）低合金结构钢的牌号及其表示方法

根据《低合金高强度结构钢》（GB/T 1591—2008）规定，我国低合金结构钢以屈服强度划分成八个等级：Q345、Q390、Q420、Q460、Q500、Q550、Q620、Q690。所加元素主要有锰、硅、钒、钛、铌、铬、镍及稀土元素。质量由高到低分为五个等级：E、D、C、B、A。其牌号的表示由屈服点字母 Q、屈服点数值、质量等级三个部分组成。例如：Q345A 表示屈服点不小于 345MPa 的 A 级钢。

2)低合金结构钢的技术要求

化学成分、力学性能、冷弯性能应符合国家标准《低合金高强度结构钢》(GB/T 1591—2008)的规定,见表 1-8-5 和表 1-8-6。

低合金高强度结构钢的化学成分(GB/T 1591—2008)　　　　表 1-8-5

| 牌号 | 质量等级 | 化学成分 w(%) | | | | | | | | | | | | | |
| --- | --- | --- | --- | --- | --- | --- | --- | --- | --- | --- | --- | --- | --- | --- | --- |
| | | C≤ | Mn≤ | Si≤ | P≤ | S≤ | V≤ | Nb≤ | Ti≤ | Al≥ | Cr≤ | Cu | N | Ni≤ | Mo | B |
| Q345 | A | 0.2 | 1.7 | 0.5 | 0.035 | 0.035 | 0.15 | 0.07 | 0.2 | — | 0.3 | 0.3 | 0.012 | 0.5 | 0.1 | |
| | B | 0.2 | 1.7 | 0.5 | 0.035 | 0.035 | 0.15 | 0.07 | 0.2 | — | 0.3 | 0.3 | 0.012 | 0.5 | 0.1 | |
| | C | 0.2 | 1.7 | 0.5 | 0.03 | 0.03 | 0.15 | 0.07 | 0.2 | 0.015 | 0.3 | 0.3 | 0.012 | 0.5 | 0.1 | — |
| | D | 0.18 | 1.7 | 0.5 | 0.03 | 0.025 | 0.15 | 0.07 | 0.2 | 0.015 | 0.3 | 0.3 | 0.012 | 0.5 | 0.1 | |
| | E | 0.18 | 1.7 | 0.5 | 0.025 | 0.02 | 0.15 | 0.07 | 0.2 | 0.015 | 0.3 | 0.3 | 0.012 | 0.5 | 0.1 | |
| Q390 | A | 0.2 | 1.7 | 0.5 | 0.035 | 0.035 | 0.2 | 0.07 | 0.2 | — | 0.3 | 0.3 | 0.015 | 0.5 | 0.1 | |
| | B | 0.2 | 1.7 | 0.5 | 0.035 | 0.035 | 0.2 | 0.07 | 0.2 | — | 0.3 | 0.3 | 0.015 | 0.5 | 0.1 | |
| | C | 0.2 | 1.7 | 0.5 | 0.03 | 0.03 | 0.2 | 0.07 | 0.2 | 0.015 | 0.3 | 0.3 | 0.015 | 0.5 | 0.1 | |
| | D | 0.2 | 1.7 | 0.5 | 0.03 | 0.025 | 0.2 | 0.07 | 0.2 | 0.015 | 0.3 | 0.3 | 0.015 | 0.5 | 0.1 | |
| | E | 0.2 | 1.7 | 0.5 | 0.025 | 0.02 | 0.2 | 0.07 | 0.2 | 0.015 | 0.3 | 0.3 | 0.015 | 0.5 | 0.1 | |
| Q420 | A | 0.2 | 1.7 | 0.5 | 0.035 | 0.035 | 0.2 | 0.07 | 0.2 | — | 0.3 | 0.3 | 0.015 | 0.8 | 0.2 | |
| | B | 0.2 | 1.7 | 0.5 | 0.035 | 0.035 | 0.2 | 0.07 | 0.2 | — | 0.3 | 0.3 | 0.015 | 0.8 | 0.2 | |
| | C | 0.2 | 1.7 | 0.5 | 0.03 | 0.03 | 0.2 | 0.07 | 0.2 | 0.015 | 0.3 | 0.3 | 0.015 | 0.8 | 0.2 | — |
| | D | 0.2 | 1.7 | 0.5 | 0.03 | 0.025 | 0.2 | 0.07 | 0.2 | 0.015 | 0.3 | 0.3 | 0.015 | 0.8 | 0.2 | |
| | E | 0.2 | 1.7 | 0.5 | 0.025 | 0.02 | 0.2 | 0.07 | 0.2 | 0.015 | 0.3 | 0.3 | 0.015 | 0.8 | 0.2 | |
| Q460 | C | 0.2 | 1.8 | 0.6 | 0.03 | 0.03 | 0.2 | 0.11 | 0.2 | 0.015 | 0.3 | 0.55 | 0.015 | 0.8 | 0.2 | |
| | D | 0.2 | 1.8 | 0.6 | 0.03 | 0.025 | 0.2 | 0.11 | 0.2 | 0.015 | 0.3 | 0.55 | 0.015 | 0.8 | 0.2 | 0.004 |
| | E | 0.2 | 1.8 | 0.6 | 0.025 | 0.02 | 0.2 | 0.11 | 0.2 | 0.015 | 0.3 | 0.55 | 0.015 | 0.8 | 0.2 | |
| Q500 | C | 0.18 | 1.8 | 0.6 | 0.03 | 0.03 | 0.12 | 0.11 | 0.2 | 0.015 | 0.6 | 0.55 | 0.015 | 0.8 | 0.2 | |
| | D | 0.18 | 1.8 | 0.6 | 0.03 | 0.025 | 0.12 | 0.11 | 0.2 | 0.015 | 0.6 | 0.55 | 0.015 | 0.8 | 0.2 | 0.004 |
| | E | 0.18 | 1.8 | 0.6 | 0.025 | 0.02 | 0.12 | 0.11 | 0.2 | 0.015 | 0.6 | 0.55 | 0.015 | 0.8 | 0.2 | |
| Q550 | C | 0.2 | 2 | 0.6 | 0.03 | 0.03 | 0.12 | 0.11 | 0.2 | 0.015 | 0.8 | 0.8 | 0.015 | 0.8 | 0.3 | |
| | D | 0.2 | 2 | 0.6 | 0.03 | 0.025 | 0.12 | 0.11 | 0.2 | 0.015 | 0.8 | 0.8 | 0.015 | 0.8 | 0.3 | 0.004 |
| | E | 0.2 | 2 | 0.6 | 0.025 | 0.02 | 0.12 | 0.11 | 0.2 | 0.015 | 0.8 | 0.8 | 0.015 | 0.8 | 0.3 | |
| Q620 | C | 0.2 | 2 | 0.6 | 0.03 | 0.03 | 0.12 | 0.11 | 0.2 | 0.015 | 1 | 0.8 | 0.015 | 0.8 | 0.3 | |
| | D | 0.2 | 2 | 0.6 | 0.03 | 0.025 | 0.12 | 0.11 | 0.2 | 0.015 | 1 | 0.8 | 0.015 | 0.8 | 0.3 | 0.004 |
| | E | 0.2 | 2 | 0.6 | 0.025 | 0.02 | 0.12 | 0.11 | 0.2 | 0.015 | 1 | 0.8 | 0.015 | 0.8 | 0.3 | |
| Q690 | C | 0.2 | 2 | 0.6 | 0.03 | 0.03 | 0.12 | 0.11 | 0.2 | 0.015 | 1 | 0.8 | 0.015 | 0.8 | 0.3 | |
| | D | 0.2 | 2 | 0.6 | 0.03 | 0.025 | 0.12 | 0.11 | 0.2 | 0.015 | 1 | 0.8 | 0.015 | 0.8 | 0.3 | 0.004 |
| | E | 0.2 | 2 | 0.6 | 0.025 | 0.02 | 0.12 | 0.11 | 0.2 | 0.015 | 1 | 0.8 | 0.015 | 0.8 | 0.3 | |

3)低合金结构钢的应用

低合金结构钢主要用于轧制各种型钢(角钢、槽钢、工字钢)、钢板、钢管及钢筋,广泛用于钢结构和钢筋混凝土结构中,特别适用于各种重型结构、大跨度结构、高层结构及桥梁工程等,尤其对用于大跨度和大柱网的结构,其技术经济效果更为显著。

Q345、Q390 综合力学性能好,焊接性能、冷热加工性能和耐蚀性能均好,C、D、E 级钢具有良好的低温韧性,主要用于承受较高荷载的焊接结构。Q420、Q460 强度高,特别是在热处理后有较高的综合力学性能,主要用于大型工程结构及要求强度高、荷载大的轻型结构。Q500、Q550、Q620、Q690 屈服强度高、焊接性能好,主要应用于港口机械、起重机、煤矿机械、挖掘机、桥梁等。

低合金高强度结构钢的力学性能和工艺性能(GB/T 1591—2008)　　表 1-8-6

| 牌号 | 质量等级 | σ_s(MPa) 厚度(直径、边长)(mm) | | | | σ_b(MPa) 厚度(直径、边长)(mm) | | 断后伸长率(%) 厚度(直径、边长)(mm) | | V型冲击功 A_k (纵向)(J) | 180°弯曲试验 钢材厚度(直径)(mm) | |
|---|---|---|---|---|---|---|---|---|---|---|---|---|
| | | ≤16 | >16~40 | >40~63 | >63~80 | ≤40 | >40~63 | ≤40 | >40~63 | 12~150mm | ≤16 | >16~100 |
| Q345 | A | ≥345 | ≥335 | ≥325 | ≥315 | 470~630 | 470~630 | ≥20 | ≥19 | — | d=2a | d=3a |
| | B | ≥345 | ≥335 | ≥325 | ≥315 | | | ≥20 | ≥19 | ≥34(20℃) | d=2a | d=3a |
| | C | ≥345 | ≥335 | ≥325 | ≥315 | | | ≥21 | ≥20 | ≥34(0℃) | d=2a | d=3a |
| | D | ≥345 | ≥335 | ≥325 | ≥315 | | | ≥21 | ≥20 | ≥34(−20℃) | d=2a | d=3a |
| | E | ≥345 | ≥335 | ≥325 | ≥315 | | | ≥21 | ≥20 | ≥34(−40℃) | d=2a | d=3a |
| Q390 | A | ≥390 | ≥370 | ≥350 | ≥330 | 490~650 | 490~650 | ≥20 | ≥19 | — | d=2a | d=3a |
| | B | ≥390 | ≥370 | ≥350 | ≥330 | | | ≥20 | ≥19 | ≥34(20℃) | d=2a | d=3a |
| | C | ≥390 | ≥370 | ≥350 | ≥330 | | | ≥20 | ≥19 | ≥34(0℃) | d=2a | d=3a |
| | D | ≥390 | ≥370 | ≥350 | ≥330 | | | ≥20 | ≥19 | ≥34(−20℃) | d=2a | d=3a |
| | E | ≥390 | ≥370 | ≥350 | ≥330 | | | ≥20 | ≥19 | ≥34(−40℃) | d=2a | d=3a |
| Q420 | A | ≥420 | ≥400 | ≥380 | ≥360 | 520~680 | 520~680 | ≥19 | ≥18 | — | d=2a | d=3a |
| | B | ≥420 | ≥400 | ≥380 | ≥360 | | | ≥19 | ≥18 | ≥34(20℃) | d=2a | d=3a |
| | C | ≥420 | ≥400 | ≥380 | ≥360 | | | ≥19 | ≥18 | ≥34(0℃) | d=2a | d=3a |
| | D | ≥420 | ≥400 | ≥380 | ≥360 | | | ≥19 | ≥18 | ≥34(−20℃) | d=2a | d=3a |
| | E | ≥420 | ≥400 | ≥380 | ≥360 | | | ≥19 | ≥18 | ≥34(−40℃) | d=2a | d=3a |
| Q460 | C | ≥460 | ≥440 | ≥420 | ≥400 | 550~720 | 550~720 | ≥17 | ≥16 | ≥34(0℃) | d=2a | d=3a |
| | D | ≥460 | ≥440 | ≥420 | ≥400 | | | ≥17 | ≥16 | ≥34(−20℃) | d=2a | d=3a |
| | E | ≥460 | ≥440 | ≥420 | ≥400 | | | ≥17 | ≥16 | ≥34(−40℃) | d=2a | d=3a |
| Q500 | C | ≥500 | ≥480 | ≥470 | ≥450 | 610~770 | 600~760 | ≥17 | ≥17 | ≥55(0℃) | — | |
| | D | ≥500 | ≥480 | ≥470 | ≥450 | | | ≥17 | ≥17 | ≥47(−20℃) | | |
| | E | ≥500 | ≥480 | ≥470 | ≥450 | | | ≥17 | ≥17 | ≥31(−40℃) | | |
| Q550 | C | ≥550 | ≥530 | ≥520 | ≥500 | 670~830 | 620~810 | ≥16 | ≥16 | ≥55(0℃) | | |
| | D | ≥550 | ≥530 | ≥520 | ≥500 | | | ≥16 | ≥16 | ≥47(−20℃) | | |
| | E | ≥550 | ≥530 | ≥520 | ≥500 | | | ≥16 | ≥16 | ≥31(−40℃) | | |

第一篇　单元八　建筑钢材

| 牌号 | 质量等级 | $\sigma_s$(MPa) 厚度(直径、边长)(mm) | | | | $\sigma_b$(MPa) 厚度(直径、边长)(mm) | | 断后伸长率(%) 厚度(直径、边长)(mm) | | V型冲击功 $A_k$(纵向)(J) | 180°弯曲试验 | |
|---|---|---|---|---|---|---|---|---|---|---|---|---|
| | | ≤16 | >16~40 | >40~63 | >63~80 | ≤40 | >40~63 | ≤40 | >40~63 | 12~150mm | 钢材厚度(直径)(mm) | |
| | | | | | | | | | | | ≤16 | >16~100 |
| Q620 | C | ≥620 | ≥600 | ≥590 | ≥570 | 710~880 | 690~880 | ≥15 | ≥15 | ≥55(0℃) | — | |
| | D | ≥620 | ≥600 | ≥590 | ≥570 | | | | | ≥47(−20℃) | | |
| | E | ≥620 | ≥600 | ≥590 | ≥570 | | | | | ≥31(−40℃) | | |
| Q690 | C | ≥690 | ≥670 | ≥660 | ≥640 | 770~940 | 750~920 | ≥14 | ≥14 | ≥55(0℃) | — | |
| | D | ≥690 | ≥670 | ≥660 | ≥640 | | | | | ≥47(−20℃) | | |
| | E | ≥690 | ≥670 | ≥660 | ≥640 | | | | | ≥31(−40℃) | | |

注:$d$ 为弯心直径;$a$ 为试样厚度(直径)。

**【工程案例】 科技筑"鸟巢"**

"鸟巢"这个辐射式旋转而成的梦幻般造型,使得4.8万 t 钢的受力点集中在24根柱子和柱脚上。弯曲点也要承受巨大的拉力和应力。什么样的钢才能够支撑起如此大的体量?这是技术人员遇到的第一个难题——既要钢的强度有张力,又要柔韧有拉力,还要能抗低温、易焊接,又不能自重太重。这种钢材在国内是个空白,必须尽快研制出一种把这些相对立的特性统一起来的特殊钢材,才能破解鸟巢用钢的难题。

从工程的实际需求出发,Q460E 是最好的选择。这是一种低合金高强度钢,比通常的建筑用钢强度超出一倍。但是,这种钢材国内从来没有生产过,国内需要都依赖进口。

"特殊的高强度钢能不能实现国产?办奥运就是要拉动民族的自主创新,填补空白,只要能在国内生产,就坚决不进口!"市委书记刘淇的态度非常坚决。

2005年7月,为"鸟巢"准备的110mm 厚的 Q460E 钢板经过舞阳钢厂的反复试验,轧制成功并进入批量生产。400t Q460E 钢材,成为了"鸟巢"钢筋铁骨中最坚硬的一部分。同时,首钢、鞍钢等企业也接下了 GJ345D、345C、420C 等高强度钢材的生产订单。在奥运工程中,所有钢材全部实现国产。

## 二 钢筋混凝土结构用钢

钢筋是用于钢筋混凝土结构中的线材。按照生产方法、外形、用途等不同,工程中常用的钢筋主要有热轧光圆钢筋、热轧带肋钢筋、低碳钢热轧圆盘条、预应力钢丝、冷轧带肋钢筋、热处理钢筋等品种。钢筋具有强度较高、塑性较好,易于加工等特点,广泛地应用于钢筋混凝土结构中。

1. **热轧钢筋(Hot-rolled Bars)**

钢筋混凝土用热轧钢筋分为光圆钢筋和带肋钢筋两种。热轧光圆钢筋是横截面通常为圆形且表面为光滑的配筋用钢材,采用钢锭经热轧成型并自然冷却而成。热扎带肋钢筋是横截面为圆形,且表面通常有两条纵肋和沿长度方向均匀分布的横肋的钢筋,热轧带肋钢筋按晶粒度又分为普通热轧钢筋 HRB(Hot-rolled Bars)和细晶粒热轧钢筋 HRBF(Hot-rolled Bars of Fine Grains),如图 1-8-13a)所示。

热轧光圆钢筋的牌号由 HPB 和牌号的屈服强度特征值构成,H、P、B 分别为热轧(Hot-rolled)、光滑(Plain)、钢筋(Bars)三个词的英文首位字母。热轧光圆钢筋的公称直径范围为 8~20mm,推荐公称直径为 8mm、10mm、12mm、16mm、20mm,如图 1-8-13b)所示。

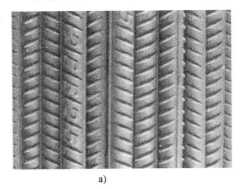
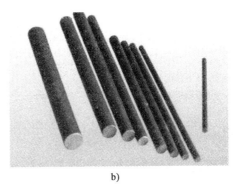

a)                                          b)

图 1-8-13　热轧钢筋图
a)带肋钢筋;b)光圆钢筋

热轧带肋钢筋按屈服强度分为 335、400、500 三级。热轧带肋钢筋牌号的构成见表 1-8-7。钢筋混凝土用热轧带肋钢筋的公称直径范围为 6~50mm,推荐的公称直径为 6mm、8mm、10mm、12mm、16mm、20mm、25mm、32mm、40mm 和 50mm。热轧带肋钢筋应在其表面轧上牌号标志,还可依次轧上厂名(或商标)和直径(mm)数字。钢筋的牌号以阿拉伯数字表示,HRB335、HRB400、HRB500 对应的阿拉伯数字分别为 2、3、4;厂名以汉语拼音字头表示;直径数(mm)以阿拉伯数字表示,直径不大于 10mm 的钢筋,可不轧标志,采用挂牌方法。标志应清晰明了,标志的尺寸由供方按钢筋直径大小做适当规定,与标志相交的横肋可以取消。

带肋钢筋与混凝土有较大的黏结能力,因此,能更好地承受外力作用。热轧带肋钢筋广泛地应用于各种建筑结构,特别是大型、重型、轻型薄壁和高层建筑结构,其工艺性能见表 1-8-8。

热轧钢筋力学性能　　　　　　　　　　　　　　　　　　　表 1-8-7

| 标　准 | 牌　　号 | 屈服强度(MPa) | 抗拉强度(MPa) | 伸长率(%) |
|---|---|---|---|---|
| 《钢筋混凝土用钢　第 1 部分:热轧光圆钢筋》(GB 1499.1—2008) | HPB235 | ≥235 | ≥370 | $\delta_5 \geq 25$ |
| | HPB300 | ≥300 | ≥420 | $\delta_5 \geq 25$ |
| 《钢筋混凝土用钢　第 2 部分:热轧带肋钢筋》(GB 1499.2—2007) | HRB335 | ≥335 | ≥490 | $\delta_5 \geq 16$ |
| | HRB400 | ≥400 | ≥570 | $\delta_5 \geq 14$ |
| | HRB500 | ≥500 | ≥630 | $\delta_5 \geq 12$ |
| | HRBF335 | ≥335 | ≥490 | $\delta_5 \geq 16$ |
| | HRBF400 | ≥400 | ≥570 | $\delta_5 \geq 14$ |
| | HRBF500 | ≥500 | ≥630 | $\delta_5 \geq 12$ |

| 牌 号 | 公称直径 $d$(mm) | 弯曲试验 180° |
|---|---|---|
| HPB235、HPB300 | 8~20 | $d=a$ |
| HRB335<br>HRBF335 | 6~25<br>28~40<br>>40~50 | $d=3a$<br>$d=4a$<br>$d=5a$ |
| HRB400<br>HRBF400 | 6~25<br>28~40<br>>40~50 | $d=4a$<br>$d=5a$<br>$d=6a$ |
| HRB500<br>HRBF500 | 6~25<br>28~40<br>>40~50 | $d=6a$<br>$d=7a$<br>$d=8a$ |

注：$d$ 为弯心直径；$a$ 为试样直径。

## 2. 低碳热轧圆盘条（Hot-rolled Low Carbon Steel Wire Rods）

低碳热轧圆盘条的公称直径为 5.5~30mm，大多通过卷线机成盘卷供应，因此称为盘条、盘圆或线材，如图 1-8-14 所示。供拉丝等深加工及其他一般用途的低碳钢热轧圆盘条，所用钢材的牌号有 Q195、Q215、Q235、Q275，其力学性能和工艺性能见表 1-8-9。盘条的尺寸、外形及允许偏差应符合《热轧圆盘条尺寸、外形、重复及允许偏差》（GB/T 14981—2009）的规定，盘卷应规整。每卷盘条的质量不应小于 1000kg，每批允许有 5% 的盘数（不足 2 盘的允许有 2 盘）由两根组成，但每根盘条的质量不少于 300kg，并且有明显的标志。

图 1-8-14　低碳热轧圆盘条图

低碳钢热轧圆盘条力学性能与工艺性能（GB/T 701—2008）　　　表 1-8-9

| 用 途 | 牌 号 | 力 学 性 能 | | 弯曲试验<br>180° |
|---|---|---|---|---|
| | | 抗拉强度(MPa) | 伸长率 $\delta_{10}$(100%) | |
| 拉丝等用 | Q195 | ≤410 | ≥30 | $d=0$ |
| | Q215 | ≤435 | ≥28 | $d=0$ |
| | Q235 | ≤500 | ≥23 | $d=0.5a$ |
| | Q275 | ≤540 | ≥21 | $d=1.5a$ |

注：$d$ 为弯心直径；$a$ 为试样直径。

## 3. 冷轧带肋钢筋（Cold-rolled Ribbed Steel Wires and Bars）

冷轧带肋钢筋是由热轧圆盘条经冷轧后，在其表面带有沿长度方向均匀分布的三面或二面横肋的钢筋。根据国家标准《冷轧带肋钢筋》（GB 13788—2008）的规定，冷轧带肋钢筋的牌号由 CRB 和钢筋的抗拉强度最小值构成。C、R、B 分别为冷轧（Cold-rolled）、带肋（Ribbed）、钢筋（Bar）三个词的英文首位字母。冷轧带肋钢筋分为 CRB550、CRB650、CRB800、CRB970 四个牌号。冷轧带肋钢筋力学性能和工艺性能应符合表 1-8-10 的规定，反复弯曲试验的弯曲半径应符合表 1-8-11 的规定。CRB550 为普通钢筋混凝土用钢筋，其他牌号为预应力混凝土钢筋。CRB550 钢筋的公称直径范围为 4~12mm。CRB650 及以上牌号钢筋的公称直径为 4mm、5mm、6mm,如图 1-8-15 所示。

**冷轧带肋钢筋的力学性能和工艺性能**　　　　表 1-8-10

| 牌号 | $\sigma_s$(MPa) ≥ | $\sigma_b$(MPa) ≥ | 伸长率(%)≥ | | 弯曲试验 180° | 反复弯曲次数 | 松弛率 初始应力应 相当于公称抗拉 强度的70% | |
|---|---|---|---|---|---|---|---|---|
| | | | $\delta_{10}$ | $\delta_{100}$ | | | 1000h(%) ≤ | 10h(%) ≤ |
| CRB550 | 500 | 550 | 8.0 | — | $D=3d$ | — | — | |
| CRB650 | 585 | 650 | — | 4.0 | | 3 | 8 | 5 |
| CRB800 | 720 | 800 | — | 4.0 | | 3 | 8 | 5 |
| CRB970 | 875 | 970 | — | 4.0 | | 3 | 8 | 5 |

**冷轧带肋钢筋反复弯曲试验的弯曲半径**　　　　表 1-8-11

| 钢筋公称直径(mm) | 4 | 5 | 6 |
|---|---|---|---|
| 弯曲半径(mm) | 10 | 15 | 15 |

冷轧带肋钢筋克服了冷拉、冷拔钢筋握裹力低的缺点,同时具有和冷拉、冷拔相近的强度,因此,在中、小型预应力混凝土结构构件和普通混凝土结构构件中得到了越来越广泛的应用。

**4.冷轧扭钢筋**

冷轧扭钢筋是采用低碳热轧盘钢(Q235)钢材经冷扎扁和冷扭转而成的具有连续螺旋状的钢筋,如图 1-8-16 所示。该钢筋刚度大,不易变形,与混凝土的握裹力大,无需加工(预应力或弯钩),可直接用于混凝土工程,节约钢材 30%。使用冷扎扭钢筋可减小板的设计厚度、减轻自重,施工时可按需要将成品钢筋直接供应现场铺设,免除现场加工钢筋,改变了传统加工钢筋占用场地,不利于机械化生产的弊端。冷轧扭钢筋的力学性能应符合表 1-8-12 的规定。

图 1-8-15　冷轧带肋钢筋

图 1-8-16　冷轧扭钢筋图

**冷轧扭钢筋的力学性能**　　　　表 1-8-12

| 抗拉强度 $\sigma_b$(MPa) | 伸长率 $\delta_{10}$(100%) | 冷弯 180°(弯心直径为 3$d$) |
|---|---|---|
| ≥580 | ≥4.5 | 弯曲部位表面不得产生裂纹 |

**5.钢丝和钢绞线**

根据《预应力混凝土用钢丝》(GB/T 5223—2002)规定,预应力混凝土用钢丝(Steel Wire)

是用优质碳素结构钢制成,抗拉强度高达 1470~1770 MPa。按加工状态分为冷拉钢丝和消除应力钢丝两类。消除应力钢丝按松弛性能分为两级:Ⅰ级松弛(普通松弛)、Ⅱ级松弛(低松弛)。冷拉钢丝代号 WCD,低松弛钢丝代号 WLR,普通松弛钢丝代号 WNR。钢丝按外形分为光圆、螺旋肋、刻痕三种,代号分别为 P、H、I。预应力混凝土钢丝的标记方式为:预应力钢丝直径—抗拉强度—代号—松弛等级—GB/T 5223—2002。例如:"预应力钢丝 4.00—1670—WCD—P—GB/T 5223—2002"表示直径是 4.00mm、抗拉强度为 1670MPa 冷拉光圆钢丝。

根据《预应力混凝钢绞线》(GB/T 5224—2003)规定,预应力混凝钢绞线(Steel Strand)是以数根优质碳素结构钢丝以绞捻和消除内应力的热处理而制成。根据钢丝的股数分为五种结构类型:1×2 表示用两根钢丝捻制的钢绞线、1×3 表示用三根钢丝捻制的钢绞线、1×3I 表示用三根刻痕钢丝捻制的钢绞线、1×7 表示用七根钢丝捻制的钢绞线、1×7C 表示用七根钢丝捻制又经拔模的钢绞线,如图 1-8-17 所示。1×7 结构钢绞线以一根钢丝为芯、6 根钢丝围绕其周围捻制而成。钢绞线与混凝土的黏结力较好。钢绞线的标记方式为:预应力钢绞线结构类型—公称直径—强度级别—松弛等级—GB/T 5224—2003。例如:"预应力钢绞线 1×7—15.20—1860—GB/T 5224—2003"表示公称直径为 15.20mm、强度级别为 1860MPa 的用七根钢丝捻制而成的(1×7)钢绞线。

图 1-8-17　1×7 钢丝捻制的钢绞线

6.钢材的选用原则

钢材的选用一般遵循下面原则:

1)荷载性质

对于经常承受动力或振动荷载的结构,容易产生应力集中,从而引起疲劳破坏,需要选用材质高的钢材。

2)使用温度

对于经常处于低温状态的结构,钢材容易发生冷脆断裂,特别是焊接结构更甚,因而,要求钢材具有良好的塑性和低温冲击韧性。

3)连接方式

对于焊接结构,当温度变化和受力性质改变时,焊缝附近的母体金属容易出现冷、热裂纹,促使结构早期破坏。所以焊接结构对钢材化学成分和机械性能要求应较严。

4)钢材厚度

钢材力学性能一般随厚度增大而降低,钢材经多次轧制后、钢的内部结晶组织更为紧密、强度更高,质量更好。故一般结构用的钢材厚度不宜超过 40mm。

5)结构重要性

选择钢材要考虑结构使用的重要性,如大跨度结构、重要的建筑物结构,须相应选用质量更好的钢材。

# 学习项目五　钢材的腐蚀与防护

 **钢材的腐蚀**

钢材表面与周围介质发生作用而引起破坏的现象称作腐蚀(锈蚀)。钢材腐蚀的现象普遍存在,如在大气中生锈,特别是当环境中有各种侵蚀性介质或湿度较大时,情况就更为严重。腐蚀不仅使钢材有效截面积均匀减小,还会产生局部锈坑,引起应力集中;腐蚀会显著降低钢的强度、塑性韧性等力学性能。根据钢材与环境介质的作用原理,腐蚀可分为化学腐蚀和电化学腐蚀。

1. 化学锈蚀

化学锈蚀是指钢材直接与周围介质发生化学反应而产生的锈蚀。这种锈蚀多数是氧化作用,使钢材表面形成疏松的氧化物。在常温下,钢材表面形成一薄层氧化保护膜 FeO,可以起一定的防止钢材锈蚀的作用,故在干燥环境中,钢材锈蚀进展缓慢,但在温度或湿度较高的环境中,化学锈蚀进展加快。

2. 电化学锈蚀

电化学锈蚀是指钢材与电解质溶液接触,形成微电池而产生的锈蚀。潮湿环境中钢材表面会被一层电解质水膜所覆盖,而钢材本身含有铁、碳等多种成分,由于这些成分的电极电位不同,形成许多微电池。在阳极区,铁被氧化成为 $Fe^{2+}$ 进入水膜;在阴极区,溶于水膜中的氧被还原为 $OH^-$。随后,两者结合生成不溶于水的 $Fe(OH)_2$,并进一步氧化成为疏松易剥落的红棕色铁锈 $Fe(OH)_3$。

钢材在大气中的腐蚀,实际上是化学腐蚀和电化学腐蚀的共同作用,但以电化学腐蚀为主。

影响钢材锈蚀的主要因素有环境中的湿度、氧,介质中的酸、碱、盐,钢材的化学成分及表面状况等。一些卤素离子,特别是氯离子能破坏保护膜,促进锈蚀反应,使锈蚀迅速发展。

钢材锈蚀时,伴随体积增大,最严重的可达原体积的 6 倍,在钢筋混凝土中,会使周围的混凝土胀裂。埋入混凝土中的钢材,由于混凝土的碱性介质(新浇混凝土的 pH 值为 12 左右)在钢材表面形成碱性保护膜,阻止锈蚀继续发展,故混凝土中的钢材一般不易锈蚀。

 **钢材的防护**

1. 钢材的防腐

钢材的腐蚀既有内因(材质),又有外因(环境介质的作用),因此,要防止或减少钢材的腐蚀,可以从改变钢材本身的易腐蚀性、隔离环境中的侵蚀性介质或改变钢材表面的电化学过程三方面入手。具体措施有采用耐候钢、金属覆盖、非金属覆盖和混凝土用钢筋的防锈。

1) 采用耐候钢

耐候钢即为耐大气腐蚀钢。耐候钢是在碳素钢和低合金钢中加入少量铜、铬、镍、钼等合金元素而制成。这种钢在大气作用下,能在表面形成一种致密的防腐保护层,起到耐腐蚀作用,同时保持钢材良好的焊接性能。耐候钢的强度级别与常用碳素钢和低合金钢一致,技术指标也相近,但其耐腐蚀能力却高出数倍。耐候钢的牌号、化学成分、力学性能和工艺性能可参见国家标准《耐候结构钢》(GB/T 4171—2008)。

2) 金属覆盖

将耐腐蚀性好的金属,以电镀或喷镀的方法覆盖在钢材表面,提高钢材的耐腐蚀能力。常用的方法有:镀锌(如白铁皮)、镀锡(如马口铁)、镀铜和镀铬等。根据防腐的作用原理可分为阴极覆盖和阳极覆盖。阴极覆盖采用电位比钢材高的金属覆盖,如镀锡。所盖金属膜仅为机械地保护钢材,当保护膜破裂后,反而会加速钢材在电解质中的腐蚀。阳极覆盖采用电位比钢材低的金属覆盖,如镀锌,所覆金属膜因电化学作用而保护钢材。

3) 非金属覆盖

在钢材表面用非金属材料作为保护膜,与环境介质隔离,以避免或减缓腐蚀,如喷涂涂料、搪瓷和塑料等。涂料通常分为底漆、中间漆和面漆。底漆要求有比较好的附着力和防锈能力,中间漆为防锈漆,面漆要求有较好的牢度和耐候性,以保护底漆不受损伤或风化。一般应采用两道底漆(或一道底漆和一道中间漆)与两道面漆,要求高时可增加一道中间漆或面漆。使用防锈涂料时,应注意钢构件表面的除锈以及低漆、中间漆和面漆的匹配。常用底漆有:红丹底漆、环氧富锌漆、云母氧化底漆、铁红环氧低漆等。中间漆有:红丹防锈漆、铁红防锈漆等。面漆有:灰铅漆、醇酸磁漆和酚醛磁漆等。

4) 混凝土用钢筋的防锈

在正常的混凝土中,pH 值约为 12,这时在钢材表面能形成碱性氧化膜(钝化膜),对钢筋起保护作用。若混凝土碳化后,由于碱度降低(中性化)会失去对钢筋的保护作用。此外,混凝土中氯离子达到一定浓度,也会严重破坏表面的钝化膜。

为防止钢筋锈蚀,应保证混凝土的密实度以及钢筋外侧混凝土保护层的厚度,在二氧化碳浓度高的工业区,采用硅酸盐水泥或普通硅酸盐水泥,限制含氯盐外加剂掺量,并使用混凝土用钢筋防锈剂。预应力混凝土应禁止使用含氯盐的集料和外加剂。钢筋涂覆下氧树脂或镀锌也是一种有效的防锈措施。

2. 钢材的防火

钢是不燃性材料,但这并不表明钢材能够抵抗火灾。耐火试验与火灾案例表明:以失去支持能力为标准,无保护层时,钢柱和钢屋架的耐火极限只有 0.25h,而裸露钢梁的耐火极限为 0.15h。温度在 200℃ 以内时,可以认为钢材的性能基本不变;超过 300℃ 时,弹性模量、屈服点和极限强度均开始显著下降,应变急剧增大;达到 600 ℃ 时,将失去承载能力。所以,没有防火保护层的钢结构是不耐火的。

钢结构防火保护的基本原理是采用绝热或吸热材料,阻隔火焰和热量,推迟钢结构的升温速率。防火方法以包覆法为主,即以防火涂料、不燃性板材或混凝土和砂浆将钢构件包裹起来。

1) 防火涂料

防火涂料按受热时的变化分为膨胀型(薄型)和非膨胀型(厚型)两种。膨胀型防火涂料的涂层厚度一般为 2～7mm,附着力较强,有一定的装饰效果。由于其内含膨胀组分,遇火后会

164

膨胀增厚 5～10 倍,形成多孔结构,从而起到良好的隔热防火作用,根据准备层厚度可使构件的耐火极限达到 0.5～1.5h。非膨胀型防火涂料的涂层厚度一般为 8～50mm,呈粒状面,密度小、强度低,喷涂后需再用装饰面层隔护,耐火极限可达 0.5～3.0 h。为使防火涂料牢固地包裹钢构件,可在涂层内埋设钢丝网,并使钢丝网与钢构件表面的净距离保持 6mm 左右。

2)不燃性板材

常用的不燃性板材有石膏板、硅酸钙板、蛭石板、珍珠岩板、矿棉板、岩棉板等,可通过黏结剂或钢钉、钢箍等固定在钢构件上。

钢材是建筑工程中最重要的金属材料。在工程中应用的钢材主要是碳素结构钢和低合金高强度结构钢。钢材具有强度高,塑性及韧性好,可焊、可铆,易于加工、装配等优点,已被广泛的应用于各工业领域中。在建筑工程中,钢材用来制作钢结构构件及混凝土结构中的增强材料,已成为常用的重要的结构材料。尤其在当代迅速发展的大跨度、大荷载、高层的建筑中,钢材已是不可或缺的材料。

◀ 单 元 小 结 ▶

钢材的技术性质主要包括力学性能、工艺性能和化学性能等。力学性能主要包括抗拉性能、冲击韧性、耐疲劳和硬度等。工艺性能反应金属材料在加工制造过程中所表现出来的性质,如冷弯性能、焊接性能、热处理性能等。钢材的强度等级主要根据抗拉性能(屈服点、抗拉强度、伸长率)和冷弯性能来确定。

建筑工程用钢有钢结构用钢和钢筋混凝土结构用钢。最常用的钢结构用钢主要有:碳素结构钢和低合金结构钢两种及各种型材、钢板、钢管等。最常用的混凝土用钢材有热轧钢筋、冷拉热轧钢筋、冷轧带肋钢筋、冷轧扭钢筋、热处理钢筋、钢丝和钢绞线等。其中,热轧钢筋是最主要品种。

为了更好地利用钢材,在本章学习中,应掌握钢材的成分、组织结构、制作对技术性能的影响;了解各品种钢材的特性及其正确合理的应用方法,如何防止锈蚀,使结构物经久耐用。

◀ 拓 展 知 识 ▶

## 如何识别伪劣钢筋

**伪劣钢筋的一般鉴别法**

(1)钢筋标牌"炉(批)号"与质量证明书"炉(批)号"是否吻合。按规定,出厂时每捆钢材挂标牌不少于两个,上面应该标有厂名、生产"炉(批)号"、牌号、规格、标准编号、质量等相关信息。其中,"炉(批)号"是唯一的,主要看其与所提供的质量证明书"炉(批)号"是否吻合,且无改动痕迹——立即可以辨明是否是假冒产品。非正规生产的钢筋无标牌或只有简易标牌,只标有数量,根本无质量证明书,只能用正规厂复印件冒充。

(2)表面质量。钢筋表面不得有裂纹、结疤和折叠。而那些用地条钢锭轧制的钢筋,由于钢锭本身存在结疤、裂纹、夹渣等缺陷,虽然随着轧制变形会被部分掩盖,但不能消除。正因为

165

第一篇 单元八 建筑钢材

如此,伪劣钢筋规格小于16mm的居多,这也是用大变形量掩饰原始缺陷的欲盖弥彰之法。

(3)光洁度及颜色。正规钢筋表面呈光亮均匀的深蓝灰色。小厂的钢筋表面呈灰色,氧化铁皮稍经敲击或擦拭会脱落,甚至有的呈暗红色——由企业生产条件(加热和终轧)决定。

(4)截面尺寸(直径或内径)。正规企业生产的钢筋截面在公称尺寸范围内,且圆钢圆度小、无耳子(又称裤线)。伪劣钢筋截面尺寸小于公称尺寸下限,耳子严重,圆度大多超标准。这是有意轧成小尺寸以及落后的横列式小型轧机等简易工装水平所致。

(5)端部。伪劣钢筋端部往往带有未切掉的轧制端头,并夹带有缺陷存在,在整捆中长度比其他钢筋短,还有个别企业在钢筋端部涂有红色——主要是为了掩盖端部缺陷。伪劣钢筋由于以地条钢为原料,坯料小且质量不等,很难达到等尺,为提高“出材率”,必然带有轧制端头。

(6)标志和质量证明书。为了钢筋销售和使用的“合法化”,一些不法分子常常偷梁换柱,将正规钢铁企业的产品标牌挂在伪劣钢筋上,并用正规企业相应的质量证明书复印件佐证。这样一变,用假“身份证”的伪劣钢筋实现了“供需双赢”,心照不宣。专门有人收购正规钢筋的标牌,正规钢厂的产品标牌容易丢失也根源于此。

# 思考与练习

## 一、选择题

1. 钢结构设计时,碳素结构钢以(　　)强度作为设计计算取值的依据。

A. $\sigma_p$　　　　　　B. $\sigma_s$　　　　　　C. $\sigma_b$　　　　　　D. $\sigma_{0.2}$

2. 钢材随着其含碳量的(　　)而强度提高,其延性和冲击韧性呈现(　　)。

A. 减少　　　　　　B. 提高　　　　　　C. 不变　　　　　　D. 降低

3. 使钢材产生热脆性的有害元素是(　　);使钢材产生冷脆性的有害元素是(　　)。

A. Mn　　　　　　B. S　　　　　　C. Si　　　　　　D. C

E. P　　　　　　F. O　　　　　　G. N

4. 钢筋冷拉后(　　)强度提高。

A. $\sigma_s$　　　　　　B. $\sigma_b$　　　　　　C. $\sigma_s$和$\sigma_b$

5. 钢结构设计时,对直接承受动荷载的结构应选用(　　)钢。

A. 平炉或氧气转炉镇静钢　　　　B. 平炉沸腾钢　　　　C. 氧气转炉半镇静钢

6. 钢与铁的含碳量以(　　)%为界,含碳量小于这个值时为钢,反之为铁。

A. 0.25　　　　　　B. 0.60　　　　　　C. 0.80　　　　　　D. 2.0

## 二、填空题

1. 炼钢中,由于脱氧程度不同,钢可分为(　　)钢、(　　)钢和(　　)钢三种,其中,(　　)脱氧完全,(　　)钢很不完全。

2. 碳素钢按其含碳量的多少分类,含碳量在(　　)%以下为低碳钢,含碳(　　)%为中碳钢,含碳(　　)%为高碳钢。

3. 钢材随着含碳量的增加,其伸长率(　　),断面收缩率(　　),冲击韧性(　　),冷弯性能(　　),硬度(　　),可焊性(　　)。

4. 钢材的冲击韧性随温度的下降而降低,当环境温度降至( )时,钢材的冲击韧性 $\alpha_k$ 值( ),这时钢材呈( )性,称之为钢材的( )性质。

5. 钢中( )为有益元素,( )为有害元素。

6. 建筑工地或混凝土预制构件厂,对钢筋常用的冷加工方法有( )及( ),钢筋冷加工后( )提高,故可达到( )目的。

7. 钢筋经冷拉后,其屈服点( ),塑性和韧性( ),弹性模量( ),冷加工钢筋经时效后,可进一步提高( )强度。

8. 随着时间的推移,钢材强度( ),塑性和韧性( ),此称钢材的( )性质。

9. 当钢材含碳量增高时,可焊性( ),含( )元素较多时,可焊性较差,钢中杂质含量多时,可焊性( )。

10. 钢材的强度常用( )法测定,其符号为( ),钢材的冲击韧性是在( )机上进行试验的,其表示指标是( )。

11. 一般情况下,在动荷载、焊接结构或严寒低温下使用的结构,往往限制使用( )钢。

12. 普通碳素结构钢,按( )强度不同,分为( )个钢号,随着钢号的增大,其( )和( )提高,( )和( )降低。

### 三、判断题

1. 与沸腾钢相比,镇静钢的冲击韧性和焊接性较差,特别是低温冲击韧性的降低更为显著。 ( )

2. 在结构设计时,屈服点是确定钢材容许应力的主要依据。 ( )

3. 钢材的伸长率公式 $\delta = (L_1 - L_0)/L_0 \times 100\%$,式中,$L_1$ 为试件拉断后的标距部分长度,$L_0$ 为试件原标距长度。 ( )

4. $\delta_5$ 是表示钢筋拉伸至变形达 5% 时的伸长率。 ( )

5. 同种钢筋取样作拉伸试验时,其伸长率 $\delta_{10} > \delta_5$。 ( )

6. 钢材屈强比越大,表示结构使用安全度越高。 ( )

7. 屈强比小的钢材,使用中比较安全可靠,但其利用率低,因此,以屈强比越小越好为原则来选用钢材,是错误的。 ( )

8. 钢材冲击韧性 $\alpha_k$ 值越大,表示钢材抵抗冲击载荷的能力越低。 ( )

9. 碳素结构钢的标号越大,其强度越高,塑性越好。 ( )

10. 钢材中含磷较多呈热脆性,含硫较多呈冷脆性。 ( )

11. 钢材焊接时产生热裂纹,主要是由于含磷较多引起的,为清除其不利影响,可在炼钢时加入一定量的碳元素。 ( )

12. 钢筋进行冷拉处理,是为了提高其加工性能。 ( )

13. 某厂生产钢筋混凝土梁,配筋需用冷拉钢筋,但现有冷拉钢筋不够长,因此,将此钢筋对焊接长使用。 ( )

14. 钢材腐蚀主要是化学腐蚀,其结果使钢材表面生成氧化铁或硫化铁等而失去金属光泽。 ( )

### 四、简答题

1. 为什么说屈服点 $\sigma_s$、抗拉强度 $\sigma_b$ 和伸长率 $\delta$ 是钢材的重要技术性能指标?

2. 什么是屈强比?它在建筑设计中有何实际意义?

3. 什么是钢材的冷弯性能?它的表示方法及实际意义是什么?

4. 随含碳量增加,碳素钢的性能有何变化?

5. 在碳素结构钢中,若含有较多的磷、硫或者氮、氧及锰、硅等元素时,对钢性能的主要影响如何?

6. 碳素结构钢的牌号如何表示? 为什么 Q235 号钢被广泛用于土木工程中?

7. 试比较 Q235-A・F、Q235-B、Q235-C 和 Q235-D 在性能和应用上有什么区别?

8. 低合金高强度结构钢的主要用途及被广泛采用的原因?

9. 对热轧钢筋进行冷拉并时效处理的主要目的及主要方法?

### 五、计算题

1. 从一批钢筋中抽样,并截取两根钢筋做拉伸试验,测得结果如下:屈服下限荷载分别为 72.4kN、72.2kN;抗拉极限荷载分别为 104.5kN、108.5kN,钢筋公称直径为 16mm,标距为 80mm,拉断时长度分别为 96.0mm 和 94.4mm,试评定其牌号? 说明其利用率及使用中安全可靠程度如何?

2. 今有一批公称直径为 16mm 的螺纹钢,抽样进行拉伸试验,测得弹性极限荷载、屈服荷载、极限荷载分别为 68.5kN、77.5kN、116.5kN,试求相应的强度,并在应力应变图中标明相应的位置。

# 单元九　沥　青

@ **职业能力目标**

能对石油沥青的主要技术性质进行检测与评定。

@ **知识目标**

1. 掌握石油沥青的基本组成、技术性质和技术标准；
2. 了解石油沥青的选用、沥青的掺配与乳化；
3. 了解其他沥青材料的相关知识。

沥青材料是由高分子碳氢化合物及其非金属（氧、硫、氮等）的衍生物所组成的复杂混合物。沥青在常温下的状态为固体、半固体或液体，颜色呈深褐色或黑色，富有黏滞性，不溶于水和酒精，能溶解于汽油、苯、二硫化碳、四氯化碳、三氯甲烷等有机溶剂。天然沥青与岩沥青分别如图 1-9-1 和图 1-9-2 所示。

沥青材料具有良好的不透水性、不导电性；能与砖、石、木材及混凝土等牢固黏结，并能抵抗酸、碱及盐类物质的腐蚀作用；具有良好的耐久性；高温时易于进行加工处理，常温下又很快地变硬，并且具有抵抗变形的能力；资源丰富，价格低廉，施工方便，实用价值较高。它是土木工程建设中常用的胶凝材料和防水、防腐材料，广泛应用于各种类别的道路工程，以及建筑物和构筑物的防水、防潮、防渗和外观要求质量不高的表面防腐工程。

图 1-9-1　天然沥青

图 1-9-2　岩沥青

根据沥青的来源可分为两大类，其分类如表 1-9-1 所示。

**沥青按来源分类**　　　　　　　　　　　　　　　　　　　　表 1-9-1

| 沥青 | 地沥青 | 天然沥青 | 由地表或岩石中直接采集、提炼加工后得到的沥青 |
|---|---|---|---|
| | | 石油沥青 | 由提炼石油的残留物制得的沥青 |
| | 焦油沥青 | 煤沥青 | 由煤焦油干馏后的残留物制得的沥青 |
| | | 木沥青 | 由木材干馏后的残留物制得的沥青 |
| | | 页岩沥青 | 由页岩焦油干馏后的残留物制得的沥青 |

石油沥青在土木工程中用作胶凝材料、防水或防潮材料。防腐工程中多用石油沥青和煤沥青。随着材料技术的发展，以沥青为原料通过加入改性材料而得到的改性沥青，在防水或防潮工程中得到了越来越广泛地应用。

## 学习项目一　石　油　沥　青

###  石油沥青的分类、组分与结构

石油沥青(Petroleum Asphalt)是石油原油经蒸馏，提炼出汽油、煤油、柴油等轻油以及润滑油后的残留物，经加工而得到的产品。它是在土木工程中应用的最广泛、用量最大的沥青材料。

#### 1.石油沥青的分类

基于不同的目的或依据，石油沥青可分为不同的类别，其分类如表1-9-2所示。

**石油沥青分类表**　　　　　　　　　　　　　　　　表1-9-2

| 分类方式 | 主要品种 | 说　明 |
|---|---|---|
| 按获得方法 | 直馏石油沥青 | 原油经蒸馏、提炼轻油、润滑油后的残留物，温度稳定性不良 |
| | 氧化石油沥青 | 将上述残留物在高温下吹入空气氧化，具有良好温度稳定性 |
| | 溶剂石油沥青 | 用溶剂萃取工艺提炼残留物，含蜡量较少，常温为液态 |
| 按用途 | 建筑石油沥青 | 稠度大，塑性小，耐热性好 |
| | 道路石油沥青 | 稠度小，塑性好，耐热性差 |
| | 防水防潮石油沥青 | 相比于建筑石油沥青，低温稳定性好 |
| | 普通石油沥青 | 含蜡量较高(5%～20%)，塑性、耐热性均差，且稠度过小，一般不能直接使用 |
| 按稠度大小 | 黏稠石油沥青 | 在常温下呈固体或半固体状态的沥青 |
| | 液体石油沥青 | 在常温下呈液体状态的沥青，通常用溶剂将黏稠沥青稀释配成 |

#### 2.石油沥青的组分

石油沥青的化学成分非常复杂，很难把其中的化合物逐个分离出来，且其化学成分与其技术性质之间没有直接联系。因此，为了便于分析和研究，通常将其中的化合物按化学成分和物理性质比较接近的，划分为若干个组，这些组就称为"组分"。常用的为三组分分析法和四组分分析法。

1）三组分分析法

三组分分析法是将石油沥青分离为：油分、树脂和沥青质三个组分。因我国富产石蜡基或中间基沥青，在油分中往往含有蜡，故在分析时还应将油蜡分离。由于这一组分分析方法，是兼用了选择性溶解和选择性吸附的方法，所以又称为溶解—吸附法。

按三组分分析法所得各组分的特性见表1-9-3。

2）四组分分析法

四组分分析法是将石油沥青分离为：饱和分、芳香分、胶质和沥青质。我国现行四组分分析法[《公路工程沥青及沥青混合料试验规程》(JTG E20—2011)]是将沥青试样先用正庚烷沉淀沥青质,再将可溶分(即软沥青质)吸附于氧化铝谱柱上,先用正庚烷冲洗,所得的组分称为饱和分;然后用甲苯冲洗,所得的组分称为芳香分;最后用甲苯—乙醇、甲苯、乙醇冲洗,所得组分称为胶质。

石油沥青三组分分析法的各组分特性     表 1-9-3

| 组分 | 平均相对<br>分子质量 | 外观特征 | 对沥青性能的影响 | 在沥青中<br>的含量(%) |
|---|---|---|---|---|
| 油分 | 200~700 | 无色至淡黄色的黏<br>稠液体 | 使沥青具有流动性,但其含量较多时,沥青<br>的软化点降低,温度稳定性较差 | 45~60 |
| 树脂 | 800~3000 | 红褐色至黑褐色的<br>黏稠半固体 | 使沥青具有良好的塑性和黏结性能 | 15~30 |
| 沥青质 | 1000~5000 | 深褐色固体微末状<br>微粒 | 决定沥青的温度稳定性和黏结性能,含量<br>越多,软化点越高,越硬、脆 | 5~30 |

石油沥青按四组分分析法所得各组分的特性见表 1-9-4。

石油沥青四组分分析法的各组分特性     表 1-9-4

| 组分 | 外观特征 | 相对密度<br>(平均) | 平均分子量<br>$\overline{M}_w$ | 芳烃指数<br>$f_a$ | 化学结构 |
|---|---|---|---|---|---|
| 饱和分 | 无色液体 | 0.89 | 625 | 0.00 | [纯链烷烃]+[纯环烷]+[混合链烷—<br>环烷烃] |
| 芳香分 | 黄色至红色液体 | 0.99 | 730 | 0.25 | [混合链烷—环烷—芳香烃]+[芳香<br>烃]+[含 S 化合物] |
| 胶 质 | 棕色黏稠液体 | 1.09 | 970 | 0.42 | [(链烷—环烷—芳香烃)多环结构]+<br>[含 S,O,N 化合物] |
| 沥青质 | 深棕色至黑色固态 | 1.15 | 3400 | 0.50 | [(链烷—环烷—芳香烃)缩合环结构]<br>+[含 S,O,N 化合物] |

3)含蜡量

石油沥青中往往含有一定量的固体石蜡,它是沥青中的有害物质,会降低沥青的黏结性、塑性、温度稳定性和耐热性。使得沥青在高温时容易发软,导致沥青路面出现车辙;在低温时变得脆硬,导致路面出现裂缝;沥青黏结性能的降低,会导致沥青与石子产生剥落,破坏沥青路面;更为严重的是会导致沥青路面的抗滑性能降低,影响行车安全。生产中常采用氯盐处理、高温吹氧、溶剂脱蜡等方法,使之满足使用要求。

此外,石油沥青的技术性能与各组分之间的比例密切相关。液体沥青中油分和树脂的含量较多,因此,其流动性较好,而黏稠沥青中树脂和沥青质的含量相对较多,所以其热稳定性较好,且黏结性能也较好。

沥青中各组分的比例并不是固定不变的,在大气因素长期作用下,油分会向树脂转变,而树脂会向沥青质转变,于是沥青中的油分、树脂会逐渐减少,沥青质含量会逐渐增多,使得沥青的流动性、塑性逐渐变小,脆性增加,直至断裂,这就是所说的老化现象。

171

### 3.石油沥青的结构

在石油沥青的三大组分中,油分和树脂可以相互溶解,树脂能浸润沥青质,在沥青质的超细颗粒表面形成树脂膜。所以石油沥青的结构是以沥青质为核心,周围吸收部分树脂和油分,形成胶团,无数胶团分散在油分中而形成胶体结构。

根据沥青中各组分的相对含量,沥青的胶体结构可分为三种类型:溶胶型结构、溶—凝胶型结构和凝胶型结构。其结构类型见图1-9-3。

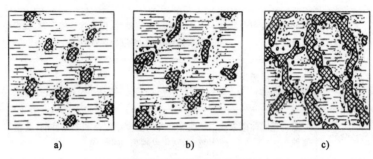

图1-9-3　石油沥青的胶体结构
a)溶胶型结构;b)溶—凝胶型结构;c)凝胶型结构

1)溶胶型结构(Sol Type)

当沥青中沥青质含量较少,同时有一定数量的胶质使得胶团能够完全胶溶而分散在油分介质中。此时,沥青质胶团相距较远,它们之间的吸引力很小,胶团在胶体结构中运动较为自由,这种胶体结构的沥青称为溶胶型沥青。

这种结构沥青的特点是稠度小、流动性大、塑性好,但温度稳定性较差。通常大部分直馏沥青都属于溶胶型沥青。在路用性能上,具有较好的自愈性,低温时的变形能力较强,但温度感应性较差。

2)凝胶型结构(Gel Type)

当沥青中沥青质含量较高,并有相当数量的胶质来形成胶团,沥青质胶团之间的距离缩短,吸引力增加,胶团移动较为困难,形成空间网格结构,这就是凝胶型沥青。

这种结构的沥青弹性和黏结性能较好,温度稳定性较好,但其流动性和塑性较差,如氧化沥青。在路用性能上表现为具有良好的温度稳定性,但其低温变形能力较差。

3)溶—凝胶型结构(Sol-gel Type)

当沥青中沥青质含量适当,并且有较多数量的胶质,所形成的胶团数量较多,距离相对靠近,胶团之间有一定的吸引力,这种介于溶胶与凝胶之间的结构就称为溶—凝胶型结构。

这类沥青的路用性能较好,高温时具有较低的感温性,低温时又具有较好的变形能力。大多数优质的石油沥青都属于这种结构类型。

## 二　石油沥青的主要技术性质

### 1.黏滞性(Viscosity)

沥青黏滞性指沥青材料在外力作用下抵抗变形的性能,常表现为沥青的软硬程度或稀稠程度。沥青的黏滞性随沥青的化学组分和温度的变化而变化。当沥青中的油分减少或沥青质数量增加,沥青的黏滞性就增加。在一定的温度范围内,当温度升高时,黏滞性随之降低,反之,则增大。

1)沥青黏滞性的表达式

如果采用一种剪切变形的模型来描述沥青在沥青与矿质材料的混合料中的应用,可取一对互相平行的平面(图1-9-4),在两平面之间分布有一沥青薄膜,薄膜与平面的吸附力远大于薄膜内部胶团之间的作用力。当下层平面固定,外力作用于顶层表面发生位移时,按牛顿定律可得到下式:

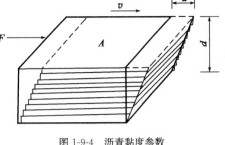

图 1-9-4 沥青黏度参数

$$F = \eta \cdot A \frac{v}{d} \tag{1-9-1}$$

式中:$F$——移动顶层平面的力(即等于沥青薄膜内部胶团抵抗变形的能力)(N);

$A$——沥青薄膜层的面积($cm^2$);

$v$——顶层位移的速度(m/s);

$d$——沥青膜的厚度(cm);

$\eta$——反映沥青黏滞性的系数,即动力黏度(Pa·s)。

由式(1-9-1)得知,当相邻接触面积大小和沥青薄膜厚度一定时,欲使相邻平面以速度 $v$ 发生位移所用的外力与沥青黏度成正比。

令 $\tau = F/A$,$\gamma = v/d$,可将式(1-9-1)改写为:

$$\eta = \frac{\tau}{\gamma} \tag{1-9-2}$$

式中:$\tau$——剪应变(沥青薄膜层单位面积上所受的剪切力)($N/cm^2$);

$\gamma$——剪变率(位移速度在 $d$ 方向的变化率)($s^{-1}$)。

2)沥青黏滞性的测定方法

沥青黏滞性的测定方法可分为两类,一类为绝对黏度法,另一类为相对黏度(或称条件黏度)法。绝对黏度法通常采用的仪器为"绝对单位黏度计",如毛细管黏度计等。相对黏度法常用的仪器为"经验单位黏度计",各种流出型的黏度计,如道路标准黏度计、赛氏黏度计和恩氏黏度计等。此外,针入度亦属这类。

(1)绝对黏度测定方法。

①毛细管法。

毛细管法(JTG E20—2011 T 0619—2011)是测定沥青运动黏度的一种方法,该方法是在规定的试验温度下(黏稠石油沥青为135℃、液体石油沥青为60℃),通过选定型号的毛细管黏度计(通常采用坎芬式逆流毛细管黏度计,如图1-9-5所示),流经规定体积,所需的时间(以 s 计),按式(1-9-3)计算运动黏度。

$$\nu_T = ct \tag{1-9-3}$$

式中:$\nu_T$——在温度 $T$ 时测定的沥青运动黏度($mm^2/s$);

$c$——黏度计标定常数($mm^2/s^2$);

$t$——沥青流经规定体积所需时间(s)。

②真空减压毛细管法。

真空减压毛细管法(JTG E20—2011 T 0620—2000)是测定沥青动力黏度的一种方法,该方法是在一定的试验条件下(试验温度为60℃,真空度为40kPa),通过规定型号的真空减压毛细管黏度计(通常采用美国沥青学会式,即 AI 式,如图 1-9-6 所示),流经规定体积所需的时间(以 s 计),按式(1-9-4)计算动力黏度。

$$\eta_T = kt \qquad\qquad (1\text{-}9\text{-}4)$$

式中:$\eta_T$——在温度 $T$ 时测定的动力黏度(Pa·s);

$\quad k$——黏度计常数(Pa·s/s);

$\quad t$——沥青流经规定体积时间(s)。

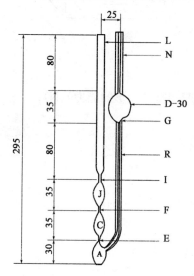

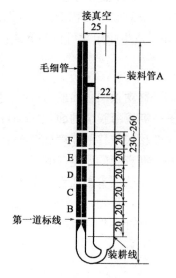

图 1-9-5　坎芬式逆流毛细管黏度计(尺寸单位:mm)　　　　图 1-9-6　美国沥青学会式毛细管黏度计(尺寸单位:mm)

(2)相对黏度测定方法。

根据石油沥青的自然状态不同,表征沥青黏滞性的具体指标也不同。

①标准黏度(Standard Viscosimeter)。

对于液体沥青、乳化沥青等,表征沥青黏滞性的指标是黏滞度,也称为黏度。道路标准黏度计法(JTG E20—2011 T 0621—1993)中规定:液体沥青、乳化沥青等在规定温度(20℃、25℃、30℃或 60℃)条件下,经规定直径(3mm、4mm、5mm 和 10mm)的孔,漏下 50mL 时所需的时间(以 s 计),就为液体沥青、乳化沥青等的黏滞度。其测定示意图如图 1-9-7 所示。以符号 $C_{T,d}$ 表示流出 50mL 沥青所需的时间,其中,$T$ 为试验时的温度,$d$ 为孔径。在相同温度和孔径条件下,流出定量沥青所需的时间越长,则沥青的黏滞度越大,流动性越小,沥青的黏滞性越大。

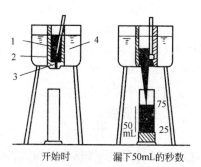

图 1-9-7　液体沥青黏滞度测定示意图
1-沥青;2-流孔;3-活动球杆;4-恒温水槽

②针入度(Penetration)。

对于半固体、固体沥青,表征沥青黏滞性的指标是针入度。针入度的测试方法(JTG E20—2011 T 0604—2011)是:在温度为 25℃的条件下,以规定质量的标准针(100g),经规定时间(5s)沉入沥青中的深度,沉入深度 0.1mm 就称为 1 度,以 $P$(25℃,100g,5s)来表示,其测定示意图如图 1-9-8 所示。针入度值小,则说明沥青流动性越小,黏滞性越大。

沥青的针入度是很重要的技术指标,是沥青划分标号的主要依据。液体沥青是采用黏度来划分技术等级的。

## 2. 塑性

塑性又称延性,是指沥青在外力作用下产生塑性变形而不破坏的性质,表示沥青开裂后自愈的能力以及受机械外力作用产生塑性变形而不破坏的能力。塑性与沥青的化学组分和温度有关,树脂含量多,温度升高时,塑性较大。沥青之所以能被加工生产成柔性防水材料,很大程度上就取决于它的这种性质。同时,沥青矿料混合料的一个重要性质——低温变形能力与此时沥青的塑性也紧密相关。沥青的塑性有利于吸收冲击荷载,并能减小摩擦声。

沥青塑性用延度(Ductility)表示,常用沥青延度仪来测定。按标准试验方法(JTG E20—2011 T 0605—2011)制作"8"字形标准试件,试件中间最窄处横断面积为 $1cm^2$,在规定温度(25℃、15℃、10℃或5℃)和规定速度(50cm/min)的条件下进行拉伸,直至试件断裂时试件的伸长值为延度,单位为厘米。其测定示意图如图1-9-9所示。延度越大,说明沥青的塑性越好,变形能力强。

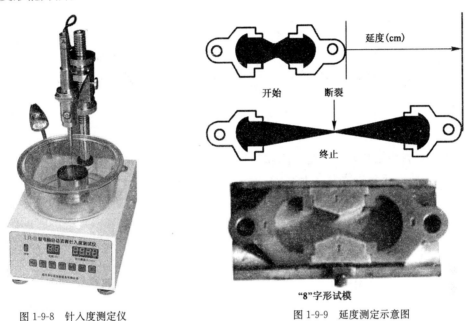

图1-9-8 针入度测定仪          图1-9-9 延度测定示意图

## 3. 温度稳定性

沥青在外界温度增高时变软,在外界温度降低时变脆,其黏滞性和塑性随温度的变化而变化的程度,就是沥青的温度稳定性,又称为温度敏感性。温度敏感性大的沥青,温度稳定性差,在温度降低时,很快变成脆硬的物体,受外力作用极易产生裂缝以致破坏;当温度升高时,作为屋面柔性防水材料,就有可能由于日照的作用而产生软化和流淌,从而失去防水作用,而对于沥青路面,则有可能产生车辙,降低路面的使用性能。因此,在工程中,应尽可能采用温度敏感性较小的石油沥青。

沥青的高温敏感性用软化点表示,低温抗裂性用脆点表示。

### 1)软化点(Softening Point)

软化点是沥青材料由固体状态转变为具有一定流动性的黏塑状膏体的温度。软化点采用"环球法"(JTG E20—2011 T 0606—2011)测定:将沥青试样装入规定尺寸的铜环(内径18.9mm)中,再将规定质量的钢球(质量3.5g)置于其上,然后放入有水或甘油的烧杯中,以5℃/min的速度加热,沥青软化下垂达到25.4mm时的温度,即为沥青软化点。其测定示意图

175

如图 1-9-10 所示。沥青的软化点越高,说明沥青的耐热性好,即温度稳定性好,温度敏感性低。

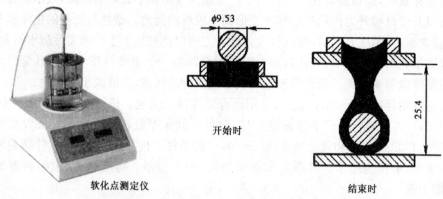

图 1-9-10　软化点测定示意图(尺寸单位:mm)

石油沥青暴露在大气环境中,软化点不宜过低,以免夏季受热软化流淌;软化点也不宜过高,以免影响施工性能,而且会导致其冬季易脆断。为改善沥青的温度稳定性,工程中经常掺加滑石粉、石灰石粉及其他矿物填充料,或掺加 SBS 等高聚物、细纤维等对沥青进行改性处理。

沥青的针入度、延度和软化点是评价石油沥青的常用指标,通称为"三大指标"。

2)脆点(Breaking Point)

脆点是沥青材料由黏塑状态转变为固体状态,并产生脆裂时的温度。试验方法较多,常采用的试验方法是:将一定量的沥青匀布在 40mm×20mm 的标准金属片上,然后将此片置于脆点仪弯曲器的夹钳上,将其置于温度下降速度为 1℃/min 的装置内,启动弯曲器,使得温度每降低 1℃时,涂有沥青的金属片就被弯曲一次,直至弯曲时薄片上的沥青出现裂缝时的温度即为脆点。

在工程应用中,要求沥青具有较高的软化点和较低的脆点,以保证沥青材料夏季不流淌、冬季不开裂,具有良好的使用性能。

3)针入度指数(PI)

针入度指数(PI)是应用针入度和软化点试验结果,得到的一种能表征沥青的温度敏感性和胶体结构的指标。

(1)针入度—温度感应性系数 $A$

由荷兰学者普费等人经过大量的试验表明:沥青针入度值的对数($\lg P$)与温度($T$)之间呈线性关系,如图 1-9-11 所示。

$$\lg P = AT + K \qquad (1\text{-}9\text{-}5)$$

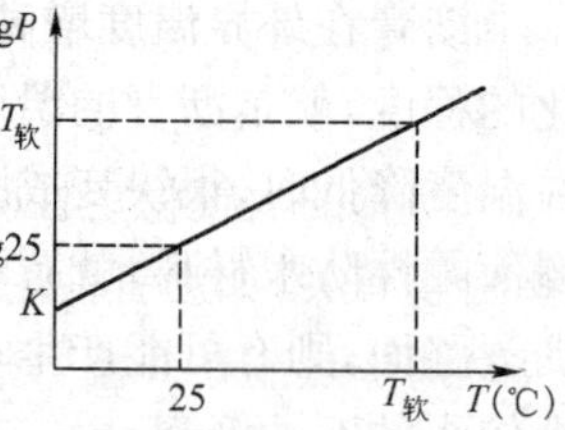

式中:$P$——沥青针入度值,0.1mm;

　　　$T$——温度(℃);

　　　$K$——常数;

图 1-9-11　针入度—温度

　　　$A$——针入度—温度感应性系数,由针入度和软化点确定。

试验研究表明:沥青达到软化点时,沥青的针入度在 600～1000 之间,假定为 800 时,则针入度—温度感应性系数 $A$ 为:

$$A = \frac{\lg 800 - \lg P_{(25℃,5s,100g)}}{T_{R\&B} - 25} \qquad (1\text{-}9\text{-}6)$$

式中：$P_{(25℃,5s,100g)}$——在 25℃,100g,5s 条件下的针入度值(0.1mm);

$T_{R\&B}$——环球法测定的软化点(℃)。

式(1-9-6)中,假定 $T_{软}$ 时针入度值为 800,与实际不完全相符,因此,采用软化点温度计算时仅为 $A$ 的简化值。要测定 $A$ 值,试验温度分别在 15℃、25℃、30℃(或 5℃)3 个或 3 个以上(必要时增加 10℃、20℃)的条件下测定沥青的针入度值,以此来计算 $A$ 值。

(2)针入度指数(PI)的确定。

$A$ 值为小数,为使用方便,改用针入度指数(PI)来表示,即为：

$$PI = \frac{30}{1+50A} - 10 \qquad (1-9-7)$$

针入度指数还可根据针入度指数诺模图求得,如图 1-9-12 所示。

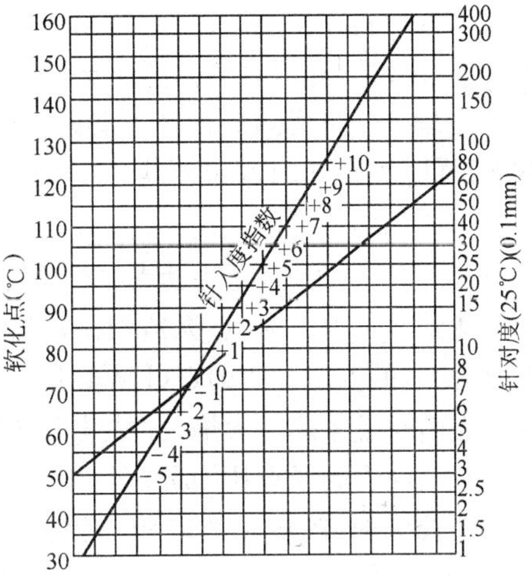

图 1-9-12　确定针入度指数(PI)的诺模图

(3)针入度指数(PI)的应用。

针入度指数范围为 $-10\sim20$。针入度指数值越大,沥青的温度敏感性越低。同时按针入度指数可将沥青分为三种胶体结构,见表 1-9-5。不同用途的沥青常用的针入度指数范围见表 1-9-6。

针入度指数与胶体结构关系　　表 1-9-5

| 针入度指数(PI) | 胶 体 结 构 |
|---|---|
| $<-2$ | 溶胶型 |
| $-2\sim2$ | 溶—凝胶型 |
| $>2$ | 凝胶型 |

不同用途的沥青的针入度指数范围　表 1-9-6

| 用　　途 | 常用的 PI 范围 |
|---|---|
| 道路工程 | $>-2$ |
| 灌缝材料 | $-3\sim1$ |
| 胶粘剂 | $-2\sim5$ |

### 4.大气稳定性

大气稳定性是指石油沥青在热、阳光、空气和水等大气因素的长期作用下,性能保持稳定的能力,也是沥青抵抗老化的性能。石油沥青在储运、加工、使用过程中,长时间暴露在自然气候条件下,沥青的组分和性能都会发生变化,油分和树脂会逐渐减少,沥青质含量会逐渐增加,从而使其物理性能也逐渐产生变化,稠度和脆性增加,这个过程称为沥青的老化现象。

沥青的大气稳定性除了与沥青本身的性能、大气因素作用的强烈程度有关外,还与其他一些因素有关,如沥青使用过程中的温度状况、沥青混合料面层的密实程度。沥青使用过程中如长时间加热或在高温下加热,会产生氧化和聚合反应,使得沥青结构发生变化,从而失去黏结性能,同时也使得沥青在将来的使用过程中更容易老化。沥青混合料面层中存在的孔隙,会促使外界的空气和水进入,加速沥青的老化过程。

沥青的大气稳定性常以蒸发损失和蒸发后针入度比来评定。其测定方法是:先测定沥青试样的质量和针入度值,然后将试样置于加热损失试验专用烘箱中,在规定的温度下蒸发 5h,待冷却后再测定其质量和针入度值。计算蒸发损失质量占原质量的百分数,称为蒸发损失;计算蒸发后针入度占原针入度的百分数,称为蒸发后针入度比。蒸发损失百分数越小和蒸发后针入度比越大,则表示大气稳定性越高,老化越慢。

**5.施工安全性**

沥青材料在使用时需加热,当加热至一定温度时,沥青材料在挥发的油分蒸汽与周围空气组成混合气体,此混合气体遇火焰则易发生闪火。若继续加热,油分蒸汽的饱和度增加,由此种蒸汽与空气组成的混合气体遇火焰极易燃烧,从而引发火灾。为此,需测定沥青加热后闪火和燃烧的温度,即闪点和燃点。

闪点和燃点是保证沥青加热质量和施工安全的一项重要指标。其试验方法(JTG E20—2011 T 0611—2011)是将沥青试样盛于试验仪器的标准杯中,按规定加热速度进行加热。当加热达到某一温度时,点火器扫拂过沥青试样任何一部分表面,出现一瞬即灭的蓝色火焰状闪光时,此时的温度即为闪点(Flash Point);按规定的加热速度继续加热,至点火器扫拂过沥青试样表面时发生燃烧火焰,并持续 5s 以上,此时的温度即为燃点(Fire Point)。

石油沥青的燃点比闪点高约 10℃。沥青中油分含量较大时,闪点和燃点相差较小;沥青质含量较大时,闪点和燃点相差较大。石油沥青熬制时应严格控制其加热温度,使达不到闪点,并尽可能与火焰隔离。

另外,沥青中含有水分过多时,在加热过程中易产生"溢锅"现象,会引起火灾,因此,要求沥青中含水率不宜过高;沥青中不溶物为有害物质,会降低沥青的性能,应加以限制。

## 三 石油沥青的技术标准

不同使用部位的工程所用石油沥青的主要技术标准要求不相同,根据我国现行石油沥青材料标准,石油沥青可分为道路石油沥青、建筑石油沥青、防水防潮石油沥青和普通石油沥青。石油沥青标号主要根据针入度、延度和软化点等指标划分,主要以针入度值表示。

**1.道路石油沥青的技术标准**

**1)道路石油沥青的分级**

《公路沥青路面施工技术规范》(JTG F40—2004)规定,根据沥青的生产和使用水平,道路石油沥青分为 A 级、B 级和 C 级三个等级,各个等级的适用范围见表1-9-7。

道路石油沥青的等级及适用范围表

表 1-9-7

| 沥青等级 | 适用范围 |
|---|---|
| A 级沥青 | 各个等级的公路,适用于任何场合和层次 |
| B 级沥青 | ①高速公路、一级公路沥青下面层及以下的层次,二级及二级以下公路的各个层次;<br>②用作改性沥青、乳化沥青、改性乳化沥青、稀释沥青的基质沥青 |
| C 级沥青 | 三级及三级以下公路的各个层次 |

**2)道路石油沥青标号及技术标准**

道路石油沥青按针入度划分为 160 号、130 号、110 号、90 号、70 号、50 号、30 号七个标号,各标号的主要技术标准见表1-9-8,气候分区见表1-9-9。

**3)道路用液体石油沥青的技术标准**

液体石油沥青适用于透层、黏层及拌制冷拌沥青混合料,根据使用目标与场所,可选用快凝、中凝、慢凝的液体石油沥青。

表 1-9-8

## 道路石油沥青技术标准

| 指标 | 单位 | 等级 | 160号 | 130号 | 110号 | 90号 | 70号 | 50号 | 30号 | 试验方法 |
|---|---|---|---|---|---|---|---|---|---|---|
| 针入度(25℃，100g，5s) | 0.1mm | | 140~200 | 120~140 | 100~120 | 80~100 | 60~80 | 40~60 | 20~40 | T 0604 |
| 适用气候分区 | | | | | 2-1 2-2 3-2 | 1-1 1-2 1-3 2-2 2-3 3-2 | 1-3 1-4 2-2 2-3 2-4 | 1-4 | | T 0604 |
| 针入度指数 PI | | A | -1.5~+1.0 (适用所有标号) | | | | | | | T 0604 |
| | | B | -1.8~+1.0 (适用所有标号) | | | | | | | |
| 软化点(R&B) ≥ | ℃ | A | 38 | 40 | 43 | 45 | 46 | 49 | 55 | T 0606 |
| | | B | 36 | 39 | 42 | 43 | 44 | 46 | 53 | |
| | | C | 35 | 37 | 41 | 42 | 43 | 45 | 50 | |
| 60℃动力黏度 ≥ | Pa·s | A | — | 60 | 120 | 140 160 | 160 180 | 200 | 260 | T 0620 |
| 10℃延度 ≥ | cm | A | 50 | 50 | 40 | 45 30 20 | 30 20 15 | 15 | 10 | T 0605 |
| | | B | 30 | 30 | 30 | 30 20 15 | 20 15 10 | 10 | 8 | |
| 15℃延度 ≥ | cm | A,B | 100 | 80 | 60 | 50 | 40 | 80 | 50 | |
| | | C | | | | | | 30 | 20 | |
| 蜡含量(蒸馏法) ≤ | % | A | 2.2 (适用所有标号) | | | | | | | T 0615 |
| | | B | 3.0 (适用所有标号) | | | | | | | |
| | | C | 4.5 (适用所有标号) | | | | | | | |
| 闪点 ≥ | ℃ | | 230 | 230 | 245 | 245 | 260 | 260 | 260 | T 0611 |

| 指 标 | 单位 | 等级 | 160号 | 130号 | 110号 | 90号 | 70号 | 50号 | 30号 | 试验方法 |
|---|---|---|---|---|---|---|---|---|---|---|
| | | | | | | 沥青标号 | | | | |
| 溶解度(三氯乙烯) ≥ | % | | | | | 99.5 | | | | T 0607 |
| 密度(15℃) | g/cm³ | | | | | 实测记录 | | | | T 0603 |
| TFOT(或 RTFOT)后 | | | | | | | | | | |
| 质量变化 ≤ | % | | | | | ±0.8 | | | | T 0610 或 T 0609 |
| 残留针入度比 ≥ | % | A | 48 | 54 | 55 | 57 | 61 | 63 | 65 | T 0604 |
| | | B | 45 | 50 | 52 | 54 | 58 | 60 | 62 | |
| | | C | 40 | 45 | 48 | 50 | 54 | 58 | 60 | |
| 残留延度(10℃) ≥ | cm | A | 12 | 12 | 10 | 8 | 6 | 4 | — | T 0605 |
| | | B | 10 | 10 | 8 | 6 | 4 | 2 | — | |
| 残留延度(15℃) ≥ | cm | | 40 | 35 | 30 | 20 | 15 | 10 | — | |

注:1. 试验方法按照现行《公路工程沥青及沥青混合料试验规程》(JTG E20—2011)规定的方法执行,用于仲裁试验求取 PI 时的 5 个温度的针入度关系的相关系数不得小于 0.997。

2. 经建设单位同意,表中 PI 值,60℃动力黏度,10℃延度可作为选择性指标,也可不作为施工质量检验指标。

3. 70 号沥青可根据需要求供应商提供针入度范围为 60~70 或 70~80 的沥青,50 号沥青可要求供应针入度范围为 40~50 或 50~60 的沥青。

4. 30 号沥青仅适用于沥青稳定基层,130 号和 160 号沥青除严寒地区可在中,低级公路上直接应用外,通常用作乳化沥青,稀释沥青,改性沥青的基层沥青。

5. 老化试验以 TFOT 为准,也可用 RTFOT 代替。TFOT 指沥青薄膜加热试验,是将一定质量沥青试样装入盛样皿中,使沥青成为约 3.3mm 薄膜,在 163℃烘箱中加热 5h 后,冷却后测其质量损失,残留物的针入度,延度等指标。RTFOT 是指沥青旋转薄膜加热试验。

6. 气候分区见表 1-9-9。

| 气候分区指标 | | 气候分区 | | | |
|---|---|---|---|---|---|
| 按照高温指标 | 高温气候区 | 1 | 2 | | 3 |
| | 气候区名称 | 夏炎地区 | 夏热区 | | 夏凉区 |
| | 七月平均最高温度(℃) | >30 | 20~30 | | <20 |
| 按照低温指标 | 低温气候区 | 1 | 2 | 3 | 4 |
| | 气候区名称 | 冬严寒区 | 冬寒区 | 冬冷区 | 冬温区 |
| | 极端最低温度(℃) | <-37.0 | -37.0~-21.5 | -21.5~-9.0 | >-9.0 |
| 按照雨量指标 | 雨量气候区 | 1 | 2 | 3 | 4 |
| | 气候区名称 | 潮湿区 | 湿润区 | 半干区 | 干旱区 |
| | 年降雨量(mm) | >1000 | 1000~500 | 500~250 | <250 |

注:1. 每个气候分区由 3 个数字表示:第 1 个数字代表高温分区,第 2 个数字代表低温分区,第 3 个数字代表雨量分区,如北京属于 1-3-2 气候分区,为夏炎热冬冷湿润区。

2. 数字越小表示气候因素对沥青路面的影响越严重,如上海属于 1-3-1 分区,为夏炎热冬冷潮湿区,对沥青混合料的高温稳定性和水稳定性要求较高。

### 2. 建筑石油沥青的技术标准

建筑石油沥青是用于制作建筑防水卷材、防水涂料、冷底子油和沥青嵌缝膏等防水材料的主要原料,其产品主要用于屋面、地下或沟槽防水和防潮,建筑物与管道防腐等工程。按针入度划分牌号,建筑石油沥青有 10 号、30 号、40 号三个标号,标号越高,沥青的稠度就越小(即针入度越大),塑性越好(即延度越大),温度稳定性越低(即温度敏感性越大,软化点越低)。建筑石油沥青应符合《建筑石油沥青》(GB/T 494—2010)的要求,其技术标准见表 1-9-10。

**建筑石油沥青技术要求**　　　　　　　　表 1-9-10

| 项　目 | | 质量指标 | | | 试验方法 |
|---|---|---|---|---|---|
| | | 10 号 | 30 号 | 40 号 | |
| 针入度(25℃,100g,5s)(0.1mm) | | 10~25 | 26~35 | 36~50 | — |
| 针入度(46℃,100g,5s)(0.1mm) | | 报告 | 报告 | 报告 | — |
| 针入度(0℃,200g,5s)(0.1mm) | ≥ | 3 | 6 | 6 | GB/T 4509—2010 |
| 延度(25℃,5cm/min)(cm) | ≥ | 1.5 | 2.5 | 3.5 | GB/T 4508—2010 |
| 软化点(环球法)(℃) | ≥ | 95 | 75 | 60 | GB/T 4507—1999 |
| 溶解度(三氯乙烯)(%) | ≥ | 99.0 | | | GB/T 11148—2008 |
| 蒸发后质量变化(163℃,5h)(%) | ≤ | 1 | | | GB/T 11964—2008 |
| 蒸发后 25℃针入度比(%) | ≥ | 65 | | | GB/T 4509—2010 |
| 闪点(开口杯法)(%) | ≥ | 260 | | | GB/T 267—1988 |

注:1. 报告应为实测值。

2. 测定蒸发损失后样品的 25℃针入度与原 25℃针入度之比乘以 100 后,所得的百分比,称为蒸发后针入度比。

### 3. 防水防潮石油沥青的技术标准

与建筑石油沥青技术性质相近,而且质量更好,特别是低温稳定性能较好,适用于建筑物的防水涂层或防水结构的黏结材料。根据防水防潮石油沥青针入度指数分为 3 号、4 号、5 号、6 号四个标号。防水防潮石油沥青应符合《防水防潮石油沥青》(SH 0002—1990)的要求,其技术标准见表 1-9-11。

**防水防潮石油沥青、普通石油沥青的技术标准** 表 1-9-11

| 技术指标 | | 防水防潮石油沥青（SH 0002—1990） | | | | 普通石油沥青（SY 1665—1977） | | |
|---|---|---|---|---|---|---|---|---|
| | | 3 号 | 4 号 | 5 号 | 6 号 | 75 | 65 | 55 |
| 针入度(25℃,100g,5s)(0.1mm) | | 25～45 | 20～40 | 20～40 | 30～50 | 75 | 65 | 55 |
| 延度(25℃,5cm/min)(cm) | | | | — | | 2 | 1.5 | 1 |
| 软化点(环球法)(℃) | ≥ | 85 | 90 | 100 | 95 | 60 | 80 | 100 |
| 针入度指数 | ≥ | 3 | 4 | 5 | 6 | | — | |
| 溶解度(三氯乙烯、三氯甲烷或苯)(%) | ≥ | 98 | 98 | 95 | 92 | 98 | 98 | 98 |
| 蒸发损失(160℃,5h)(%) | ≤ | | 1 | | | | — | |
| 蒸发后针入度比(%) | ≥ | | — | | | | — | |
| 闪点(开口)(℃) | ≥ | 250 | 250 | 270 | 270 | | 230 | |
| 脆点(℃) | ≤ | −5 | −10 | −15 | −20 | | — | |

**4.普通石油沥青的技术标准**

普通石油沥青含蜡量高,与其他石油沥青相比,针入度较大,但塑性较差,温度敏感性太大,其软化点与达到液化的温差很小。其技术标准见表 1-9-11。

## 四 石油沥青的选用

当选用沥青材料时,应根据不同的工程性质、当地气候条件、施工方法和环境温度差别来选用不同品种和标号的沥青。选用的基本原则是:在满足黏滞性、塑性和温度稳定性等主要性质的前提下,尽量选用标号较大的沥青。标号较大的沥青,抗老化能力强,从而保证沥青有较长的作用年限。

**1.道路石油沥青**

道路石油沥青主要用来拌制沥青混凝土或沥青砂浆。

近年来,国际上使用的沥青有向黏稠方向发展的趋势,以增强抗车辙能力,尤其是中、下面层。我国许多地方使用的沥青的针入度偏大,都出现了严重的车辙现象。

我国公路运输重载交通比例大,甚至有严重的超限超载情况,所以我国应选择针入度更小的沥青。结合我国气候特点,对于热拌和沥青混合料,我国大部分地区宜用 50 号及 70 号沥青,只有在很少数寒冷地区宜用 90 号沥青,中、轻交通公路宜用 110 号沥青。

在选择沥青标号时,应注意以下几方面问题:

(1)沥青路面采用的沥青标号,宜按照公路等级、气候条件、交通条件、路面类型及在结构层中的层位和受力特点、施工方法等,结合当地的使用经验,经技术论证后确定。

(2)对高速公路、一级公路,夏季温度高、高温持续时间长、重载交通、山区及丘陵上坡路段、服务区、停车场等行车速度慢的路段,宜采用稠度大、60℃黏度大的沥青,也可提高高温气候分区的温度水平选用沥青;对于冬季寒冷地区或交通量较小的公路、旅游公路,宜选用稠度小、低温延度大的沥青;对温度日温差、年温差大的地区,宜注意选用针入度指数大的沥青。当高温要求与低温要求发生矛盾时,应优先考虑满足高温性能的要求。

**2.建筑石油沥青**

建筑石油沥青在选用时,考虑使用性能、耐久性要求和施工操作需要,针对不同的使用环境和使用条件,综合确定沥青达到的技术性能指标,选择合适的沥青材料。如用作屋面防水层时,高温季节,屋面表面温度比当地最高气温一般高出 $25\sim30℃$。对于可能产生结构变形部位的防水,沥青还应具有足够的塑性,以免出现防水层被拉裂的现象。另外,屋面在露天环境中沥青材料低温季节会出现脆裂,有时还应考虑其低温抗开裂能力(脆点)。

### 3. 防水防潮石油沥青

3 号防水防潮沥青感温性一般,质地较软,用于一般温度下室内及地下结构部分的防水;4 号防水防潮沥青感温性较小,用于一般地区可行走的缓坡屋顶防水;5 号防水防潮沥青感温性小,用于一般地区暴露屋顶或气温较高地区的屋顶;6 号防水防潮沥青感温性最小,且质地较软,除一般地区外,主要用于一般地区暴露屋顶及其他防水防潮工程。

### 4. 普通防水沥青

普通石油沥青含蜡较多,因而温度敏感性大,故在工程中不适于单独使用,只能少量掺配在其他沥青中使用。

## 五 石油沥青的掺配

当某一牌号的石油沥青不能满足工程技术要求时,常需用两种或三种不同牌号的沥青进行掺配。在进行掺配时,为了不使掺配后的沥青胶体结构破坏,应选用表面张力相近和化学性质相似的沥青。试验证明同属石油沥青或同属煤沥青的同产源沥青进行掺配时容易保证掺配后沥青胶体结构的均匀性。

两种沥青掺配的比例可按式(1-9-8)计算:

$$Q_1 = \frac{T_2 - T}{T_2 - T_1} \times 100\% \tag{1-9-8}$$

$$Q_2 = 100 - Q_1 \tag{1-9-9}$$

式中:$Q_1$——较软沥青用量(%);

$Q_2$——较硬沥青用量(%);

$T_1$——较软沥青软化点(℃);

$T_2$——较硬沥青软化点(℃);

$T$——掺配后沥青软化点(℃)。

【例】 某工程需要用软化点为60℃的石油沥青,现在只有 30 号建筑石油沥青和 A-180 的道路石油沥青,已知 30 号建筑石油沥青的软化点为 75℃,A-180 道路石油沥青的软化点为 40℃,计算这两种沥青的掺量。

**解**:A-180 沥青掺量:

$$Q_1 = \frac{T_2 - T}{T_2 - T_1} \times 100\% = \frac{75 - 60}{75 - 40} \times 100\% = 43\%$$

30 号沥青掺量:

$$Q_2 = 100\% - Q_1 = 100\% - 43\% = 57\%$$

以计算出的掺配比例为中心,在其 $5\%\sim10\%$ 的邻近范围内,分别进行不少于三组的试配试验,测定掺配后沥青的软化点,然后绘制"掺配比例—软化点"关系曲线,从曲线上确定实际的掺配比例。

# 学习项目二　其他沥青材料

　煤沥青

### 1.定义与分类

用烟煤炼焦或制取煤气时,干馏过程中的挥发物质,经冷凝而成黑色黏稠液体,再经分馏加工提取各种油分之后所得残渣即为煤沥青(又称柏油)。

根据蒸馏程度不同,煤沥青分为低温煤沥青(软化点低于 75℃)、中温煤沥青(软化点为75~95℃)和高温煤沥青(软化点为 95~120℃),土木工程上多采用黏稠或半固体的低温煤沥青。

### 2.特性与应用

与石油沥青相比,煤沥青密度大,塑性、温度稳定性、大气稳定性都较差,冬季易脆裂,夏季易软化,老化快,故不宜用于屋面防水和温度变化较大的环境。但煤沥青的黏性好,与矿料表面黏附力较强,并含有酚、蒽等有毒成分,所以常用作地下防水和木材防腐材料以及道路用沥青混凝土。

由于煤沥青含有有毒和臭味的成分,在储存和施工中,应遵守有关操作和劳保规定,以防中毒。石油沥青和煤沥青不能混合使用,它们的制品也不能相互粘贴或直接接触,否则易发生分层,成团,失去胶凝性,造成无法使用或防水效果下降的后果。

### 3.煤沥青与石油沥青的鉴别

石油沥青与煤沥青由于各自成分不同,因而具有不同的性质,可以满足使用上的不同要求,不应错用,且一般情况下也不得随意混用。但两者外观相似,容易混淆,要掌握两者的简易鉴别方法。

(1)烫烧法:用烧红的铁棒去烫时,石油沥青冒白烟、有松香味,而煤沥青冒黄烟、有刺激性臭味。

(2)汽油法:取一小块沥青,在 30~50 倍汽油或煤油中溶解后,蘸几滴溶液滴在纸上,观察纸上斑痕,若纸上斑痕均匀散开,呈棕色者为石油沥青;纸上斑痕不均匀,内圈黑色、周围棕色或黄绿色者为煤沥青。

## 二　乳化沥青

### 1.定义

乳化沥青是将黏稠沥青加热至流动状态,经机械作用,而形成细小颗粒(粒径为2~5μm),加入有机乳化剂和稳定剂的水中,形成均匀稳定的乳状液。它是目前世界上日益推广使用的一种沥青。

### 2.特性

乳化沥青有许多优点:稠度小,具有良好的流动性,可在常温下进行冷施工,操作简便,节约能源;以水为溶剂,无毒、无臭,施工中不污染环境,且对操作人员的健康无有害影响;可在潮湿的基层表面上使用,能直接与湿集料拌和,黏结力不降低。

乳化沥青也存在缺点:存储稳定性较差,储存期一般不宜超过六个月,且乳化沥青修筑道路的成型期较长,最初要控制车辆的行驶速度。

3.应用

(1)乳化沥青适用于沥青表面处治路面、沥青贯入式路面、冷拌沥青混合料路面,修补裂缝,喷洒透层、黏层与封层等。乳化沥青的品种和适用范围宜符合表1-9-12的规定。

乳化沥青品种及适用范围 表1-9-12

| 分  类 | 品种及代号 | 适 用 范 围 |
|---|---|---|
| 阳离子乳化沥青 | PC-1 | 表处、贯入式路面及下封层用 |
| | PC-2 | 透层油及基层养生用 |
| | PC-3 | 黏层油用 |
| | BC-1 | 稀浆封层或冷拌沥青混合料用 |
| 阴离子乳化沥青 | PA-1 | 表处、贯入式路面及下封层用 |
| | PA-2 | 透层油及基层养生用 |
| | PA-3 | 黏层油用 |
| | BA-1 | 稀浆封层或冷拌沥青混合料用 |
| 非离子乳化沥青 | PN-2 | 透层油用 |
| | BN-1 | 与水泥稳定集料同时使用(基层路拌或再生) |

(2)乳化沥青类型根据集料品种及使用条件选择。阳离子乳化沥青可适用于各种集料品种,阴离子乳化沥青适用于碱性石料。乳化沥青的破乳速度、黏度宜根据用途与施工方法选择。

(3)乳化沥青的质量应符合表1-9-13的规定。在高温条件下,宜采用黏度较大的乳化沥青,在寒冷条件下,宜使用黏度较小的乳化沥青。

(4)制备乳化沥青用的基质沥青,对高速公路和一级公路,宜符合表1-9-7道路石油沥青A、B级沥青的要求,其他情况可采用C级沥青。

## 三 改性沥青

土木工程所用沥青材料应具备良好的综合性能。如在高温条件下,应具有一定的强度和热稳定性而不流淌;在低温条件下,具有一定的弹性和塑性而不脆断,以及在使用条件下的抗老化能力,还应与各种矿物质材料有良好的黏结性。沥青本身不能完全满足这些要求,故常在沥青中掺入一定量的橡胶、树脂等高分子材料等外掺剂,或采取对沥青轻度氧化加工等措施,使沥青的性能得以改善。常用的种类如下。

1.矿物填料改性沥青

在沥青中加入一定数量的矿物填充料,可以提高沥青的黏性和耐热性,减少沥青的温度敏感性,主要适用于生产沥青胶。

矿物填料有粉状和纤维状两种,常用的填料有滑石粉、石灰石粉、硅藻土、石棉绒、云母粉、磨细砂、粉煤灰、水泥、高岭土、白粉等。

道路用乳化沥青技术要求

表 1-9-13

| 试验项目 | 单位 | 品种及代号 | | | | | | | | | |
|---|---|---|---|---|---|---|---|---|---|---|---|
| | | 阳离子 | | | | 阴离子 | | | | 非离子 | |
| | | 喷洒用 | | | 拌和用 | 喷洒用 | | | 拌和用 | 喷洒用 | 拌和用 |
| | | PC-1 | PC-2 | PC-3 | BC-1 | PA-1 | PA-2 | PA-3 | BA-1 | PN-2 | BN-1 |
| 破乳速度 | | 快裂 | 慢裂 | 快裂或中裂 | 慢裂或中裂 | 快裂 | 慢裂 | 快裂或中裂 | 慢裂或中裂 | 慢裂 | 慢裂 |
| 粒子电荷 | | 阳离子(+) | | | | 阴离子(一) | | | | 非离子 | |
| 筛上残留物(1.18mm筛) ≤ | % | 0.1 | | | | 0.1 | | | | 0.1 | |
| 黏度 恩格拉黏度计 $E_{25}$ | | 2~10 | 1~6 | 1~6 | 2~30 | 2~10 | 1~6 | 1~6 | 2~30 | 1~6 | 2~30 |
| 黏度 道路标准黏度计 $C_{25,3}$ | s | 10~25 | 8~20 | 8~20 | 10~60 | 10~25 | 8~20 | 8~20 | 10~60 | 8~20 | 10~60 |
| 蒸发残留物 残留分含量 ≥ | % | 50 | 50 | 50 | 55 | 50 | 50 | 50 | 55 | 50 | 55 |
| 蒸发残留物 溶解度 ≥ | % | 97.5 | | | | 97.5 | | | | 97.5 | |
| 蒸发残留物 针入度(25℃) | 0.1mm | 50~200 | 50~300 | 45~150 | 45~150 | 50~200 | 50~300 | 45~150 | 45~150 | 50~300 | 60~300 |
| 蒸发残留物 延度(15℃) ≥ | cm | 40 | | | | 40 | | | | 40 | |
| 与粗集料的黏附性、裹附面积 ≥ | | 2/3 | 2/3 | — | — | 2/3 | 2/3 | — | — | 2/3 | — |
| 与粗、细集料拌和试验 | | — | — | 均匀 | 均匀 | — | — | 均匀 | 均匀 | — | 均匀 |
| 水泥拌和试验的筛上剩余 ≤ | % | — | | | | — | | | | — | 3 |
| 常温储存稳定性: 1d ≤ | % | 1 | | | | 1 | | | | 1 | |
| 常温储存稳定性: 5d ≤ | % | 5 | | | | 5 | | | | 5 | |

注:1. P 为喷洒型,B 为拌和型,C、A、N 分别表示阳离子、阴离子、非离子乳化沥青。

2. 黏度可选用恩格拉黏度(在试样规定温度下,由恩格拉黏度计同度样时间的流量,流出 50mL 所需时间与流出同体积的水所需时间的比值)计或道路标准黏度计之一测定。

3. 表中的破乳速度、与集料的黏附性,拌和试验,与所使用的石料品种有关,质量检验时应采用工程上实际使用的石料进行试验,仅进行乳化沥青产品质量评定时,可不要求此三项指标。

4. 储存稳定性根据施工实际情况选用试验时间,通常采用 5d,乳液生产后能在当天使用时也可用 1d 的稳定性。

5. 当乳化沥青需要在低温冻融条件下储存或使用时,尚需按 T 0656 进行 −5℃ 低温储存稳定性试验,要求没有粗颗粒,不结块。

6. 如果乳化沥青是将高浓度产品运到现场经稀释后使用时,表中的蒸发残留物等各项残留物浓度指标均指稀释前乳化沥青的要求。

矿物掺量要适当,一般掺量为 20%～40% 时,效果较好。

2.橡胶改性沥青

橡胶是石油沥青的重要改性材料。石油沥青和橡胶的混溶性较好,可使沥青具有类似橡胶的很多优点,如在高温下变形小,低温下具有一定柔韧性。

1)SBS 改性沥青

SBS 是以丁二烯、苯乙烯为单体,加溶剂、引发剂、活化剂,以阴离子聚合反应生成的共聚物。SBS 热塑性橡胶兼有橡胶和塑料的特性,常温下具有橡胶的弹性,当温度升到 180℃ 时,又能像塑料那样变软、熔融、流动,易于加工,而且具有多次的可塑性。所以采用 SBS 橡胶改性沥青,其耐高温、低温性能均有明显提高,制成的卷材弹性和耐疲劳性也大大提高,是目前应用最成功和用量最大的一种改性沥青。

SBS 的掺入量一般为 5%～10%。主要用于制作防水卷材,此外,也可用于制作防水涂料等。

2)氯丁橡胶改性沥青

氯丁橡胶(CR)是由氯丁二烯聚合而成,其强度、耐磨性均大于天然橡胶。石油沥青中掺入氯丁橡胶后,可使其气密性、低温柔韧性、耐化学腐蚀性、耐光、耐臭氧化、耐候性和耐燃性等都得到大大改善。氯丁橡胶掺入的方法有溶剂法和水乳法。溶剂法是先将氯丁橡胶溶于一定的溶剂(如甲苯)中形成溶液,然后掺入液态沥青,混合均匀即可。水乳法是将橡胶和石油沥青分别制成乳液,然后混合均匀即可使用。

氯丁橡胶改性沥青常作为胶粘剂用于改性沥青防水卷材,以及用于制作防水涂料等。

3)丁基橡胶改性沥青

丁基橡胶是异丁烯—异戊二烯的共聚物,其中,以异丁烯为主,其抗拉强度好,耐热性和抗扭曲性均较强。丁基橡胶沥青具有优异的耐分解性,并有较好的低温抗裂性和耐热性。丁基橡胶沥青的配制方法与氯丁橡胶沥青类似,将丁基橡胶碾成小片,在搅拌时把小片加到 100℃ 的溶剂中(不得超过 110℃),制成浓溶液。同时,将沥青加热脱水熔化成液体状沥青。通常在 100℃ 左右把两种液体按比例混合搅拌均匀并进行浓缩 15～20min。也可以将丁基橡胶和石油沥青分别制备成乳液,然后再按比例将两种乳液混合。

丁基橡胶在混合物中含量一般为 2%～4%。多用于道路路面工程和制作密封材料及涂料。

4)再生橡胶改性沥青

再生橡胶掺入沥青中,同样可大大提高沥青的气密性、低温柔韧性、耐光、耐热、耐臭氧性、耐气候性。再生橡胶沥青材料的制备,是将废旧橡胶加工成 1.5mm 以下的颗粒,然后与沥青混合,经加热搅拌脱硫,就能得到具有一定弹性、塑性和黏结力良好的再生橡胶沥青材料。

废旧橡胶的掺量视需要而定,一般为 3%～15%。再生橡胶沥青可以制成卷材、片材、密封材料、胶粘剂和涂料等。

也可在热沥青中加入适量磨细的废橡胶粉,并强烈搅拌,可得到废橡胶粉改性沥青。胶粉改性沥青质地的好坏,主要取决于混合的温度、橡胶的种类、细度、沥青的质量等。废橡胶粉加入到沥青中,可明显提高沥青的软化点,降低沥青的脆点。

对石油沥青进行改性的目的主要是为了改善其使用性能或延长其使用寿命,如提高其抗高温流淌、抗低温开裂、抗车辙变形、抗疲劳应力、抗滑、抗老化性等。但不同类别的橡胶改性剂对沥青的改性效果有较大差别。即使将多种橡胶改性剂同时掺入,也难以全面改善沥青的各种性能。因此,在应用橡胶改性剂对石油沥青进行改性时,应该以工程急需解决的主要问题为主攻目标,适当选择一种或几种改性剂,从而获得较好的技术经济效果。如欲改善沥青的高温、低温特性,可采用 SBS 聚合物改性剂。

### 3.树脂改性沥青

用树脂对沥青进行改性,可以改善沥青的低温柔韧性、耐热性、黏结性、不透气性及抗老化能力。由于石油沥青中芳香类物质含量很少,故一般树脂和石油沥青的相溶性较差,而和煤焦油及煤沥青的相溶性较好,主要用于煤沥青的改性。

#### 1)APP 改性沥青

APP 即无规聚丙烯,常温下为白色胶状物质,无明显的熔点。无规聚丙烯加入沥青中,使沥青的软化点提高,从而降低了温度敏感性。同时,其化学稳定性、耐水性、耐冲击性、低温柔韧性及抗老化能力大大提高。生产时,将 APP 加入熔化沥青中,经强力搅拌均化而成。APP 改性沥青具有发展潜力,如意大利 85% 以上的柔韧性屋面防水材料均采用 APP 改性沥青油毡。

APP 改性沥青主要用于防水卷材。

#### 2)聚氯乙烯(PVC)改性煤焦油

聚氯乙烯在常温下几乎不溶于任何溶剂,但是在一定温度下,与煤焦油有较好的相溶性。在生产中,将 PVC 树脂在强力搅拌条件下,加入熔化的煤焦油中均化而成。

PVC 改性煤焦油温度稳定性大大提高,即具有较高的高温稳定性和低温柔韧性。同时,其拉伸强度、伸长率、耐蚀性及不透水性和抗老化能力等也有较大幅度的改善。

PVC 树脂的掺量应在满足工程要求的条件下使掺量最少,以降低成本。主要用于密封材料。

#### 3)聚乙烯树脂改性沥青

将沥青加热熔化脱水,再加入聚乙烯(常用低压聚乙烯),并不断搅拌 30min,温度保持在 140℃左右,即可得到均匀的聚乙烯树脂改性沥青。

#### 4)环氧树脂改性沥青

环氧树脂改性后沥青的强度和黏结力大大提高,但对延伸性改变不大。环氧树脂改性沥青可应用于屋面、厕所、浴室的修补,其效果较佳。

#### 5)古马隆树脂改性沥青

古马隆树脂又名香豆酮树脂,为热塑性树脂。呈黏稠液体或固体状,浅黄色至黑色,易溶于氯化烃、酯类、硝基苯、酮类等有机溶剂等。

将沥青加热熔化脱水,在 150～160℃情况下,把古马隆树脂放入熔化的沥青中,并不断搅拌,再将温度升至 185～190℃,保持一定时间,使之充分混合均匀,即得到古马隆树脂改性沥青。树脂掺量约 40%,这种沥青的黏性较大,可以和 SBS 等材料一起用于自黏结油毡和沥青基黏结剂。

### 4.橡胶和树脂共混改性沥青

同时用橡胶和树脂来改善石油沥青的性质,可使沥青兼具橡胶和树脂的特性,且橡胶和树脂间有较好的混溶性,常用有氯化聚乙烯—橡胶共混改性沥青和聚氯乙烯—橡胶共混改性沥青。橡胶和树脂共混改性沥青可用于生产卷材、片材、密封材料和防水涂料等。

◀ 单 元 小 结 ▶

石油沥青是复杂的高分子化合物,可分离为油分、树脂、沥青质三个组分(三组分分析法),或饱和分、芳香分、胶质和沥青质四个组分(四组分分析法)。根据沥青中各组分的相对含量,石油沥青的胶体结构可分为溶胶型、溶—凝胶型和凝胶型三种类型。石油沥青的化学组分、化学结构和胶体结构与沥青的性能有密切的相关性。蜡对沥青的高温稳定性、低温抗裂性、与集料的黏附性等都有一定的影响。

石油沥青的主要技术性质包括黏滞性、塑性、温度稳定性、大气稳定性,同时,闪点、燃点直接影响沥青的施工安全性。根据我国现行石油沥青材料标准,石油沥青可分为道路石油沥青、建筑石油沥青、防水防潮石油沥青和普通石油沥青,不同的石油沥青具有不同的用途和技术标准。

改性沥青是采用各种措施使沥青性能得到改善的沥青,主要有三大类型的改性沥青:橡胶改性沥青、树脂改性沥青、橡胶树脂共混改性沥青。

◀ 拓 展 知 识 ▶

近年来,"保护环境、节约能源、可持续发展"已成为世界各国的共识,在道路工程建设中,积极采用节能环保的新技术已成为广大道路工作者的研究方向之一。在这些新技术中,橡胶沥青技术、温拌沥青技术都得到了很好的研究和应用。橡胶沥青及其混合料能消耗大量的废旧轮胎,解决了废旧轮胎堆放造成的环境污染问题,有效地促进了材料的循环再利用。加之,橡胶沥青及其混合料拥有突出的抗裂性能和抗老化性能,其他性能也满足规范对改性沥青的要求,因此橡胶沥青是当前路面材料领域的研究热点之一。而温拌沥青技术最显著的特点在于其生产和施工温度比传统的热拌沥青混合料低30℃以上,可以大大降低能源消耗,减少有害气体和粉尘的排放,还能保证和热拌沥青混合料基本相同的使用品质。

# 思考与练习

**一、填空题**

1. 当沥青中树脂组分含量较高时,沥青的塑性( ),黏结性( )。

2. 评定石油沥青塑性的指标是( ),评定沥青黏滞性的指标是( ),评定沥青温度敏感性的指标是( )。

3. 针入度是反映石油沥青的( )大小,1度为( )mm。

4. 评价石油沥青的三大指标包括( )、( )和( )。

5. 沥青的胶体结构可分为( )、( )和( )三种类型。

6. 石油沥青的安全性评价采用( )和( )来表示。

## 二、选择题

1.（　　）说明石油沥青的大气稳定性愈高。
   A. 蒸发损失愈小和蒸发后针入度比愈大　　　B. 蒸发损失和蒸发后针入度比愈大
   C. 蒸发损失和蒸发后针入度比愈小　　　　　D. 蒸发损失愈大和蒸发后针入度比愈小

2. 随着时间的延长,石油沥青的组分递变的顺序是(　　)。
   A. 油分→树脂→沥青质　　　　　　　　　B. 树脂→油分→沥青质
   C. 油分→沥青质→树脂　　　　　　　　　D. 沥青质→树脂→油分

3. 沥青的软化点越高,说明沥青的(　　)。
   A. 温度稳定性差　　　　　　　　　　　　B. 温度敏感性高
   C. 温度敏感性低　　　　　　　　　　　　D. 无法评价

4. 石油沥青老化后,其软化点较原沥青将(　　)。
   A. 保持不变　　　　　　　　　　　　　　B. 升高
   C. 降低　　　　　　　　　　　　　　　　D. 先升高后降低

5. 目前,国内外测定沥青蜡含量的方法很多,但我国标准规定的是(　　)。
   A. 蒸馏法　　　　　　B. 硫酸法　　　　　　C. 组分分析法　　　　　　D. 化学分析法

6. 用于质量仲裁检验的沥青样品,重复加热的次数不得超过(　　)。
   A. 一次　　　　　　　B. 两次　　　　　　　C. 三次　　　　　　　D. 四次

7. 通常软化点较高的沥青,则其(　　)较好。(含蜡量高的沥青除外)
   A. 气候稳定性　　　　B. 热稳定性　　　　　C. 黏结性　　　　　　D. 塑性

8. 延度较大的沥青,则其(　　)较好。
   A. 气候稳定性　　　　B. 温度稳定性　　　　C. 黏结性　　　　　　D. 塑性

9. 标号为 AH-90 的沥青,其针入度为(　　)(0.1mm)。
   A. 40～60　　　　B. 60～80　　　　C. 80～100　　　　D. 100～120

10. 沥青针入度试验属于条件黏度试验,其条件为(　　)。
   A. 温度　　　　B. 时间　　　　C. 针的质量　　　　D. A+B+C

## 三、判断题

1. 评价黏稠石油沥青路用性能最常用的三大技术指标为针入度、软化点及脆点。（　　）
2. 沥青软化点试验时,当升温速度超过规定的升温速度时,试验结果将偏高。　　（　　）
3. 石油沥青的标号是根据沥青规定条件下的针入度、延度以及软化点值来确定的。

　　　　　　　　　　　　　　　　　　　　　　　　　　　　　　　　　　　　（　　）

4. 沥青延度试验中,如发现沥青细丝浮于水面,则应及时利用酒精将水的密度调整至与试样相近后,继续进行试验。　　　　　　　　　　　　　　　　　　　　　　　　　（　　）

5. 针入度指数的大小表征沥青的感温性和胶体结构类型。　　　　　　　　　　（　　）

6. 乳化沥青所用沥青材料的针入度越大越好。　　　　　　　　　　　　　　　（　　）

7. 沥青密度是在规定温度(20℃)条件下,单位体积的质量,单位为 $kg/m^3$ 或 $g/cm^3$。

　　　　　　　　　　　　　　　　　　　　　　　　　　　　　　　　　　　　（　　）

## 四、简答题

1. 为什么沥青使用若干年后会逐渐变硬变脆?
2. 试述蜡对沥青路用性能的影响?
3. 试述石油沥青的胶体结构,并据此说明石油沥青各组分的相对比例对其性能的影响。

4. 石油沥青的主要技术性质有哪些?

5. 为什么要对沥青改性,具体有哪些方法?

**五、分析评定题**

甲、乙两种沥青技术指标如表 1-9-14 所示,试分析评判甲、乙两种沥青质量的优劣(包括温度感应性、PI 值、胶体结构、变形能力等)。

甲、乙两种沥青技术指标表 表 1-9-14

| 种类<br>指标 | | 甲 | 乙 |
|---|---|---|---|
| 针入度(25℃,100g,5s)(0.1mm) | | 100 | 100 |
| 软化点 $T_{R\&B}$(℃) | | 45 | 58 |
| 延度 | (25℃,5cm/min)(cm) | 100 | 5 |
| | (15℃,5cm/min)(cm) | 100 | 2 |

# 第二篇 专业模块

# 单元一　无机结合料稳定材料

◎ **职业能力目标**

1.能进行无机结合料稳定材料的组成设计；

2.能正确选择无机结合料稳定材料的原材料。

◎ **知识目标**

1.熟悉无机结合料稳定材料的基本概念与组成；

2.了解无机结合料稳定材料的强度形成原理；

3.掌握无机结合料稳定材料组成的设计方法。

## 学习项目一　概　　述

无机结合料稳定材料是在粉碎或原状的土(或砂砾)中掺入一定量的无机胶结材料和适量的水,经拌和、压实与养生后,得到的具有较高后期强度,整体性和水稳定性均较好的材料。

无机结合料稳定材料应用广泛,但由于其耐磨性差,在路面工程中一般不用于路面面层,主要作为路面基层材料。其刚度介于柔性路面材料和刚性路面材料之间,故常将这类材料称为半刚性材料,以此修筑的基层或底基层亦称半刚性基层(或底基层)。

## 学习项目二　无机结合料稳定土的组成

### 一 无机结合料稳定材料的分类

无机结合料稳定材料的种类很多,其常见的分类方法如下。

**1.按结合料中集料分类**

根据无机结合料稳定材料组成的集料将其分为两大类:

(1)稳定土类,即在粉碎或原状松散的土中掺入一定量的无机结合材料所形成,如水泥稳定土等。

(2)稳定粒料类,即在松散的碎石或砂砾中掺入一定量的无机结合材料形成,如水泥稳定碎石等。

**2.按结合料中稳定材料分类**

根据无机胶结材料的种类不同,稳定材料可分为四大类:

(1)用石灰稳定的混合料类称为石灰稳定类,如石灰稳定土等。

（2）用水泥稳定的混合料类称为水泥稳定类，如水泥稳定土、水泥稳定砂砾等。

（3）同时用水泥和石灰稳定的混合料类称为综合稳定类，如综合稳定土、综合稳定砂砾等。

（4）用一定量的石灰和工业废渣稳定的混合料称为石灰工业废渣稳定类，如石灰粉煤灰碎石。

无机结合料稳定材料使用时应根据结构要求、掺和料和原材料的供应情况及施工条件进行综合技术、经济比较后选用。本章主要介绍无机结合料稳定土类材料。

## 二　无机结合料稳定土组成材料

### 1.土

粉碎的或原状松散的土，按照土的颗粒组成及土中单个颗粒（指碎石、砾石、砂和土颗粒）粒径的大小，将土分成细粒土、中粒土和粗粒土。细粒土是指颗粒的最大粒径不大于4.75mm，公称最大粒径不大于2.36mm的土或集料，包括各种黏质土、粉质土、砂和石屑；中粒土是指颗粒的最大粒径不大于26.5mm，公称最大粒径大于2.36mm且不大于19.0mm的土或集料，包括砂砾土、碎石土、级配砂砾和级配碎石；粗粒土是指颗粒的最大粒径不大于53mm，公称最大粒径大于19mm且不大于37.5mm的土或集料，包括砂砾土、碎石土、级配砂砾和级配。

1）水泥稳定土（Cement Stabilized Soil）

凡能经济地粉碎的土都可用水泥稳定，试验和生产证明，砂性土用水泥稳定效果最好。其次是粉性土和黏性土，重黏土不宜单独用水泥来稳定。

（1）二级及二级以下公路对土的质量要求。

①底基层（Sub Base）。单个颗粒的最大粒径不应超过53mm，水泥稳定土的颗粒组成应在表2-1-1所列范围内，土的均匀系数应大于5。细粒土（Fine Grained Soil）的液限不应超过40％，塑性指数不应超过17。对于中粒土（Medium Grained Soil）和粗料土（Coarse Grained Soil），如土中小于0.6mm的颗粒含量在30％以下，塑性指数可稍大。在实际工作中，宜选用均匀系数大于10、塑性指数小于12的土。塑性指数大于17的土，宜采用石灰稳定，或用水泥和石灰综合稳定。

用作底基层时水泥稳定土的颗粒组成范围 表2-1-1

| 筛孔尺寸(mm) | 53 | 4.75 | 0.6 | 0.075 | 0.002 |
|---|---|---|---|---|---|
| 通过质量百分率(%) | 100 | 50～100 | 17～100 | 0～50 | 0～30 |

注：1.本表中所用筛均为方孔筛。在无相应尺寸方孔筛的情况下，可先将颗粒组成在半对数坐标纸上画出两根级配曲线，然后在对数坐标上查找所需筛孔的位置或点，从此点引一垂直线向上与两根曲线相交。从两交点画水平线与垂直坐标相交，即可得到所需颗粒尺寸的通过百分率。

2.如用圆孔筛，则最大粒径可为所列数值的1.2～1.25倍。

②基层（Base）。单个颗粒的最大粒径不应超过37.5mm。水泥稳定土的颗粒组成应在表2-1-2范围内。集料中不宜含有塑性指数的土。对于二级公路，宜按接近级配范围的下限组配混合料或采用表2-1-3中的2号级配。

用作基层时水泥稳定土的颗粒组成范围 表2-1-2

| 筛 孔 尺 寸(mm) | 通过质量百分率(%) | 筛 孔 尺 寸(mm) | 通过质量百分率(%) |
|---|---|---|---|
| 37.5 | 90～100 | 2.36 | 20～70 |

| 筛孔尺寸(mm) | 通过质量百分率(%) | 筛孔尺寸(mm) | 通过质量百分率(%) |
|---|---|---|---|
| 26.5 | 66～100 | 1.18 | 14～57 |
| 19 | 54～100 | 0.6 | 8～47 |
| 9.5 | 39～100 | 0.075 | 0～30 |
| 4.75 | 28～84 | | |

(2)高速公路和一级公路对土的质量要求。

①底基层。单个颗粒的最大粒径不应超过 37.5mm。水泥稳定土的颗粒组成应在表 2-1-3 所列 1 号级配范围内,土的均匀系数应大于 5。细粒土(Fine Grained Soil)的液限不应超过 40%,塑性指数不应超过 17。对于中粒土(Medium Grained Soil)和粗粒土(Coarse Grained Soil),如土中小于 0.6mm 的颗粒含量在 30% 以下,塑性指数可稍大。在实际工作中,宜选用均匀系数大于 10、塑性指数小于 12 的土。塑性指数大于 17 的土,宜采用石灰稳定,或用水泥和石灰综合稳定。对于中粒土和粗粒土,宜采用表 2-1-3 中的 2 号级配,但小于 0.075 mm 的颗粒含量和塑性指数可不受限制。

**水泥稳定土的颗粒组成范围**　　　　　表 2-1-3

| 质量通过百分率(%) 项目 | 编号 | 1 | 2 | 3 |
|---|---|---|---|---|
| 筛孔尺寸(mm) | 37.5 | 100 | 100 | |
| | 31.5 | | 90～100 | 100 |
| | 26.5 | | | 90～100 |
| | 19 | | 67～90 | 72～89 |
| | 9.5 | | 45～68 | 47～67 |
| | 4.75 | 50～100 | 29～50 | 29～49 |
| | 2.36 | | 18～38 | 17 |
| | 0.6 | 17～100 | 8～22 | 8～22 |
| | 0.075 | 0～30 | 0～7 | 0～7 |

注:集料中 0.6mm 以下细粒土有塑性指数时,小于 0.075mm 的颗粒含量不应超过 5%;细粒土无塑性指数时,小于 0.075mm 的颗粒含量不应超过 7%。

②基层。单个颗粒的最大粒径不应超过 31.5mm。水泥稳定土的颗粒组成应在表 2-1-3 中所列 3 号级配范围内。

2)石灰稳定土(Lime Stabilized Soil)

在粉碎的或原来松散的土(包括各种粗、中、细粒土)中,掺入足量的石灰和水,经拌和、压实及养生后得到的混合料,当其抗压强度符合规定的要求时,称为石灰稳定土。

用石灰稳定细粒土得到的强度符合要求的混合料,称为石灰土。

砂性土、粉性土、黏性土都可以用石灰来稳定,一般来说,黏土颗粒的活性强,表面积大,表面能量也比较大,故掺入石灰等活性材料后,所形成离子交换作用、碳化作用、结晶作用和火山灰作用都比较活跃,故适当的增大土的塑形指数对强度有利。重黏土虽然黏土颗粒含量多,但由于不易粉碎和拌和,稳定效果反而会差些,并且还容易产生缩裂。如土的塑形指数偏小,则施工时难于碾压成型。因此,宜采用塑形指数为 15～20 的黏土以及含有一定数量黏性土的中粒土或粗粒土用作石灰稳定土。对于硫酸盐含量超过 0.8% 的土和有机质含量超过 10% 的土,不宜用石灰稳定。

（1）石灰稳定土用做高速公路和一级公路的底基层时，颗粒的最大粒径不应超过37.5mm；用作其他等级公路的底基层时，颗粒的最大粒径不应超过53mm，见表2-1-4。

（2）石灰稳定土适用于二级和二级以下公路基层时，颗粒的最大粒径不应超过37.5mm，见表2-1-4。

**石灰稳定土的最大粒径要求**　　　　表2-1-4

| 最 大 粒 径(mm) | 部 位 | 公 路 等 级 |
|---|---|---|
| ≤37.5 | 底基层 | 高速、一级 |
| ≤53 | | 其他等级 |
| ≤37.5 | 基层 | 二级及二级以下 |

3）石灰工业废渣稳定土

一定数量的石灰和粉煤灰或石灰和煤渣与其他集料相配合，加入适量的水（通常为最佳含水率），经拌和、压实及养生后得到的混合料，当其抗压强度符合规定的要求时，称为石灰工业废渣稳定土（简称石灰工业废渣）。

宜采用塑形指数为15～20的黏土（亚黏土），有机质含量不超过10%，最大粒径不应大于15mm。

**2. 无机结合料**

1）水泥

普通硅酸盐水泥、矿渣硅酸盐水泥和火山灰硅酸盐水泥都可用于稳定土，但应选用初凝时间3h以上和终凝时间较长（宜在6h以上）的水泥。不应使用快硬水泥、早强水泥以及已受潮变质的水泥。宜采用强度等级32.5或42.5的水泥；稳定土的强度还与水泥用量有关，一般来说，水泥剂量愈大，稳定土的强度愈高，但过多的水泥用量，在经济上不一定合理，而且容易开裂。所以水泥用量应在保证稳定土达到所规定的强度和稳定性的前提下，取尽可能低的水泥用量。

2）石灰

各种化学组成的石灰均可用于稳定土，但石灰质量应符合要求，石灰的技术指标见表2-1-5的规定。应尽量缩短石灰的存放时间。石灰在野外堆放时间较长时，应采用覆盖防潮措施。

**石灰的技术指标**　　　　表2-1-5

| 指 标 类别<br>项 目 | 钙质生石灰 | | | 镁质生石灰 | | | 钙质消石灰 | | | 镁质消石灰 | | |
|---|---|---|---|---|---|---|---|---|---|---|---|---|
| | 等　　级 | | | | | | | | | | | |
| | Ⅰ | Ⅱ | Ⅲ | Ⅰ | Ⅱ | Ⅲ | Ⅰ | Ⅱ | Ⅲ | Ⅰ | Ⅱ | Ⅲ |
| 有效钙加氧化镁含量(%) | ≥85 | ≥80 | ≥70 | ≥80 | ≥75 | ≥65 | ≥65 | ≥60 | ≥55 | ≥60 | ≥55 | ≥50 |
| 未消化残渣含量的筛余(%)(5mm 圆孔筛) | ≤7 | ≤11 | ≤17 | ≤10 | ≤14 | ≤20 | | | | | | |
| 含水率(%) | | | | | | | ≤4 | ≤4 | ≤4 | ≤4 | ≤4 | ≤4 |
| 细度 0.71mm方孔筛的筛余(%) | | | | | | | 0 | ≤1 | ≤1 | 0 | ≤1 | ≤1 |
| 0.125mm方孔筛的筛余(%) | | | | | | | ≤13 | ≤20 | — | ≤13 | ≤20 | — |
| 钙镁石灰的分类界限，氧化镁含量(%) | ≤5 | | | >5 | | | ≤4 | | | >4 | | |

198

石灰工业废渣稳定土所用石灰质量应符合表 2-1-5 规定的Ⅲ级消石灰或Ⅲ级生石灰的技术指标。

石灰中产生黏结性的有效成分是活性氧化钙和氧化镁。它们的含量愈多,活性愈高,石灰的质量也愈好。有效氧化钙和氧化镁含量分别采用中和滴定和络合滴定的测定方法。

石灰剂量对石灰土强度影响显著,石灰剂量较低(小于 3%～4%)时,石灰主要起稳定作用,土的塑形、膨胀性、吸水量减少,使土的密实度、强度得到改善。随着剂量的增加,强度和稳定性均提高,但剂量超过一定范围时,强度反而降低。石灰的最佳剂量,对黏性土和粉性土来说,为干土重的 8%～16%,对砂性土来说,为干土重的 10%～18%。剂量的确定应根据结构层技术要求进行混合料组成设计。

由于石灰剂量对石灰土强度影响显著,所以稳定土中石灰的剂量是我们控制的一个重要指标。常见的水泥或石灰剂量测定方法有 EDTA 滴定法和钙电极快速测定法。

(1)EDTA 滴定法。本方法适用于工地快速测定水泥或石灰稳定土中水泥和石灰剂量,并可以检查拌和的均匀性。用于稳定的土可以是细粒土,也可以是中粒土和粗粒土。本方法不受水泥和石灰稳定土龄期(7d 以内)的影响。工地水泥和石灰稳定土含水率的少量变化(±2%),实际上也不影响测定结果。本方法进行一次剂量测定只需要 10min。

(2)钙电极快速测定法。此法适用于测定新拌石灰土中石灰剂量的测定。它是根据不同掺灰剂量的石灰土,经氯化铵溶液作用后,若所生成的氯化钙量不同,则钙离子选择电极能将不同量的钙离子以电位(mV)形式在仪器上显示出来。根据不同的掺灰量,有不同的电位值。用事先配制标准曲线便可以找出相应的掺灰量。

在剂量不大的情况下,钙质石灰比镁质石灰稳定土的初期强度高,镁质石灰稳定土在剂量大时,后期强度优于钙质石灰稳定土。

3)工业废渣

石灰工业废渣稳定土中可利用的工业废渣有:粉煤灰、煤渣、高炉矿渣、钢渣(已经过崩解达到稳定),及其他冶金矿渣、煤矸石等。

(1)粉煤灰。粉煤灰是火力发电厂排放的废渣,它在细分散状态下与水和消石灰或水泥混合,能反应生成具有黏结性的物质。所以石灰粉煤灰可用来稳定各种粒料和土,又称二灰土。

粉煤灰中 $SiO_2$、$Al_2O_3$ 和 $Fe_2O_3$ 的总含量应大于 70%,烧失量不应超过 20%;粉煤灰的比表面积宜大于 2500$cm^2$/g(或 90% 通过 0.3mm 筛孔,70% 通过 0.075mm 筛孔)。干粉煤灰和湿粉煤灰都可以应用,湿粉煤灰的含水率不宜超过 35%。干粉煤灰如堆积在空地上应加水,防止飞扬造成污染。使用时,应将凝固的粉煤灰块打碎或过筛,同时清除有害杂质。

(2)煤渣。煤渣是煤经锅炉燃烧后的残渣,它的主要成分是 $SiO_2$ 和 $Al_2O_3$,它的松干密度在 700～1100$kg/m^3$ 之间。煤渣的最大粒径不应大于 30mm,颗粒组成宜有一定级配,且不含杂质。

3.水

稳定土中水的技术指标应符合水泥混凝土用水标准要求,一般饮用水均满足要求。水分以满足稳定土形成强度的需要,同时使稳定土在压实时具有一定的塑形,以达到所需的压实度。水分还可以使稳定土在养生时具有一定的湿度。最佳含水率用标准击实试验确定。

## 学习项目三　无机结合料稳定材料的技术性质

### 一　无机结合料稳定材料的强度形成原理

**1.石灰稳定土强度形成原理**

**1)离子交换作用**

土的微小颗粒一般都带有负电荷,表面吸附着一定数量的钠、氢、钾等低价阳离子($Na^+$、$H^+$、$K^+$)。石灰是一种强电解质,在土中加入石灰和水后,石灰在溶液中电离出来的钙离子($Ca^{2+}$)就与土中的钠、氢、钾离子产生离子交换作用。原来的钠(钾)土变成了钙土,土颗粒表面所吸附的离子由一价变成了二价,减少了土颗粒表面吸附水膜的厚度,使土粒相互之间更为接近,分子引力随着增加,许多单个土粒聚成小团粒,组成一个稳定结构。它在初期发展迅速,使土的塑形降低,最佳含水率增加和最大密度减小。

**2)结晶作用**

在石灰中只有一部分熟石灰$Ca(OH)_2$进行离子交换作用,绝大部分饱和$Ca(OH)_2$自行结晶。熟石灰与水作用生成熟石灰结晶网格,其化学反应式为:

$$Ca(OH)_2 + nH_2O \longrightarrow Ca(OH)_2 \cdot nH_2O$$

由于结晶作用,把土粒胶结成整体,使石灰土的整体强度得到提高。

**3)火山灰作用**

熟石灰的游离$Ca^{2+}$与土中的活性$SiO_2$和氧化铝$Al_2O_3$作用,生成含水的硅酸钙和铝酸钙,其化学反应式为:

$$xCa(OH)_2 + SiO_2 + nH_2O \longrightarrow CaO \cdot SiO_2 \cdot (n+1)H_2O$$
$$xCa(OH)_2 + Al_2O_3 + nH_2O \longrightarrow CaO \cdot Al_2O_3 \cdot (n+1)H_2O$$

上述形成的熟石灰结晶网格及含水的硅酸钙和铝酸钙结晶都是胶凝物质,它们具有水硬性并能在固体和水两种环境下发生硬化。这些胶凝物质在土微粒团的外围形成一层稳定保护膜,或填充颗粒空隙,从而使颗粒间产生结合料,减小空隙与透水性,同时提高了密实度。这是石灰土获得强度和水稳定性的基本原因,但这种作用比较缓慢。

**4)碳化作用**

在土中的$Ca(OH)_2$与空气中的二氧化碳作用,生成$CaCO_3$结晶,其化学反应式为:

$$Ca(OH)_2 + CO_2 + nH_2O \Longrightarrow CaCO_3 + (n-1)H_2O$$

$Ca(OH)_2$是坚硬的结晶体,它和其生成的复杂盐类把土粒胶结起来,从而大大提高了土的强度和整体性。

由于以上的各种反应,促使土颗粒形成了团粒结构,从而降低了土的塑性指数;同时最佳含水率随石灰剂量的增加而增大,最大干密度则随石灰剂量的增加而减少。

**2.水泥稳定土强度形成原理**

在利用水泥来稳定土的过程中,水泥、土和水之间发生了多种非常复杂的作用,从而使土的性能发生了明显的变化。这些作用主要表现在以下几个方面。

**1)硬凝反应**

硬凝反应也是水泥的水化反应。在水泥稳定土中,首先发生的是水泥自身的水化反应,从而产生具有胶结能力的水化产物,这是水泥稳定土强度的主要来源。水泥水化生成的水化产物,在土的孔隙中相互交织搭接,将土颗粒包覆连接起来,使土逐渐丧失了原有的塑形等性质,并且随着水化产物的增加,混合料也逐渐坚固起来。

水泥稳定土中水泥的水化与水泥混凝土中水泥的水化之间还有所不同。在水泥稳定土中,水泥的水化硬化条件较混凝土中差得多;特别是由于黏土矿物对水化产物中的 $Ca(OH)_2$ 具有强烈的吸附和吸收作用,使溶液中的碱度降低,影响了水泥水化产物的稳定性;同时水化硅酸钙中的 C/S 会逐渐降低析出 $Ca(OH)_2$,从而使混合料的结构发生了较大的变化。因此在选用水泥时,在其他条件相同的情况下,应优先选用硅酸盐水泥,必要时还应对水泥稳定土进行"补钙",以提高混合料中的碱度。

2)离子交换作用

当土中具有较高活性的细小土颗粒与水接触时,黏土颗粒表面通常带有一定量的负电荷,这层带负电荷的离子就称为电位离子。在带负电的黏土颗粒表面,就会吸引周围溶液中的正离子,如 $K^+$、$Na^+$ 等,这些与电位离子电荷相反的离子就称为反离子。靠近颗粒的反离子与颗粒表面结合较紧密,当黏土颗粒运动时,结合较紧密的反离子将随颗粒一起运动,而其他反离子将不产生运动;由此在运动与不运动的反离子之间便出现了一个滑移面,滑移面上的电位称为电动电位;由于反离子的存在,离开颗粒表面越远电位越低,经过一定的距离电位将降低为零,此距离称为双电层厚度。

在稳定土中,水泥水化生成的大量氢氧化钙溶于水后,在土中形成了富含 $Ca^{2+}$ 的碱性环境。当溶液中富含 $Ca^{2+}$ 时,因为 $Ca^{2+}$ 的电价高于 $K^+$、$Na^+$ 等离子,因此与电位离子的吸引力较强,从而取代了 $K^+$、$Na^+$,成为反离子,同时 $Ca^{2+}$ 的双电层电位的降低速度加快,因此使电动电位减少、双电层的厚度降低、黏土颗粒之间的距离减小,增强了土的凝聚性,从而改变土的塑形,使土具有一定的强度和稳定度,这种作用就称为离子交换作用。

3)化学激发作用

土的矿物组成中含有大量的硅氧四面体和铝氧八面体,在通常情况下,这些矿物具有较高的稳定性,但当黏土颗粒周围介质的 pH 值增加到一定程度时,黏土矿物中的部分 $SiO_2$ 和 $Al_2O_3$ 的活性将被激发出来,与溶液中的 $Ca^{2+}$ 进行反应,生成新的矿物,这些矿物主要是具有胶凝作用的硅酸钙和铝酸钙系列,因此可进一步提高水泥稳定土的强度和水稳定性。

4)碳化作用

水泥水化生成的 $Ca(OH)_2$,除了可与黏土矿物发生化学反应外,还可进一步与空气中的 $CO_2$ 发生碳化反应并生成碳酸钙晶体,在生成过程中其体积产生膨胀,对土的基体起到了填充和加固作用,但是这种碳化作用相对来讲比较弱,并且反应过程也比较缓慢。

## 二 无机结合料稳定材料的技术性质和技术标准

为满足行车、气候和水文地质等的要求,稳定材料需具备一定的技术性质和相关的技术标准。

### 1. 无机结合稳定材料的应力—应变特性(Stress-strain Characteristic)

无机结合稳定材料的应力—应变特性是指在荷载作用下的变形特性,与原材料的性质、结合料的性质与剂量、密实度、含水率以及龄期有关。

无机结合稳定材料的重要特点之一是强度和模量随龄期的增长而不断增长,逐渐具有一定的刚性。一般规定水泥稳定类材料设计龄期为三个月,石灰或者二灰(石灰粉煤灰)稳定类材料,设计龄期为六个月。

无机结合稳定材料的应力—应变特性试验方法有顶面法、粘贴法、夹具法和承载板法等。试件有圆柱体试件和梁式(分大、中、小梁)试件。试验内容有抗压强度、抗压回弹模量、劈裂强度和劈裂模量、抗弯拉强度和抗弯拉模量等。

无机结合稳定材料的抗拉强度远小于其抗压强度,因此,抗拉强度是路面结构设计的主要指标,抗压强度是材料组成设计的主要指标。

抗拉强度的测试方法:直接抗拉试验、间接抗拉试验和弯拉试验;抗压强度的测试方法:7d无侧限抗压试验(6d养生,1d饱水,顶面法)。

下面介绍材料组成设计中以抗压强度为主要指标的相关的技术标准要求[《公路工程无机结合料稳定材料试验规程》(JTG E51—2009)]。

1)试件尺寸

无机结合稳定材料的抗压强度试件采用的都是高:直径=1:1的圆柱体,不同颗粒大小的土应采用不同的试件尺寸,见表2-1-6。试件制备时,尽可能用静力压实法制备等干密度的试件。

无机结合稳定材料无侧限抗压强度试件尺寸                    表 2-1-6

| 土的颗粒大小 | 颗粒最大粒径 | 试件尺寸(直径×高)(mm) |
|---|---|---|
| 细粒土 | ≤5 | 50×50 |
| 中粒土 | ≤25 | 100×100 |
| 粗粒土 | ≤40 | 150×150 |

2)强度标准

不同公路等级、稳定剂类型和路面结构层次的无机结合料稳定土的抗压强度标准也不一样,具体见表2-1-7。

无机结合稳定土抗压强度标准                    表 2-1-7

| 稳定剂类型 | 结构层位 | 公路等级 | |
|---|---|---|---|
| | | 二级及二级以下公路(MPa) | 高速公路和一级公路(MPa) |
| 水泥稳定类 | 基层 | 2.5~3 | 3~5 |
| | 底基层 | 1.5~2 | 1.5~2.5 |
| 石灰稳定类 | 基层 | ≥0.8 | — |
| | 底基层 | 0.5~0.7 | ≥0.8 |
| 二灰混合料 | 基层 | 0.6~0.8 | 0.8~1.1 |
| | 底基层 | ≥0.5 | ≥0.6 |

2. 密度

密度是衡量材料内部紧密程度的指标,密度越大,材料越密实,其耐久性和强度就愈高。无机结合稳定材料的密度往往用压实度来表示,但其大小与含水率有密切的关系。

1)压实度(Degree of Compaction)

压实度是指土或其他筑路材料在施加外力作用下,能获得的密实程度。它等于材料的干密度与最大干密度之比,以百分率表示。

2)含水率(Moisture Content of Soil)

含水率是材料中所含水分的质量与干燥材料质量的比值。适量的水在土颗粒之间起着润滑作用,有利于稳定材料的压实,但过多的水分,虽然能继续减小材料的内摩擦阻力,单位材料中空气的体积也逐渐减少到最小程度,而水的体积却不断增加。由于水不可被压缩,因此,在相同的压实功下,土颗粒的压实效果较差。此外,在使用过程中,由于自由水的蒸发,在材料中留下了大量的孔隙,从而降低了材料的密度和耐久性。当水分含量过少时,由于材料颗粒间缺乏必要的水分润滑,使材料的内摩阻力加大,增加了压实的难度,同时由于材料含水率过低,材料的可塑性则变得较差。

用等量的机械功去击实无机结合稳定材料,可以得到的最大密度,此时的含水率称为最佳含水率。

无机结合稳定材料的最佳含水率和最大干密度需通过标准击实试验得到。

3. 无机结合稳定材料的疲劳特性(Fatigue Characteristic)

疲劳破坏是指材料在小于极限应力的重复应力作用下最终达到破坏状态,重复应力的作用次数称为疲劳寿命。

无机结合料稳定材料的疲劳寿命主要取决于受拉应力与极限弯拉应力之比 $\sigma_f/\sigma_s$,即通常所说的应力水平。原则上,当 $\sigma_f/\sigma_s$ 小于50%时,无机结合料稳定材料可经受无限次重复加荷而无疲劳破裂,但是,由于材料的变异性,实际试验时,其疲劳寿命要小得多。在一定应力条件下,材料的疲劳寿命取决于材料的强度和刚度。强度愈大刚度愈小,其疲劳寿命就愈长。

常用的疲劳试验有弯拉疲劳试验和劈裂疲劳试验。

4. 无机结合料稳定材料的干缩特性(Dry Shrinkage)

无机结合料稳定材料经拌和压实后,由于水分挥发和混合料内部发生的水化作用,混合料的水分会不断减少。由于水的减少而发生的毛细管作用、吸附作用、分子间力的作用、材料矿物晶体或凝胶体间层间水的作用和碳化收缩作用等,都会引起无机结合料稳定材料体积的收缩,收缩变形受到约束时,逐渐形成裂缝,称为干缩裂缝。

干缩裂缝的主要评价指标是干缩应变和干缩系数。干缩应变 $\varepsilon_d$ 是指水分损失引起的试件单位长度的收缩量,计算见式(2-1-1),干缩系数 $\alpha_d$ 是某失水量时,试件单位失水率的干缩应变,计算见式(2-1-2),

$$\varepsilon_d = \frac{\Delta l}{l} \tag{2-1-1}$$

式中:$\varepsilon_d$——干缩应变;

　　　$\Delta l$——含水率损失(mm);

　　　$l$——试件长度(mm)。

$$\alpha_d = \frac{\varepsilon_d}{\Delta w} \tag{2-1-2}$$

式中:$\alpha_d$——干缩系数;

　　　$\varepsilon_d$——干缩应变;

　　　$\Delta w$——试件总失水量(mm)。

无机结合料稳定材料的干缩特性(最大干缩应变和平均干缩系数)的大小与结合料的类型、剂量、被稳定材料的类别、粒料含量、小于0.6mm的细颗粒的含量、试件含水率和龄期等有关。对于稳定细粒土,三类半刚性材料的收缩性的大小排列为:石灰土>水泥土和水泥石灰土>石灰粉煤灰土。

5. 无机结合料稳定材料的温缩特性(Thermalhermal Shrinkage Characteristic)

无机结合料稳定材料是由固相(组成其空间骨架结构的原材料的颗粒和其间的胶结物)、液相(存在于固相表面与空隙中的水和水溶液)和气相(存在于空隙中的气体)组成,所以,无机结合料稳定材料的外观胀缩性是三相不同的温度收缩性的综合效应的结果。原材料中砂粒以上颗粒的温度收缩系数较小,粉粒以下的颗粒温度收缩性较大。

半刚性材料温度收缩的大小与结合料类型和剂量、被稳定材料的类别、粒料含量、龄期等有关。结果表明:石灰土砂砾>悬浮式石灰粉煤灰粒料>密实式石灰粉煤灰粒料和水泥砂砾。

半刚性基层一般在高温季节修建,成型初期基层内部含水率较大,且尚未被沥青面层封闭,基层内部的水分必然要蒸发,从而发生由表及里的干燥收缩。同时,环境温度也存在昼夜温度差,因此,修建初期的半刚性基层同时受到干燥收缩和温度收缩的综合作用,但以干燥收缩为主,必须注意养生保护。

经过一定龄期的养生,半刚性基层上铺筑沥青面层后,基层内相对湿度略有增大,使材料的含水率趋于平衡,这时半刚性基层的变形则以温度收缩为主。

6. 水稳定性和抗冻稳定性

稳定类基层材料除具有适当的强度,还应具备一定的水稳定性和冰冻稳定性。否则,稳定类基层由于面层开裂、渗水或者两侧路肩渗水将使稳定土含水率增加,强度降低,从而使路面过早破坏。在冰冻地区,将会加剧这种破坏。材料的水稳定性和抗冻性可用浸水强度和冻融循环试验来评价。

## 三 影响无机结合料稳定材料强度的因素

1. 土质

土的类别和性质是影响无机结合料稳定材料强度的重要因素。一般不同成因的土都可以用石灰稳定,但相比较而言,黏性土比较好;各类砂砾土、砂土、粉土和黏土均可用水泥稳定,但稳定效果不同。用水泥稳定级配良好的砂砾效果最好,不但强度高,而且水泥用量少,其次是砂性土,再次之是粉性土和黏性土。重黏土因难粉碎和拌和,不宜单独用水泥来稳定。

2. 稳定剂品种和用量

当采用石灰做稳定剂时,必须测定石灰中有效氧化钙和氧化镁的含量,施工中石灰质量达到Ⅲ级要求即可。石灰剂量对石灰土强度影响显著,当石灰剂量较低(小于 3%～4%)时,石灰主要起稳定作用,土的塑性、膨胀、吸水量减小,使土的密实度、强度得到改善。随着剂量的增加,强度也随之提高,但剂量超过一定值时,强度反而降低。因此,石灰质量差,不能靠增加石灰剂量来提高强度,否则,适得其反。

当采用水泥做稳定剂时,水泥的矿物成分和分散度对其稳定效果有明显影响。对于同一种土,通常情况下,硅酸盐水泥的稳定效果好。在水泥硬化条件相似,矿物成分相同时,随着水泥分散度的增加,水泥稳定土的强度也大大提高。因此,用于水泥稳定土的水泥应选用强度等级比较低的水泥,提高剂量,从而提高水泥的分散性。但过多的水泥用量,虽获得强度的增加,在经济上不一定合理,且容易开裂。

在二灰土中,粉煤灰的品质、用量将决定其强度。通常情况下,二灰土中石灰与粉煤灰比例大致在 1:2～1:4 之间时,强度较高;对于同样含量的粉煤灰,被稳定材料中细料含量增加和塑性指数增加,石灰用量也随之增加。

### 3.含水率

一般情况下,用最佳含水率下压实的干密度较大的试件的强度也较高,因此,实际施工中尽可能达到最佳含水率,并注意控制养护水分的蒸发,以保证某些稳定剂的水化。

### 4.密实度

密实度越大,材料有效受荷面积越大,强度越高,受水影响的可能性减少。密实度应通过选材和合适的施工工艺综合控制。

### 5.施工时间的长短

施工时间的长短对水泥稳定土影响较大,水泥稳定土从开始加水拌和到完全压实的时间要尽可能短,一般不应超过6h,若碾压或湿拌的时间拖长,部分水泥就会产生结硬现象,影响水泥稳定土的压实度,从而导致其强度损失。

### 6.养生条件

稳定土的强度发展需要适当的温度和湿度。必须在潮湿的条件下养护。否则其强度将显著下降。同时,养护温度越高,强度增长越快。

## 学习项目四　无机结合料稳定材料的组成设计

稳定类材料组成设计是路面结构设计的重要组成部分,也称混合料设计,其所要求达到的目标是:满足设计强度要求,抗裂性达到最好,且便于施工。混合料组成设计的基本原则是:结合料剂量合理、尽可能采用综合稳定以及集料应有一定的级配(集料靠拢而不紧密,其空隙让无机结合料填充)。结合料剂量太低不能形成半刚性材料,剂量太高,则刚度太大,容易脆裂。采用综合稳定时,水泥可提高其早期强度,石灰使产生的刚度不大,掺入一定的粉煤灰可以降低收缩系数。

由于无机结合料稳定材料种类很多,不可能进行全面介绍,这里主要介绍常用的石灰、水泥稳定土的组成设计。其他类型的混合料设计可参照此法进行。

### 一　设计依据与标准

石灰、水泥稳定土设计的依据目前主要有强度和耐久性。

各种结合料的强度标准建议值见表2-1-7。关于耐久性标准,鉴于现行冻融试验方法所建立的试验条件与稳定层在路面结构中所遇到的环境条件相比,更为恶劣,因此,我国《公路路面基层施工技术规范》(JTJ 034—2004)规定:混合料进行设计时,仅采用一个设计标准,即无侧限抗压强度。

### 二　原材料试验

原材料试验主要进行下列试验:
(1)颗粒分析;
(2)液限和塑形指数;
(3)相对密度;
(4)击实试验;

(5)压碎值；

(6)有机质含量(必要时做)；

(7)硫酸盐含量(必要时做)；

(8)稳定剂性质试验。

### 三 混合料配合比设计步骤

(1)选定不同的石灰或水泥剂量，制备同一种土样的混合料试件若干，规范《公路路面基层施工技术规范》(JTJ 034—2000)建议水泥剂量如表2-1-8和表2-1-9所示。

建议水泥剂量 表2-1-8

| 层 位 | 土 类 | 水泥剂量 |
|---|---|---|
| 基层 | 中粒土和粗料土 | 3%，4%，5%，6%，7% |
| | 塑性指数小于12的细粒土 | 5%，7%，8%，9%，11% |
| | 其他细粒土 | 8%，10%，12%，14%，16% |
| 底基层 | 中粒土和粗料土 | 3%，4%，5%，6%，7% |
| | 塑性指数小于12的细粒土 | 4%，5%，6%，7%，9% |
| | 其他细粒土 | 6%，8%，9%，10%，12% |

建议石灰剂量 表2-1-9

| 层 位 | 土 类 | 石 灰 剂 量 |
|---|---|---|
| 基层 | 砂砾土和碎石土 | 3%，4%，5%，6%，7% |
| | 塑性指数小于12的黏性土 | 10%，12%，13%，14%，16% |
| | 塑性指数大于12的黏性土 | 5%，7%，9%，11%，13% |
| 底基层 | 塑性指数小于12的黏性土 | 8%，10%，11%，12%，14% |
| | 塑性指数大于12的黏性土 | 5%，7%，8%，9%，11% |

(2)确定各种混合料的最佳含水率和最大干(压实)密度，至少应做三个不同剂量混合料的击实试验，即最小剂量、中间剂量和最大剂量，其余两个混合料的最佳含水率和最大干密度用内插法确定。

(3)按规定的压实度，分别计算不同石灰剂量的试件应有的干密度。

(4)按最佳含水率和计算得的干密度制备试件。进行强度试验时，作为平行试验的最少试件数量应不小于表2-1-10中的规定。如试验结果的偏差系数大于表中规定的值，则应重做试验，并找出原因，加以解决。如不能降低偏差系数，则应增加试件数量。

最少试件数量 表2-1-10

| 试件数量 偏差系数 土 类 | <10% | <10%～15% | 15%～20% |
|---|---|---|---|
| 细粒土 | 6 | 9 | |
| 中粒土 | 6 | 9 | 13 |
| 粗粒土 | | 9 | 13 |

(5)试件在规定温度下保温养生6d，浸水24h后，按《公路工程无机结合料稳定材料试验规程》(JTG E51—2009)进行无侧限抗压强度试验。

(6)计算试验结果的平均值和偏差系数。

(7)根据表 2-1-7 的强度标准,选定合适的水泥或石灰剂量。此剂量试件室内试验结果的平均抗压强度 $\overline{R}$ 应符合式(2-1-3)的要求:

$$\overline{R} \geqslant \frac{R_\mathrm{d}}{1 - Z_\mathrm{a}C_\mathrm{v}} \tag{2-1-3}$$

式中:$R_\mathrm{d}$——设计抗压强度(表 2-1-7);

$C_\mathrm{v}$——试验结果的偏差系数(以小数计);

$Z_\mathrm{a}$——标准正态分布表中随保证率(或置信度 $\alpha$)而变的系数,高速公路和一级公路应取保证率 95%,即 $Z_\mathrm{a}=1.645$;其他公路应取保证率 90%,即 $Z_\mathrm{a}=1.282$。

(8)工地实际采用的水泥或石灰剂量应比室内试验确定的剂量多 0.5%~1.0%。采用集中厂拌法施工时,可只增加 0.5%;采用路拌法施工时,宜增加 1%。

(9)水泥的最小剂量应符合表 2-1-11 的规定。

水泥的最小剂量　　　　表 2-1-11

| 拌和方法<br>土　类 | 路拌法 | 集中厂拌法 |
|---|---|---|
| 中粒土和粗粒土 | 4% | 3% |
| 细粒土 | 5% | 4% |

(10)综合稳定土的组成设计与上述步骤相同。

【例】　某新建二级公路,因地处潮湿地带类型,选用石灰土作为底基层。设计强度要求 7d 龄期的饱水强度为 0.7MPa,试设计石灰剂量。

解:根据现场采集的土样筛分和试验得 $w_\mathrm{L}=33.34\%$、$I_\mathrm{p}=12.31$,确定为中液限土。

通过击实试验求得石灰剂量分别为 8%、10%、11%、12%、14% 的最佳含水率及对应的最大干密度见表 2-1-12。

不同石灰剂量的最佳含水率和最大干密度　　　　表 2-1-12

| 石灰剂量(%) | 最佳含水率(%) | 最大干密度(g/cm³) | 石灰剂量(%) | 最佳含水率(%) | 最大干密度(g/cm³) |
|---|---|---|---|---|---|
| 8 | 10.91 | 1.839 | 12 | 12.56 | 1.848 |
| 10 | 11.38 | 1.85 | 14 | 13.35 | 1.818 |
| 11 | 11.84 | 1.854 | | | |

在按所要求的最佳含水率 $w_0$,最大干密度 $\rho_\mathrm{d}$ 制备满足施工压实度的石灰剂量分别为 8%、10%、11%、12%、14% 的试件,每组 6 个,并按规范要求进行保湿养生 6d,浸水 1d,然后进行抗压试验,并将计算结果列于表 2-1-13。

不同石灰剂量的抗压强度　　　　表 2-1-13

| 石灰剂量<br>试件编号 | 8 | 10 | 11 | 12 | 14 |
|---|---|---|---|---|---|
| 1 | 0.616 | 0.642 | 0.758 | 0.698 | 0.590 |
| 2 | 0.588 | 0.652 | 0.728 | 0.708 | 0.572 |
| 3 | 0.632 | 0.690 | 0.753 | 0.669 | 0.566 |
| 4 | 0.626 | 0.672 | 0.782 | 0.656 | 0.618 |
| 5 | 0.590 | 0.664 | 0.747 | 0.693 | 0.607 |
| 6 | 0.568 | 0.624 | 0.769 | 0.632 | 0.584 |
| 平均值 | 0.603 | 0.657 | 0.756 | 0.676 | 0.589 |

由表列计算结果知：当石灰剂量为 11％时的平均抗压强度最高。故验算该组 6 个试件的相关情况，然后判断是否还要补做试件。

$$\overline{R} = 0.756\text{MPa}; \sigma_{n-1} = 0.0186\text{MPa}; C_v = 0.0246$$

因为系二级公路，应取保证率为 95％，$Z_a = 1.645$；依据设计强度要求 $R_d = 0.7\text{MPa}$，代入式(2-1-3)得：

$$\frac{R_d}{1 - Z_a C_v} = \frac{0.7}{1 - 1.645 \times 0.0246} = 0.73 < \overline{R} = 0.756$$

结果表明，满足表 2-1-7 和式(2-1-3)的要求。故从强度选择，灰土的石灰剂量为 11％。但剂量的选用，不能单纯追求高强度，还应全面考虑材料费用、施工成本和拌和机具等条件来最后确定。

► 单 元 小 结 ◄

无机结合料稳定材料是指通过无机胶结材料将松散的集料黏结称为具有一定强度的整体材料。常用的有水泥稳定类和石灰稳定类，无机结合稳定材料是通过复杂的物理和化学作用形成强度的，被广泛用于公路路面结构中。

稳定类混合材料的主要技术要求为：强度、抗裂性及水稳定性，这些性质取决于结合料的质量与掺量、稳定土种类、含水率、养生温度与龄期等。

稳定类材料组成设计，也称混合料设计，是根据对某种稳定材料规定的技术要求，选择合适的原材料、掺配用料（需要时），确定结合料的种类、剂量和混合料的最佳含水率。

► 拓 展 知 识 ◄

无机结合料处治粒料是一种应用较普遍的筑路材料，广泛用于柔性路面的基层和底基层，用于基层的常为较优质的级配碎石。具有最佳级配的优质碎石还可用于半刚性基层与沥青面层之间，作为减少沥青路面反射裂缝的措施。

无机结合料基层包括：级配碎石、级配砾石和填隙碎石基层，均为由碎石或砾石与石屑或砂，按最佳级配原理修筑而成的路面结构层。由于无机结合料基层是用粒径大小不同的集料，按一定的比例配合，逐级填充空隙，能形成密实的结构。其强度主要来源于碎石（或砾石）本身强度及碎石（或砾石）颗粒之间的嵌挤力。即其强度是由摩阻力和黏结力构成，因此属于柔性结构层。对于无机结合料基层，保证高质量的碎（砾）石，获得高密度的良好级配和良好的施工压实手段至关重要。

## 思考与练习

**一、填空题**

1. 无机结合料稳定材料根据其组成的集料材料分为（　　　）和（　　　）两大类。

2. 无机结合料稳定土的组成材料有( )、( )和( )。

3. 常见的水泥或石灰剂量测定方法有( )和( )两种。

4. 无机结合稳定材料的抗压强度采用( )状态下的无侧抗压强度。

5. 无机结合稳定材料的密度用压实度表示,它等于材料( )与( )的比值。

6. 无机结合稳定材料的最佳含水率和最大干密度都是通过( )试验得到的。

7. 无机结合料的力学特性包括( )、( )和( )。

## 二、选择题

1. 无机结合料稳定材料组成设计的设计依据是( )龄期的无侧限抗压强度。

    A. 7d         B. 14d         C. 21d         D. 28d

2. EDTA 滴定法测定水泥或石灰剂量时,判定反应完全的依据是锥形瓶内液体变为( )。

    A. 粉红色     B. 橙色         C. 玫瑰红色     D. 蓝色

3. 测定无机结合料稳定材料的侧限抗压强度时,试件需浸水养护( )。

    A. 1d         B. 3d         C. 5d         D. 7d

4. 无机结合料稳定材料设计强度的确定依据中不包括( )。

    A. 公路等级     B. 路面结构层次     C. 土的类型     D. 稳定材料类型

5. 无机结合料稳定材料适用于( )。

    A. 路基         B. 路面基层     C. 路面面层     D. 表面磨耗层

## 三、判断题

1. 无机结合料稳定土强度试件成型时,一个试件的质量为:$G = P_{干max}V_{体}(1+w)K$。各符号的意义:$G$ 为试件质量;$P_{干max}$ 为理论最大密度;$V_{体}$ 为试件体积;$w$ 为混合料含水率(%);$K$ 为稳定土层要求压实度 ( )

2. 在无机结合稳定材料中,无机结合料水泥和石灰都存在最佳剂量。 ( )

3. 水泥稳定砂性土效果最好,强度高而且水泥用量少。 ( )

4. 无机结合料稳定材料进行设计时,采用无侧限抗压强度作为设计标准。 ( )

5. 无机结合料稳定材料中,含水率指材料中所含水分的质量与材料总质量的比值。 ( )

## 四、简答题

1. 什么是无机结合料稳定类材料?

2. 影响无机结合料稳定材料强度的因素有哪些?

3. 简述水泥稳定土组成设计的步骤。

# 单元二　沥青混合料

1.能对矿质混合料的组成进行设计;
2.具备沥青混合料质量检测和评定的能力;
3.能对热拌沥青混合料进行配合比设计。

◎ 知识目标

1.掌握矿质混合料的级配理论和组成设计方法;
2.掌握热拌沥青混合料的组成结构、技术性质和组成材料的技术性质;
3.理解热拌沥青混合料配合比设计方法。

## 学习项目一　矿质混合料组成设计

矿质混合料是由多种粗细不同的集料按一定的配合比搭配而成的混合料,是组成沥青混合料的骨架。矿质混合料中的集料按粒径分为粗集料和细集料两类,粗集料是指粒径大于2.36mm的碎石、破碎砾石、筛选砾石和矿渣等,细集料是指粒径小于2.36mm的天然砂、人工砂(包括机制砂)及石屑。

为使沥青混合料具有优良的路用性能,不同粒径的各级矿质集料必须按一定的比例搭配,使矿质混合料达到最小空隙率,各级集料紧密排列,密实度达到最大,形成一个多级空间骨架结构,具有最大的摩擦力。因此,在配制沥青混合料时首先需要对矿质混合料进行组成设计,以确定组成混合料各集料的比例。

### 一　矿质混合料的级配

1.级配类型

1)连续级配

连续级配混合料是由连续粒级的集料组成,集料尺寸由小到大连续分级,每级粒径均占有一定比例。采用标准套筛对某一连续级配的混合料进行筛分试验,所得的级配曲线平顺圆滑,具有连续性。

2)间断级配

间断级配用混合料是在矿质混合料中剔除其中某一粒级或几个粒级而形成一种不连续的级配。级配曲线由于缺少某些粒径的集料而出现平台。

连续级配和间断级配曲线见图2-2-1。

2.级配范围与级配曲线

1)级配范围

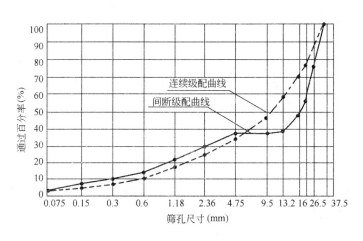

图 2-2-1　连续级配曲线和间断级配曲线

各级矿质集料搭配达到最大密度时,在理论上各粒径集料存在一个最佳的比例,这就是理想级配,也称为理论级配。但由于矿料在轧制过程中的不均匀性,以及混合料配制时的误差等因素影响,使所配制的混合料往往不可能与理论级配完全相符。因此,必须允许配料时的级配在适当的范围内波动,这就是级配范围。根据已确定的沥青混合料类型,查阅规范所推荐的矿质混合料级配表,即可确定所需的矿质混合料的级配范围。如表 2-2-1 所示,中粒式沥青混凝土采用的 AC-16 型矿质混合料的级配范围。

AC-16 型矿质混合料的级配范围　　　　　　　　　表 2-2-1

| 级配类型 | | 通过下列筛孔(方孔筛,mm)的质量百分率(%) | | | | | | | | | |
|---|---|---|---|---|---|---|---|---|---|---|---|
| | | 19.0 | 16.0 | 13.2 | 9.5 | 4.75 | 2.36 | 1.18 | 0.6 | 0.3 | 0.15 | 0.075 |
| 中粒式沥青混凝土 | AC-16 | 100 | 90~100 | 76~92 | 60~80 | 34~62 | 20~48 | 13~36 | 9~26 | 7~18 | 5~14 | 4~8 |

2)级配曲线

我国的级配曲线采用半对数坐标系,以粒径的(即筛孔尺寸)对数为横坐标,以通过百分率为纵坐标。绘制好坐标系后,最后将计算所得的颗粒粒径通过率绘制在坐标图上,再将确定的各点连接成光滑的曲线。

AC-16 型矿质混合料的级配范围曲线如图 2-2-2 所示(通常用加绘阴影表示级配范围)。

## 二　矿质混合料的组成设计方法

天然的或人工轧制的单一集料的级配一般很难完全符合某一合适级配范围的要求,因此,必须采用几种集料按照一定比例进行搭配才能达到级配范围的要求,这就需要对矿质混合料进行组成设计。确定矿质混合料配合比的方法主要采用试算法和图解法。

在进行矿质混合料组成设计之前必须先完成以下资料的收集:一是各集料的筛分结果;二是按技术规范要求的该矿质混合料的级配

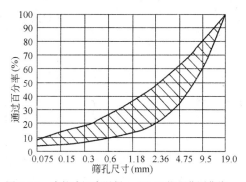

图 2-2-2　中粒式沥青混凝土 AC-16 级配范围曲线

范围。

### 1. 试算法

试算法适用于 2~3 种矿料组成的混合料,方法简单适用。试算的基本思路是在确定混合料中各组成集料的比例时,先假定混合料中的某种粒径的颗粒只是来源于某一粒径占优势的集料,而其他集料中均不含此种粒径的颗粒。这样可以根据各个主要粒径去试算各种集料的大致比例,然后经过校核调整,最终获得满足混合料级配要求的各集料的配比关系。

比如有 A、B、C 三种集料,欲配制成级配为 M 的矿质混合料,计算 A、B、C 三种集料在混合料中的配合比。假设 $X$、$Y$、$Z$ 分别为 A、B、C 三种集料在混合料中的用量配比,$a_{M(i)}$ 为粒径($i$)的集料在总体混合料 M 中的含量,$a_{A(i)}$、$a_{B(i)}$、$a_{C(i)}$ 分别为在 A、B、C 三种集料原来级配中此粒径($i$)的含量,则各组成集料之间存在如下的关系:

$$X + Y + Z = 100\%  \tag{2-2-1}$$

$$a_{A(i)} \cdot X + a_{B(i)} \cdot Y + a_{C(i)} \cdot Z = a_{M(i)}  \tag{2-2-2}$$

试算法的计算步骤如下。

(1)混合料 M 中某一粒径($i$)主要由集料 A 提供,即 A 料占有优势,则忽略其他集料在此粒径($i$)的含量,则 A 料在混合料中的用量才估算为:

$$X = \frac{a_{M(i)}}{a_{A(i)}} \cdot 100\%  \tag{2-2-3}$$

(2)混合料 M 中某一粒径($i$)主要由集料 B 提供,即 B 料占有优势,同理可估算出 B 料在混合料中的用量为:

$$Y = \frac{a_{M(i)}}{a_{B(i)}} \cdot 100\%  \tag{2-2-4}$$

(3)由式(2-2-1)可计算出 C 料在混合料中的用量为:

$$Z = 100\% - X - Y  \tag{2-2-5}$$

(4)将 A、B、C 三种集料按估算得到的 $X$、$Y$、$Z$ 的比例配制成混合料 M,计算混合料 M 中各粒径颗粒的含量,校核是否在要求的级配范围内,如果不在,则应适当调整配比(例如,在某一粒级上相差较大,可单独调整该粒径占优势的集料的配比),经重新计算、校核,经过几次调整,逐步接近,直到符合要求为止。如经计算确实不能符合级配要求,应调整或增加集料品种。

【例】 现有碎石、石屑和矿粉三种矿质材料,筛分结果按分计筛余列于表 2-2-2,要求配制成符合《公路沥青路面施工技术规范》(JTG F40—2004)中细粒式 AC-13 级配要求的混合料,试用试算法求碎石、石屑和矿粉三种材料在混合料中的用量比例。

原有集料的分计筛余和混合料要求级配范围     表 2-2-2

| 原 材 料 | | 筛孔尺寸(方孔筛,mm) | | | | | | | | | | |
|---|---|---|---|---|---|---|---|---|---|---|---|---|
| | | 16.0 | 13.2 | 9.5 | 4.75 | 2.36 | 1.18 | 0.6 | 0.3 | 0.15 | 0.075 | <0.075 |
| 各种矿料分计筛余(%) | 碎石 | — | 5.2 | 41.7 | 50.5 | 2.6 | — | — | — | — | — | — |
| | 石屑 | | | | 1.6 | 24.0 | 22.5 | 16.0 | 12.4 | 11.5 | 10.8 | 1.2 |
| | 矿粉 | — | — | — | — | — | — | — | — | — | 13.2 | 86.6 |
| AC-13 级配范围通过率(%) | | 100 | 90~100 | 68~85 | 38~68 | 24~50 | 15~38 | 10~28 | 7~20 | 5~15 | 4~8 | — |

212

**解:**(1)设碎石、石屑、矿粉的配合比为 $X$、$Y$、$Z$。根据表 2-2-3 可知,碎石中 4.75mm 粒径含量占优势,假设混合料中 4.75mm 的粒径全部由碎石提供,$a_{B(4.75)} = a_{C(4.75)} = 0$,可得碎石 A 在矿质混合料中的用量比例。

原有集料和要求级配范围的分计筛余　　　　　表 2-2-3

| 筛孔尺寸<br>(mm) | 碎石的分计<br>筛余 $a_{A(i)}$<br>(%) | 石屑的分计<br>筛余 $a_{B(i)}$<br>(%) | 矿粉的分计筛余<br>$a_{C(i)}$<br>(%) | 矿质混合料<br>要求级配<br>范围通过<br>率 $P_{(i)}$<br>(%) | 矿质混合料<br>要求级配<br>范围通过率<br>的中值 $P_{(i)}$<br>(%) | 要求级配<br>范围累计<br>筛余中值 $A_{(i)}$<br>(%) | 要求级配<br>范围分计<br>筛余中值<br>$A_{(i)}$<br>(%) |
|---|---|---|---|---|---|---|---|
| 16.0 | — | — | — | 100 | 100 | 0 | 0 |
| 13.2 | 5.2 | — | — | 90～100 | 95.0 | 5.0 | 5.0 |
| 9.5 | 41.7 | — | — | 68～85 | 76.5 | 23.5 | 18.5 |
| 4.75 | 50.5 | 1.6 | — | 38～68 | 53.0 | 47.0 | 23.5 |
| 2.36 | 2.6 | 24.0 | — | 24～50 | 37.0 | 63.0 | 16.0 |
| 1.18 | | 22.5 | — | 15～38 | 26.5 | 73.5 | 10.5 |
| 0.6 | | 16.0 | — | 10～28 | 19.0 | 81.0 | 7.5 |
| 0.3 | | 12.4 | — | 7～20 | 13.5 | 86.5 | 5.5 |
| 0.15 | | 11.5 | — | 5～15 | 10.0 | 90.0 | 3.5 |
| 0.075 | — | 10.8 | 13.2 | 4～8 | 6.0 | 94.0 | 4.0 |
| <0.075 | | 1.2 | 86.6 | | | 100 | 6.0 |

$$X = \frac{a_{M(4.75)}}{a_{A(4.75)}} \times 100\% = \frac{23.5}{50.5} \times 100\% = 47\%$$

(2)同理,由表 2-2-3 可知,矿粉中<0.075mm 粒径颗粒含量占优势,忽略碎石和石屑中此粒径颗粒的含量,即 $a_{A(<0.075)} = a_{B(<0.075)} = 0$,可得矿粉在矿质混合料中的用量比例。

$$Z = \frac{a_{M(<0.075)}}{a_{C(<0.075)}} \times 100\% = \frac{6.0}{86.6} \times 100\% = 7\%$$

(3)根据碎石和矿粉在矿质混合料中的用量比例,则可得石屑在矿质混合料中的用量比例为:

$$Y = 100\% - X - Z = 100\% - 47\% - 7\% = 46\%$$

(4)校核。以试算所得配合比 $X=47\%$、$Y=46\%$、$Z=7\%$,按表 2-2-4 进行校核。

表 2-2-4

矿质混合料组成设计校核

| 筛孔尺寸 $d_i$ (mm) | 碎石 分计筛余 $a_{A(i)}$ (%) | 碎石 用量比例 X (%) | 碎石 占混合料百分率 $Xa_{A(i)}$ (%) | 石屑 分计筛余 $a_{B(i)}$ (%) | 石屑 用量比例 Y (%) | 石屑 占混合料百分率 $Xa_{B(i)}$ (%) | 矿粉 分计筛余 $a_{C(i)}$ (%) | 矿粉 用量比例 Z (%) | 矿粉 占混合料百分率 $Za_{C(i)}$ (%) | 矿质混合料 分计筛余 $a_{M(i)}$ (%) | 矿质混合料 累计筛余 $A_{M(i)}$ (%) | 矿质混合料 占混合料百分率 $P_{M(i)}$ (%) | 级配范围通过率 (%) |
|---|---|---|---|---|---|---|---|---|---|---|---|---|---|
| 16.0 | — | | — | — | | — | — | | — | — | — | — | 100 |
| 13.2 | 5.2 | | 2.4 | — | | — | — | | — | 2.4 | 2.4 | 97.6 | 90~100 |
| 9.5 | 41.7 | | 19.6 | 1.6 | | 0.7 | — | | — | 19.6 | 22.0 | 78.0 | 68~85 |
| 4.75 | 50.5 | | 23.7 | 24.0 | | 11.0 | — | | — | 24.4 | 46.4 | 53.6 | 38~68 |
| 2.36 | 2.6 | 47 | 1.2 | 22.5 | 46 | 11.0 | — | 7 | — | 12.2 | 58.6 | 41.4 | 24~50 |
| 1.18 | — | | — | 16.0 | | 10.4 | — | | — | 10.4 | 69.0 | 31.0 | 15~38 |
| 0.6 | — | | — | 12.4 | | 7.4 | — | | — | 7.4 | 76.4 | 23.6 | 10~28 |
| 0.3 | — | | — | 11.5 | | 5.7 | — | | — | 5.7 | 82.2 | 17.8 | 7~20 |
| 0.15 | — | | — | 10.8 | | 5.3 | 13.2 | | 0.9 | 5.3 | 87.5 | 12.5 | 5~15 |
| 0.075 | — | | — | 1.2 | | 5.0 | 86.6 | | 6.1 | 5.9 | 93.4 | 6.6 | 4~8 |
| <0.075 | — | | — | | | 0.6 | | | | 6.7 | 100 | 0 | — |

2.图解法

图解法是确定矿质混合料组成的常用方法,现行图解法也称为修正平衡面积法,可以进行3种及以上的多种集料的组成设计。

设有 A、B、C、D 四种集料,欲配制成级配为 M 的矿质混合料,利用图解法计算各集料的用量比例的计算步骤如下。

1)绘制级配曲线图

(1)根据技术规范要求的该矿质混合料的级配范围,计算出对应于每一粒径(筛孔尺寸)的级配范围通过率的中值。

(2)根据级配范围通过率的中值,确定相应的横坐标位置。先绘制一坐标系,纵轴为通过百分率,通常取 10cm,横轴为筛孔尺寸,通常取 15cm,围成一矩形框图,如图 2-2-3 所示。连接对角线 $OO'$,以级配范围的中值在纵轴上确定出各纵坐标点(0~100%),从各纵坐标点引出水平线与对角线 $OO'$ 相交。最后从交点做垂线与横坐标相交,其交点即为各筛孔径的位置。对角线 $OO'$ 即为合成级配曲线。

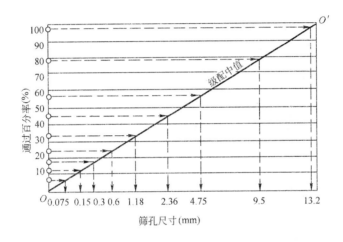

图 2-2-3　图解法确定级配曲线坐标图

(3)在坐标图上绘制各种集料的级配曲线(图 2-2-4)。

2)确定各种集料的用量比例

从级配曲线图上最粗集料开始,依次分析两种相邻集料的级配曲线,直至最细的集料。在分析过程中,两相邻集料的级配曲线可能出现重叠、衔接和分离三种情况,根据不同情况可采用作图法确定各集料的用量比例。

(1)两相邻级配曲线相重叠。图 2-2-4 中集料 A 级配曲线的下部与集料 B 级配曲线的上部相重叠,可引一条直线使其与横坐标相垂直,并与两集料曲线相交,两曲线的交点距矩形框图的上边和下边的距离相等,即 $a=a'$。此时,直线 $AA'$ 与对角线 $OO'$ 交于点 $M$,通过点 $M$ 作一水平线交纵坐标于 $P$ 点,$OP$ 即为集料 A 的用量比例。该过程称为"相叠等分"。

(2)两相邻级配曲线相衔接。图 2-2-4 中集料 B 级配曲线末端与集料 C 级配曲线首端正好在一条垂线上时,可将集料 B 级配曲线末端与集料 C 级配曲线首端相连接,即为垂线 $BB'$。此时,直线 $BB'$ 与对角线 $OO'$ 交于点 $N$,通过点 $N$ 作一水平线交纵坐标于 $Q$ 点,$PQ$ 即为集料 B 的用量比例。该过程称为"相接连分"。

(3)两相邻级配曲线相分离。图 2-2-4 中集料 C 级配曲线的末端与集料 D 级配曲线的首端彼此相离开一定的距离时,可作一条垂线 $CC'$ 平分相离开的距离,即 $b=b'$,直线 $CC'$ 与对角线 $OO'$ 交于点 $R$,通过点 $R$ 作一水平线交纵坐标于 $S$ 点,$RS$ 即为集料 C 的用量比例。该过程称为"相间平分"。

图 2-2-4 中所示剩余的 $ST$ 即为集料 D 的用量比例。

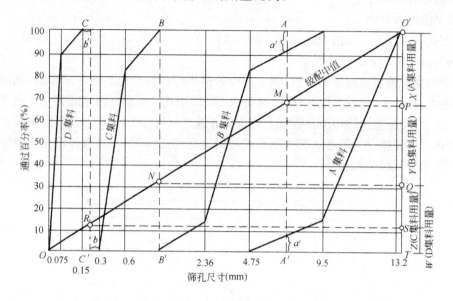

图 2-2-4　组成集料级配曲线和级配中值

3)校核

根据图解得到的 A、B、C、D 四种集料的用量比例 $OP$、$PQ$、$QS$、$ST$,计算校核合成级配是否符合要求。若不符合要求,应调整部分集料的用量直至满足要求。

【例】　某一级公路面层为细粒式沥青混凝土,采用 AC-13 型矿质混合料级配。现有碎石、石屑、砂、矿粉四种集料,筛分结果见表 2-2-5,试用图解法设计矿质混合料的配合比。

四种组成集料筛分结果　　　　　　　　　　　表 2-2-5

| 材料名称 | 通过下列筛孔(方孔筛,mm)的质量百分率(%) | | | | | | | | | |
|---|---|---|---|---|---|---|---|---|---|---|
| | 16.0 | 13.2 | 9.5 | 4.75 | 2.36 | 1.18 | 0.6 | 0.3 | 0.15 | 0.075 |
| 碎石 | 100 | 94 | 18 | 0 | — | — | — | — | — | — |
| 石屑 | 100 | 100 | 100 | 78 | 26 | 10 | 4 | 0 | | |
| 砂 | 100 | 100 | 100 | 93 | 80 | 46 | 26 | 13 | | 5 |
| 矿粉 | 100 | 100 | 100 | 100 | 100 | 100 | 100 | 100 | 95 | 82 |

**解**:(1)根据规范要求,确定 AC-13 型矿质混合料的级配范围,计算级配中值,见表 2-2-6。

216

**AC-13 型矿质混合料的级配范围及级配中值**　　　表 2-2-6

| 级 配 类 型 | | 通过下列筛孔（方孔筛，mm）的质量百分率（%） | | | | | | | | | |
|---|---|---|---|---|---|---|---|---|---|---|---|
| | | 16.0 | 13.2 | 9.5 | 4.75 | 2.36 | 1.18 | 0.6 | 0.3 | 0.15 | 0.075 |
| 细粒级沥青混凝土（AC-13） | 级配范围 | 100 | 90～100 | 68～85 | 38～68 | 24～50 | 15～38 | 10～28 | 7～20 | 5～15 | 4～8 |
| | 级配中值 | 100 | 95 | 76.5 | 53 | 37 | 26.5 | 19 | 13.5 | 10 | 6 |

（2）绘制级配曲线图，见图 2-2-5。

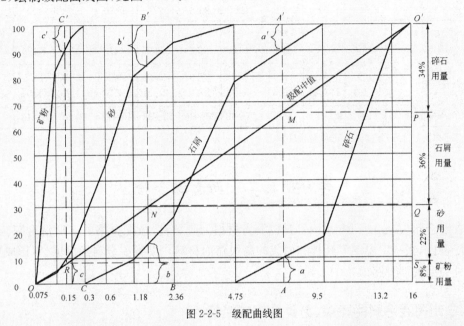

图 2-2-5　级配曲线图

（3）图解法确定各种集料的用量比例。图 2-2-5 所示，按照"相叠等分"的过程，确定使 $a=a'$ 的直线 $AA'$，$AA'$ 与对角线 $OO'$ 交于点 $M$，通过点 $M$ 作一水平线交纵坐标于 $P$ 点，$OP$ 即为碎石用量，为 34%。

同理，石屑用量为 36%，砂用量为 22%，矿粉用量为 8%。

（4）各种集料的用量比例校核与调整。按图解所得的各用量比例，列表计算其合成级配，见表 2-2-7。0.075mm、4.75mm 筛上通过百分率过大，减少粒径较小的矿粉的用量比例，提高粒径较大的碎石用量比例，调整后碎石：石屑：砂：矿粉 =36%：36%：22%：6%。

**矿质混合料级配校核与调整表**　　　表 2-2-7

| 材　　料 | | 筛 孔 尺 寸（mm） | | | | | | | | | |
|---|---|---|---|---|---|---|---|---|---|---|---|
| | | 16.0 | 13.2 | 9.5 | 4.75 | 2.36 | 1.18 | 0.6 | 0.3 | 0.15 | 0.075 |
| | | 质量通过率（%） | | | | | | | | | |
| 原料级配 | 碎石 100% | 100 | 94 | 18 | 0 | — | — | — | — | — | — |
| | 石屑 100% | 100 | 100 | 100 | 78 | 26 | 10 | 4 | 0 | — | — |
| | 砂 100% | 100 | 100 | 100 | 100 | 93 | 80 | 46 | 26 | 13 | 5 |
| | 矿粉 100% | 100 | 100 | 100 | 100 | 100 | 100 | 100 | 100 | 95 | 82 |

| 材　料 | | 筛孔尺寸(mm) | | | | | | | | | |
|---|---|---|---|---|---|---|---|---|---|---|---|
| | | 16.0 | 13.2 | 9.5 | 4.75 | 2.36 | 1.18 | 0.6 | 0.3 | 0.15 | 0.075 |
| | | 质量通过率(%) | | | | | | | | | |
| 集料在混合料中的级配 | 碎石34%<br>(36%) | 34<br>(36) | 32.0<br>(33.8) | 6.1<br>(6.5) | 0 | — | — | — | — | — | — |
| | 石屑36% | 36 | 36 | 36 | 28.1 | 9.4 | 3.6 | 1.4 | 0 | — | — |
| | 砂22% | 22 | 22 | 22 | 22 | 20.5 | 17.6 | 10.1 | 5.7 | 2.9 | 1.1 |
| | 矿粉8%<br>(6%) | 8<br>(6) | 8<br>(6) | 8<br>(6) | 8<br>(6) | 8<br>(6) | 8<br>(6) | 8<br>(6) | 8<br>(6) | 7.6<br>(5.7) | 6.6<br>(4.9) |
| 合成级配 | | 100<br>(100) | 98<br>(97.8) | 72.1<br>(70.5) | 58.1<br>(56.1) | 37.9<br>(35.9) | 29.2<br>(27.2) | 19.5<br>(17.5) | 13.7<br>(11.7) | 10.5<br>(8.5) | 7.7<br>(6) |
| 要求的级配范围 | | 100 | 90～100 | 68～85 | 38～68 | 24～50 | 15～38 | 10～28 | 7～20 | 5～15 | 4～8 |

注:括号内的数值为调整级配后的质量通过率。

# 学习项目二　沥青混合料

沥青混合料(Asphalt Mixtures)是以沥青材料为胶结料,级配合格的矿质混合料为骨架,按设计配合比,在一定温度下经拌和而成的高级路面材料。沥青混合料经摊铺、碾压成型。即成为各种类型的沥青路面。

##  一　沥青混合料的特点、分类与组成结构

### 1.特点

沥青混合料是现代高等级路面的主要材料,之所以能发展成为高等级路面最主要的材料是由于它具有以下优点。

(1)良好的力学性能:沥青混合料是一种黏弹性材料,可保证路面平整无接缝,使得汽车在高速行驶时平稳、舒适,而且轮胎磨损低。

(2)噪声小:在繁重的交通条件下,噪声是公害之一,它对人体健康产生不良影响。沥青混合料路面是柔性结构,且能吸收部分噪声。

(3)良好的抗滑性:沥青混合料路面平整、粗糙,能保证高速行驶车辆的安全。

(4)施工效率高,维护方便,经济耐久。采用现代工艺配制的沥青混合料可保证在15～20年内不大修,施工操作方便,进度快,施工完后可立即通车,而且其造价比水泥混凝土低。其维修方便,修补的沥青混合料能很好的与老路面结合。

沥青混合料路面也存在缺点。如沥青材料易老化,在长期大气因素影响下,其化学组分会逐渐变化,沥青质含量逐渐增多,饱和分含量逐渐减少,使得其脆性加大,产生老化现象,从而导致沥青混合料路面变脆,产生裂缝,强度降低;沥青混合料路面的使用年限比水泥混凝土路面短,需要经常养护修补;沥青材料的温度稳定性较差,夏季高温时易软化,使得路面易产生车辙、波浪、推移等现象,冬季低温时易变得硬脆,在车辆冲击荷载的作用下易产生裂缝等。

## 2.分类

常见的沥青混合料主要有沥青碎石混合料和沥青混凝土混合料两种。沥青混凝土混合料是由适当比例的粗集料、细集料及填料与沥青在严格控制条件下拌和的沥青混合料。而沥青碎石混合料是由适当比例的粗集料、细集料及少量填料（或不加填料）与沥青拌和的沥青混合料，这种沥青混合料里很少或没有填料成分，粗集料较多，空隙率较大（＞10%），这种路面渗水性较大，强度较低，其优点是热稳定性较好，不易变软和起波浪。

沥青混合料分类见表 2-2-8。

**沥青混合料分类表**                                    表 2-2-8

| 分类方式 | 沥青混合料种类 | 说　明 |
|---|---|---|
| 按沥青胶结料分 | 石油沥青混合料 | 以石油沥青为胶结料 |
| | 煤沥青混合料 | 以煤沥青为胶结料 |
| 按沥青混合料拌制和摊铺温度分 | 热拌热铺沥青混合料 | 沥青与矿料在加热状态下拌制、铺筑 |
| | 常温沥青混合料 | 以乳化沥青或稀释沥青为胶结料，与矿料在常温下拌制、铺筑 |
| 按矿质集料的级配类型分 | 连续级配沥青混合料 | 集料按级配原则，由大到小各级粒径按比例搭配的矿质混合料 |
| | 间断级配沥青混合料 | 连续级配的矿料中缺少一个或两个粒径颗粒的矿质混合料 |
| 按沥青混合料密实度分 | 密级配沥青混合料 | 按密实级配原则设计的沥青混合料，其粒径递减系数较小，设计空隙率 3%～6% |
| | 开级配沥青混合料 | 按级配原则设计的间断级配沥青混合料，其粒径递减系数较大，设计空隙率大于 18% |
| | 半开级配沥青混合料 | 按级配原则设计的沥青混合料，其粒径递减系数较大，设计空隙率 6%～12% |
| 按公称最大粒径分 | 特粗式沥青混合料 | 集料的公称最大粒径大于 31.5mm |
| | 粗粒式沥青混合料 | 集料的公称最大粒径大于或等于 26.5mm |
| | 中粒式沥青混合料 | 集料的公称最大粒径大于或等于 16mm 或 19mm |
| | 细粒式沥青混合料 | 集料的公称最大粒径大于或等于 9.5mm 或 13.2mm |
| | 砂粒式沥青混合料 | 集料的公称最大粒径小于或等于 4.75mm |

## 3.组成结构

沥青混合料是由沥青、粗细集料和矿粉按一定比例拌和而成的一种复合材料。按矿质骨架的结构状况，其组成结构分为以下三种类型，见图 2-2-6。

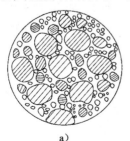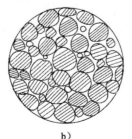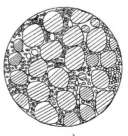

a）                          b）                          c）

图 2-2-6　沥青混合料结构示意图

a)悬浮密实结构;b)骨架空隙结构;c)骨架密实结构

1)悬浮密实结构

在悬浮密实结构的沥青混合料中,采用连续型密级配矿质混合料,矿质集料由大到小连续存在,并各具有一定的数量,较大颗粒被较小颗粒挤开,犹如悬浮于较小颗粒之中,这种结构具有较高的密实度,但集料中的大颗粒含量较少,且各级集料均被次一级集料所隔开,没有直接靠拢形成骨架,因此这种结构的沥青混合料受沥青的性质影响较大,高温稳定性较差。

2)骨架空隙结构

骨架空隙结构类型的沥青混合料中,采用的是连续型开级配矿质混合料,粗集料所占的比例较高,细集料则较少(甚至没有),粗集料能直接接触形成骨架,但由于没有足够的细集料可以填充粗集料的空隙,其空隙率较大。因此这种结构类型的沥青混合料受沥青的影响相对较少,其高温稳定性较好,但空隙率大,耐久性较差。

3)骨架密实结构

骨架密实结构类型的沥青混合料,采用的是间断型密级配矿质混合料。这种矿质混合料去掉了中间尺寸粒径的集料,既保证有足够数量的粗集料以形成空间骨架,又有相当数量的细集料填充骨架密实的空隙。它是集上述两种结构类型的优点于一身的结构类型,是理想的结构类型。

## 二 沥青混合料的主要技术性质和技术标准

### 1. 沥青混合料的主要技术性质

沥青混合料作为路面材料,要直接承受车辆行驶荷载的反复作用以及各种自然因素长期的作用,因此,应该具有一定的强度、良好的耐久性、良好的抗滑性能,以及为了便利施工而具有良好的施工和易性。

1)高温稳定性

沥青混合料的高温稳定性是指在高温条件下,沥青混合料承受多次重复荷载作用而不发生过大累积塑性变形的能力。沥青混合料是一种典型的流变性材料,其强度随温度的升高而降低。在夏季高温时,沥青混合料路面在重交通的反复作用下,由于交通的渠化,在轮迹带处逐渐变形下凹、两侧鼓起形成车辙。

沥青混合料高温稳定性的评价试验方法较多,在工程中常采用马歇尔稳定度试验、车辙试验等。

马歇尔稳定度试验所测定的指标有:马歇尔稳定度(MS)、流值(FL),马歇尔稳定度是指沥青混合料标准尺寸试件在规定温度和加荷速度下,在破坏时所承受的最大荷载(kN);流值是指试件达到最大破坏荷载时试件的垂直变形值(以 0.1mm 计)。近年来各国的试验和实践已证明,用马歇尔稳定度试验指标预估沥青混合料性能是不够的,它是一种经验性指标,具有一定的局限性,不能确切反应沥青混合料永久变形产生的机理,与沥青路面的抗车辙能力相关性不好。因此,在评价沥青混合料高温稳定性时,还需要采用其他试验。

车辙试验的评价指标是动稳定度,沥青混合料的动稳定度是指标准试件在规定温度下,一定荷载的试验车轮在同一轨迹上,在一定时间内反复行走(形成一定的车辙深度)产生 1mm变形所需的行走次数(次/mm)。

2)低温抗裂性

沥青混合料不仅应具备高温稳定性,还应具备良好的低温抗裂性,以保证路面在冬季低温时不产生裂缝。

沥青混合料是黏—弹—塑性材料,其物理性质随温度变化会发生较大的变化。当温度较低时,沥青混合料表现为弹性性质,变形能力大大降低。在因外部荷载产生的应力和温度下降引起的材料收缩应力共同作用下,沥青路面可能发生断裂,产生低温裂缝。沥青混合料的低温开裂是由混合料的低温脆化、低温收缩和温度疲劳等多方因素引起的。混合料的低温脆化一般用不同温度下的弯拉破坏试验来评定;低温收缩可采用低温收缩试验评定;温度疲劳可以用低频疲劳试验来评定。

3)耐久性

沥青混合料在路面中,受到长期自然因素(阳光、热、水分等)的作用,为保证路面具有较长的使用年限,必须具有良好的耐久性。

影响沥青混合料耐久性的因素很多,如沥青和矿质集料的化学性质、矿料颗粒的化学成分、沥青混合料的组成结构等。

沥青在大气因素作用下,组分会产生转化,油分减少,沥青质增加,使沥青的塑性逐步减少,脆性增加,路用品质下降。

沥青混合料的组成结构对耐久性所产生的影响主要表现在沥青混合料中的孔隙率和沥青填隙率对耐久性的影响。孔隙率较小的沥青混合料,对防止水的渗入和阳光对沥青的老化作用有有利的影响;当沥青混合料的孔隙率较大,且沥青与矿质集料的黏结性能差时,在饱水后石料与沥青的黏附力降低,易发生剥落,且颗粒间相互推移产生体积膨胀,混合料的力学强度会显著降低,最终导致路面产生早期破坏;但一般沥青混合料中都应有 $3\%\sim6\%$ 的孔隙率,以备夏季沥青材料膨胀。另外,沥青用量的多少与沥青路面的使用寿命也有很大关系。当沥青用量较正常用量减少时,则沥青膜变薄,混合料的延伸能力降低,脆性增加,同时,沥青用量的减少,会使得沥青混合料的孔隙率增大,沥青膜暴露较多,加速老化,并增大了水对沥青的剥落作用。

目前,沥青混合料的耐久性常用浸水马歇尔试验、真空饱水马歇尔试验或冻融劈裂试验来评价。

4)抗滑性

随着现代高速公路的发展,对沥青混合料路面的抗滑性提出了更高的要求。沥青混合料路面的抗滑性与矿质集料的品种与颗粒形态、粗糙程度、微表面性质、矿质混合料的级配以及沥青用量等因素有关。沥青用量对抗滑性的影响非常敏感,当沥青用量超过最佳用量的0.5%时,即可使沥青混合料的抗滑性能明显降低。

为保证抗滑性能,应注意粗集料的耐磨光性,面层应选用质地坚硬且多棱角的集料,如玄武岩。采取适当增大集料粒径、减少沥青用量及控制沥青的含蜡量等措施,均可提高路面的抗滑性。

5)施工和易性

为便于现场施工,沥青混合料还应具备良好的施工和易性。

影响施工和易性的因素主要有当地气温、施工条件以及矿质混合料的性质等。从组成材料来看,影响沥青混合料施工和易性的首要因素是矿质混合料的级配情况,如果粗集料的颗粒相距过大,缺乏中间尺寸,矿质混合料就容易产生分层层积(粗颗粒集中在表面,细颗粒集中在底部);若细集料过少,则沥青就不容易均匀地分布在粗颗粒的表面;若细集料过多,则导致沥青混合料拌和困难。

此外,当沥青用量过少,或矿粉用量过多时,沥青混合料容易产生疏松,不易被压实;相反,若沥青用量过多,或矿粉质量不好,则容易使沥青混合料黏结成块,不易摊铺。

## 2.热拌沥青混合料的技术标准

《公路沥青路面施工技术规范》(JTG F40—2004)对热拌沥青混合料的马歇尔试验技术标准的规定如表2-2-9所示,并应有良好的施工性能。

密级配沥青混凝土混合料马歇尔试验技术标准 表2-2-9

| 沥青混合料类型 | | 密级配配热拌沥青混合料 AC | | | | | |
|---|---|---|---|---|---|---|---|
| | | 高速公路、一级公路 | | | | 其他等级道路 | 行人道路 |
| | | 中轻交通 | 重交通 | 中轻交通 | 重交通 | | |
| 试验项目 | | 夏炎热区(1-1、1-2、1-3、1-4 区) | | 夏热区及夏凉区(2-1、2-2、2-3、2-4、3-2 区) | | | |
| 击实次数(双面)(次) | | 75 | | | | 50 | |
| 试件尺寸(mm) | | $\phi101.6\times63.5$ | | | | | |
| 空隙率 VV(%) | 深 90mm 以内 | 3～5 | 4～6 | 2～4 | 3～5 | 3～6 | 2～4 |
| | 深 90mm 以下 | 3～6 | | 2～4 | 3～6 | 3～6 | — |
| 稳定度 MS(kN)≥ | | 8 | | | | 5 | 3 |
| 流值 FL(0.1mm)≥ | | 2～4 | 1.5～4 | 2～4.5 | 2～4 | 2～4.5 | 2～5 |
| 矿料间隙率 VMA(%)≥ | 设计空隙率(%) | 相应于以下公称粒径(mm)的最小 VMA 及 VFA | | | | | |
| | | 26.5 | 19.0 | 16.0 | 13.2 | 9.5 | 4.75 |
| | 2 | 10 | 11 | 11.5 | 12 | 13 | 15 |
| | 3 | 11 | 12 | 12.5 | 13 | 14 | 16 |
| | 4 | 12 | 13 | 13.5 | 14 | 15 | 17 |
| | 5 | 13 | 14 | 14.5 | 15 | 16 | 18 |
| | 6 | 14 | 15 | 15.5 | 16 | 17 | 19 |
| 沥青饱和度 VFA(%) | | 55～70 | 65～75 | | | 70～85 | |

注:1. 对空隙率大于5%的夏炎热区重载交通路段,施工时应至少提高压实度1%。

2. 当设计的空隙率不是整数时,由内插确定要求的 VMA 最小值。

3. 对改性沥青混合料,马歇尔试验的流值可适当放宽。

4. 本表适用于公称最大粒径不大于 26.5mm 的密级配沥青混凝土混合料。

## 三 沥青混合料组成材料的主要技术性质

沥青混合料主要是由沥青材料和粗集料、细集料以及填料按一定比例拌和而成,沥青材料为胶结料,而粗集料、细集料和填料按一定比例配合成的矿质混合料是作为沥青混合料的骨架。沥青混合料的技术性能主要取决于其组成材料的技术性能、组成材料的比例以及沥青混合料的制备工艺等因素。要保证沥青混合料的质量,首先是要正确选择符合技术性能要求的、质量合格的各种组成材料。

## 1.沥青材料

应根据当地气候条件、交通情况以及沥青混合料类型和施工条件,正确选择沥青材料。

《公路沥青路面施工技术规范》(JGJ F40—2004)规定,沥青标号根据道路所属的气候分区可查道路石油沥青技术要求选用。当沥青标号不符合使用要求时,可采用不同标号的沥青掺配的方法,但掺配后的沥青其技术性能应符合要求。

2. 粗集料

粗集料应尽量选用高强度、碱性的岩石轧制而成的近似正方形、表面粗糙、棱角分明,级配合格的颗粒。主要种类有碎石、破碎砾石和矿渣等。对于花岗岩、石英岩等酸性岩石轧制的粗集料,在使用时宜选用针入度较小的沥青,并需要采取有效的抗剥离措施。

沥青混凝土中的粗集料应尽量采用碱性岩石,避免使用酸性岩石。由于碱性岩石与沥青具有较好的黏附性,可使沥青混凝土获得较高的力学强度和抗水性。

为提高集料与沥青黏结性能,集料还应洁净、干燥、无风化颗粒、且杂质含量不超过规定。另外,在力学性质方面也应符合相应标准的规定。

高速公路、一级公路沥青路面的表面层(或磨耗层)的粗集料的磨光值应符合要求。除SMA、OGFC 路面外,允许在硬质粗集料中掺加部分较小粒径的磨光值达不到要求的粗集料,其最大掺加比例由磨光值试验确定。

粗集料与沥青的黏附性应符合要求,当使用不符合要求的粗集料时,宜掺加消石灰、水泥或用饱和石灰水处理后使用,必要时可同时在沥青中掺加耐热、耐水,长期性能好的抗剥落剂,也可采用改性沥青的措施,使沥青混合料的水稳定性达到设计要求。

3. 细集料

沥青路面用细集料具体要求见上篇第四章集料部分。

4. 填料

沥青混合料中的填料宜选用石灰岩或岩浆岩中的碱性岩石(憎水性石料),经磨细得到的矿粉。矿粉要求干燥、洁净,其质量应符合表 2-2-10 的要求。若采用水泥、石灰、粉煤灰作填料,其用量不宜超过矿质混合料总量的 2%。

沥青混合料用矿粉的技术要求

表 2-2-10

| 技术性质 | | 高速公路、一级公路 | 其他等级公路 | 试验方法 |
|---|---|---|---|---|
| 表观密度(g/cm³)≥ | | 2.50 | 2.45 | T 0352 |
| 含水率(%)≤ | | 1 | 1 | T 0103 烘干法 |
| 粒度范围 <0.6mm (%) | | 100 | 100 | T 0351 |
| <0.15mm (%) | | 90~100 | 90~100 | |
| <0.075mm (%) | | 75~100 | 70~100 | |
| 外观 | | 无结块,无团粒 | | — |
| 亲水系数 | | <1 | | T 0353 |
| 塑性指数 | | <4 | | T 0354 |
| 加热安定性 | | 实测记录 | | T 0355 |

## (四) 沥青混合料配合比设计

沥青混合料配合比设计包括目标配合比设计、生产配合比设计和生产配合比验证三个阶段。本书主要介绍热拌密级配沥青混合料的目标配合比设计,一般包括矿质混合料组成设计和沥青用量确定两部分。其设计流程图见图 2-2-7。

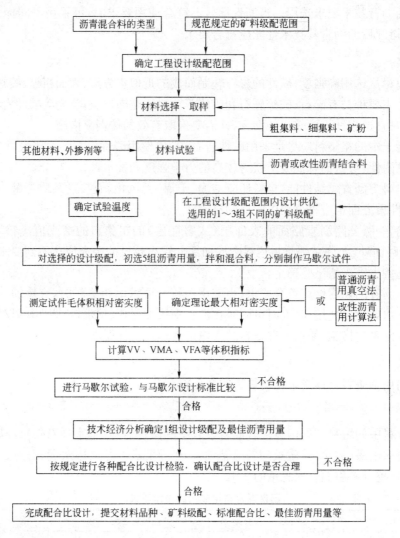

图 2-2-7 密级配沥青混凝土目标配合比

### 1. 矿质混合料组成设计

#### 1) 确定沥青混合料类型

沥青混合料的类型是根据道路等级、路面类型、所处结构层确定,可参照《公路沥青路面设计规范》(JTG D50—2006)按表 2-2-11 进行。

沥青混合料类型 表 2-2-11

| 层位 | 密级配 | | | | 半开级配 | 开级配 | 最大粒径(mm) | 厚度(mm) |
|---|---|---|---|---|---|---|---|---|
| | 断级配型 | | 粗级配 | 细级配 | | | | |
| 空隙率(%) | 3～5 | 3～4 | 3～6(8) | 3～6 | 8～12 | ＞18 | | |
| 超薄磨耗层 | SAC-10 ACG-10 | SMA-10 | | ACF-10 | | OGFC-10 | 13.2 | 20～25 |
| 表面层 | SAC-13 ACG-13 | SMA-13 | AK-13 SUP-13 | ACF-13 | AM-13 | OGFC-13 | 16 | 40 |
| | SAC-16 | SMA-16 | AK-16 | ACF-16 | AM-16 | OGFC-16 | 19 | 40～50 |

224

| 层位 | 密 级 配 | | | 半开级配 | 开级配 | 最大粒径(mm) | 厚度(mm) |
|---|---|---|---|---|---|---|---|
| | 断级配型 | 粗级配 | 细级配 | | | | |
| 中面层 | FAC-20<br>SAC-20 | SMA-20 | ACG-20<br>SUP-19 | | | 26.5 | 50～60 |
| 下面层 | | ACG-25<br>LSM-25 | | | | 31.5 | 70～100 |

注:SAC 指多碎石密级配沥青混凝土;AC 指密级配沥青混凝土;AK 指抗滑面层级配;OGFC 指排水表面层开级配沥青混合料;SMA 指沥青玛蹄脂碎石;LSM 指密级配大粒径沥青碎石基层混合料;AM 指半开级配沥青碎石。

2)确定工程设计的级配范围

密级配沥青混合料,宜根据公路等级、气候及交通条件按表 2-2-12 选择粗型(C 型)或细型(F 型)混合料。对于夏季温度高、高温持续时间长、重载交通多的路段,宜选用粗型密级配沥青混凝土(AC-C 型),并取较高的设计空隙率;对冬季温度低、且低温持续时间长的地区,或重载交通较少的路段,宜选用细型密级配沥青混凝土(AC-F 型),并取较低的设计空隙率。

**粗型和细型密级配沥青混凝土的关键性筛孔通过率** 表 2-2-12

| 混合料的类型 | 公称最大粒径(mm) | 用以分类的关键性筛孔(mm) | 粗型密级配 | | 细型密级配 | |
|---|---|---|---|---|---|---|
| | | | 名 称 | 关键性筛孔通过率(%) | 名 称 | 关键性筛孔通过率(%) |
| AC-25 | 26.5 | 4.75 | AC-25C | <40 | AC-25F | >40 |
| AC-20 | 19 | 4.75 | AC-20C | <45 | AC-20F | >45 |
| AC-16 | 16 | 2.36 | AC-16C | <38 | AC-16F | >38 |
| AC-13 | 13.2 | 2.36 | AC-13C | <40 | AC-13F | >40 |
| AC-10 | 9.5 | 2.36 | AC-10C | <45 | AC-10F | >45 |

密级配沥青混合料的设计级配,宜在表 2-2-13 规定的级配范围,根据公路等级、工程特性、气候条件、交通条件、材料品种等因素,必要时允许超出规范级配范围。经确定的工程设计级配范围是配合比设计的依据,不得随意变更。

**密级配沥青混凝土混合料矿料级配范围** 表 2-2-13

| 级配类型 | | 通过下列筛孔(mm)的质量百分率(%) | | | | | | | | | | | |
|---|---|---|---|---|---|---|---|---|---|---|---|---|---|
| | | 31.5 | 26.5 | 19 | 16 | 13.2 | 9.5 | 4.75 | 2.36 | 1.18 | 0.6 | 0.3 | 0.15 | 0.075 |
| 粗粒式 | AC-25 | 100 | 90～100 | 75～90 | 65～83 | 57～76 | 45～65 | 24～52 | 16～42 | 12～33 | 8～24 | 5～17 | 4～13 | 3～7 |
| 中粒式 | AC-20 | | 100 | 90～100 | 78～92 | 62～80 | 50～72 | 26～56 | 16～44 | 12～33 | 8～24 | 5～17 | 4～13 | 3～7 |
| | AC-16 | | | 100 | 90～100 | 76～92 | 60～80 | 34～62 | 20～48 | 13～36 | 9～26 | 7～18 | 5～14 | 4～8 |
| 细粒式 | AC-13 | | | | 100 | 90～100 | 68～85 | 38～68 | 24～50 | 15～38 | 10～28 | 7～20 | 5～15 | 4～8 |
| | AC-10 | | | | | 100 | 90～100 | 45～75 | 30～58 | 20～44 | 13～32 | 9～23 | 6～16 | 4～8 |
| 砂粒式 | AC-5 | | | | | | 100 | 90～100 | 55～75 | 35～55 | 20～40 | 12～28 | 7～18 | 5～10 |

调整工程设计级配范围宜遵循下列原则:

(1)要确保高温抗车辙能力,同时兼顾低温抗裂性能的需要。配合比设计时宜适当减少公称最大粒径附近的粗集料用量,减少 0.6mm 以下部分细粉的用量,使中等粒径集料较多,形成 S 型级配曲线,并取中等或偏高水平的设计空隙率。

(2)确定各层的工程设计级配范围时,应考虑不同层位的功能需要,经组合设计的沥青路

第二篇 单元二 沥青混合料

面应能满足耐久、稳定、密水、抗滑等要求。

（3）根据公路等级和施工设备的控制水平，确定的工程设计级配范围应比规范级配范围窄，其中，4.75mm 和 2.36mm 通过率的上下限差值宜小于 12%。

（4）沥青混合料的配合比设计应充分考虑施工性能，使沥青混合料容易摊铺和压实，避免造成严重的离析。

3）材料选择与准备

按气候和交通条件选择合适的各种材料，经现场取样检验，其质量应符合规定的技术要求。当单一规格的集料某项指标不合格，但不同粒径规格的材料按级配组成的集料混合料指标能符合规范要求时，允许使用。

4）矿料配合比设计

（1）高速公路和一级公路沥青路面矿料配合比设计，宜借助电子计算机的电子表格用试配法进行，如表 2-2-14 所示。其他等级公路沥青路面也可参照进行。

矿料级配设计计算表示例　　　　　　　　　　表 2-2-14

| 筛孔<br>(mm) | 10~20<br>(%) | 5~10<br>(%) | 3~5<br>(%) | 石屑<br>(%) | 黄砂<br>(%) | 矿粉<br>(%) | 消石灰<br>(%) | 合成<br>级配 | 工程设计级配范围 | | |
|---|---|---|---|---|---|---|---|---|---|---|---|
| | | | | | | | | | 中值 | 下限 | 上限 |
| 16 | 100 | 100 | 100 | 100 | 100 | 100 | 100 | 100 | 100 | 100 | 100 |
| 13.2 | 88.6 | 100 | 100 | 100 | 100 | 100 | 100 | 96.7 | 95 | 90 | 100 |
| 9.5 | 16.6 | 99.7 | 100 | 100 | 100 | 100 | 100 | 76.6 | 70 | 60 | 80 |
| 4.75 | 0.4 | 8.7 | 94.9 | 100 | 100 | 100 | 100 | 47.7 | 41.5 | 30 | 53 |
| 2.36 | 0.3 | 0.7 | 3.7 | 97.2 | 87.9 | 100 | 100 | 30.6 | 30 | 20 | 40 |
| 1.18 | 0.3 | 0.7 | 0.5 | 67.8 | 62.2 | 100 | 100 | 22.8 | 22.5 | 15 | 30 |
| 0.6 | 0.3 | 0.7 | 0.5 | 40.5 | 46.4 | 100 | 100 | 17.2 | 16.5 | 10 | 23 |
| 0.3 | 0.3 | 0.7 | 0.5 | 30.2 | 3.7 | 99.8 | 99.2 | 9.5 | 12.5 | 7 | 18 |
| 0.15 | 0.3 | 0.7 | 0.5 | 20.6 | 3.1 | 96.2 | 97.1 | 8.1 | 8.5 | 5 | 12 |
| 0.075 | 0.2 | 0.6 | 0.3 | 4.2 | 1.9 | 84.7 | 95.6 | 5.5 | 6 | 4 | 8 |
| 配比 | 28 | 26 | 14 | 12 | 15 | 3.3 | 1.7 | 100.0 | | | |

（2）矿料级配曲线采用泰勒曲线的标准画法绘制，如图 2-2-8 所示，纵坐标为普通坐标，横坐标按 $x = d_i^{0.45}$ 计算，如表 2-2-15 所示。以原点与通过集料最大粒径 100% 的点的连线作为沥青混合料的最大密度线。

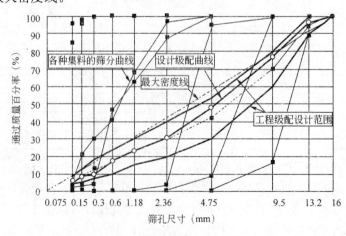

图 2-2-8　矿料级配曲线示例

| $d_i$ | 0.075 | 0.15 | 0.3 | 0.6 | 1.18 | 2.36 | 4.75 | 9.5 |
|---|---|---|---|---|---|---|---|---|
| $x=d_i^{0.45}$ | 0.312 | 0.426 | 0.582 | 0.795 | 1.077 | 1.472 | 2.016 | 2.754 |
| $d_i$ | 13.2 | 16 | 19 | 26.5 | 31.5 | 37.5 | 53 | 63 |
| $x=d_i^{0.45}$ | 3.193 | 3.482 | 3.762 | 4.370 | 4.723 | 5.109 | 5.969 | 6.452 |

（3）高速公路和一级公路,宜在工程设计级配范围内计算1～3组粗细不同的配合比,绘制设计级配曲线,分别位于工程设计级配范围的上方、中值及下方。设计合成级配不得有太多的锯齿性交错,且在0.3～0.6mm范围内不出现"驼峰"。当反复调整不能满足时,宜更换材料设计。

（4）根据当地的实践经验选择适宜的沥青用量,分别制作几组级配的马歇尔试件,测定VMA,初选一组满足或接近设计要求的级配作为设计级配。

2.确定沥青混合料中沥青的最佳用量

沥青混合料的最佳沥青用量(简称OAC),按《公路沥青路面施工技术规范》(JTG F40—2004)中规定,以马歇尔试验方法为标准的设计方法,同时允许采用其他设计方法。当采用其他设计方法时,应按马歇尔设计方法进行检验。具体步骤如下:

1）制备试件

（1）确定试件的制作温度。沥青混合料试件的制作温度宜通过在135℃及175℃条件下测定的黏度—温度曲线按表2-2-16的规定确定,并与施工实际温度一致,普通沥青混合料如缺乏黏度—温度曲线时,可参照表2-2-17执行,改性沥青混合料的成型温度在此基础上再提高10～20℃。

**确定沥青混合料拌和及压实温度的适宜温度**      表 2-2-16

| 黏 度 | 适宜于拌和的沥青结合料黏度 | 适宜于压实的沥青结合料黏度 | 测定方法 |
|---|---|---|---|
| 表观黏度 | $(0.17\pm0.02)Pa \cdot s$ | $(0.28\pm0.03)Pa \cdot s$ | T 0625 |
| 运动黏度 | $(170\pm20)mm^2/s$ | $(280\pm30)mm^2/s$ | T 0619 |
| 赛波特黏度 | $(85\pm10)s$ | $(140\pm15)s$ | T 0623 |

**热拌普通沥青混合料试件的制作温度（℃）**      表 2-2-17

| 施工工序 | 石油沥青的标号 | | | | |
|---|---|---|---|---|---|
| | 50 号 | 70 号 | 90 号 | 110 号 | 130 号 |
| 沥青加热温度 | 160～170 | 155～165 | 150～160 | 145～155 | 140～150 |
| 矿料加热温度 | 集料加热温度比沥青温度高10～30(填料不加热) | | | | |
| 沥青混合料拌和温度 | 150～170 | 145～165 | 140～160 | 135～155 | 130～150 |
| 试件击实成型温度 | 140～160 | 135～155 | 130～150 | 125～145 | 120～140 |

（2）确定沥青用量范围。

①按式(2-2-6)计算矿质混合料的合成毛体积相对密度 $\gamma_{sb}$。

$$\gamma_{sb} = \frac{100}{\dfrac{p_1}{\gamma_1} + \dfrac{p_2}{\gamma_2} + \cdots + \dfrac{p_n}{\gamma_n}} \qquad (2\text{-}2\text{-}6)$$

式中：$p_1$、$p_2$、$\cdots$、$p_n$——各种矿料成分的配比,其和为 100;

$\gamma_1$、$\gamma_2$、$\cdots$、$\gamma_n$——各种矿料相应的毛体积相对密度,粗集料按 T 0304 方法测定,机制砂及石屑可按 T 0330 方法测定,也可以用筛出的 2.36～4.75mm 部分的毛体积相对密度代替,矿粉(含消石灰、水泥)以表观相对密度代替。

②计算矿料混合料的合成表观相对密度 $\gamma_{sa}$。

$$\gamma_{sa} = \frac{100}{\dfrac{p_1}{\gamma_1'} + \dfrac{p_2}{\gamma_2'} + \cdots + \dfrac{p_n}{\gamma_n'}} \qquad (2\text{-}2\text{-}7)$$

式中：$p_1$、$p_2$、$\cdots$、$p_n$——各种矿料成分的配比,其和为 100;

$\gamma_1'$、$\gamma_2'$、$\cdots$、$\gamma_n'$——各种矿料按试验规程方法测定的表观相对密度。

③按式(2-2-8)或按式(2-2-9)预估沥青混合料的适宜的油石比 $p_a$ 或沥青用量为 $p_b$。

$$p_a = \frac{p_{a1} \gamma_{sb1}}{\gamma_{sb}} \qquad (2\text{-}2\text{-}8)$$

$$p_b = \frac{p_a}{100 + \gamma_{sb}} \times 100 \qquad (2\text{-}2\text{-}9)$$

式中：$p_a$——预估的最佳油石比(与矿料总量的百分比)(%);

$p_b$——预估的最佳沥青用量(占混合料总量的百分数)(%);

$p_{a1}$——已建类似工程沥青混合料的标准油石比(%);

$\gamma_{sb}$——集料的合成毛体积相对密度;

$\gamma_{sb1}$——已建类似工程集料的合成毛体积相对密度。

④确定矿料的有效相对密度。

a. 对非改性沥青混合料,宜以预估的最佳油石比拌和两组混合料,采用真空法实测最大相对密度,取平均值。然后由式(2-2-10)反算合成矿料的有效相对密度 $\gamma_{se}$。

$$\gamma_{se} = \frac{100 - p_b}{\dfrac{100}{\gamma_t} - \dfrac{p_b}{\gamma_b}} \qquad (2\text{-}2\text{-}10)$$

式中：$\gamma_{se}$——合成矿料的有效相对密度;

$p_b$——试验采用的沥青用量(占混合料总量的百分数)(%);

$\gamma_t$——试验沥青用量条件下实测得到的最大相对密度,无量纲;

$\gamma_b$——沥青的相对密度(25℃/25℃),无量纲。

b. 对改性沥青及 SMA 等难以分散的混合料,有效相对密度宜直接由矿料的合成毛体积相对密度与合成表观相对密度按式(2-2-11)计算确定,其中,沥青吸收系数 C 值根据材料的吸水率由式(2-2-12)求得,材料的合成吸水率按式(2-2-13)计算:

$$\gamma_{se} = C \times \gamma_{sa} + (1 - C)\gamma_{sb} \qquad (2\text{-}2\text{-}11)$$

$$C = 0.033 W_x^2 - 0.2936 W_x + 0.9339 \qquad (2\text{-}2\text{-}12)$$

$$W_x = \left(\frac{1}{\gamma_{sb}} - \frac{1}{\gamma_{sa}}\right) \times 100 \qquad (2\text{-}2\text{-}13)$$

式中：$\gamma_{se}$——合成矿料的有效相对密度;

$C$——合成矿料的沥青吸收系数,可按矿料的合成吸水率从式(2-2-12)求取;

$W_x$——合成矿料的吸水率,按式(2-2-13)求取(%);

$\gamma_{sb}$——材料的合成毛体积相对密度,按式(2-2-6)求取,无量纲;

$\gamma_{sa}$——材料的合成表观相对密度,按式(2-2-7)求取,无量纲。

⑤以预估的油石比为中值,按一定间隔(对密级配沥青混合料通常为0.5%,对沥青碎石混合料可适当缩小间隔为0.3%~0.4%),取5个或5个以上不同的油石比分别成型马歇尔试件。如预估油石比为4.6%,可选3.6%、4.1%、4.6%、5.1%、5.6%等。每组试件的试样数按现行试验规程的要求确定,对粒径较大的沥青混合料,宜增加试件数量。

2)测定沥青混合料的物理指标

(1)测定压实沥青混合料试件的毛体积相对密度$\gamma_f$和吸水率,取平均值。

通常采用表干法测定毛体积相对密度;对吸水率大于2%的试件,宜改用蜡封法测定的毛体积相对密度。

(2)确定沥青混合料的最大理论相对密度。

①对非改性的普通沥青混合料,在成型马歇尔试件的同时,用真空法实测各组沥青混合料的最大理论相对密度$\gamma_{ti}$。当只对其中一组油石比测定最大理论相对密度时,也可按式(2-2-14)或式(2-2-15)计算其他不同油石比时的最大理论相对密度$\gamma_{ti}$。

②对改性沥青或SMA混合料宜按式(2-2-14)或式(2-2-15)计算各个不同沥青用量混合料的最大理论相对密度。

$$\gamma_{ti} = \frac{100 + p_{ai}}{\dfrac{100}{\gamma_{se}} + \dfrac{p_{ai}}{\gamma_b}} \qquad (2\text{-}2\text{-}14)$$

$$\gamma_{ti} = \frac{100}{\dfrac{p_{si}}{\gamma_{se}} + \dfrac{p_{bi}}{\gamma_b}} \qquad (2\text{-}2\text{-}15)$$

式中:$\gamma_{ti}$——相对于计算沥青用量$p_{bi}$时沥青混合料的最大理论相对密度,无量纲;

$p_{ai}$——所计算的沥青混合料中的油石比(%);

$p_{bi}$——所计算的沥青混合料的沥青用量(%),$p_{bi} = p_{ai}/(1 + p_{ai})$;

$p_{si}$——所计算的沥青混合料的矿料含量(%),$p_{si} = 100 - p_{bi}$;

$\gamma_{se}$——矿料的有效相对密度,按式(2-2-10)或式(2-2-11)计算,无量纲;

$\gamma_b$——沥青的相对密度(25℃/25℃),无量纲。

③按式(2-2-16)~式(2-2-18)计算沥青混合料试件的空隙率、矿料间隙率VMA、有效沥青的饱和度VFA等体积指标,取1位小数,进行体积组成分析。

$$VV = \left(1 - \frac{\gamma_f}{\gamma_t}\right) \times 100 \qquad (2\text{-}2\text{-}16)$$

$$VMA = \left(1 - \frac{\gamma_f}{\gamma_{sb}} \times p_s\right) \times 100 \qquad (2\text{-}2\text{-}17)$$

$$VFA = \frac{VMA - VV}{VMA} \times 100 \qquad (2\text{-}2\text{-}18)$$

式中:VV——试件的空隙率(%);

VMA——试件的矿料间隙率(%);

VFA——试件的有效沥青饱和度(有效沥青含量占 VMA 的体积比例)(%);

$\gamma_f$——试件的毛体积相对密度,无量纲;

$\gamma_t$——沥青混合料的最大理论相对密度,无量纲;

$p_s$——各种矿料占沥青混合料总质量的百分率之和(%),即 $p_s=100-p_b$;

$\gamma_{sb}$——矿料混合料的合成毛体积相对密度。

3)测定沥青混合料的力学指标

进行马歇尔试验,测定马歇尔稳定度及流值。

4)马歇尔试验结果分析

(1)绘制沥青用量与物理、力学指标的关系图。

以油石比或沥青用量为横坐标,以毛体积密度、空隙率、有效沥青饱和度(VFA)、矿料间隙率(VMA)、稳定度和流值为纵坐标,将试验结果绘制成关系曲线图,如图 2-2-9 所示。确定均符合规范规定的沥青混合料技术标准的沥青用量范围 $OAC_{min}\sim OAC_{max}$。

选择的沥青用量范围必须涵盖设计空隙率的全部范围,并尽可能涵盖沥青饱和度的要求范围,并使密度及稳定度曲线出现峰值。如果没有涵盖设计空隙率的全部范围,试验必须扩大沥青用量范围重新进行。

(2)根据试验曲线的走势,按下列方法确定沥青混合料的最佳沥青用量 $OAC_1$。

①在曲线图 2-2-9 上求取相应于密度最大值、稳定度最大值、目标空隙率(或中值)、沥青饱和度范围的中值的沥青用量 $a_1$、$a_2$、$a_3$、$a_4$。按式(2-2-19)取平均值作为 $OAC_1$。

$$OAC_1 = \frac{a_1 + a_2 + a_3 + a_4}{4} \tag{2-2-19}$$

②如果在所选择的沥青用量范围未能涵盖沥青饱和度的要求范围,按式(2-2-20)求取三者的平均值作为 $OAC_1$。

$$OAC_1 = \frac{a_1 + a_2 + a_3}{3} \tag{2-2-20}$$

③对所选择试验的沥青用量范围,密度或稳定度没有出现峰值(最大值经常在曲线的两端)时,可直接以目标空隙率所对应的沥青用量 $a_3$ 作为 $OAC_1$,但 $OAC_1$ 必须介于 $OAC_{min}\sim OAC_{max}$ 的范围内。否则应重新进行配合比设计。

(3)确定沥青混合料的最佳沥青用量 $OAC_2$。

以各项指标均符合技术标准(不含 VMA)的沥青用量范围 $OAC_{min}\sim OAC_{max}$ 的中值作为 $OAC_2$。

$$OAC_2 = \frac{OAC_{min} + OAC_{max}}{2} \tag{2-2-21}$$

(4)确定计算的最佳沥青用量 OAC。

通常情况下取 $OAC_1$ 及 $OAC_2$ 的中值作为计算的最佳沥青用量 OAC。

$$OAC = \frac{OAC_1 + OAC_2}{2} \tag{2-2-22}$$

按式(2-2-22)计算的最佳油石比 OAC,从图 2-2-9 中得出所对应的空隙率和 VMA 值,检验是否能满足表 2-2-6 关于最小 VMA 值的要求。OAC 宜位于 VMA 凹形曲线最小值的贫油一侧。当空隙率不是整数时,最小 VMA 按内插法确定,并将其画入图 2-2-9 中。

检查图 2-2-9 中相应于此 OAC 的各项指标是否均符合马歇尔试验技术标准。

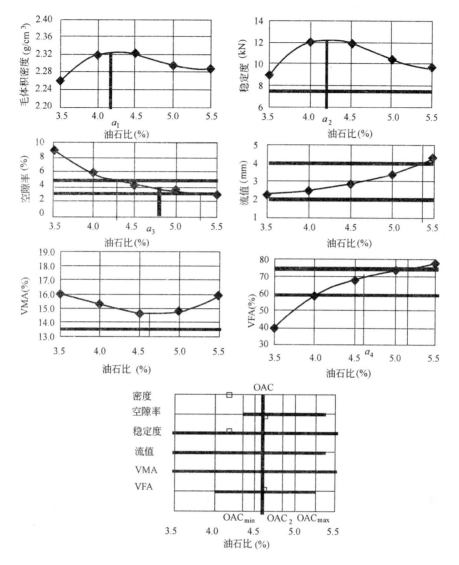

图 2-2-9 马歇尔试验各项指标与沥青用量关系图

（5）根据实践经验和公路等级、气候条件、交通情况，调整确定最佳沥青用量OAC。

①调查当地各项条件相接近的工程的沥青用量及使用效果，论证适宜的最佳沥青用量。检查计算得到的最佳沥青用量是否相近，如相差甚远，应查明原因，必要时重新调整级配，进行配合比设计。

②对炎热地区公路以及高速公路、一级公路的重载交通路段，山区公路的长大坡度路段，预计有可能产生较大车辙时，宜在空隙率符合要求的范围内将计算的最佳沥青用量减小0.1％～0.5％作为设计沥青用量。此时，除空隙率外的其他指标可能会超出马歇尔试验配合比设计技术标准，配合比设计报告或设计文件必须予以说明。但配合比设计报告必须要求采用重型轮胎压路机和振动压路机组合等方式加强碾压，以使施工后路面的空隙率达到未调整前的原最佳沥青用量时的水平，且渗水系数符合要求。如果试验段试拌试铺达不到此要求时，宜调整所减小的沥青用量的幅度。

③对寒区公路、旅游公路、交通量很少的公路，最佳沥青用量可以在OAC的基础上增加

0.1%～0.3%，以适当减小设计空隙率，但不得降低压实度要求。

3.配合比设计检验

对用于高速公路和一级公路的密级配沥青混合料，需在配合比设计的基础上，按规范要求进行各种使用性能的检验，不符合要求的沥青混合料，必须更换材料或重新进行配合比设计。其他等级公路的沥青混合料可参照执行。配合比设计检验按计算确定的设计最佳沥青用量在标准条件下进行。如按照根据实践经验和公路等级、气候条件、交通情况调整确定的最佳沥青用量，或者改变试验条件时，各项技术要求均应适当调整。

1）高温稳定性检验

按规定方法进行车辙试验，动稳定度应符合表2-2-18的要求。

沥青混合料车辙试验动稳定度技术要求　　　　　表2-2-18

| 气候条件与技术指标 | | | 相应于下列气候分区所要求的动稳定度（次/mm） | | | | | | | | 试验方法 |
|---|---|---|---|---|---|---|---|---|---|---|---|
| 7月份平均最高气温（℃）及气候分区 | | | ＞30 | | | | 20～30 | | | ＜20 | 试验方法 |
| | | | 1.夏炎热区 | | | | 2.夏热区 | | | 3.夏凉区 | |
| | | | 1-1 | 1-2 | 1-3 | 1-4 | 2-1 | 2-2 | 3-3 | 3-4 | 3-2 | |
| 普通沥青混合料 | ≥ | | 800 | | 1000 | | 600 | | 800 | | 600 | T 0719 |
| 改性沥青混合料 | ≥ | | 2400 | | 2800 | | 2000 | | 2400 | | 1800 | |
| SMA混合料 | 非改性 | ≥ | 1500 | | | | | | | | | |
| | 改性 | ≥ | 3000 | | | | | | | | | |
| OGFC混合料 | | | 1500（一般交通路段）、3000（重交通量路段） | | | | | | | | | |

注：1. 如果其他月份的平均最高气温高于7月份时，可使用该月平均最高气温。
　　2. 在特殊情况下，如钢桥面铺装、重载车特别多或纵坡较大的长距离上坡路段、厂矿专用道路，可酌情提高动稳定度的要求。
　　3. 对因气候寒冷确需使用针入度很大的沥青（如大于100），动稳定度难以达到要求，或因采用石灰岩等不很坚硬的石料，改性沥青混合料的动稳定度难以达到要求等特殊情况，可酌情降低要求。
　　4. 为满足炎热地区及重载车要求，在配合比设计时采取减少最佳沥青用量的技术措施时，可适当提高试验温度或增加试验荷载进行试验，同时增加试件的碾压成型密度和施工压实度要求。
　　5. 车辙试验不得采用二次加热的混合料，试验必须检验其密度是否符合试验规程的要求。
　　6. 如需要对公称最大粒径等于或大于26.5mm的混合料进行车辙试验，可适当增加试件的厚度，但不宜作为评定合格与否的依据。

2）水稳定性检验

在规定的试验条件下进行浸水马歇尔试验和冻融劈裂试验，残留稳定度及残留强度比必须符合表2-2-19的要求。达不到要求时，必须采取抗剥落措施，调整最佳沥青用量后再次试验。

沥青混合料水稳定性检验技术要求　　　　　表2-2-19

| 气候条件与技术指标 | | 相应于下列气候分区的技术要求（%） | | | | 试验方法 |
|---|---|---|---|---|---|---|
| 年降雨量（mm）及气候分区 | | ＞1000 | 500～1000 | 250～500 | ＜250 | 试验方法 |
| | | 1.潮湿区 | 2.湿润区 | 3.半干区 | 4.干旱区 | |
| 浸水马歇尔试验残留稳定度（%） | | | | | | |
| 普通沥青混合料 | | 80 | | 75 | | T 0709 |
| 改性沥青混合料 | | 85 | | 80 | | |
| SMA混合料 | 普通沥青 | 75 | | | | |
| | 改性沥青 | 80 | | | | |

| 气候条件与技术指标 | 相应于下列气候分区的技术要求(%) | | | | 试验方法 |
|---|---|---|---|---|---|
| 年降雨量(mm)及气候分区 | >1000 | 500~1000 | 250~500 | <250 | |
| | 1. 潮湿区 | 2. 湿润区 | 3. 半干区 | 4. 干旱区 | |
| 浸水马歇尔试验残留稳定度(%) | | | | | |
| 冻融劈裂试验的残留强度比 | | | | | |
| 普通沥青混合料 | 75 | | 70 | | T 0729 |
| 改性沥青混合料 | 80 | | 75 | | |
| SMA混合料 普通沥青 | 75 | | | | |
| SMA混合料 改性沥青 | 80 | | | | |

(1)浸水马歇尔试验。

残留稳定度按式(2-2-23)计算：

$$MS_0 = \frac{MS_1}{MS} \times 100 \tag{2-2-23}$$

式中：$MS_0$——试件的浸水残留稳定度(%)；

　　$MS$——试件在水中保养 30~40min 后测定的稳定度(kN)；

　　$MS_1$——试件浸水 48h 后测定的稳定度(kN)。

(2)冻融劈裂试验。

残留强度比按式(2-2-24)计算：

$$TSR = \frac{RT_2}{RT_1} \times 100 \tag{2-2-24}$$

式中：$TSR$——试件的残留强度比(%)；

　　$RT_1$——试件的劈裂抗拉强度(MPa)；

　　$RT_2$——试件真空饱水后测得的劈裂抗拉强度(MPa)。

3)低温抗裂性能的检验

宜对密级配沥青混合料在温度 -10℃、加载速率 50mm/min 的条件下进行弯曲试验，测定破坏强度、破坏应变、破坏劲度模量，并根据应力—应变曲线的形状，综合评价沥青混合料的低温抗裂性能。其中,沥青混合料的破坏应变宜不小于表 2-2-20 的要求。

沥青混合料低温弯曲试验破坏应变(με)技术要求　　　　表 2-2-20

| 气候条件与技术指标 | 相应于下列气候分区所要求的破坏应变(με) | | | | | | | | 试验方法 |
|---|---|---|---|---|---|---|---|---|---|
| 年极端最低气温(℃)及气候分区 | <-37.0 | | -21.5~-37.0 | | | -9.0~-21.5 | | >-9.0 | |
| | 1. 冬严寒区 | | 2. 冬寒区 | | | 3. 冬冷区 | | 4. 冬温区 | |
| | 1-1 | 1-2 | 1-2 | 2-2 | 3-2 | 1-3 | 2-3 | 1-4 | 2-4 | |
| 普通沥青混合料 ≥ | 2600 | | 2300 | | | 2000 | | | T 0715 |
| 改性沥青混合料 ≥ | 3000 | | 2800 | | | 2500 | | | |

4)渗水系数检验

宜利用轮碾机成型的车辙试验试件,脱模架起进行渗水试验,并符合表 2-2-21 的要求。

**沥青混合料试件渗水系数(mL/min)技术要求**　　表 2-2-21

| 级 配 类 型 | | 渗水系数要求(mL/min) | 试 验 方 法 |
|---|---|---|---|
| 密级配沥青混凝土 | ≥ | 120 | |
| SMA 混合料 | ≥ | 80 | T 0730 |
| OGFC 混合料 | ≥ | 实测 | |

5)钢渣活性检验

对使用钢渣作为集料的沥青混合料,应按试验规程 T 0363 进行活性和膨胀性试验,钢渣沥青混凝土的膨胀量不得超过 1.5%。

6)配合比设计检验

根据需要,可以改变试验条件进行配合比设计检验,如按调整后的最佳沥青用量、变化最佳沥青用量 OAC±0.3%、提高试验温度、加大试验荷载、采用现场压实密度进行车辙试验,在施工后的残余空隙率(如 7%~8%)的条件下进行水稳定性试验和渗水试验等,但不宜用规范规定的技术要求进行合格评定。

**4. 配合比设计报告**

配合比设计报告应包括工程设计级配范围选择说明、材料品种选择与原材料质量试验结果、矿料级配、最佳沥青用量及各项体积指标、配合比设计检验结果等。试验报告的矿料级配曲线应按规定的方法绘制。

当按实践经验和公路等级、气候条件、交通情况调整的沥青用量作为最佳沥青用量,宜报告不同沥青用量条件下的各项试验结果,并提出对施工压实工艺的技术要求。

**【例】** 某公路沥青路面上面层沥青混合料采用 AC-13C 型,其所选用的沥青和集料经检验各项技术性能均符合规范要求。根据各种集料的筛分结果以及《公路沥青路面施工技术规范》(JTG F40-2004)中表 5.3.2-2(密级配沥青混凝土混合料矿料级配范围)规定的级配上下限进行矿质混合料级配组成设计,设计结果见表 2-2-22 和图 2-2-10。试确定该沥青混合料的最佳沥青用量(或油石比),并根据规范要求,检验沥青混合料的水稳定性和抗车辙能力。

**AC-13C 型沥青混合料矿料级配设计表**　　表 2-2-22

| 筛孔尺寸 (mm) | 级 配 | | | | | | |
|---|---|---|---|---|---|---|---|
| | 上限 | 下限 | 中值 | 10~15 | 5~10 | 机制砂 | 合成级配 |
| 16 | 100.0 | 100.0 | 100.0 | 100.0 | 100.0 | 100.0 | 100.0 |
| 13.2 | 100.0 | 90.0 | 95.0 | 96.4 | 100.0 | 100.0 | 98.7 |
| 9.5 | 85.0 | 68.0 | 76.5 | 37.6 | 98.6 | 100.0 | 77.8 |
| 4.75 | 68.0 | 38.0 | 53.0 | 3.0 | 2.3 | 100.0 | 43.6 |
| 2.36 | 50.0 | 24.0 | 37.0 | 1.9 | 0.8 | 84.9 | 36.5 |
| 1.18 | 38.0 | 15.0 | 26.5 | 1.7 | 0.8 | 59.5 | 25.8 |
| 0.6 | 28.0 | 10.0 | 19.0 | 1.6 | 0.8 | 39.3 | 17.3 |
| 0.3 | 20.0 | 7.0 | 13.5 | 1.5 | 0.7 | 23.3 | 10.5 |
| 0.15 | 15.0 | 5.0 | 10.0 | 1.5 | 0.7 | 16.5 | 7.6 |
| 0.075 | 8.0 | 4.0 | 6.0 | 1.3 | 0.6 | 11.9 | 5.6 |
| 集料用量 | | | | 35% | 23% | 42% | |

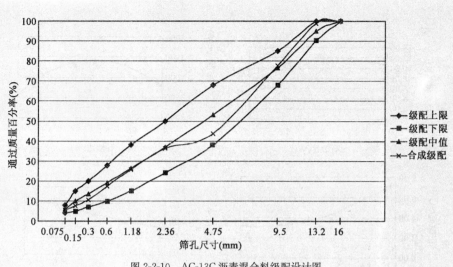

图 2-2-10　AC-13C 沥青混合料级配设计图

**解:**(1)试件成型

根据经验,预估沥青混合料适宜的油石比,采用 0.5% 的间隔变化,分别选择沥青用量为 4.1%、4.6%、5.1%、5.6%、6.1% 拌制 5 组沥青混合料,每面各击实 75 次成型 5 组试件。

(2)试件物理力学指标的测定

在成型马歇尔试件的同时,用真空法实测各组沥青混合料的最大理论相对密度 $\gamma_{ti}$。当只对其中一组油石比测定最大理论相对密度时,也可按式(2-2-14)或式(2-2-15)计算其他不同油石比时的最大理论相对密度 $\gamma_{ti}$。

根据表干法测定试件的空气中质量和表干质量,计算试件的毛体积密度、矿料间隙率、沥青饱和度等体积参数指标,结果见表 2-2-23。进行马歇尔试验,测定各组试件的马歇尔稳定度和流值,结果见表 2-2-23。

**AC-13C 型马歇尔试验各项指标测试结果**　　　　　表 2-2-23

| 油石比<br>(%) | 毛体积密度<br>(g/cm³) | 空隙率<br>(%) | VMA<br>(%) | VFA<br>(%) | 稳定度<br>(kN) | 流值<br>(mm) |
|---|---|---|---|---|---|---|
| 4.1 | 2.383 | 7.4 | 16.5 | 55.3 | 10.50 | 1.51 |
| 4.6 | 2.399 | 6.0 | 16.3 | 62.9 | 11.15 | 2.13 |
| 5.1 | 2.464 | 4.3 | 14.4 | 75.0 | 12.43 | 2.37 |
| 5.6 | 2.429 | 3.6 | 16.1 | 77.8 | 10.56 | 2.70 |
| 6.1 | 2.411 | 3.2 | 17.1 | 78.7 | 8.54 | 3.50 |
| 规范 | — | 4~6 | ≥13 | 65~75 | ≥8 | 1.5~4 |

(3)绘制沥青混合料试件物理力学指标与沥青用量(或油石比)关系图

表 2-2-23 中的数据,绘制油石比与毛体积密度、空隙率、沥青饱和度、稳定度和流值等指标的关系曲线图,见图 2-2-11。

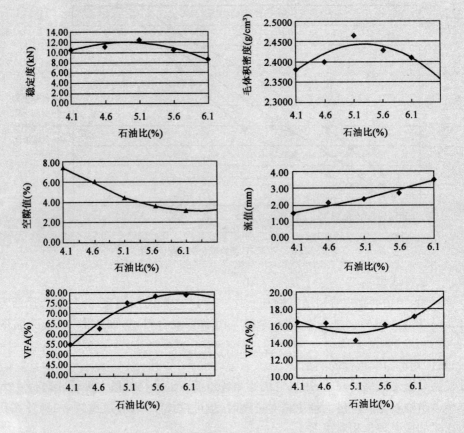

图 2-2-11　油石比与沥青混合料试件物理力学指标关系图

(4)最佳沥青用量(或油石比)确定

①确定最佳油石比初始值 $OAC_1$。

由图 2-2-11 得,与马歇尔稳定度最大值对应的油石比 $a_1 = 5.1\%$,对应于密度最大值的油石比 $a_2 = 5.1\%$,对应于空隙率中值的油石比 $a_3 = 4.9\%$,对应于沥青饱和度范围中值的油石比 $a_4 = 4.9\%$,将 $a_1$、$a_2$、$a_3$、$a_4$ 代入式(2-2-19),得最佳油石比初始值:

$$OAC_1 = \frac{a_1 + a_2 + a_3 + a_4}{4} = \frac{5.1\% + 5.1\% + 4.9\% + 4.9\%}{4} = 5.0\%$$

②确定最佳油石比初始值 $OAC_2$

以各项指标均符合技术标准(不含 VMA)的油石比范围 $OAC_{min} \sim OAC_{max}$ 的中值作为 $OAC_2$,根据表,可知 $OAC_{min} = 4.7\%$,$OAC_{max} = 5.1\%$,代入式(2-2-21)得:

$$OAC_2 = \frac{OAC_{min} + OAC_{max}}{2} = \frac{4.7\% + 5.1\%}{2} = 4.9\%$$

③确定计算的最佳油石比 OAC。

通常情况下取 $OAC_1$ 及 $OAC_2$ 的中值作为计算的最佳油石比 OAC。

$$OAC = \frac{OAC_1 + OAC_2}{2} = \frac{5.0\% + 4.9\%}{2} = 5.0\%$$

（5）沥青混合料的水稳定性检验

采用最佳油石比5.0%制备沥青混合料试件,按规定方法进行浸水马歇尔试验和冻融劈裂试验,试验结果见表2-2-24。

沥青混合料水稳定性试验结果 表2-2-24

| 油 石 比 | 残留稳定度（%） | | 残留强度比（%） | |
|---|---|---|---|---|
| | 实测值 | 规范值 | 实测值 | 规范值 |
| 5.0% | 82.6 | ≥80 | 79.3 | ≥75 |

从表2-2-24试验结果可知,沥青混合料的水稳定性满足规范的要求。

（6）沥青混合料的抗车辙能力检验

采用最佳油石比5.0%成型车辙试件,按规定方法进行车辙试验,试验结果见表2-2-25。

沥青混合料车辙试验结果 表2-2-25

| 油 石 比 | 动稳定度（次/mm） | |
|---|---|---|
| | 实测值 | 规范值 |
| 5.0% | 1140 | ≥1000 |

从表2-2-25试验结果可知,沥青混合料的抗车辙性能满足规范的要求。

◀单 元 小 结▶

矿质混合料由多种粗细不同的集料按一定的比例搭配而成,包括连续级配和间断级配两种类型。矿质混合料组成设计的方法主要采用试算法和图解法。

常见的沥青混合料主要有沥青碎石混合料和沥青混凝土混合料,按矿质骨架的结构状况,沥青混合料的组成结构可分为悬浮密实结构、骨架空隙结构和骨架密实结构三种类型。

沥青混合料的主要技术性能包括高温稳定性、低温抗裂性、耐久性、抗滑性和施工和易性。

沥青混合料目标配合比设计可分为矿质混合料组成设计和最佳沥青用量确定两部分。然后进行高温稳定性、水稳定性、低温抗裂性、渗水系数和钢渣活性等检验。试验室目标配合比必须经过现场试铺加以检验、调整得最终的施工配合比。

◀拓 展 知 识▶

泡沫沥青混凝土作为对旧有路面修复的一种技术,现在正越来越多地被使用。泡沫沥青混凝土具有很好的抗疲劳和抗车辙性能,对交通流量大的道路只需在上面加铺一层新的沥青面层,对低交通流量路面进行表面处理即可。所谓的泡沫沥青是指通过向热沥青中加入一定量的经过精确计量的冷水（通常为沥青质量的1%～2%）而制成的。当注入的冷水遇到热的沥青时,沥青体积发生膨胀,因而会产生大量的泡沫,表面活性进一步增强。

## 思考与练习

### 一、填空题

1. 矿质混合料的级配类型包括（　　）和（　　）两种。

2. 沥青混合料的组成结构包括（　　）、（　　）、（　　）三种类型。

3. 沥青混合料的主要技术性能有（　　）、（　　）、（　　）、（　　）、（　　）。

4. 沥青混合料的目标配合比设计分为（　　）设计、（　　）设计。

5. 沥青混合料配合比设计包括（　　）、（　　）和（　　）三个阶段。

6. 我国现行国标规定,采用（　　）试验来评价沥青混合料的高温稳定性。

7. 矿料配合比设计合成级配不得有太多的锯齿性交错,且在（　　）mm 范围内不出现"驼峰"。

8. 沥青混合料试件的制作温度宜通过在（　　）℃及（　　）℃条件下测定的黏度—温度曲线确定,并与施工实际温度一致。

9. 沥青混合料的最佳沥青用量,按《公路沥青路面施工技术规范》(JTG F40—2004)中规定,以（　　）方法为标准的设计方法,同时允许采用其他设计方法。

### 二、单项选择题

1. 沥青碎石混合料相比于沥青混凝土混合料,正确的是（　　）。

    A. 填料多　　　　　　B. 空隙率大　　　　　C. 细集料多　　　　　　D. 热稳定性差

2. 车辙试验主要是用来评价沥青混合料的（　　）。

    A. 高温稳定性　　　　B. 低温抗裂性　　　　C. 耐久性　　　　　　　D. 抗滑性

3. 若沥青混合料的油石比为 5.0%,则沥青含量为（　　）。

    A. 4.76%　　　　　　B. 4.56%　　　　　　C. 5.00%　　　　　　　D. 5.26%

4. 矿料配合比例不变,增加沥青用量,沥青混合料的饱和度将（　　）。

    A. 增加　　　　　　　B. 不变　　　　　　　C. 减小　　　　　　　　D. 先增加后减小

5. 造成沥青混合料拌和物出现花白料、结团的原因是（　　）。

    A. 粗集料用量大　　　B. 矿粉用量多　　　　C. 沥青用量小　　　　　D. 拌和温度低

6. 对密级配Ⅰ型沥青混凝土混合料马歇尔试件两面各击（　　）。

    A. 100 次　　　　　　B. 125 次　　　　　　C. 50 次　　　　　　　D. 75 次

7. 沥青混合料配合比设计中,沥青含量为以下两个质量比的百分率（　　）。

    A. 沥青质量与沥青混合料的质量　　　　　　B. 沥青质量与矿料质量

    C. 沥青质量与集料质量

8. 测定沥青混合料水稳定性的试验是（　　）。

    A. 车辙试验　　　　　　　　　　　　　　　B. 沥青混合料保水率试验

    C. 残留稳定度试验　　　　　　　　　　　　D. 马歇尔稳定度试验

9. 沥青混合料稳定度试验对试件加载速度是（　　）。

    A. 10mm/min　　　　B. 0.5mm/min　　　　C. 1mm/min　　　　　D. 50mm/min

10. 沥青混合料稳定度试验温度是（　　）。

    A. 50℃　　　　　　B. 60℃　　　　　　C. 65℃　　　　　　D. 80℃

11. 随沥青含量增加,沥青混合料试件密度将（　　）。

    A. 保持不变　　　　B. 出现峰值　　　　C. 减少　　　　　　D. 增大

12. 随沥青含量增加,沥青混合料试件空隙率将（　　）。

    A. 增加　　　　　　B. 出现谷值　　　　C. 减少　　　　　　D. 保持不变

### 三、多项选择题

1. 下面关于沥青或沥青混合料的叙述正确的是（　　）。

    A. 沥青混合料的高温稳定性可采用马歇尔稳定度试验和车辙试验来评价

    B. 三组分分析法可将石油沥青分为油分、树脂、沥青质三个组分

    C. 沥青中的含蜡量会影响沥青混合料的抗滑性

    D. 沥青混合料的强度理论是要求其在常温时具备抗剪强度和抗变形的能力

2. 沥青混合料的主要技术指标有（　　）。

    A. 高温稳定性　　　B. 低温抗裂性　　　C. 耐久性　　　　　D. 抗滑性

3. 沥青混合料中如粗集料数量较少,不能形成骨架,细集料较多,足以填补空隙,这种沥青混合料（　　）。

    A. 黏结力大　　　　B. 内摩擦角较小　　C. 高温稳定性差　　D. 密实性好

4. 我国现行规范采用（　　）等指标来表示沥青混合料的耐久性。

    A. 空隙率　　　　　B. 饱和度　　　　　C. 残留稳定度　　　D. 流值

### 四、判断题

1. 沥青混合料中粗集料是指粒径大于 2.36mm 的碎石、破碎砾石等。　　　　　　（　　）

2. 材料在进行强度试验时,加荷速度快者的实验结果值偏小。　　　　　　　　　（　　）

3. 马歇尔稳定度试验时的温度越高,则稳定度愈大,流值愈小。　　　　　　　　（　　）

4. 车辙试验主要是用来评价沥青混合料的低温抗裂性。　　　　　　　　　　　　（　　）

5. 沥青混合料中矿料的有效密度应大于表观密度。　　　　　　　　　　　　　　（　　）

6. 沥青混合料试件的高度变化不影响所测流值,仅对稳定度的试验结果有影响。

    （　　）

7. 马歇尔稳定度试验时的温度越高,则稳定度愈大,流值愈小。　　　　　　　　（　　）

### 五、简答题

1. 试简述矿质混合料组成设计中试算法的计算过程?

2. 沥青混合料的组成结构有哪些类型?它们各有何特点?

3. 在沥青混合料配合比设计中,调整工程设计级配范围宜遵循哪些原则?

4. 在热拌沥青混合料配合比设计时,沥青最佳用量OAC是如何确定的?

5. 试述沥青用量的变化对沥青混合料马歇尔试验结果有何影响。

### 六、计算题

1. 用图解法求沥青混合料中矿质混合料的配合比。资料、设计范围按《沥青路面施工及验收规范》(GB 50092—1996)细粒式沥青混合料要求的级配范围列于表 2-2-26。

**细粒式沥青混合料要求的级配范围**　　　　表2-2-26

| 筛孔尺寸 | 筛孔尺寸(方孔筛) | | | | | | | | | |
|---|---|---|---|---|---|---|---|---|---|---|
| | 16.0 | 13.2 | 9.5 | 4.75 | 2.36 | 1.18 | 0.6 | 0.3 | 0.15 | 0.075 |
| | 通过百分率(%) | | | | | | | | | |
| 级配要求　级配范围 | 100 | 90~100 | 68~85 | 36~68 | 24~50 | 15~38 | 10~28 | 7~20 | 5~15 | 4~8 |
| 级配中值 | | | | | | | | | | |

碎石、石屑、砂、矿粉四种组成材料的筛析试验结果见表2-2-27。

①用图解法确定各集料的用量比例。

②计算合成级配,并校核合成级配是否符合规定级配要求(结果填于表中)。

**四种组成材料的筛析试验结果**　　　　表2-2-27

| 材　　料 | 筛孔尺寸(方孔筛) | | | | | | | | | |
|---|---|---|---|---|---|---|---|---|---|---|
| | 16 | 13.2 | 9.5 | 4.75 | 2.36 | 1.18 | 0.6 | 0.3 | 0.15 | 0.075 |
| | 通过百分率(%) | | | | | | | | | |
| 原料级配　碎石100% | 100 | 94 | 26 | 0 | 0 | 0 | 0 | 0 | 0 | 0 |
| 石屑100% | 100 | 100 | 100 | 80 | 40 | 17 | 0 | 0 | 0 | 0 |
| 砂100% | 100 | 100 | 100 | 100 | 94 | 90 | 76 | 38 | 17 | 0 |
| 矿粉100% | 100 | 100 | 100 | 100 | 100 | 100 | 100 | 100 | 100 | 83 |
| 集料在混合料中的级配 | | | | | | | | | | |
| | | | | | | | | | | |
| | | | | | | | | | | |
| | | | | | | | | | | |
| 合成级配 | | | | | | | | | | |
| 级配范围(AC-13) | | | | | | | | | | |

2.已知油石比为5%,混合料表观密度为2.25g/cm³,沥青密度为1.028g/cm³,水的密度取1g/cm³,则沥青体积百分率$(VA)=\dfrac{5\times2.25}{1.028\times1}=10.94\%$,此计算结果对吗? 若不对请表示出正确结果。

3.某Ⅰ型沥青混合料矿料配合比比例为:碎石60%,砂子30%,矿粉10%,碎石及砂子的表观相对密度分别为2.70及2.60,矿粉的表观相对密度为2.75,沥青相对密度为1.0,试完成表2-2-28的计算(写出计算过程)。

**计　算　结　果　表**　　　　表2-2-28

| 油石比(%) | 试件空气中重(g) | 试件水中重(g) | 表观相对密度 | 理论最大相对密度 | 沥青体积百分率(%) | 空隙率(%) | 矿料空隙率(%) | 饱和度(%) |
|---|---|---|---|---|---|---|---|---|
| 4.5 | 1200 | 705 | | | | | | |

4.某试验员进行沥青混合料马歇尔试验,一组4个试件,测得的稳定度为8.2kN、8.5kN、9.6kN、14.0kN,请详细计算该组马歇尔试件的稳定度(试验数目为4时,其K值取1.46)。

5.某公路沥青路面上面层采用AC-13型细粒式沥青混凝土,经过马歇尔试验,将试验结果及结果分析汇总于表2-2-29,试确定最佳沥青用量?

### 马歇尔试验结果及分析汇总表　　　　　　表 2-2-29

| 试件组号 | 油石比 | 技术指标 | | | | | |
|---|---|---|---|---|---|---|---|
| | | 毛体积密度<br>（g/cm³） | 空隙率<br>（%） | 矿料间隙率<br>（%） | 沥青饱和度<br>（%） | 稳定度<br>（kN） | 流值<br>（0.1mm） |
| 1 | 4.0 | 2.328 | 5.8 | 15.6 | 62.5 | 8.7 | 21 |
| 2 | 4.5 | 2.346 | 4.7 | 15.4 | 69.8 | 9.7 | 23 |
| 3 | 5.0 | 2.354 | 3.6 | 15.3 | 77.5 | 10.6 | 25 |
| 4 | 5.5 | 2.353 | 2.9 | 15.7 | 80.2 | 10.3 | 28 |
| 5 | 6.0 | 2.348 | 2.5 | 16.4 | 83.5 | 8.5 | 37 |
| 技术标准 | | — | 3～6 | ≥13 | 65～75 | ≥8 | 15～40 |
| 相应参数 | | $\rho_{max}$ | VV=4.5% | — | VFA=70% | $MS_{max}$ | — |
| 绘制关系曲线确定的相应于上述参数的沥青用量（%） | | 5.2 | 4.7 | — | 4.6 | 5.2 | — |
| 分别满足各项技术指标要求的沥青用量范围（%） | | — | 4.0～5.4 | — | 4.3～4.9 | 4.0～6.0 | 4.0～6.0 |

# 单元三　土工合成材料 *

⚙ **本章职业能力目标**

能进行土工合成材料的性能指标检测。

⚙ **知识目标**

1. 了解土工合成材料的种类及特点；
2. 熟悉土工合成材料的性能检测指标。

土工合成材料是土木工程应用的合成材料的总称。作为一种土木工程材料，它是以人工合成的聚合物（如塑料、化纤、合成橡胶等）为原料，制成各种类型的产品，置于土体内部、表面或各种土体之间，发挥加强或保护土体的作用。使用土工合成材料最显著的目的是使工程项目更加安全可靠，节省工程成本。现在越来越多的土工合成材料被用于水利建设、电力投资、公路和铁路建设、环境工程建设，还有港口、机场、垃圾处理、江河湖海治理、治沙、堤防、防渗漏隔离层、航道、河道、港湾的护坡等工程中。

1. 定义

依据《土工合成材料应用技术规范》(GB 50290—1998)的定义为：土工合成材料是工程建设中应用的土工织物(Geo-textile)、土工膜(Geo-membrane)、土工复合材料(Geo-composite)和土工特种材料(Geo-special Material)的总称。

公路土工合成材料的定义：以人工合成的聚合物为原料制成的各种类型产品，是岩土工程中应用的合成材料的总称。

铁路土工合成材料的定义：岩土工程应用的合成材料产品的总称。

2. 分类

《土工合成材料应用技术规范》(GB 50290—1998)将土工合成材料分为土工织物、土工膜、复合型土工材料和土工特种材料四大类，如图 2-3-1 所示。

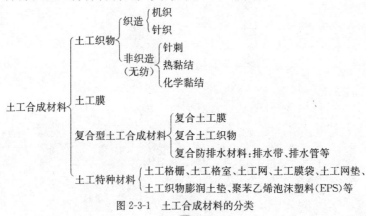

图 2-3-1　土工合成材料的分类

1）土工布

土工布又称土工织物，它是由合成纤维通过针刺或编织而成的透水性土工合成材料。成品为布状，一般宽度为4~6m，长度为50~100m。土工布分为有纺土工布和无纺土工布。具有良好的过滤、隔离、加固防护作用、抗拉强度高、渗透性好、耐高温、抗冷冻、耐老化和耐腐蚀，见图2-3-2。

2）土工膜

以塑料薄膜作为防渗基材，由聚合物或沥青制成的一种相对不透水的薄膜。含沥青的土工膜目前主要为复合型的（含编织型或无纺型的土工织物），沥青作为浸润黏结剂。聚合物土工膜根据不同的主材料分为塑性土工膜、弹性土工膜和组合型土工膜。

大量工程实践表明，土工膜的不透水性很好，弹性和适应变形的能力很强，能适用于不同的施工条件和工作应力，具有良好的耐老化能力，处于水下和土中的土工膜的耐久性尤为突出，如图2-3-3所示。土工膜具有突出的防渗和防水性能。

图 2-3-2　土工布在铁路路基中的应用

图 2-3-3　土工膜在水库中的应用

3）土工格栅

土工格栅是一种主要的土工合成材料，与其他土工合成材料相比，它具有独特的性能与功效。土工格栅常用作加筋土结构的筋材或复合材料的筋材等。土工格栅分为玻璃纤维类和聚酯纤维类两种类型。同时土工格栅又是一种质量轻，具有一定柔性的平面网材，易于现场裁剪和连接，也可重叠搭接，施工简便，不需要特殊的施工机械和专业技术人员，见图2-3-4。

4）土工特种材料

指用于岩土工程和土木工程的、可渗透的聚合物工程材料，可以是片状的、条状的或网格状的。

（1）土工膜袋是一种由双层聚合化纤织物制成的连续（或单独）袋状材料，利用高压泵把混凝土或砂浆灌入膜袋中（图2-3-5），形成板状或其他形状结构，常用于护坡或其他地基处理工程。

图 2-3-4　土工格栅在公路路基中的施工应用

图 2-3-5　土工膜袋混凝土护坡施工

（2）土工网。土工网是由合成材料条带、粗股条编织或合成树脂压制的具有较大孔眼、刚度较大的网状土工合成材料，见图 2-3-6。用于软基加固垫层、坡面防护、植草以及用作制造组合土工材料的基材，见图 2-3-7。

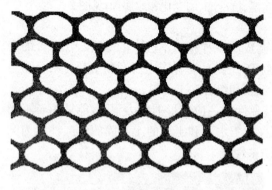 

图 2-3-6　土工网　　　　　　　　　　　　　　　　图 2-3-7　土工网植草护坡

（3）土工网垫和土工格室。土工网垫和土工格室都是用合成材料特制的三维结构。前者多为长丝结合而成的三维透水聚合物网垫，见图 2-3-8。后者是由土工织物、土工格栅或土工膜、条带聚合物构成的蜂窝状（图 2-3-9）或网格状三维结构，常用作防冲蚀和保土工程（图 2-3-10），刚度大、侧限能力高的土工格室多用于地基加筋垫层、路基基床或道床中，见图 2-3-11。

图 2-3-8　土工网垫　　　　　　　　　　　　　　　　图 2-3-9　土工格室

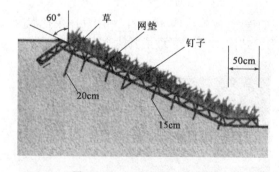 

图 2-3-10　土工网垫施工示意图　　　　　　　　　　图 2-3-11　土工格室在公路路基中的施工

（4）聚苯乙烯泡沫塑料（EPS）。聚苯乙烯泡沫塑料（即 EPS）是近年来发展起来的超轻型土工合成材料。它是在聚苯乙烯中添加发泡剂，用所规定的密度预先进行发泡，再把发泡的颗粒放在筒仓中干燥后填充到模具内加热形成的，见图 2-3-12。EPS 具有质量轻、耐热、抗压性能好、吸水率低、自立性好等优点,常用作铁路路基的填料,见图2-3-13。

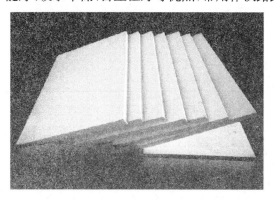

图 2-3-12 EPS 板

图 2-3-13 EPS 板在青藏铁路路基中的应用

5)复合型土工合成材料

指用于岩土工程和土木工程的组合材料,其中至少包括一种土工布或其有关产品。土工复合材料可将不同材料的性质结合起来,更好地满足具体工程的需要。如复合土工膜,就是将

图 2-3-14 塑料排水板在路基中的施工应用

土工膜和土工织物按一定要求制成的一种土工织物组合物。其中,土工膜主要用来防渗,土工织物起加筋、排水和增加土工膜与土面之间的摩擦力的作用。又如土工复合排水材料,它是以无纺土工织物和土工网、土工膜或不同形状的土工合成材料芯材组成的排水材料,用于软基排水固结处理、路基纵横排水、建筑地下排水管道、集水井、支挡建筑物的墙后排水、隧道排水、堤坝排水设施等。路基工程中常用的塑料排水板就是一种土工复合排水材料,见图2-3-14。

3. 土工合成材料的作用

(1)加筋作用:土工合成材料埋在土体之中,可以扩散土体的应力,传递拉应力,限制土体侧向位移;还增加土体和其他材料之间的摩阻力,提高土体及有关建筑物的稳定性。土工织物、土工格栅及一些特种或复合型的土工合成材料,都具有加筋功能。

(2)反滤及排水作用:把土工织物置于土体表面或相邻土层之间,可以有效地阻止土颗粒通过,从而防止由于土颗粒的过量流失而造成土体的破坏。同时允许土中的水或气体穿过织物自由排出,以免由于水压力的升高而造成土体的失稳等不利后果。有些土工合成材料可以在土体中形成排水通道,把土中的水分汇集起来,沿着材料的平面排出体外。较厚的针刺型无纺织物和某些塑料排水管道或具有较多空隙的复合型土工合成材料都可以起排水作用。

(3)防护作用:多种土工合成材料,如土工织物、土工膜、土工格栅、土工网、土工袋、土工格室、土工网垫及聚苯乙烯板块等,对土体或土面,可以起防护作用。

(4)隔离作用:有些土工合成材料能够把两种不同粒径的土、砂、石料,或把土、砂、石料与地基或其他建筑物隔离开来,以免相互混杂。

(5)防渗作用:土工膜和复合型土工合成材料可以防止液体的渗漏、气体的挥发、保护环境和建筑物的安全。

无纺土工织物物理力学性能指标

| 项　　目 | 型　号　规　格 | | | | | | | | | |
|---|---|---|---|---|---|---|---|---|---|---|
| | TCZ3 | TCZ4 | TCZ6 | TCZ8 | TCZ10 | TCZ15 | TCZ20 | TCZ25 | TCZ30 | TCZ40 |
| | TCN3 | TCN4 | TCN6 | TCN8 | TCN10 | TCN15 | TCN20 | TCN25 | TCN30 | TCN40 |
| | TCH3 | TCH4 | TCH6 | TCH8 | TCH10 | TCH15 | TCH20 | TCH25 | TCH30 | TCH40 |
| | TCC3 | TCC4 | TCC6 | TCC8 | TCC10 | TCC15 | TCC20 | TCC25 | TCC30 | TCC40 |
| | TDZ3 | TDZ4 | TDZ6 | TDZ8 | TDZ10 | TDZ15 | TDZ20 | TDZ25 | TDZ30 | TDZ40 |
| | TDN3 | TDN4 | TDN6 | TDN8 | TDN10 | TDN15 | TDN20 | TDN25 | TDN30 | TDN40 |
| | TDH3 | TDH4 | TDH6 | TDH8 | TDH10 | TDH15 | TDH20 | TDH25 | TDH30 | TDH40 |
| | TDC3 | TDC4 | TDC6 | TDC8 | TDC10 | TDC15 | TDC20 | TDC25 | TDC30 | TDC40 |
| 纵、横向拉伸强度(kN/m) | ≥3 | ≥4 | ≥6 | ≥8 | ≥10 | ≥15 | ≥20 | ≥25 | ≥30 | ≥40 |
| CBR顶破强度(kN) | ≥0.5 | ≥0.7 | ≥1.0 | ≥1.2 | ≥1.7 | ≥2.5 | ≥3.5 | ≥4.0 | ≥5.5 | ≥7.0 |
| 纵、横向梯形撕破强度(kN) | ≥0.10 | ≥0.12 | ≥0.16 | ≥0.2 | ≥0.25 | ≥0.4 | ≥0.5 | ≥0.6 | ≥0.8 | ≥1.0 |
| 纵、横向拉伸断裂伸长率(%) | 25～100 | | | | | | | | | |
| 等效孔径 $O_{92}$(mm) | 0.07～0.3 | | | | | | | | | |

通过查阅资料,完成无纺土工织物纵横向拉伸强度、CBR顶破强度的检测流程图。

# 单元四  砌 体 材 料

◎ **职业能力目标**

1.能够根据工程需要合理选择砌墙砖、砌块和板材的种类；
2.能够对砌墙砖进行试验检测，评定强度等级。

◎ **知识目标**

1.掌握烧结普通砖的技术性质；
2.了解烧结多孔砖与空心砖技术性质及应用特点；
3.掌握常用砌块的性能特点及应用；
4.了解墙体板材的种类、性能特点及应用；
5.熟悉石材的分类、特点。

砌体材料也称砌筑材料，指可用于砌筑房屋、桥梁、道路、水利等工程的材料。砌体材料是土木工程中用量较大的材料，是构成建筑物的重要材料之一。我国传统的砌筑材料有砖和石材。砖和石材的大量开采需要耗用大量的农用土地和矿山资源，影响农业生产和生态环境，而且砖、石自重大，体积小，生产效率低，影响建筑业的发展速度。因此，因地制宜地利用地方性资源和工业废料生产轻质、高强、多功能、大尺寸的新型砌筑材料，是土木工程可持续发展的一项重要内容。

## 学习项目一  砖

砖是一种常用的砌筑材料。砖的生产和使用在我国历史悠久，有"秦砖汉瓦"之称。砖按照生产工艺分为烧结砖和非烧结砖；按所用原材料分为黏土砖、页岩砖、煤矸石砖、粉煤灰砖、炉渣砖和灰砂砖等；按有无孔洞分为空心砖、多孔砖和实心砖。

### 一 烧结砖

凡通过高温焙烧而制得的砖统称为烧结砖。对孔洞率小于 15% 的烧结砖，称为烧结普通砖，烧结普通砖是使用最多的墙体材料。

1.分类

烧结普通砖按主要原材料分为黏土砖（N）（图 2-4-1）、页岩砖（Y）、煤矸石砖（M）和粉煤灰砖（F）（图 2-4-2），其中黏土砖应用较多。

2.烧结普通砖的生产（Ordinary Fired Brick）

生产普通黏土砖的原料为易溶黏土，从颗粒组成来盾，以砂质黏土或砂土最为适宜。生产工艺过程为：采土→配料调制→制坯→干燥→焙烧→成品。

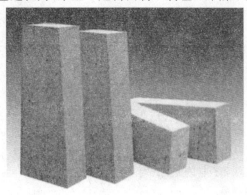

图 2-4-1 黏土砖

图 2-4-2 粉煤灰砖

焙烧是制砖的关键过程，在焙烧时燃料燃烧完全，窑内为氧化气氛，因生成三氧化二铁（$Fe_2O_3$）而使砖呈红色，称为红砖。制得红砖再经浇水闷窑，使窑内形成还原气氛，促使砖内的红色高价氧化铁（$Fe_2O_3$）还原成青灰色的低价氧化铁（$FeO$），制得青砖。青砖一般较红砖致密、耐碱、耐久性好，但由于价格高，目前生产应用较少。

普通黏土砖焙烧温度应适当，否则会出现欠火砖或过火砖。欠火砖是焙烧温度低，火候不足的砖，其特征是黄皮黑心，声哑，强度低，耐久性差。过火砖是焙烧温度过高的砖，其特征是颜色较深，声音清脆，强度与耐久性均高，但导热系数较大，而且产品多弯曲变形。此外，生产中可将煤渣、含碳量高的粉煤灰等工业废料掺入制坯的土中制作内燃砖。当砖焙烧到一定温度时，废渣中的碳也在干坯体内燃烧，因此，可以节省大量的燃料和 5％～10％ 的黏土原料。内燃砖燃烧均匀，表观密度小，导热系数低，且强度可提高约 20％。

3. 技术性质

国家标准《烧结普通砖》（GB 5101—2003）中对烧结普通砖的尺寸偏差、外现质量、强度等级、抗风化性质等主要技术性能指标均作了具体规定。

1）规格尺寸

烧结普通砖的尺寸规格是 240mm×115mm×53mm。其中，240mm×115mm 面称为大面，240mm×53mm 面称为条面，115mm×53mm 面称为顶面。在砌筑时，4 块砖长、8 块砖宽、16 块砖厚，再分别加上砌筑灰缝（每个灰缝宽度为 8～12mm，平均取 10mm），其长度均为 1m。理论上，1m³ 砖砌体大约需用砖 512 块。烧结普通砖的尺寸允许偏差应符合《烧结普通砖》（GB 5101—2003）相应规定，见表 2-4-1。

尺寸允许偏差（mm）                                          表 2-4-1

| 公称尺寸 | 优 等 品 | | 一 等 品 | | 合 格 品 | |
|---|---|---|---|---|---|---|
| | 样本平均偏差 | 样本极差≤ | 样本平均偏差 | 样本极差≤ | 样本平均偏差 | 样本极差≤ |
| 240 | ±2.0 | 6 | ±2.5 | 7 | ±3.0 | 8 |
| 115 | ±1.5 | 5 | ±2.0 | 6 | ±2.5 | 7 |
| 53 | ±1.5 | 4 | ±1.6 | 5 | ±2.0 | 6 |

2）砖的外观质量

砖的外观质量应符合表 2-4-2 的规定。

3）强度等级

普通黏土砖的强度等级根据 10 块砖的抗压强度平均值、标准值或最小值划分,共分为MU30、MU25、MU20、MU15、MU10 五个等级,其具体要求如表 2-4-3 所示。

外 观 质 量 (mm)     表 2-4-2

| 项 目 | | 优 等 品 | 一 等 品 | 合 格 |
|---|---|---|---|---|
| 两条面高度差 ≤ | | 2 | 3 | 4 |
| 弯曲 ≤ | | 2 | 3 | 4 |
| 杂质凸出高度 ≤ | | 2 | 3 | 4 |
| 缺棱掉角的三个破坏尺寸不得同时 > | | 5 | 20 | 30 |
| 裂纹长度 ≤ | 大面上宽度方向及其延伸至条面的长度 | 30 | 60 | 80 |
| | 大面上长度方向及其延伸至顶面的长度或条顶面上水平裂纹的长度 | 50 | 80 | 100 |
| 完整面 ≥ | | 二条面和二顶面 | 一条面和一顶面 | |
| 颜色 | | 基本一致 | | |

注:1. 为装饰而施加的色差、凹凸纹、拉毛、压花等不算作缺陷。
  2. 凡有下列缺陷之一者,不得称为完整面。
   (1)缺损在条面或顶面上造成的破坏面尺寸同时大于 10mm×10mm。
   (2)条面或顶面上裂纹宽度大于 1mm,其长度超过 30mm。
   (3)压陷、黏底、焦花在条面或顶面上的凹陷或凸出超过 2mm,区域尺寸同时大于 10mm×10mm。

烧结普通砖的强度等级(MPa)     表 2-4-3

| 强 度 等 级 | 抗压强度平均值 | 变异系数 $\delta \leqslant 0.21$ | 变异系数 $\delta > 0.21$ |
|---|---|---|---|
| | | 强度标准值 $f_k \geqslant$ | 单块最小抗压强度值 $f_{min} \geqslant$ |
| MU30 | 30.0 | 22.0 | 25.0 |
| MU25 | 25.0 | 18.0 | 22.0 |
| MU20 | 20.0 | 14.0 | 16.0 |
| MU15 | 15.0 | 10.0 | 12.0 |
| MU10 | 10.0 | 6.5 | 7.5 |

普通黏土砖的强度试验根据《砌墙砖试验方法》(GB/T 2542—2003)进行。砖的强度等级评定按下列步骤进行。

按式(2-4-1)计算平均强度:

$$\overline{f} = \frac{1}{10} \sum_{i=1}^{10} f_i \qquad\qquad (2\text{-}4\text{-}1)$$

按式(2-4-2)计算变异系数:

$$\delta = \frac{s}{\overline{f}}$$

$$s = \frac{1}{9} \sqrt{\sum_{i=1}^{10} (f_i - \overline{f})^2} \qquad\qquad (2\text{-}4\text{-}2)$$

式中:$\delta$——砖强度变异系数,精确至 0.01;

  $s$——10 块试样的抗压强度标准差(MPa),精确至 0.01MPa;

  $\overline{f}$——10 块试样的抗压强度平均值(MPa),精确至 0.01MPa;

  $f_i$——单块试样抗压强度测定值(MPa),精确至 0.01MPa。

(1)平均值——标准值方法评定。当变异系数 $\delta \leqslant 0.21$ 时,按表2-4-3中抗压强度平均值、强度标准值 $f_k$ 评定砖的强度等级。样本量 $n=10$ 时的强度标准值按式(2-4-3)计算。

$$f_k = \overline{f} - 1.8s \tag{2-4-3}$$

式中:$f_k$——强度标准值(MPa),精确至0.1MPa。

(2)平均值——最小值方法评定。当变异系数 $\delta > 0.21$ 时,按表2-4-3中抗压强度平均值 $\overline{f}$、单块最小抗压强度值 $f_{min}$ 评定砖的强度等级,单块最小抗压强度值精确至0.1MPa。

4)耐久性

(1)抗风化性能(Weather Resistance)。抗风化性能是指在干湿变化、温度变化、冻融变化等物理因素作用下,材料不破坏并长期保持原有性质的能力,它是材料耐久性的重要内容之一。烧结普通砖的抗风化性能是一项综合性指标,主要受砖的吸水率与地域位置的影响,因而用于东北、内蒙、新疆等严重风化区的烧结普通砖,必须进行冻融试验。烧结普通砖的抗风化性能必须符合国家标准《烧结普通砖》(GB 5101—2003)中的有关规定,见表2-4-4。

**抗 风 化 性 能**　　　　　　　　　　　　表 2-4-4

| 砖种类 | 严重风化区 | | | | 非严重风化区 | | | |
| --- | --- | --- | --- | --- | --- | --- | --- | --- |
| | 5h沸煮吸水率(%) | | 饱和系数 | | 5h沸煮吸水率(%) | | 饱和系数 | |
| | 平均值 | 单块最大值 | 平均值 | 单块最大值 | 平均值 | 单块最大值 | 平均值 | 单块最大值 |
| 黏土砖 | 18 | 20 | 0.85 | 0.87 | 19 | 20 | 0.88 | 0.90 |
| 粉煤灰砖 | 21 | 23 | | | 23 | 25 | | |
| 页岩砖 | 16 | 18 | 0.74 | 0.77 | 18 | 20 | 0.78 | 0.80 |
| 煤矸石砖 | | | | | | | | |

注:粉煤灰掺入量(体积比)小于30%时,按黏土砖规定判定。

(2)泛霜(Effloresce)。泛霜(图2-4-3)是指可溶性的盐在砖表面的盐析现象,一般呈白色粉末、絮团或絮片状,又称为起霜、盐析或盐霜。泛霜主要影响砖墙的表面美观,《烧结普通砖》(GB 5101—2003)规定,优等品:无泛霜;一等品:不允许出现中等泛霜;合格品:不允许出现严重泛霜。

(3)石灰爆裂(Lime Imploding)。石灰爆裂是指烧结普通砖的原料或内燃物质中夹杂着石灰质,焙烧时被烧成生石灰,砖在使用吸水后,体积膨胀而发生的爆裂现象。石灰爆裂影响砖墙的平整度、灰缝的平直度,甚至使墙面产生裂纹,使墙体破坏。因此,石灰爆裂应符合国家标准《烧结普通砖》(GB 5101—2003)中有关规定。

【工程实例】　江西省峡江县某移民新村的房子,2010年年底开建,2011年2月初,村民就发现未完成的新房部分墙体出现了起鼓包现象,严重的甚至发生了爆裂和倾斜,甚至只要用手轻轻一扣,就会散落下很多砖的碎粒(图2-4-4)。

原因分析:

村民的新房变成危房,是因为购买了某建材有限公司的"黑心砖"。"黑心砖"中有生石灰成分,经受雨雪和气温骤升等,生石灰变成熟石灰从而发生爆裂。

5)质量等级

尺寸偏差和抗风化性能合格的砖,根据外观质量、泛霜和石灰爆裂三项指标,分为优等品(A)、一等品(B)、合格品(C)三个等级。

图 2-4-3　泛霜

图 2-4-4　石灰爆裂

4.应用

烧结普通砖具有一定的强度、较好的耐久性、一定的保温隔热性能,在建筑工程中主要砌筑各种承重墙体和非承重墙体等围护结构。烧结普通砖可砌筑砖柱、拱、烟囱、筒拱式过梁和基础等,也可与轻混凝土、保温隔热材料等配合使用。在砖砌体中配置适当的钢筋或钢丝网,可作为薄壳结构、钢筋砖过梁等。碎砖可作为混凝土集料和碎砖三合土的原材料。但是烧结黏土砖制砖取土,大量毁坏农田,加上施工效率低,抗震性能差等缺点,因此我国正大力推广墙体材料改革,以空心砖、工业废渣砖及砌块、轻质板材来代替实心黏土砖。

## 二　烧结多孔砖和烧结空心砖

墙体材料逐渐向轻质化、多功能方向发展。近年来逐渐推广和使用多孔砖(Fired Perforated Bricks)和空心砖(Fired Hollow Bricks),一方面可减少黏土的消耗量 20%～30%,节约耕地;另一方面,墙体的自重至少减轻 30%～35%,降低造价近 20%,保温隔热性能和吸声性能有较大提高。

一般来说,多孔砖的孔洞率超过 25%,孔尺寸小而多,且为竖向孔的砖称为多孔砖(图 2-4-5)。孔洞率大于 35%,孔尺寸大而少,且为水平孔的砖称为空心砖(图 2-4-6)。多孔砖使用时孔洞方向平行于受力方向;空心砖的孔洞则垂直于受力方向。

图 2-4-5　烧结多孔砖

图 2-4-6　烧结空心转

1.技术性质

1)尺寸规格

烧结多孔砖、烧结空心砖的尺寸偏差应分别符合《烧结多孔砖和多孔砌块》

（GB 13544—2011）、《烧结空心砖和空心砌块》（GB 13545—2003）的有关规定。多孔砖根据其尺寸规格分为 M 型和 P 型两类，见图 2-4-7 和表 2-4-5。空心砖规格尺寸较多，常见形式见图 2-4-8。

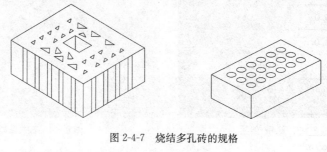

图 2-4-7　烧结多孔砖的规格

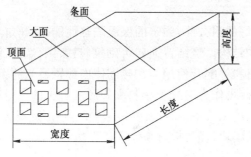
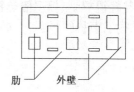

图 2-4-8　烧结空心砖

**烧结多孔砖规格尺寸**　　　　表 2-4-5

| 代　　号 | 长度（mm） | 宽度（mm） | 厚度（mm） |
|---|---|---|---|
| M | 190 | 190 | 90 |
| P | 240 | 115 | 90 |

2）强度等级

多孔砖根据抗压强度平均值和抗压强度标准值或抗压强度最小值分为 MU30、MU25、MU20、MU15、MU10 共五个强度等级。强度指标见表 2-4-6。

**烧结多孔砖强度等级标准（MPa）**　　　　表 2-4-6

| 强 度 等 级 | 抗压强度平均值≥ | 变异系数 $\delta \leqslant 0.21$ 强度标准值≥ | 变异系数 $\delta > 0.21$ 单块最小值≥ |
|---|---|---|---|
| MU30 | 30.0 | 22.0 | 25.0 |
| MU25 | 25.0 | 18.0 | 22.0 |
| MU20 | 20.0 | 14.0 | 16.0 |
| MU15 | 15.0 | 10.0 | 12.0 |
| MU10 | 10.0 | 7.5 | 7.5 |

空心砖应符合国家规范《烧结空心砖和空心砌块》（GB 13545—2003）的要求。根据大面和条面抗压强度分为 5.0MPa、3.0MPa、2.0MPa 三个强度等级，同时按表观密度分为 800、900、1100 三个密度级别。此外，根据尺寸偏差、外观质量、强度等级和耐久性等分为优等品（A）、一等品（B）和合格品（C）三个等级。各技术指标见表 2-4-7 和表 2-4-8。

252

表 2-4-7

空心砖强度等划分标准

| 等　　级 | 强度等级(MPa) | 大面抗压强度(MPa) | | 条面抗压强度(MPa) | |
|---|---|---|---|---|---|
| | | 平均值≥ | 单块最小值≥ | 平均值≥ | 单块最小值≥ |
| 优等品 | 5.0 | 5.0 | 3.7 | 5.0 | 3.7 |
| 一等品 | 3.0 | 3.0 | 2.2 | 3.0 | 2.2 |
| 合格品 | 2.0 | 2.0 | 1.4 | 2.0 | 1.4 |

空心砖密度级别指标　　　　表 2-4-8

| 密　度　级　别 | 800 | 900 | 1100 |
|---|---|---|---|
| 五块砖表观密度平均值(kg/m³) | ≤800 | 801～900 | 901～1100 |

3)外观质量和物理性能

烧结多孔砖根据耐久性、外观质量、尺寸偏差和强度等级分为优等品、一等品、合格品三个等级,其外观质量和物理性能应符合《烧结多孔砖和多孔砌块》(GB 13544—2000)的有关规定。烧结空心砖根据孔洞及其排数、尺寸偏差、外观质量、强度等级和物理性能(包括冻融、泛霜、石灰爆裂、吸水率)分为优等品(A)、一等品(B)和合格品(C)三个产品等级,其外观质量和物理性能应符合《烧结空心砖和空心砌块》(GB 13545—2003)的有关规定。多孔砖和空心砖的抗风化性能、石灰爆裂性能、泛霜性能等耐久性技术要求与普通黏土砖基本相同,吸水率相近。

2. 应用

烧结多孔砖主要用于砌筑承重墙体,烧结空心砖主要用于砌筑非承重的墙体。

## 三　非烧结砖

不经焙烧而制成的砖均为非烧结砖,这类砖的强度是通过在制砖时掺入一定量胶凝材料或在生产过程中形成一定的胶凝物质而得到的。主要品种有灰砂砖、粉煤灰砖、炉渣砖等。

1. 蒸压灰砂砖(Autoclaved Lime-sand Brick)

蒸压灰砂砖(图 2-4-9)是以石灰和砂为主要原料,经磨细、混合搅拌、陈化、压制成型和蒸压养护制成的。一般石灰占 10%～20%,砂占 80%～90%。

灰砂砖的尺寸规格与烧结普通砖相同,为 240mm×115mm×53mm。根据国家标准《蒸压灰砂砖》(GB 11945—1999)的规定,根据产品的尺寸偏差和外观质量分为优等品(A)、一等品(B)、合格品(C)三个等级,根据砖浸水 24h 后的抗压强度和抗折强度分为 MU25、MU20、MU15、MU10 四个强度等级。

强度等级大于 MU15 的砖可用于基础及其他建筑部位。MU10 砖可用于砌筑防潮层以上的墙体。长期使用温度高于 200℃以及承受急冷、急热或有酸性介质侵蚀的建筑部位应避免使用灰砂砖。

【工程实例】　新疆某石油基地库房砌筑采用蒸压灰砂砖,由于工期紧,灰砂砖亦紧俏。出厂四天的灰砂砖即砌筑。8月完工,后发现墙体有较多垂直裂缝,至11月月底裂缝基本固定。

**原因分析：**

（1）首先是砖出厂到上墙时间太短，灰砂砖出釜后含水率随时间而减少，20多天后才基本稳定。出釜时间太短必然导致灰砂砖干缩大。

（2）气温影响。砌筑时气温很高，而几个月后气温明显下降，从而温差导致温度变形。

（3）灰砂砖表面光滑，砂浆与砖的黏结程度低。需要说明的是灰砂砖砌体的抗剪强度普遍低于普通黏土砖。

## 2.蒸压（养）粉煤灰砖（Fly Ash Brick）

粉煤灰砖（图2-4-10）是利用电厂废料粉煤灰为主要原料，掺入适量的石灰和石膏或再加入部分炉渣等，经配料、拌和、压制成型、常压或高压蒸汽养护而成的实心砖。其外形尺寸同普通砖，即长240mm、宽115mm、高53mm，呈深灰色，体积密度约为1500kg/m³。

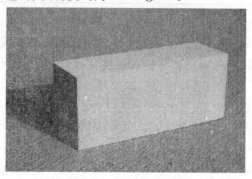

图2-4-9　蒸压灰砂砖图　　　　　　图2-4-10　蒸压粉煤灰砖

根据《粉煤灰砖》（JC 239—2011）规定，根据外观质量、强度、抗冻性和干燥收缩值，粉煤灰砖分为优等品、一等品和合格品。粉煤灰砖的强度等级分为MU30、MU25、MU20、MU15和MU10五级。一般要求优等品和一等品干燥收缩值不大于0.65mm/m，合格品干燥收缩值不大于0.75 mm/m。

粉煤灰砖可用于工业与民用建筑的墙体和基础，但用于基础或易受冻融和干湿交替作用的建筑部位，必须使用一等品和优等品。粉煤灰砖不得用于长期受热（200℃以上）、受急冷急热和有酸性介质侵蚀的建筑部位。为避免或减少收缩裂缝的产生，用粉煤灰砖砌筑的建筑物，应适当增设圈梁及伸缩缝。

## 3.炉渣砖（Cinder Brick）

炉渣砖是以煤燃烧后的炉渣（煤渣）为主要原料，加入适量的石灰或电石渣、石膏等材料混合、搅拌、成型、蒸汽养护等而制成的砖。其尺寸规格与普通砖相同，呈黑灰色，体积密度为1500～2000kg/m³，吸水率6%～19%。按其抗压强度和抗折强度分为MU20、MU15、MU10三个强度等级。该类砖可用于一般工程的内墙和非承重外墙，但不得用于受高温、受急冷急热交替作用或有酸性介质侵蚀的部位。

# 学习项目二　墙用砌块

砌块是用于砌筑的，形体大于砌墙砖的人造块材。一般为直角六面体。按产品主规格的尺寸，可分为大型砌块（高度大于980mm）、中型砌块（高度为380～980mm）和小型砌块（高度大于115mm，小于380mm）。砌块高度一般不大于长度或宽度的6倍，长度不超过高度的3

倍。根据需要也可生产各种异型砌块。

砌块是一种新型墙体材料,可以充分利用地方资源和工业废渣,并可节省黏土资源和改善环境。具有生产工艺简单,原料来源广,适应性强,制作及使用方便,可改善墙体功能等特点,因此发展较快。

## 一 蒸压加气混凝土砌块(Autoclaved Aerated Concrete Block)

蒸压加气混凝土砌块(图 2-4-11)是以钙质材料(水泥、石灰等)和硅质材料(砂、矿渣、粉煤灰等)以及加气剂(粉)等,经配料、搅拌、浇注、发气(由化学反应形成孔隙)、预养切割、蒸汽养护等工艺过程制成的多孔硅酸盐砌块。按养护方法分为蒸养加气混凝土砌块和蒸压加气混凝土砌块两种。

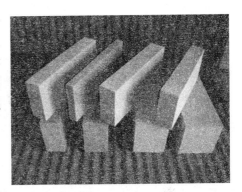

图 2-4-11 蒸压加气混凝土砌块

1.技术性质

1)规格尺寸

根据《蒸压加气混凝土砌块》(GB 11968—2006)规定,砌块的规格尺寸如表 2-4-9 所示。

砌块的规格尺寸(mm)　　　　　　　表 2-4-9

| 长度 L | 宽度 B | | | 高度 H |
|---|---|---|---|---|
| 600 | 100 | 120 | 125 | 200　240　250　300 |
| | 150 | 180 | 200 | |
| | 240 | 250 | 300 | |

注:如需要其他规格,可由供需双方协商解决。

2)强度等级

根据《蒸压加气混凝土砌块》(GB 11968—2006)规定,砌块强度有七个级别:A1.0、A2.0、A2.5、A3.5、A5.0、A7.5、A10.0,各级别立方体抗压强度见表 2-4-10。

砌块的立方体抗压强度　　　　　　　表 2-4-10

| 强度级别 | 立方体抗压强度(MPa) | |
|---|---|---|
| | 平均值≥ | 单块最小值≥ |
| A1.0 | 1.0 | 0.8 |
| A2.0 | 2.0 | 1.6 |
| A2.5 | 2.5 | 2.0 |
| A3.5 | 3.5 | 2.8 |
| A5.0 | 5.0 | 4.0 |
| A7.5 | 7.5 | 6.0 |
| A10.0 | 10.0 | 8.0 |

3)干密度等级

根据《蒸压加气混凝土砌块》(GB 11968—2006)规定,砌块干密度级别有六个:B03、B04、B05、B06、B07、B08,各级别干密度见表 2-4-11。

蒸压加气混凝土砌块的干体积密度(kg/m³)　　　　表 2-4-11

| 干密度级别 | | B03 | B04 | B05 | B06 | B07 | B08 |
|---|---|---|---|---|---|---|---|
| 干密度 | 优等品 ≤ | 300 | 400 | 500 | 600 | 700 | 800 |
| | 合格品 ≤ | 325 | 425 | 525 | 625 | 725 | 825 |

4)质量等级

砌块按尺寸偏差与外观质量、干密度、抗压强度和抗冻性分为:优等品(A)和合格品(B)两个等级。

5)产品标记

由产品名称(代号 ACB)、强度等级、干密度等级、规格尺寸、产品等级和标准标号组成。比如强度等级为 A7.5、体积密度等级为 B0.7、优等品(A),规格尺寸为 600mm×200mm×150mm 的蒸压加气混凝土砌块砌块,其标记为:

ACB A7.5 B07 600×200×150A　GB 11968

2. 特性及应用

1)多孔轻质

一般蒸压加气混凝土砌块的孔隙达 70%～80%,平均孔径约 1mm。蒸压加气混凝土砌块的表观密度小,一般为黏土转的 1/3。

2)保温隔热性能好

其导热系数为 0.14～0.28W/(m·K),只有黏土砖的 1/5,保温隔热性能好。用作墙体可降低建筑物采暖、制冷等使用能耗。

3)有一定的吸声能力,但隔声性能较差

蒸压加气混凝土砌块的吸声系数为 0.2～0.3。由于其孔结构大部并非通孔,吸声效果受到一定的限制。轻质墙体的隔声性能都较差,蒸压加气混凝土砌块也不例外。这是由于墙体隔声受"质量定律"支配,即单位面积墙体质量越轻,隔声能力越差。

4)干燥收缩较大

和其他材料一样,蒸压加气混凝土砌块干燥收缩,吸湿膨胀。在建筑应用中,如果干燥收缩过大,在有约束阻止变形时,收缩形成的应力超过了制品的抗拉强度或黏结强度,制品或接缝处就会出现裂缝。为避免墙体出现裂缝,必须在结构和建筑上采取一定的措施。而严格控制制品上墙时的含水率也是极其重要的,最好控制上墙含水率在 20%以下。

5)吸水导湿缓慢

由于蒸压加气混凝土砌块的气孔大部分为"墨水瓶"结构的气孔,只有少部分是水分蒸发形成的毛细孔。所以,孔肚大口小,毛细管作用较差,导致砌块吸水导湿缓慢的特性。蒸压加气混凝土砌块体积吸水率和黏土砖相近,而吸水速度却缓慢得多。蒸压加气混凝土砌块的这个特性对砌筑和抹灰有很大影响。在抹灰前如果采用与黏土砖同样方式往墙上浇水,黏土砖容易吸足水量,而蒸压加气混凝土砌块表面看来浇水不少,实则吸水不多。抹灰后砖墙壁上的抹灰层可以保持湿润,而蒸压加气混凝土砌块墙抹灰层反被砌块吸去水分而容易产生干裂。还需说明的是,蒸压加气混凝土砌块应用于外墙时,应进行饰面处理或憎水处理。因为风化和冻融会影响蒸压加气混凝土砌块的寿命。长期暴露在大气中,日晒雨淋,干湿交替,蒸压加气混凝土砌块会风化而产生开裂破坏。在局部受潮时,冬季有时会产生局部冻融破坏。蒸压加气混凝土砌块广泛用于一般建筑物墙体,可用于多层建筑物的承重墙和非承重墙及隔墙。体积密度级别低的砌块用于屋面保温。

【工程实例】 某工程用蒸压加气混凝土砌块砌筑外墙,该蒸压加气混凝土砌块出釜一周后即砌筑,工程完工一个月后墙体出现裂纹,试分析原因。

原因分析:

该外墙属于框架结构的非承重墙,所用的蒸压加气混凝土砌块出釜仅一周,其收缩率仍较大,在砌筑完工干燥过程中继续产生收缩,墙体在沿着砌块与砌块交接处就会产生裂缝。

## 二 蒸养粉煤灰砌块

蒸养粉煤灰砌块(图2-4-12)是由粉煤灰、石灰、石膏、煤渣或其他集料按一定比例组成的混合物,成型后经蒸汽养护而得的一种墙体材料。

**1. 技术性质**

其主规格尺寸有 880mm×380mm×240mm 和 880mm×420mm×240mm 两种。砌块按立方体试件的抗压强度分为 MU10 和 MU13 两个强度等级;按外观质量、尺寸偏差和干缩性能分为一等品(B)和合格品(C)两个质量等级。

**2. 应用**

蒸养粉煤灰砌块属硅酸盐类制品,其干缩值比水泥混凝土大,弹性模量低于同强度的水泥混凝土制品。以炉渣为集料的粉煤灰砌块,其体积密度为 1300～1550kg/m³,导热系数为 0.465～0.582W/(m·K)。粉煤灰砌块适用于一般工业与民用建筑的墙体和基础,但不宜用于长期受高温(如炼钢车间)和经常受潮湿的承重墙,也不宜用于有酸性介质侵蚀的建筑部位。

## 三 普通混凝土小型空心砌块(Normal Concrete Small Hollow Block)

普通混凝土小型空心砌块(图2-4-13)是以普通混凝土拌和物为原料,经成型、养护而成的空心块体墙材,有承重砌块和非承重砌块两类。为减轻自重,非承重砌块可用炉渣或其他轻质集料配制。

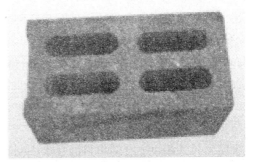

图 2-4-12　蒸养粉煤灰砌块　　　　图 2-4-13　普通混凝土小型空心砌块

**1. 技术性质**

根据外观质量和尺寸偏差,分为优等品(A)、一等品(B)及合格品(C)三个质量等级。其强度等级分为:MU3.5、MU5.0、MU7.5、MU10.0、MU15.0、MU20.0,见表2-4-12。砌块的主规格尺寸为 390mm×190mm×190mm,其他规格尺寸可由供需双方协商。

混凝土砌块强度等级表　　　　　　表 2-4-12

| 强 度 等 级 | 砌块抗压强度(MPa) | |
| :---: | :---: | :---: |
| | 平均值≥ | 单块最小值≥ |
| MU3.5 | 3.5 | 2.8 |
| MU5.0 | 5.0 | 4.0 |
| MU7.5 | 7.5 | 6.0 |
| MU10.0 | 10.0 | 8.0 |
| MU15.0 | 15.0 | 12.0 |
| MU20.0 | 20.0 | 16.0 |

普通混凝土小型空心砌块产品的标记:按产品名称(代号 NHB)、强度等级、外观质量等级和标准编号的顺序进行标记。比如强度等级为 MU7.5,外观质量为优等品(A)的砌块,其标记为:

NHB MU7.5(A)GB 8239

2.应用

混凝土小型空心砌块可用于多层建筑的内墙和外墙。这种砌块在砌筑时一般不宜浇水,但在气候特别干燥炎热时,可在砌筑前稍喷水湿润。砌块因失水而产生的收缩会导致墙体开裂,为了控制砌块建筑的墙体裂缝,其相对含水率应符合规定;用于清水墙的砌块,还应满足抗渗性要求。

### (四) 混凝土中型空心砌块(Concrete Medium Hollow Block)

混凝土中型空心砌块是以水泥或煤矸石无熟料水泥,配以一定比例的集料,制成空心率大于或等于 25%的制品。

1.技术性质

其尺寸规格为:长度 500mm、600mm、800mm、1000mm;宽度 200mm、240mm;高度 400mm、450mm、800mm、900mm。

用无熟料水泥配制的砌块属硅酸盐类制品,生产中应通过蒸汽养护或相关的技术措施以提高产品质量。这类砌块的干燥收缩值≤0.8mm/m;经 15 次冻融循环后其强度损失≤15%,外观无明显疏松、剥落和裂缝;自然碳化系数(1.15×人工碳化系数)≥0.85。

2.应用

中型空心砌块具有体积密度小,强度较高,生产简单,施工方便等特点,适用于民用与一般工业建筑物的墙体。

常用的建筑砌块还有轻集料混凝土小型空心砌块、石膏砌块、泡沫混凝土砌块等。

## 学习项目三　墙用板材

墙用板材是一类新型墙体材料。它改变了墙体砌筑的传统工艺,采用通过黏结、组合等方法进行墙体施工,加快了建筑施工的速度。墙板除轻质外,还具有保温、隔热、隔声、防水及自承重的性能。

墙用板材的种类很多,主要包括加气混凝土板、石膏板、石棉水泥板、玻璃纤维增强水泥板、铝合金板、稻草板、植物纤维板及镀塑钢板等类型,现就常用的几种墙板进行介绍。

## 一 石膏板(Plasterboard)

石膏板包括纸面石膏板、纤维石膏板及石膏空心条板三种。

### 1. 纸面石膏板

纸面石膏板(图 2-4-14 和和图 2-4-15)是以熟石膏为胶凝材料,掺入适量添加剂和纤维作为板芯,以特制的护面纸作为面层的一种轻质板材。主要包括普通纸面石膏板、防火纸面石膏板和防水纸面石膏板三个品种。

纸面石膏板具有轻质、高强、绝热、防火、防水、吸声、可加工、施工方便等特点。普通纸面石膏板适用于建筑物的围护墙、内隔墙和吊顶。在厨房、厕所以及空气相对湿度经常大于70%的潮湿环境使用时,必须采用相对防潮措施。

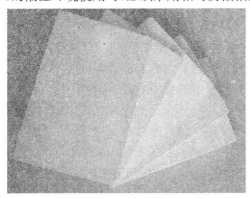

图 2-4-14　纸面石膏板

图 2-4-15　纸面石膏板纸面石膏板吊顶

防水纸面石膏板纸面经过防水处理,而且石膏芯材也含有防水成分,因而适用于湿度较大的房间墙面。由于它有石膏外墙衬板、耐水石膏衬板两种,可用于卫生间、厨房、浴室等贴瓷砖、金属板、塑料面砖墙的衬板。

### 2. 纤维石膏板

纤维石膏板(图 2-4-16)是以石膏为主要原料,加入适量有机或无机纤维和外加剂,经打浆、铺浆脱水、成型、干燥而成的一种板材。

纤维石膏板具有轻质、高强、耐火、隔声、可加工、施工方便等特点。主要用于工业与民用建筑的非承重内墙、天棚吊顶及内墙贴面等。

### 3. 石膏空心条板

石膏空心条板(图 2-4-17)是以熟石膏为胶凝材料,掺入适量的水、粉煤灰或水泥和少量的纤维,同时掺入膨胀珍珠岩为轻质集料,经搅拌、成型、抽芯、干燥等工序制成的空心条板。

石膏空心条板具有质量轻、强度高、隔热、隔声、防水等性能,可锯、可刨、可钻、施工简便。与纸面石膏板相比,石膏用量多、不用纸和胶粘剂、不用龙骨,工艺设备简单,所以比纸面石膏板造价低。石膏空心条板主要用于工业与民用建筑的内隔墙,其墙面可做喷浆、涂料、贴瓷砖、贴壁纸等各种饰面。

图 2-4-16　纤维石膏板

图 2-4-17　石膏空心条板

## 二　混凝土墙板（Concrete Wallboard）

混凝土墙板由各种混凝土为主要原料加工制作而成。主要有蒸压加气混凝土板、挤压成型混凝土多孔条板、轻集料混凝土配筋墙板等。

蒸压加气混凝土板（图 2-4-18）是由钙质材料（水泥＋石灰或水泥＋矿渣）、硅质材料（石英砂或粉煤灰）、石膏、铝粉、水和钢筋组成的轻质板材。其内部含有大量微小、非连通的气孔，孔隙率达 70%～80%，因而具有自重小、保温隔热性好、吸音性强等特点，同时具有一定的承载能力和耐火性，主要用作内、外墙板、屋面板或楼板。

轻集料混凝土配筋墙板（图 2-4-19）是以水泥为胶凝材料，陶粒或天然浮石为粗集料，陶砂、膨胀珍珠岩砂、浮尸砂为细集料，经搅拌、成型、养护而制成的一种轻质墙板。为增强其抗弯能力，常常在内部轻集料混凝土浇筑完后可铺设钢筋网片。在每块墙板内部均设置六块预埋铁件，施工时与柱或楼板的预埋钢板焊接相连，墙板接缝处需采取防水措施（主要为构造防水和材料防水两种）。

图 2-4-18　蒸压加气混凝土板

图 2-4-19　轻集料混凝土配筋墙板

混凝土多孔条板（图 2-4-20）是以混凝土为主要原料的轻质空心条板。按其生产方式有固定式挤压成型、移动式挤压成型两种；按其混凝土的种类有普通混凝土多孔条板、轻集料混凝土多孔条板、VRC 轻质多孔条板等。其中，VRC 轻质多孔条板是以快硬型硫铝酸盐水泥掺入 35%～40% 的粉煤灰为胶凝材料，以高强纤维为增强材料，掺入膨胀珍珠岩等轻集料而制成的一种板材，以上混凝土多孔条板主要用作建筑物的内隔墙。

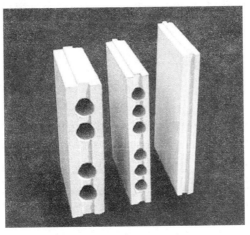

图 2-4-20　混凝土多孔条板

# 三 纤维水泥板（Fiber Reinforced Cement Plate）

纤维水泥板是以水泥砂浆或净浆作基材，以非连续的短纤维或连续的长纤维作增强材料所组成的一种水泥基复合材料。纤维水泥板包括玻璃纤维增强水泥板和石棉水泥板、石棉水泥珍珠岩板等。

### 1. 玻璃纤维增强水泥板（GRC 板）

又称玻璃纤维增强水泥条板（图 2-4-21）。GRC 是 Glass Fiber Rinforced Cement（玻璃纤维增强水泥）的缩写，是一种新型墙体材料，近年来广泛应用于工业与民用建筑中，尤其是在高层建筑物中的内隔墙。该水泥板是用抗碱玻璃纤维作增强材料，以水泥砂浆为胶结材料，经成型、养护而成的一种复合材料。此水泥板具有强度高、韧性好、抗裂性优良等特点，主要用于非承重和半承重构件，可用来制造外墙板、复合外墙板、天花板、永久性模板等。

### 2. 石棉水泥板

石棉水泥板（图 2-4-22）是用石棉作增强材料，水泥净浆作基材制成的板材。现有平板和半波板两种，按其物理性能又分有一类板、二类板和三类板三种；按其尺寸偏差可分为优等品和合格品两种。其规格品种多，能适应各种需要。

图 2-4-21　玻璃纤维增强水泥板

图 2-4-22　石棉水泥板

261

石棉水泥板具有较高的抗拉、抗折强度及防水、耐蚀性能,且锯、钻、钉等加工性能好,干燥状态下还有较高的电绝缘性。主要可作复合外墙板的外层或作隔墙板、吸声吊顶板、通风板和电绝缘板等。

### 四 泰柏板

泰柏板(舒乐板,图2-4-23)是一种新型建筑材料,选用强化钢丝焊接而成的三维笼为构架,阻燃EPS泡沫塑料芯材组成,而后喷涂或抹水泥砂浆制成的一种轻质板材,是目前取代轻质墙体最理想的材料。泰柏板具有质量轻、强度高、防火、抗震、隔热、隔音、抗风化,耐腐蚀的优良性能,并有组合性强、易于搬运,适用面广,施工简便等特点。适用于建筑业、装饰业内隔墙,围护墙,保温复合外墙和双轻体系(轻板,轻框架)的承重墙,并且可作任何贴面装修。

### 五 铝塑复合墙板

简称铝塑板(图2-4-24)是由经过表面处理并涂装烤漆的铝板作为表层,聚乙烯塑料板作为芯层,经过一系列工艺过程加工复合而成的新型材料。铝塑板是由性质不同的两种材料(金属与非金属)组成,它既保留了原组成材料(金属铝、非金属聚乙烯塑料)的主要特性,又克服了原组成材料的不足,进而获得了众多优异的材料性能。如豪华美观、艳丽多彩的装饰性;耐候、耐蚀、耐冲击、防火、防潮、隔热、隔音、抗震性;质轻,易加工成型,易搬运安装,可快速施工等特性。这些性能为铝塑板开辟了广阔的运用前景。

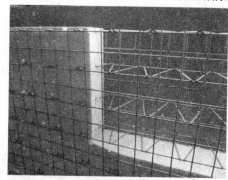

图2-4-23　泰柏板

图2-4-24　铝塑复合墙板

铝塑板由于材料性能上的诸多优势,它被广泛应用于各种建筑装饰上,如天花板、包柱、柜台、家具、电话亭、电梯、店面、广告牌、防尘室壁材、厂房壁材等,已经成为三大幕墙中(天然石材、玻璃幕墙、金属幕墙)金属幕墙的代表,在发达国家,铝塑板还被应用于巴士、火车箱体的制造,飞机、船舶的隔间壁材、设备、仪器的外箱体等。

## 学习项目四　砌筑用石材

砌筑用石材分为毛石、料石两种。

### 一 毛石

毛石是在采石场爆破后得到的形状不规则的石块。按其表面的平整程度分为乱毛石和平毛石两种。

(1)乱毛石:其形状极不规则。

(2)平毛石:是乱毛石略经加工而成的毛石,其形状较整齐,大致有上、下两个平行面。

毛石主要用于砌筑基础、勒脚、墙身、挡土墙、堤坝等。

## 二 料石

料石(图 2-4-25)指经人工凿琢或机械加工而成的规则六面体块石。按表面加工的平整度可分为以下四种。

(1)毛料石:表面不经加工或稍加修整的料石。

(2)粗料石:表面加工成凹凸深度不大于 20mm 的料石。

(3)细料石:表面加工成凹凸深度不大于 10mm 的料石。

(4)细料石:表面加工成凹凸深度不大于 2mm 的料石。

图 2-4-25 料石

料石常用于砌筑墙身、地坪、踏步、柱、拱和纪念碑等。

## 三 石材的选用原则

在土木工程设计和施工中,应根据适用性和经济性的原则选用石材。

1.适用性

主要考虑石材的技术性能是否能满足使用要求。可根据石材在土木工程中的用途和部位,选定其主要技术性质能满足要求的岩石。如承重用石材,主要应考虑强度、耐水性、抗冻性等技术性能;饰面用石材,主要考虑表面平态度、光泽度、色彩与环境的协调、尺寸公差、外观缺陷及加工性等技术要求;围护结构用石材,主要考虑其导热性;用在高温、高湿、严寒等特殊环境中的石材,还应分别考虑其耐久性、耐水性、抗冻性及耐化学侵蚀性等。

2.经济性

天然石材表观密度大,不宜长途运输,应综合考虑地方资源,尽可能做到就地取材,降低成本。天然岩石一般质地坚硬,加工费工耗时,成本高。因此,选择石材时必须予以慎重考虑。

## 四 石材的防护

天然石材在使用过程中受周围自然环境因素的影响,如水分的浸渍与渗透,空气中有害气体的侵蚀及光、热或外力的作用等,会发生风化而逐渐破坏。而水是石材发生破坏的主要原因,它能软化石材并加剧其冻害,且能与有害气体结合成酸,使石材发生分解与溶解。大量的水流还能对石材起冲刷与冲击作用,从而加速石材的破坏。因此,使用石材时应特别注意水的影响。

为了减轻与防止石材的风化与破坏,可以采取以下防护措施。

**1. 合理选材**

石材的风化与破坏速度主要决定于石材抗破坏因素的能力,所以,合理选用石材品种,是防止破坏的关键。对于重要的工程,应该选用结构致密、耐风化能力强的石材,而且,其外露的表面应光滑,以便使水分能迅速排掉。

**2. 表面处理**

可在石材表面用石蜡或涂料进行处理,使其表面隔绝大气和水分,起到防护作用。

## ◀ 单 元 小 结 ▶

本章以砌墙砖、砌块为重点,简要介绍了墙用板材的种类、规格、特性及应用情况。

砖按照生产工艺分为烧结砖和非烧结砖,烧结普通砖是使用最多的墙体材料。烧结普通砖的技术性质主要包括强度、耐久性和外观指标。按有无孔洞分为空心砖、多孔砖和实心砖。

房建用材中70%是墙材,黏土制品占主导,每年耗用黏土资源大于10亿 $m^3$,相当于毁田50万亩(1亩=666.6$m^2$),烧砖耗煤大于7000万 t。为了保护环境,黏土砖在中国主要大、中城市及部分地方已禁止使用。重视使用多孔砖和空心砖,充分利用工业废料生产其他普通砖、非烧结砖。

砌块主要有蒸养粉煤灰砌块、蒸压加气混凝土砌块、普通混凝土小型空心砌块、混凝土中型空心砌块等。各类型砌块按抗压强度划分为若干强度等级,按尺寸偏差、外观质量分为优等品、一等品和合格品三个质量等级。

墙用板材主要包括加气混凝土板、石膏板、石棉水泥板、玻璃纤维增强水泥板等类型。

复合墙板和砌块是国家大力推广使用的墙体材料。

## ◀ 拓 展 知 识 ▶

新型墙体材料是指除了黏土实心砖以外,凡是具有节土、节能、综合利用资源,保护环境,符合国家产业与技术政策及相应产品标准的,用于建筑墙体的材料,均为新型墙体材料。根据财政部财综[2002]55号文件规定,新型墙体材料有以下六大类。

一、非黏土砖。

(1)孔洞率大于25%非黏土烧结多孔砖和空心砖应符合国家标准《烧结多孔砖和多孔砌块》(GB 13544—2011)和《烧结空心砖和空心砌块》(GB 13545—2003)的技术要求。

(2)混凝土空心砖和空心砌块应符合国家标准《烧结空心砖和空心砌块》(GB 13545—2011)的技术要求。

(3)烧结页岩砖应符合国家标准《烧结普通砖》(GB 5101—2003)的技术要求。

二、建筑砌块。

(1)普通混凝土小型空心砌块应符合国家标准《氧化镨》(GB/T 5239—2006)的技术要求。

（2）轻集料混凝土小型空心砌块应符合国家标准《轻集料混凝土小型空心砌块》(GB/T 15229—2011)的技术要求。

（3）蒸压加气混凝土砌块应符合国家标准《蒸压加气混凝土砌块》(GB 11968—2006)的技术要求。

（4）石膏砌块应符合行业标准《石膏砌块》(JC/T 698—2010)的技术要求。

三、建筑板材。

（1）玻璃纤维增强水泥轻质多孔隔墙条板(简称 GRC 板)应符合行业标准《玻璃纤维增强水泥轻质多孔隔墙条板》(GB/T 19631—2005)的技术要求。

（2）纤维增强低碱度水泥建筑平板应符合行业标准《纤维增强低碱度水泥建筑板》(JC/T 626—2008)的技术要求。

（3）蒸压加气混凝土板应符合国家标准《蒸压加气混凝土板》(GB 15762—2008 )的技术要求。

（4）轻集料混凝土条板参照《建筑隔墙用轻质条板》(JG/T 169—2005)的技术要求。

（5）钢丝网架水泥夹芯板应符合行业标准《钢丝网架水泥聚苯乙烯夹芯板》(JC 623—1996)的技术要求。

（6）石膏墙板包括纸面石膏板、石膏空心条板。

（7）金属面夹芯板包括金属面聚苯乙烯夹芯板、金属面硬质聚氨酯夹芯板和金属面岩棉、矿渣棉夹芯板。

（8）复合轻质夹芯隔墙板、条板

四、原料中掺有不少于 30％的工业废渣、农作物秸秆、垃圾、江河(湖、海)淤泥的墙体材料产品。

五、预制及现浇混凝土墙体。

六、钢结构和玻璃幕墙。

# 思考与练习

**一、名词解释**

1.青砖　　2.欠火砖　　3.过火砖

**二、填空题**

1.砌墙砖按有无孔洞和孔洞率大小分为（　　）、（　　）和（　　）三种；按生产工艺不同分为（　　）和（　　）。

2.烧结普通砖的标准尺寸为（　　）mm×（　　）mm×（　　）mm。（　　）块砖长、（　　）块砖宽、（　　）块砖厚，分别加灰缝(每个按 10mm 计)，其长度均为 1m。理论上，1m³ 砖砌体大约需要砖（　　）块。

3.建筑工程中常用的砌块有（　　）、（　　）、（　　）、（　　）等。

4.烧结空心砖是以（　　）、（　　）、（　　）为主要原料，经焙烧而成的孔洞率大于或等于（　　）的砖；其孔的尺寸（　　）而数量（　　），为（　　）孔，一般用于砌筑（　　）墙体。

## 三、选择题

1. 烧结普通砖的质量等级评价依据不包括(    )。

   A. 尺寸偏差        B. 砖的外观质量        C. 泛霜        D. 自重

2. 下面哪些不是加气混凝土砌块的特点(    )。

   A. 轻质        B. 保温隔热        C. 加工性能好        D. 韧性好

3. 砌筑有保温要求的非承重墙时,宜选用:(    )。

   A. 烧结普通砖                          B. 烧结多孔砖

   C. 烧结空心砖                          D. A+B

4. 下列有关砌墙砖的叙述,哪一条有错误?(    )

   A. 蒸压灰砂砖原材料为水泥、砂及水,不宜用于长期受热高于 200℃,受急冷急热交替作用或有酸性介质侵蚀的建筑部位,也不能用于有流水冲刷的地方

   B. 烧结多孔砖表观密度约为 1400kg/m³,强度等级与烧结普通砖相同

   C. 烧结空心砖强度较低,常用于砌筑非承重墙,表观密度在 800~1100kg/m³ 之间

   D. 烧结普通砖为无孔洞或孔洞率小于 15% 的实心砖,标准尺寸为 240mm×115mm×53mm

5. 红砖砌筑前,一定要进行浇水湿润,其目的是(    )。

   A. 把砖冲洗干净                  B. 保证砌砖时,砌筑砂浆的稠度

   C. 增加砂浆对砖的胶结力          D. 减小砌筑砂浆的用水量

## 四、问答题

1. 未烧透的欠火砖为何不宜用于地下?

2. 烧结多孔砖、空心砖与实心砖相比,有何技术经济意义?

# 单元五　CA砂浆 *

 **职业能力目标**

能进行CA砂浆的性能指标检测。

 **知识目标**

1. 了解CA砂浆的特点及应用；
2. 熟悉CA砂浆的性能检测指标。

## 一　CA砂浆的定义

CA砂浆（Cement Asphalt Mortar），即水泥（Cement）沥青（Asphaltum）砂浆，是由乳化沥青、水泥、细集料、水和外加剂经特定工艺搅拌制得的具有特性性能的砂浆，是经水泥水化硬化与沥青破乳胶结共同作用而形成的一种新型有机无机复合材料。

## 二　CA砂浆的特点

水泥沥青砂浆是一种利用水泥吸水后水化加速乳化沥青破乳，由水泥水化物和沥青裹砂形成的立体网络。它以乳化沥青和水泥这两种性质差异很大的材料作为结合料，其刚度和强度比普通沥青混凝土高，但比水泥混凝土低。其特点在于刚柔并济，以柔性为主，兼具刚性。水泥沥青砂浆填充于厚度约为50mm的轨道板与混凝土底座之间，是一种弹性、缓冲材料，可以调整轨道板的几何位置。其作用是支承轨道板、缓冲高速列车荷载与减震等，其性能的好坏对板式无砟轨道结构的平顺性、耐久性和列车运行的舒适性与安全性以及运营维护成本等有着重大影响，是板式无砟轨道的核心技术。CA砂浆已逐渐成为板式无砟轨道道床材料的最佳选择。

## 三　板式无砟轨道的应用

无砟轨道从诞生、发展，到目前为止，其结构形式种类繁多，技术上也各有特点，其中，CA砂浆主要应用于板式无砟轨道中。我国客运专线确定的板式无砟轨道类型主要有CRTS（China Railway Ballastless Track Slab）Ⅰ型板式无砟轨道、CRTSⅡ型板式无砟轨道、CRTSⅢ型板式无砟轨道。但不管哪种类型，板式无砟轨道道床主要由底座、CA砂浆、轨道板三部分组成，见图2-5-1。我国第一条应用CRTSⅠ型CA砂浆的高速铁路是在哈大线上，第一条应用CRTSⅡ型CA砂浆的高速铁路是京津城际客运专线。

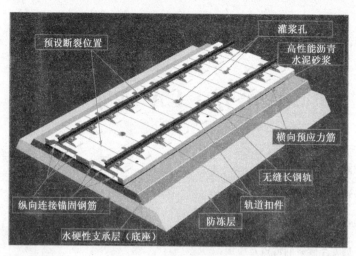

图 2-5-1　CRTSⅡ型无砟轨道结构

四　CA 砂浆技术要求

虽然经过在秦沈线、郑西线、武广线和京津城际等路段的铺设试验,得出了一些具体的研究成果,取得了一定的试验数据和相关经验。但是,总体来说,我国 CA 砂浆研究仍处于起步阶段,至今,我国还没有成熟的 CA 砂浆技术标准和试验规程,下面按照《CRTSⅡ型板式无砟轨道水泥乳化沥青砂浆暂行技术条件》(科技基[2008]74 号)来介绍板式无砟轨道 CA 砂浆的技术要求,见表 2-5-1。

CA 砂浆技术要求　　　　　　　　　　　　表 2-5-1

| 序　号 | 指标名称 | | 标　准 |
|---|---|---|---|
| 1 | 流动度(s) | | 16~26 |
| 2 | 可工作时间(min) | | ≥30 |
| 3 | 材料分离度(%) | | ≤3 |
| 4 | 泛浆率(%) | | 0 |
| 5 | 膨胀率(24h)(%) | | 1~3 |
| 6 | 含气量(%) | | 8~12 |
| 7 | 弹性模量(MPa) | | 200~60 |
| 8 | 抗压强度(MPa) | 1d | 0.1 |
| | | 7d | 0.7 |
| | | 28d | 1.8~2.5 |
| 9 | 冻融 300 次 | 相对动弹模量损失(%) | <40 |
| | | 质量损失(%) | ≤5 |

1.CA 砂浆的组成材料

CA 砂浆由水泥、砂、乳化沥青、掺和材料、外加剂和水组成。

1)水泥

采用早强型普通硅酸盐水泥,强度等级 42.5R,符合《通用硅酸盐水泥》(GB 175—2007)标准。

2)砂

采用天然河沙,最大粒径 1.25mm,细度模数在 1.4～1.8 范围内,其他技术指标符合《铁路混凝土工程施工技术指南》(TZ 210—2005)标准。

3)乳化沥青

(1)材料。乳化沥青由基质沥青、乳化剂、稳定剂和水配制而成。基质沥青通常为道路石油沥青,技术指标符合《公路工程沥青及沥青混合料试验规程》(JTJ 052—2011)的要求。

(2)技术指标应符合表 2-5-2 要求。

**CA 砂浆用乳化沥青技术标准**　　　　　　　　　　表 2-5-2

| 序　　号 | 指标名称 | | 标　准 |
|---|---|---|---|
| 1 | 颗粒电荷 | | + |
| 2 | 恩氏黏滞度(25℃) | | 5～15 |
| 3 | 筛余(%) | | <3 |
| 4 | 储存稳定性(5d)(%) | | ≤5 |
| 5 | 低温储存稳定性(−5℃) | | 合格 |
| 6 | 水泥拌和试验 | | 合格 |
| 7 | 蒸发残余 | 残余物含量(%) | 58～63 |
| | | 针入度(25℃)(0.1mm) | 60～120 |
| | | 延伸度(25℃)(cm) | >100 |
| | | 溶解度(四氯化碳)(%) | >97 |

4)掺和材料

掺和材料的技术指标应符合表 2-5-3 要求。

**CA 砂浆用掺和材料技术要求**　　　　　　　　　　表 2-5-3

| 序　　号 | 指标名称 | | 标　　准 |
|---|---|---|---|
| 1 | 细度 | 0.08mm 筛筛余(%) | ≤10 |
| | | 1.25mm 筛筛余(%) | ≤0.5 |
| 2 | 氧化镁含量(%) | | ≤5.0 |
| 3 | 限制膨胀率 | 水中 14d(%) | ≥0.02 |

5)外加剂

可加减水剂、加气剂、消泡剂、聚丙烯纤维、氯丁胶乳等。其技术指标应符合相关标准规定。

6)水

采用可饮用自来水。

**2.配制方法**

乳化沥青采用乳化剂(河南交通科学技术研究所 RHS−5 型)配制,秦沈客运专线用配合比为:基质沥青 600g;乳化剂 10g;聚乙烯醇 0.8g;水 390g。配制方法:将基质沥青加热到 150～160℃,水加热到 60～70℃,投料顺序为水→乳化剂→聚乙烯醇→基质沥青。所配制的乳化沥青密度为 1.027g/cm³,pH=7.0。

1)CA 砂浆的配合比例

CA 砂浆配合比例是保证 CA 砂浆质量的关键,而其配合比设计又是一项新的试验检测技术,在目前一无标准,二无经验的情况下,不可能做到像水泥混凝土配合比设计那样得心应手。建议:一是按照设计文件指定的组成材料及参考配方,通过试验后使用;二是采用科研单位已经成功的科研成果。

下面提供秦沈客运专线用CA砂浆配合比,基质沥青600g:乳化剂10g:聚乙烯醇0.8g:水390g。配制方法:将基质沥青加热到150℃～160℃,水加热到60℃～70℃。投料顺序:水→乳化剂→聚乙烯醇→基质沥青。所配制的乳化沥青密度为1.027g/cm³,pH＝7.0。

2)CA砂浆的试验设备

CA砂浆的主要试验设备见表2-5-4。

**CA砂浆的主要试验设备**

表2-5-4

| 序号 | 名　称 | 规格型号 | 精　度 | 生产厂家(供参考) | 单位 | 数量 |
|---|---|---|---|---|---|---|
| 1 | CA砂浆搅拌机 | 15L | | 北京京申精密试验仪器厂 | 台 | 1 |
| 2 | 5kN数显液压万能试验机 | SWE-5 | 0.001kN | 山东威海试验机厂 | 台 | 1 |
| 3 | 压力试验机 | NYL-300 | 0.2kN | 无锡市建筑仪器厂 | 台 | 1 |
| 4 | 电热鼓风干燥箱 | SY102-2 | 5℃ | 天津市三水科学仪器公司 | 台 | 1 |
| 5 | 沥青乳化机 | RHS-5 | | 河南交通科学技术研究所 | 台 | 1 |
| 6 | 多功能电子天平 | JD2000-2 | 0.01g | 沈阳龙腾电子称量仪器公司 | 台 | 1 |
| 7 | 万用电炉 | 1kW×2 | | 北京光明医疗器械厂 | 台 | 1 |
| 8 | 游标卡尺 | 150mm | 0.02mm | 沈阳量具厂 | 把 | 1 |
| 9 | 秒表 | | 0.1s | 上海秒表厂 | 件 | 1 |
| 10 | 温度计 | 100/200℃ | 0.1℃ | 北京京申精密试验仪器厂 | 支 | 各10 |
| 11 | 沥青针入度 | LZR-2 | 0.01mm | 北京京申精密试验仪器厂 | 台 | 1 |
| 12 | 沥青延度仪 | 1.5m | 0.1mm | 江苏无锡市华南试验仪器公司 | 台 | 1 |
| 13 | 沥青软化点仪 | | 0.1℃ | 江苏无锡市华南试验仪器公司 | 台 | 1 |
| 14 | 沥青恩氏黏度仪 | WBE-4 | | 上海昌吉地质仪器公司 | 台 | 1 |
| 15 | 电子天平 | HZT-A3000 | 0.01g | 北京宏宇振兴商贸有限公司 | 台 | 各1 |
| 16 | 百分表 | 100mm | 0.01mm | 成都量具厂 | 件 | 20 |
| 17 | 千分表 | 1mm | 0.001mm | 成都量具厂 | 件 | 4 |
| 18 | 磁性表座 | | | 北京京申精密试验仪器厂 | 件 | 20 |
| 19 | 漏斗 | 日式 | 640/1500mL | 北京京申精密试验仪器厂 | 件 | 各1 |
| 20 | 试模 | 70.7mm 三联 | | 北京京申精密试验仪器厂 | 条 | 30 |
| 21 | 试模 | 100×100×400 (mm) | | 北京京申精密试验仪器厂 | 件 | 5 |
| 22 | 试模 | φ50×50(mm) | | 北京京申精密试验仪器厂 | 件 | 10 |
| 23 | 玻璃仪器 | 量筒、烧杯、容积升、李氏比重瓶 | | 天津玻璃仪器厂 | 套 | 1 |
| 24 | 沥青薄膜烘箱 | 82型 | 转速:6.5r/min | 河北路仪公路仪器有限公司 | 台 | 1 |
| 25 | 含气量测定仪 | HC-1S | 电源DC6V(4节5号电池) | 河北省虹宇仪器设备有限公司 | 台 | 1 |

3)CA 砂浆的施工注意事项

(1)CA 砂浆的搅拌。CA 砂浆用水泥沥青砂浆搅拌机进行拌和,投料的顺序为:乳化沥青→水→细集料→铝粉及其他外加剂→混合料 CAA→水泥。特别提示,水泥一定要最后投放,同时要采取措施防止铝粉飞散。搅拌机转速和搅拌时间对 CA 砂浆的强度有一定影响,在正式施工前,应进行试拌试验。

(2)CA 砂浆的注入。CA 砂浆采用泵式砂浆压送机将其注入到轨道板底部及凸形挡台四周。在注入前应根据不同的气温条件选择确定适宜的注入温度及注入方法,同时进行表 2-5-1 规定的各项技术性能试验。

(3)CA 砂浆的养生。CA 砂浆原则上采用自然养生。砂浆经过 24h 后,为防止因砂浆收缩,轨道板与填充层之间产生空隙,必须及时将支撑螺栓撤除,使轨道与 CA 砂浆充分受力接触。模板拆除后应及时消除轨道板侧面的砂浆。CA 砂浆抗压强度达到 0.7MPa(约 7d)后,方可进行轨道铺设作业。

◀▣ 拓 展 知 识 ▣▶

灌注 CA 砂浆时,砂浆沿着灌注孔壁流入,见图 2-5-2,不能直接接触底座板。在开始灌注 100s 左右时,砂浆流至观察口,整个灌注过程宜为 5min 以内,且整个灌注过程应当在砂浆搅拌结束 30min 之内完成。灌注时,排气管出浆均匀时即可堵塞,流出的砂浆应盛于桶内,集中处理,不得任其流动,污染环境。

图 2-5-2  砂浆灌注

◀▣ 能力拓展题 ▣▶

通过查阅资料,完成 CA 砂浆分离度、扩展度、膨胀率、含气量和抗压强度的检测流程图。

# 单元六　防水材料

🌀 **职业能力目标**

具有初步选择防水材料的能力。

🌀 **知识目标**

1. 掌握各类防水卷材的性能特点及适用范围；
2. 了解防水涂料的主要类型、性能特点和应用；
3. 了解新型防水材料的类型、性能及应用。

## 学习项目一　防水卷材

防水卷材是一种具有一定宽度和厚度的能够卷曲成卷状的带状定型离水材料，是工程防水中应用的最主要材料，约占防水材料的 90%。防水卷材应具备耐水性、温度稳定性、机械强度、延伸性和抗断裂性、柔韧性、大气稳定性。

### 一　沥青防水卷材(Asphalt Waterproofing Roll-roofing)

沥青防水卷材以沥青为主要防水材料，以原纸、织物、纤维毡、塑料薄膜、金履箔等为胎基，用矿物粉料或塑料薄膜作为隔离材料。沥青防水材料价格低廉，属低档的防水材料。

**1. 石油沥青玻璃布防水卷材**

以玻璃纤维布为胎基，浸涂石油沥青，并在两面撒布粉状隔离材料所制成的。油毡幅宽 1m，每卷面积 $20m^2 \pm 0.3m^2$。其技术性能执行《石油沥青玻璃布胎油毡》(JC/T 84—1996)标准，石油沥青玻璃布防水卷材技术性能见表 2-6-1。

石油沥青玻璃布防水卷材技术性能                                     表 2-6-1

| 项目 | | 等级 | 一等品 | 合格品 |
|---|---|---|---|---|
| 可溶物含量(g/m) ≥ | | | 420 | 380 |
| 耐热度(85℃±2℃),2h | | | 无滑动、起泡现象 | |
| 不透水性 | 压力(MPa) | | 0.2 | 0.1 |
| | 时间不小于 15min | | 无渗漏 | |
| 25℃±2℃时纵向拉力(N) ≥ | | | 400 | 360 |
| 柔度 | 温度(℃) ≤ | | 0 | 5 |
| | 弯曲直径 30mm | | 无裂纹 | |
| 耐霉菌腐蚀性 | 质量损失(%) ≤ | | 2.0 | |
| | 拉力损失(%) ≤ | | 15 | |

与纸胎油毡相比,沥青玻璃布油毡的拉伸强度、耐腐蚀性等均得到了明显的提高,但其耐久性、耐高温性与低温柔韧性等仍然较差。沥青玻璃布油毡可用于基层变形不大的地下工程防水、结构物与设备防腐保护层(热管道除外)、坡度较大的一般建筑屋面防水、地面或路面防潮层等,采用热玛蹄脂、冷玛蹄脂粘贴施工。

2. 石油沥青玻璃纤维胎防水卷材

以玻璃纤维薄毡为胎基,浸涂石油沥青,表面涂撒以矿物材料或覆盖聚乙烯膜等隔离材料所制成的一种防水卷材。卷材幅宽1000mm,公称面积$10m^2$、$20m^2$。按上表面材料分为PE膜面、砂面,按每$10m^2$标称质量分为15号、25号,按物理力学性能分为Ⅰ型、Ⅱ型,其技术性能指标执行《石油沥青玻璃纤维胎油毡》(GB/T 14686—2008)标准,各型号卷材单位面积的质量见表2-6-2。

石油沥青玻璃纤维胎防水卷材单位面积质量　　　　　　　　表2-6-2

| 标　　号 | 15 号 | | 25 号 | |
|---|---|---|---|---|
| 上表面材料 | PE 膜面 | 砂面 | PE 膜面 | 砂面 |
| 单位面积质量(kg/m²) | 1.2 | 1.5 | 2.1 | 2.4 |

石油沥青玻璃纤维胎防水卷材具有耐腐蚀、柔韧性好,耐久性也比纸胎较高等优点。卷材质地柔软,可用于地下和屋面防水工程,使用中可产生较大的变形以适应基层变形,尤其适用于形状复杂(如阴阳角部位)的防水施工,且易粘贴牢固,采用热玛蹄脂、冷玛蹄脂粘贴施工。

3. 铝箔面油毡

铝箔面油毡是采用玻纤毡为胎基,浸涂氧化沥青,在其表面用压纹铝箔贴面,底面撒以细颗粒矿物材料或覆盖聚乙烯(PE)膜所制成的一种具有热反射和装饰功能的防水卷材。油毡幅宽为1000mm,按每卷标称质量(kg)分为30号、40号两种标号,30号油毡厚度不小于2.4mm,40号厚度不小于3.2 mm;按物理性能分为优等品(A)、一等品(B)、合格品(C)三个等级,其技术性能指标应符合《铝箔面石油沥青防水卷材》(JC/T 504—2007)规定。30号毡适用于多层防水工程的面层防水,40号油毡适用于单层或多层防水工程的面层防水。

石油沥青铝箔胎防水卷材有很高的阻隔蒸汽的渗透能力,与带孔玻纤毡配合或单独使用,宜用于隔气层,采用热玛蹄脂粘贴。

##  高聚物改性沥青防水卷材(High Polymer Modified Asphalt Waterproofing Membrane)

传统的纸胎石油沥青防水卷材延伸率低,低温易脆裂,高温易流淌,拉力低,易腐烂,寿命短且施工工艺复杂、落后。高聚物改性沥青防水卷材是它的换代产品,属中档防水材料,在我国已获得广泛应用,品种达20余种。

改性沥青防水卷材由浸涂材料、胎体材料和覆面材料三部分构成。浸涂材料为不同的改性沥青,高分子聚合物改性沥青防水卷材包括弹性体、塑性体和橡塑共混体改性沥青防水卷材三类。其中,弹性体(SBS)改性沥青防水卷材和塑性体(APP)改性沥青防水卷材应用较多。主要品种如表2-6-3所示。

273

高聚物改性防水卷材的主要品种

表 2-6-3

| 浸涂材料名称 | 改性高聚物 | | 类 属 |
|---|---|---|---|
| | 代号 | 化学名称 | |
| SBS 改性沥青 | SBS | 苯乙烯—丁二烯嵌段物 | 弹性体 |
| APP 改性沥青 | APP | 无规聚丙烯 | 塑性体 |
| SBR 改性沥青 | SBR | 丁苯橡胶 | 弹性体 |
| EPDM 改性沥青 | EPDM | 三元乙丙橡胶 | 弹性体 |
| PVC 改性沥青 | PVC | 聚氯乙烯 | 塑性体 |
| 再生橡胶改性沥青 | | | 弹性体 |

胎体材料包括聚酯毡、玻纤毡、黄麻布、聚氯乙烯膜等,目前,以聚酯毡胎卷材的性能为最优,它具有较高的弹性和塑性。以片岩、彩色砂、矿物砂、合成膜或铝销箔等为覆面材料,覆面材料除对卷材起保护作用外,尚可降低卷材表面温度,如表 2-6-4 所示。

不同覆面材料卷材的夏季表面温度(北京地区)

表 2-6-4

| 覆面材料 | 卷材表面温度(℃) | 覆面材料 | 卷材表面温度(℃) |
|---|---|---|---|
| 无覆盖面(黑色) | 90 | 白色页岩片 | 55 |
| 黑色页岩片 | 82 | 铝箔 | <50 |
| 绿色页岩片 | 70 | | |

在选取改性沥青防水卷材时,除注明防水卷材名称外,尚应注明胎体类别及覆面材料种类。

1. 弹性体改性沥青防水卷材

弹性体改性沥青防水卷材是以聚酯毡或玻纤毡为胎基,苯乙烯—丁二烯—苯乙烯(SBS)热塑弹性体作改性剂,以聚乙烯膜或细砂或矿物粒(片)料为覆面材料而制成的防水卷材,简称 SBS 卷材。SBS 卷材按胎基分为聚酯毡(PY)、玻纤毡(G)和玻纤增强聚酯毡(PYG)三类。按上表面隔离材料分为聚乙烯膜(PE)、细砂(S)(颗粒不超过 0.6mm)及矿物粒(片)料(M)三种。卷材按不同胎基、不同上表面材料分为六个品种,如表 2-6-5 所示。

SBS 卷材品种(GB 18242—2008)

表 2-6-5

| 上表面材料 ＼ 胎基 | 聚酯毡(PY) | 玻纤毡(G) | 玻纤增强聚酯毡(PYG) |
|---|---|---|---|
| 聚乙烯膜(PE) | PY-PE | G-PE | PYG-PE |
| 细砂(S) | PY-S | G-S | PYG-S |
| 矿物粒(片)料(M) | PY-M | G-M | PYG-M |

按物理力学性能分为Ⅰ型和Ⅱ型。Ⅰ型产品质量水平为国际一般水平,Ⅱ型为国际先进水平。产品幅宽 1000mm,聚酯毡胎体卷材厚度为 3mm、4mm、5mm,玻纤毡胎体卷材厚度为 3mm、4mm,玻纤增强聚酯胎卷材厚度为 5mm。每卷面积为 15m²、10m²、7.5m² 三种规格。其技术性能执行《弹性体改性沥青防水卷材》(GB 18242—2008)标准,如表 2-6-6 所示。

与沥青油毡相比,SBS 改性沥青防水卷材具有以下特点。

1)具有优异的耐高、低温性能和耐久性

SBS 改性沥青防水卷材可耐较高的温度而不会产生显著变形,当加热到 90℃并恒温 2h

274

后观察,卷材表面无起泡、不流淌。根据 SBS 掺量的不同,当温度降低到−18～−40℃时,卷材仍具有一定的柔韧性,有些可在−50℃环境中仍保持连续结构而不脆断。由于 SBS 的约束作用及覆面材料的保护作用,SBS 改性沥青防水卷材的使用寿命也较长,通常可达到 10 年以上。

2)具有良好的机械力学性能

SBS 改性沥青防水卷材具有较高的拉伸强度、伸长率和弹性变形能力,较强的耐疲劳性能,对基层结构和环境的变化适应性很好。

3)施工方便

SBS 改性沥青防水卷材通常比较柔软,容易铺贴于各种平面、斜面、立面或形状复杂的表面;它上表面有黏结较牢靠的覆面层而无需在施工现场再做覆面层,下表面通常粘贴有一层自粘胶或热塑膜,施工粘贴时揭去隔离膜或利用喷灯烘烤使热塑膜熔融而直接与基层黏结,无需外涂黏结剂。

弹性体改性沥青防水卷材的材料性能(GB 18242—2008)　　表 2-6-6

| 项　目 | | | 指　标 | | | | |
| --- | --- | --- | --- | --- | --- | --- | --- |
| | | | I | | II | | |
| | | | PY | G | PY | G | PYG |
| 可溶物含量(g/m²) | 厚度为 3mm | ≥ | 2100 | | | | — |
| | 厚度为 4mm | ≥ | 2900 | | | | — |
| | 厚度为 5mm | ≥ | 3500 | | | | |
| | 试验现象 | | — | 胎基不燃 | — | 胎基不燃 | — |
| 不透水性 30min | | | 0.3MPa | 0.2MPa | 0.3MPa | | |
| 耐热度 | ℃ | | 90 | | 105 | | |
| | mm | ≤ | 2 | | | | |
| | 试验现象 | | 无流淌、滴落 | | | | |
| 低温柔性(℃) | | | −20 | | −25 | | |
| | | | 无裂缝 | | | | |
| 拉力 | 最大峰拉力(N/50mm) | ≥ | 500 | 350 | 800 | 500 | 900 |
| | 次高峰拉力(N/50mm) | ≥ | — | — | — | — | 800 |
| | 试验现象 | | 拉伸过程中,试件中部无沥青涂盖层开裂或与胎基分离现象 | | | | |
| 延伸率 | 最大峰时延伸率(%) | ≥ | 30 | | 40 | | — |
| | 第二峰时延伸率(%) | ≥ | — | — | — | — | 15 |
| 浸水后质量增加(%) | PE、S | ≤ | 1.0 | | | | |
| | M | ≤ | 2.0 | | | | |
| 热老化 | 拉力保持率(%) | ≥ | 90 | | | | |
| | 延伸率保持率(%) | ≥ | 80 | | | | |
| | 低温柔度(℃) | | −15 | | −20 | | |
| | | | 无裂缝 | | | | |
| | 尺寸变化率(%) | ≤ | 0.7 | — | 0.7 | — | 0.3 |
| | 质量损失(%) | ≤ | 1.0 | | | | |

| 项 目 | | 指　标 | | | | |
|---|---|---|---|---|---|---|
| | | Ⅰ | | Ⅱ | | |
| | | PY | G | PY | G | PYG |
| 渗油性 | 张数 ≤ | 2 | | | | |
| 接缝剥离强度(N/mm) | ≥ | 1.5 | | | | |
| 钉杆撕裂强度*(N) | ≥ | — | | | | 300 |
| 矿物粒料黏附性**(g) | ≥ | 2.0 | | | | |
| 卷材下表面沥青涂盖层厚度***(mm) | ≥ | 1.0 | | | | |
| 人工气候加速老化 | 外观 | 无滑动、流淌、滴落 | | | | |
| | 拉力保持率(%) ≥ | 80 | | | | |
| | 低温柔度(℃) | −15 | | −20 | | |
| | | 无裂缝 | | | | |

注:1.* 仅适用于单层机械固定施工方式卷材。
　　2.** 仅适用于矿物粒料表面的卷材。
　　3.*** 仅适用于热熔施工的卷材。

就其应用效果来看,SBS 改性沥青防水卷材的最大优点是低温柔韧性好,特别适合于寒冷地区各种室外工程的防水,也适合于频繁变形部位及要求高温下抗变形能力较强的结构防水(图 2-6-1)。

图 2-6-1　SBS 防水卷材应用

### 2. 塑性体改性沥青防水卷材

塑性体改性沥青防水卷材是以聚酯毡或玻纤毡为胎基,无规聚丙烯(APP)或聚烯烃类聚合物(APAO、APO)作改性剂,两面覆以隔离材料所制成的建筑防水卷材,统称 APP 卷材。APP 卷材按胎基分为聚酯毡(PY)、玻纤毡(G)、玻纤增强聚酯毡(PYG)三类。按上表面隔离材料分为聚乙烯膜(PE)、细砂(S)及矿物粒料(M)三种,下表面隔离材料为聚乙烯膜(PE)、细砂(S)。按材料性能分为Ⅰ型和Ⅱ型。卷材幅宽 1000mm,聚酯毡卷材的厚度分为 3mm、4mm、5mm 三种,玻纤毡卷材厚度为 3mm、4mm 两种,玻纤增强聚酯毡卷材厚度为 5mm。每卷面积为 15m²、10m²、7.5m² 三种。其物理力学性能执行《塑性体改性沥青防水卷材》(GB 18243—2008)标准,如表 2-6-7 所示。

与 SBS 改性沥青防水卷材相比,APP 改性沥青防水卷材具有下列特性:

（1）具有更高的耐热性和耐紫外线性能，其温度适用范围为-50～130℃，130℃高温不流淌。

（2）低温柔韧性较差。在低温下，容易变得更脆，因此，不适合于寒冷地区使用。

通常，APP改性沥青防水卷材主要用于屋面、地下或水中防水工程以及道路、桥梁等防水工程（图2-6-2），尤其是多用于有强烈阳光照射或炎热环境中的防水工程。

图2-6-2 APP防水卷材应用

塑性体改性沥青防水卷材的材料性能（GB 18243—2008）　　　　表 2-6-7

| 项目 | | | 指标 | | | | |
|---|---|---|---|---|---|---|---|
| | | | I | | II | | |
| | | | PY | G | PY | G | PYG |
| 可溶物含量(g/m²) | 厚度为3mm | ≥ | 2100 | | | | — |
| | 厚度为4mm | ≥ | 2900 | | | | — |
| | 厚度为5mm | ≥ | 3500 | | | | |
| | 试验现象 | | — | 胎基不燃 | — | 胎基不燃 | — |
| 不透水性 30min | | | 0.3MPa | 0.2MPa | 0.3MPa | | |
| 耐热度 | ℃ | | 110 | | 130 | | |
| | mm | ≤ | 2 | | | | |
| | 试验现象 | | 无流淌、滴落 | | | | |
| 低温柔性(℃) | | | -7 | | -15 | | |
| | | | 无裂缝 | | | | |
| 拉力 | 最大峰拉力(N/50mm) | ≥ | 500 | 350 | 800 | 500 | 900 |
| | 次高峰拉力(N/50mm) | ≥ | — | — | — | — | 800 |
| | 试验现象 | | 拉伸过程中，试件中部无沥青涂盖层开裂或与胎基分离现象 | | | | |
| 延伸率 | 最大峰时延伸率(%) | ≥ | 25 | | 40 | | |
| | 第二峰时延伸率(%) | ≥ | — | | — | | 15 |
| 浸水后质量增加(%) | PE,S | ≤ | 1.0 | | | | |
| | M | ≤ | 2.0 | | | | |
| 热老化 | 拉力保持率(%) | ≥ | 90 | | | | |
| | 延伸率保持率(%) | ≥ | 80 | | | | |
| | 低温柔度(℃) | | -2 | | -10 | | |
| | | | 无裂缝 | | | | |
| | 尺寸变化率(%) | ≤ | 0.7 | — | 0.7 | — | 0.3 |
| | 质量损失(%) | ≤ | 1.0 | | | | |

| 项 目 | | 指　标 | | | | |
|---|---|---|---|---|---|---|
| | | I | | II | | |
| | | PY | G | PY | G | PYG |
| 接缝剥离强度(N/mm) ≥ | | 1.0 | | | | |
| 钉杆撕裂强度*(N) ≥ | | — | | | | 300 |
| 矿物粒料黏附性**(g) ≥ | | 2.0 | | | | |
| 卷材下表面沥青涂盖层厚度***(mm) ≥ | | 1.0 | | | | |
| 人工气候加速老化 | 外观 | 无滑动、流淌、滴落 | | | | |
| | 拉力保持率(%) ≥ | 80 | | | | |
| | 低温柔度(℃) | | | −2 | | −10 |
| | | 无裂缝 | | | | |

注:1. * 仅适用于单层机械固定施工方式卷材。
　　2. ** 仅适用于矿物粒料表面的卷材。
　　3. *** 仅适用于热熔施工的卷材。

### 三 合成高分子防水卷材

合成高分子防水卷材是以合成橡胶、合成树脂或以此两者的共混体为基料,加入适量的化学助剂和填充料等,经不同工序加工而成可卷曲的片状防水材料;或把上述材料与合成纤维等复合形成两层或两层以上可卷曲的片状防水材料。目前,合成高分子防水卷材的种类主要有橡胶系列防水卷材、树脂系列防水卷材、橡塑共混系列防水卷材三大类,常见品种见表2-6-8。

合成高分子防水卷材品种　　　　　　　　表2-6-8

| 系　列 | 主　要　品　种 |
|---|---|
| 橡胶系列 | 三元乙丙橡胶卷材、丁基橡胶卷材、氯化聚乙烯卷材、氯磺化聚乙烯卷材、氯丁橡胶卷材、再生橡胶卷材 |
| 树脂系列 | 聚氯乙烯卷材、聚乙烯卷材、乙烯共聚物卷材 |
| 橡塑共混系列 | 氯化聚乙烯—橡胶共混卷材、聚丙烯—乙烯共聚物卷材 |

合成高分子防水卷材的共同性能:拉伸强度高、耐热性能好、低温柔性好、耐腐蚀能力强和抗老化能力强等,是一种新型的高档防水卷材品种。常见的有三元乙丙橡胶防水卷材、聚氯乙烯防水卷材、氯化聚乙烯防水卷材、氯化聚乙烯—橡胶共混防水卷材等,规格主要有1mm、1.2mm、1.5mm、1.8mm、2.0mm等厚度。目前,主要应用于一些对防水要求较高的高级建筑屋面、地下的防水工程(图2-6-3),其物理性能见表2-6-9。

合成高分子防水卷材的物理性能　　　　　　　　表2-6-9

| 项　目 | 物理性能指标 | | |
|---|---|---|---|
| | I(弹性体) | II(塑性体) | III(合成纤维类) |
| 拉伸强度(MPa) | 7 | 2 | 9 |
| 断裂延伸度(%) | 450 | 100 | 10 |
| 低温弯折性(℃) | −40 | −20 | −20 |
| | 无裂纹 | | |

| 项 目 | | 物理性能指标 | | |
|---|---|---|---|---|
| | | Ⅰ（弹性体） | Ⅱ（塑性体） | Ⅲ（合成纤维类） |
| 不透水性 | 压力（MPa） | 0.3 | 0.2 | 0.3 |
| | 保持时间（min） | 30 | | |
| 热老化保持率<br>（80±2）℃,168h | 拉伸强度（MPa） | 80 | | |
| | 断裂延伸度（%） | 70 | | |

图 2-6-3　合成高分子防水卷材应用

### 1. 三元乙丙橡胶防水卷材（EPDM）

三元乙丙橡胶防水卷材（EPDM）主要是由三元乙丙橡胶（乙烯、丙烯和少量双环戊二烯共聚合成的高分子聚合物）、硫化剂、促进剂等经压延或挤出工艺制成的高分子卷材。主要特性：耐老化性能最好，化学稳定性佳优良的耐性候、耐臭氧性、耐热性、和低温柔性甚至超过氯丁与丁基橡胶，比塑料优越得多，它还具有质量轻、拉升强度高、伸长率大、使用寿命长、耐强碱腐蚀等。根据其各项指标，分为一等品和合格品两类，广泛用于对发生性能、防水年限要求较高的水利、体育馆等类的防水工程，是一项重点发展的高档防水卷材。该类卷材能在阳光、潮湿、寒冷的自然环境下使用，可适用于—50～+80℃的温度条件，其物理性能见表 2-6-10。

三元乙丙橡胶防水卷材的物理性能（GB 18173.1—2000）　　　　表 2-6-10

| 项 目 | | 性能指标 | |
|---|---|---|---|
| | | 一等品 | 合格品 |
| 拉伸强度（MPa） | | 8 | 7 |
| 撕裂断裂延伸度（%） | | 450 | |
| 撕裂强度（N/cm²） | | 280 | 245 |
| 脆性温度（℃） | | —45 | —40 |
| 不透水性（MPa）,30min | | 0.3 | 0.1 |
| 热老化保持率（80±2）℃,168h,伸长率100% | | 无裂纹 | |
| 臭氧老化 | 500pphn,168h,40℃,伸长率100%,静态 | 无裂纹 | — |
| | 1000pphn,168h,伸长率100%,静态 | — | 无裂纹 |

### 2. 聚氯乙烯（PVC）防水卷材

PVC 防水卷材是以聚氯乙烯树脂为主要原料，加入多种化学助剂，经混炼、挤出成型和硫化等工序加工制成的防水卷材。属于非硫化性、高档塑料性防水材料，分卷包装。

PVC 防水卷材根据基料的组分和特性的不同分为 S 型和 P 型两种。其中，S 型是以煤焦

第二篇　单元六　防水材料

油和聚氯乙烯树脂为基料形成的塑性卷材,厚度为 1.5mm、2.0mm、2.5mm 等;此类卷材按有无复合层分为 N 类、L 类、W 类,N 类为无复合层,L 类为纤维单面复合层,W 类为织物内增强复合层;按物理性能分为Ⅰ型和Ⅱ型。

PVC 防水卷材特点:拉伸强度高,低温下韧性好,对基本伸缩开裂变形的适应能力强,可以在较低温度下施工。该类卷材多适用于制作大型屋面板、空心板等,并可用于地下室、水池和储水池等类工程的防漏防渗处理,其物理性能见表 2-6-11。

PVC 防水卷材物理性能 　　　　　　　　　　　　　　　表 2-6-11

| 项　　目 | P 型 | | | S 型 | |
|---|---|---|---|---|---|
| | 优等品 | 一等品 | 合格品 | 一等品 | 合格品 |
| 拉伸强度(MPa) | 15.0 | 10.0 | 7.0 | 5.0 | 2.0 |
| 撕裂断裂延伸度(%) | 250 | 200 | 150 | 200 | 120 |
| 热处理尺寸变化率(%) | 2.0 | 2.0 | 3.0 | 5.0 | 7.0 |
| 低温弯折性(℃) | —20,无裂纹 | | | | |
| 抗渗透性 | 不透水 | | | | |
| 剪切状态下的黏结性 | 不透水 | | | | |

3.氯化聚乙烯卷材

氯化聚乙烯卷材是以含氯量为 30%～40% 的氯化聚乙烯树脂为主要原料,加入大量填充料和适量增塑剂等制成的一类防水材料。该类卷材的特点是不仅具有合成树脂的热塑性,还具有弹性、防腐蚀性、抗老化性。另外,氯化聚乙烯可以被制成多种颜色,在防水的同时,起到隔热和美化装饰多重效果。此类卷材多适用于屋面外露部分的单层防水、各种保护层的防水中,也常被用做室内装饰材料,起到防水和装饰双重效果。

4.氯化聚乙烯—橡胶共混防水卷材

氯化聚乙烯—橡胶共混防水卷材是以氯化聚乙烯树脂和合成橡胶共混为主体,加入适当的硫化剂、促进剂、稳定剂、软化剂和填充剂等,经过塑炼、混炼、过滤、压延(或挤出)成型、硫化、栓验、分卷、包装等工序加工制成的高弹性防水卷材。这种防水卷材兼有塑料和橡胶的特点,弹度高,延展性好,耐老化性能优异,耐臭氧性好,低温下柔性好(拉伸强度在 7.5MPa 以上,断裂伸长率高达 450% 以上,脆性温度在 —40℃ 以下)。因此,该类卷材尤其适用于寒冷地区或变形较大的建筑防水工程。

# 学习项目二　防水涂料

防水涂料(Waterproof Coating)是以沥青、合成高分子材料等为主体,在常温下黏稠状液态,经涂布后,通过溶剂挥发、水分蒸发或成膜物组分产生化学反应,在基层表面可形成坚韧防水膜的材料。采用防水涂料的防水方法称为涂膜防水。

## 一　防水涂料的特点、组成与分类

1.特点

涂膜防水优点如下。

（1）施工简单，速度快：可冷作业、安全且劳动强度低。

（2）整体防水性好：可在各种表面上施工，尤其适于在立面、阴阳角和凹凸不平等形状复杂处施工；由于涂膜自重轻，尤其适合于轻型结构、薄壳结构和异形屋面的大面积防水，防水涂料还可与玻璃布、玻璃毡等结合使用，进行现场涂膜防水。

（3）温度适应性强：防水涂料品种多，用户选择余地大，可以满足不同地区气候环境的需要。

（4）易于维修：当屋面发生渗漏时，不必完全铲除旧防水层，只需在渗漏部位进行局部修理，或在原防水层上重做一道防水。

涂膜防水缺点：防水涂料通常必须依靠人工涂布，其厚度很难做到均匀一致，要求操作水平较高；施工时要严格按操作方法多遍涂布，才能确保施工质量，其操作比较烦琐。

2. 组成

防水涂料通常由基料、填料、分散介质和助剂等组成，当将其直接涂刷在结构物的表面后，其主要成分经过一定的物理、化学变化便可形成防水膜，并能获得所期望的防水效果。

1）基料

基料又称主要成膜物质，其作用是在固化过程中起成膜和黏结填料的作用，土木工程中常用防水涂料的基料有沥青、改性沥青、合成树脂或合成橡胶等。

2）填料

填料主要起增加涂膜厚度、减少收缩和提高其稳定性等作用，而且还可降低成本。因此，也称为次要成膜物质。常用的填料有滑石粉和碳酸钙粉等。

3）分散介质

分散介质主要起溶解或稀释基料的作用（因此也称为稀释剂）。它可使涂料呈现流动性以便于施工。施工后，大部分分散介质蒸发或挥发，仅一小部分分散介质被基层吸收。

4）助剂

助剂是起到改善涂料或涂膜性能的作用。通常有乳化剂、增塑剂、增稠剂和稳定剂等。

3. 分类

按成膜物质可分为沥青基防水涂料、高聚物改性沥青基防水涂料、合成高分子防水涂料。

按分散介质的种类和成膜过程不同，防水涂料可分为溶剂型、水乳型和反应型等三种。其中，溶剂型涂料是以有机溶剂的稀释作用和挥发效果而成膜。水乳型涂料是将成膜物质（基料和填料）以极小的微粒稳定地悬浮于水中而形成的乳状材料。使用时，通过水分的蒸发使成膜物质的颗粒相互靠近、接触和变形等过程而形成防水膜层。反应型涂料是依靠涂料中的有效成分自身反应，或与环境中其他物质间的固化反应而形成防水膜的防水涂料，自身反应型防水涂料多为双组分或多组分，通常需现场配制并及时涂刷。

## 二 沥青基防水涂料

沥青基防水涂料（图 2-6-4）以沥青为基料配制而成的水乳型或溶剂型防水涂料。

1. 冷底子油

冷底子油是用建筑石油沥青加入汽油、煤油、轻柴油，或者用软化点 $50\sim70℃$ 的煤沥青加入苯，混合而配制成的沥青溶液。它的黏度小，能渗入到混凝土、砂浆、木材等材料的毛细孔隙中,待溶剂挥发后,便与基面牢固结合,使基面具有一定的憎水性,为黏结同类防水材料创造了有利条件。若在这种冷底子油层上面铺热沥青胶粘贴卷材时,可使防水层与基层粘贴牢固。因它多在常温下用于防水工程的底层,故名冷底子油。冷底子油应涂刷于干燥的基面上,通常要求水泥砂浆找平层的含水率不大于10%。

冷底子油常随配随用,通常使用30%～40%的石油沥青和60%～70%的溶剂(汽油或煤油),首先将沥青加热至108～200℃,脱水后冷却至130～140℃,并加入10%的煤油,待温度降至约70℃时,再加入余下的溶剂搅拌均匀为止。若储存时,应使用密闭容器,以防溶剂挥发。

图2-6-4　沥青基防水涂料应用

2. 沥青胶

沥青胶又称玛蹄脂,用沥青材料加填充料,均匀混合制成。填料有粉状的(如滑石粉、石灰石、白云石粉等)、纤维状的(如木纤维等),或者用两者的混合物更好。填料的作用是为了提高其耐热性,增加韧性,降低低温下的脆性,减少沥青的消耗量,加入量通常为10%～30%,并由试验决定。

沥青胶牌号以耐热度表示,分为S-60、S-65、S-70、S-75、S-80、S-85等6个牌号。沥青胶的使用方法分为热用和冷用两种。热用沥青胶是将70%～90%的沥青加热至180～200℃,使其脱水后与10%～30%的干燥填料(纤维状填料不超过5%)热拌混合均匀后,热用施工。冷沥青胶是将40%～50%的沥青熔化脱水后,缓慢加入25%～30%的溶剂(如柴油、蒽油等),再掺入10%～30%的填料,混合拌匀而制得,在常温下使用。冷用沥青胶比热用沥青胶施工方便,节省沥青,但耗费溶剂。

沥青胶的性质主要取决于沥青的性质,其耐热度与沥青的软化点、用量有关,还与填料种类、用量及催化剂有关。在屋面防水工程中,沥青胶牌号的选择,应根据屋面使用条件、屋面坡度及当地历年极端最高气温,按《屋面工程技术规范》(GB 50345—2012)有关规定选用。

3. 水乳型沥青防水涂料

水乳型沥青防水涂料,即水性沥青防水涂料,是以乳化沥青为基料的防水涂料。它借助于乳化剂作用,在机械强力搅拌下,将熔化的沥青微粒(<10μm)均匀地分散于溶剂中,使其形成稳定的悬浮体。

水乳型沥青基涂料分为两大类:厚质防水涂料和薄质防水涂料,可以统称为水性沥青基防水涂料。厚质防水涂料常温时为膏体或黏稠液体,不具有自流平的性能,一次施工厚度可以在3mm以上。薄质防水涂料常温时为液体,具有自流平的性能,一次施工不能达到很大的厚度(其厚度在1mm以下),需要施工多层才能满足涂膜防水的厚度要求。

不加改性材料的薄质乳化沥青在防水材料中已经基本上不使用了。目前,国内市场上用量最大的薄质乳化沥青防水涂料是氯丁胶乳化沥青防水涂料,其次还有丁苯胶乳薄质沥青防水涂料、丁腈胶乳薄质沥青防水涂料、SBS改性乳化沥青薄质防水涂料、再生胶乳化沥青薄质防水涂料等。

乳化沥青和其他类型的涂料相比,其主要特点是可以在潮湿的基础上使用,而且还有相当大的黏结力。乳化沥青的最主要优点就是可以冷施工,不需加热,避免了采用热沥青施工可能造成的烫伤、中毒事件等,有利于消防和人身安全,还可以减轻施工人员的劳动强度,提高工作效率,加快施工进度。而且,这一类材料价格便宜,施工机具容易清洗,因此在沥青基涂料中占有60%以上的市场率。

乳化沥青的另一优点是与一般的橡胶乳液、树脂乳液相比,具有良好的相溶性,而且混溶以后的性能比较稳定,能显著地改善乳化沥青的耐高温性能和低温柔韧性,因此,乳化改性沥青技术近年来发展很快。但是,乳化沥青材料的稳定性总是不如溶剂型涂料和热熔型涂料。乳化沥青的储存时间一般不超过半年,储存时间过长容易分层变质,变质以后的乳化沥青不能再用。一般不能在0℃以下储存或运输,也不能在0℃以下施工和使用。乳化沥青中添加抗冻剂后虽然可以在低温下储存和运输,但这样会使乳化沥青成本提高。

### 三 高聚物改性沥青防水涂料

高聚物改性沥青防水涂料是指以沥青为基料,用合成高分子聚合物进行改性,制成的水乳型或溶剂型防水涂料。这类涂料在柔韧性、抗裂性、拉伸强度、耐高低温性能、使用寿命等方面比沥青基涂料有很大改善。品种有再生橡胶改性沥青防水涂料、水乳型氯丁橡胶沥青防水涂料、SBS橡胶改性沥青防水涂料等。适用于Ⅱ、Ⅲ、Ⅳ级防水等级的屋面、地面、混凝土地下室和卫生间等,见图2-6-5。

图2-6-5  高聚物改性沥青防水涂料应用

### 四 合成高分子防水涂料

以多种高分子聚合材料为主要成膜物质,添加触变剂、防流挂剂、防沉淀剂、增稠剂、流平剂、防老剂等添加剂和催化剂,经过特殊工艺加工而成的合成高分子水性乳液防水涂膜,具有优良的高弹性和绝佳的防水性能。该产品无毒、无味,安全环保。涂膜耐水性、耐碱性、抗紫外线能力强,具有较高的断裂延伸率,拉伸强度和自动修复功能。其中,以AST合成高分子防水涂料为代表。

合成高分子防水涂料广泛应用于建筑物屋面、地下室、地下车库、室内厨卫生间、开水间、阳台、外墙立面、板缝、窗边、窗台、柱边、管沟管道以及粮库、水塔、游泳池、隧道、钢结构厂房屋面、电厂冷却塔内壁防水等(图2-6-6),适用于全国各地建筑气候区的施工。

图 2-6-6 凹槽内嵌抹合成高分子防水涂料

## 学习项目三 新型防水材料

### 一 多彩玻纤胎沥青瓦

多彩玻纤胎沥青瓦(图 2-6-7)是以玻璃纤维毡为胎体,经过浸涂优质石油沥青面后,一方面覆盖彩色矿物粒料,另一方面撒以隔离材料而制成的新型瓦状屋面防水材料。该防水材料具有独特的建筑风格、经久耐用、色彩多样化、质轻屋面承受能力小、适用范围广、全天候性、防尘自洁性、隔热性、吸声隔音性、耐腐蚀性等特点,同时起到美化城市作用,是目前国内广泛应用于坡屋面的新型防水装饰材。尤其是双层多彩沥青瓦,上述特点更为突出,为坡屋面防水的最佳选择。

图 2-6-7 多彩玻纤胎沥

其技术性能执行《玻纤胎沥青瓦》(GB/T 20474—2006)标准,见表 2-6-12。

多彩玻纤胎沥青瓦防水卷材适用于公用设施防水、民用住宅和别墅等建筑的坡屋面,具有防水和装饰双重功能。施工时,注意基体的平整度,不同颜色、不同等级的产品需要分类码放、平放,避免日晒、雨淋、受潮及污染物油类侵蚀,注意通风。

多彩玻纤胎沥青瓦主要技术性能标准(GB/T 20474—2006)　　　　表 2-6-12

| 项　　目 | | | 平　瓦 | 叠　瓦 |
|---|---|---|---|---|
| 可溶物含量(g/m²) | | ≥ | 1000 | 1800 |
| 拉力(N/50mm) | 纵向 | ≥ | 500 | |
| | 横向 | ≥ | 400 | |
| 耐热度(90℃) | | | 无流淌、滑动、滴落、气泡 | |
| 柔度(10℃) | | | 无裂纹 | |
| 撕裂强度(N) | | ≥ | 9 | |
| 不透水性(0.1MPa,30min) | | | 不透水 | |

| 项 目 | | 平 瓦 | 叠 瓦 |
|---|---|---|---|
| 耐钉子拔出性能(N) | ≥ | 75 | |
| 矿物料黏附性(g) | ≤ | 1.0 | |
| 金属箔剥离强度 | ≥ | 0.2 | |
| 人工气候加速老化 | 外观 | 无气泡、渗油、裂纹 | |
| | 色差 $\Delta E$ ≤ | 3 | |
| | 柔度(10℃) | 无裂纹 | |

## 二 聚乙烯丙纶防水卷材

聚乙烯丙纶复合防水卷材(图 2-6-8)是以原生聚乙烯合成高分子材料加入抗老化剂、稳定剂、助黏剂等与高强度新型丙纶涤纶长丝无纺布,经过自动化生产线一次复合而成的新型防水卷材。具有的特点:抗拉轻度高、延伸率大,对基层伸缩或开裂变形的适应性强;具有良好的水蒸气扩散性,留在基层的湿气易于排出;耐根系穿刺、耐老化,使用寿命长(屋面可达 25 年、地下可达 50 年);可用于建筑各个部位。

多用于工业与民用建筑屋面、地下室、厨房、浴厕间的防水防渗工程,水池、渠道、桥洞等的防水防渗工程。该类卷材在施工时,施工温度应在 5~35℃之间,相对湿度应小于 80%;雨雪雾大风天气及基面潮湿的情况下不能施工操作;在包装和运输时,禁止接近火源。其技术性能执行《高分子防水材料 第 1 部分:片材》(GB 18173.1—2006)标准,聚乙烯丙纶复合防水卷材技术性能见表 2-6-13。

聚乙烯丙纶复合防水卷材技术性能 表 2-6-13

| 项 目 | 指 标 |
|---|---|
| 断裂拉伸强度(N/cm) | ≥60 |
| 胶断伸长率(%) | ≥400 |
| 撕裂强度(N) | ≥20 |
| 不透水性(30min,0.3MPa) | 不透水 |
| 低温弯折性(1h,−20℃) | 无裂纹 |

【工程实例】 某住宅小区一期工程原设计屋面防水使用 SBS 改性沥青防水卷材 4mm 和聚合物改性沥青防水涂料 3mm,主体工程于 5 月底封顶,防水工程施工在即,由于工期紧新建工程基层干燥有困难,不能达到施工类沥青防水材料的要求。经现场技术负责人申请、设计单位同意做出如下变更:

(1)坡屋面、平屋面防水使用聚乙烯丙纶复合防水卷材 0.7mm,总厚度 1.9mm。

(2)上人屋面(露台)及天沟防水使用高分子自黏防水卷材(湿铺法)1.5mm。

(3)阳台、厨房、卫生间用聚乙烯丙纶复合防水卷材 0.6mm,总厚度 1.8mm。

JS复合防水涂料,又称聚合物水泥防水涂料,是当前国家重点推广应用新型理想的环保型防水材料。JS复合防水材料是由有机液料及多种添加剂组成和无机粉料(由高铁高铝水泥或白色硅酸盐水泥石英粉及各种添加剂组成)复合而成的双组分防水涂料,是一种既具有机材料弹性高又有无机材料耐久性好等优点的防水材料,涂覆后形成高强坚韧的防水涂膜,并可根据工程需要配制彩色涂层。

其主要特点:能在潮湿或干燥的多种材质基面上直接施工;涂层坚韧高强,耐水性、耐候性、耐久性优异;可加颜料,以形成彩色涂层;无毒、无害、无污染、施工简单、工期短;在立面、斜面和顶面上施工不流淌;能与基面及水泥砂浆等各种基层材料牢固黏结。

JS复合防水涂料可在潮湿或干燥的砖石、砂浆、混凝土、金属、木材、各种保温层上直接施工,对于各种新旧建筑物及构筑物(例:地下工程、隧道、桥梁、水池、水库等)均可使用。将JS复合防水涂料按液料:粉料为1:1.4~1:2.0的比例调成腻子状,也可用作黏结、密封材料,对砂浆表面有较好的保护作用。施工时,应注意搅拌均匀,施工温度应在0℃以上,现用现配。其主要技术性能执行《聚合物水泥防水涂料》(GB 23445—2009)标准,JS复合防水涂料主要技术性能指标见表2-6-14。

**JS复合防水材料主要技术性能指标**  表 2-6-14

| 项 目 | | | 技 术 指 标 | | |
|---|---|---|---|---|---|
| | | | Ⅰ型 | Ⅱ型 | Ⅲ型 |
| 固体含量(%) | | ≥ | 70 | 70 | 70 |
| 拉伸强度 | 无处理(MPa) | ≥ | 1.2 | 1.8 | 1.8 |
| | 加热处理后保持率(%) | ≥ | 80 | 80 | 80 |
| | 碱处理后保持率(%) | ≥ | 60 | 70 | 70 |
| | 浸水处理后保持率(%) | ≥ | 60 | 70 | 70 |
| | 紫外线处理后保持率(%) | ≥ | 80 | — | — |
| 断裂伸长率 | 无处理(%) | ≥ | 200 | 80 | 30 |
| | 加热处理(%) | ≥ | 150 | 65 | 20 |
| | 碱处理(%) | ≥ | 150 | 65 | 20 |
| | 浸水处理(%) | ≥ | 150 | 65 | 20 |
| | 紫外线处理(%) | ≥ | 150 | — | — |
| 低温柔性(φ10mm 棒) | | | −10℃ 无裂纹 | — | — |
| 黏结强度 | 无处理(MPa) | ≥ | 0.5 | 0.7 | 1.0 |
| | 潮湿基层(MPa) | ≥ | 0.5 | 0.7 | 1.0 |
| | 碱处理(MPa) | ≥ | 0.5 | 0.7 | 1.0 |
| | 浸水处理(MPa) | ≥ | 0.5 | 0.7 | 1.0 |
| 不透水性(30min,0.3MPa) | | | 不透水 | 不透水 | 不透水 |
| 抗渗性(砂浆背水面)(MPa) | | ≥ | — | 0.6 | 0.8 |

# 四 水泥基防水涂料

水泥基防水涂料可以分为两类：一类是涂层覆盖防水涂料，另一类是水泥基渗透防水材料。前者是涂料与水混合后，在基体表面形成致密的防水层；后者是涂料直接喷涂于水泥砂浆或混凝土表面，再渗透到内部，与水泥中的碱性物质发生化学反应后，生产不溶于水的凝胶体，构成防水层。该类防水涂料广泛适用于隧道、大坝、水库、桥梁、机场跑道、蓄水池、工业与民用建筑地下室、屋面、浴厕间的防水施工，以及混凝土建筑设施等有混凝土结构弊病的维修堵漏中，但存在渗透性差、成膜厚、易剥落、防水寿命相对较短的缺点。

施工时，必须在混凝土结构或牢固的水泥砂浆基面上进行，基面应干净无浮尘、无旧涂膜、无尘土污垢及其他杂物；在运输和储存时，应注意防潮。其主要性能执行《水泥基渗透结晶型防水材料》(GB 18445—2001)标准，水泥基渗透结晶型防水涂料主要技术性能指标见表2-6-15。

水泥基渗透结晶型防水涂料主要技术性能指标          表2-6-15

| 项　目 | | 性 能 指 标 | |
|---|---|---|---|
| | | I | II |
| 安定性 | | 合格 | |
| 凝结时间 | 初凝时间(min) ≥ | 20 | |
| | 终凝时间(h) ≤ | 24 | |
| 抗折强度(MPa) | 7d ≥ | 2.80 | |
| | 28d ≥ | 3.50 | |
| 抗压强度(MPa) | 7d ≥ | 12.0 | |
| | 28d ≥ | 18.0 | |
| 湿基面黏结强度(MPa) | ≥ | 1.0 | |
| 抗渗压力(28d)(MPa) | ≥ | 0.8 | 1.2 |
| 第二次抗渗压力(56d)(MPa) | ≥ | 0.6 | 0.8 |
| 渗透压力比(28d)(%) | ≥ | 200 | 300 |

【工程实例】 广州国际会议展览中心周边道路的某人行地下通道工程计划在同年国庆节开幕时配套使用，通道工程采取边征地边施工的方法。人行地下通道的钢筋混凝土箱涵的防水设计以混凝土自防水为主，箱涵、楼梯梁和步级构体混凝土强度等级为C30，抗渗等级为S8，在混凝土中掺入 8％WG-998 高效复合防水剂。箱涵主体结构内(包含底板、侧墙、顶板、步级)、外侧涂刷聚氨酯涂料两层，每层 0.8kg/m²。

工程施工正值夏季多雨的8月，工期进度控制难度大，有一定的风险。人行通道基坑充分利用时空效应，分段、分层开挖。基坑开挖至设计标高平整后，疏干基坑内积水及时铺设垫层，但由于工程场地濒临珠江，地下水位高，水量丰富基坑垫层难以符合聚氨酯防水涂料应在干燥、干净的条件下使用的要求；并且在工期紧、场地狭窄的情况下，施工易造成对聚氨酯防水涂层的磕碰、穿刺和撕裂，构造成质量缺陷。因此，设计、施工和监理三方共同对工程实际情况和各防水涂料的性能分析及研究后，征得业主同意，办理设计变更，改用水泥基渗透结晶型防水材料。

该类卷材采用合成高分子复合片材为表面材料,以自黏改性沥青为基料复合而成的新型具有优良防水性能的一种新型合成高分子防水卷材,兼有高分子防水卷材和自黏防水卷材的双重防水性能。

该卷材适用于工业与民用建筑的屋面、地下室、隧道、桥梁、水渠、堤坝、人防工程、军事设施等防水、防渗、防潮工程。其技术性能执行 Q/XW 108006—2009 标准,高分子表面增强自黏沥青防水卷材主要技术性能指标见表 2-6-16。

高分子表面增强自黏沥青防水卷材主要技术性能指标　　　　　表 2-6-16

| 项　目 | | | 指　标 | |
|---|---|---|---|---|
| | | | Ⅰ型 | Ⅱ型 |
| 可溶物含量(g/m²) | 1.2mm | ≥ | 300 | 500 |
| | 1.5mm | ≥ | 400 | 600 |
| | 2.0mm | ≥ | 500 | 700 |
| 耐碱度 10% Ca(OH)₂ | | ≥ | 80 | 90 |
| 低温柔度(℃) | | | −20 | −25 |
| | | | 无裂纹 | |
| 断裂拉伸强度(常温)(N/50mm) | | ≥ | 300 | |
| 断裂延伸率(常温)(%) | | ≥ | 400 | |
| 撕裂强度(N) | | ≥ | 20 | 30 |
| 不透水性 | 压力(MPa) | | 0.3 | |
| | 保持时间(min) | | 30,不透水 | |
| 剥离强度(N/mm) | 卷材与卷材 | ≥ | 1.0 | |
| | 卷材与铝板 | ≥ | 1.2 | |
| 人工候化处理 | 外观 | | 无滑动、流淌、滴落 | |
| | 拉力保持率(%) | ≥ | 80 | |
| | 低温柔性 | | −18℃,无裂纹 | |

◀ 单 元 小 结 ▶

防水卷材主要是用于建筑墙体、屋面以及隧道、公路、垃圾填埋场等处,起到抵御外界雨水、地下水渗漏的一种可卷曲成卷状的柔性建材产品,作为工程基础与建筑物之间无渗漏连接,是整个工程防水的第一道屏障,对整个工程起着至关重要的作用。主要有沥青防水卷材、高聚物改性沥青防水卷材和合成高分子防水卷材。沥青防水材料是传统的建筑防水材料,通常用于防水等级不高的工程;高聚物改性沥青防水材料、合成高分子防水材料因其具有较高的低温弹性和塑性,高温稳定性和抗老化性,综合防水性能好。

防水涂料是以沥青、合成高分子材料等为主体,在常温下黏稠状液态,经涂布后,通过溶剂挥发、水分蒸发或成膜物组分产生化学反应,在基层表面可形成坚韧防水膜的材料。分为沥青基防水涂料、高聚物改性沥青基防水涂料、合成高分子防水涂料。防水涂料具有施工简单、速度快、整体防水性好、温度适应性强、易于维修等特点。

新型防水材料主要有：多彩玻纤胎沥青瓦、聚乙烯丙纶复合防水卷材、JS复合防水涂料、水泥基防水涂料、高分子表面增强自粘沥青防水卷材等类型。

防水砂浆又叫阳离子氯丁胶乳防水防腐材料。阳离子氯丁胶乳是一种高聚物分子改性基高分子防水防腐系统。由引入进口环氧树脂改性胶乳加入国内氯丁橡胶乳液及聚丙烯酸酯、合成橡胶、各种乳化剂、改性胶乳等所组成的高聚物胶乳。加入基料和适量化学助剂和填充料，经塑炼、混炼、压延等工序加入而成的高分子防水防腐材料。

防水砂浆是一种刚性防水材料，通过提高砂浆的密实性及改进抗裂性以达到防水抗渗的目的。主要用于不会因结构沉降，温度、湿度变化以及受振动等产生有害裂缝的防水工程。用作防水工程的防水层的防水砂浆有三种：刚性多层抹面的水泥砂浆；掺防水剂的防水砂浆；聚合物水泥防水砂浆。

防水砂浆可在潮湿面进行施工，这是国内一般溶剂防水防腐材料难以奏效的。施工可采用搅拌混凝土内施工，由于物体对施工基面产生冲击力，增加了涂层对混凝土的黏结力，同时由于阳离子氯丁胶乳材料充填了砂浆中的孔隙和细微裂缝，使涂层拥有良好的抗渗性能。黏结力比普通水泥砂浆高3～4倍，抗折强度比普通水泥砂浆高3倍以上，所以该砂浆抗裂性能更好。可在迎水面，背水面，坡面，异行面防水防腐防潮。黏结力强，不会产生空鼓、抗裂、窜水等现象。

阳离子氯丁胶乳既可用于防水防腐，也可用堵漏，修补。可无找平层，保护层，一日内能完工。工期短，综合造价低。可在潮湿或干燥基面上施工，但基层不能有流水或积水。阳离子氯丁胶乳具有氯丁橡胶的通性，力学性能优良，耐日光、臭氧及大气和海水老化，耐油酯、酸、碱及其他化学药品腐蚀，耐热，不延烧，能自熄，抗变形，抗振动，耐磨，气密性和抗水性好，总黏合力大。无毒，无害，可用于饮水池施工使用，施工安全，简单。

# 思考与练习

1. 什么是防水卷材？有何特性？
2. 调查你身边所在地主要使用的防水卷材，并适当分析其原因。
3. SBS改性沥青防水卷材与APP改性沥青防水卷材各有哪些特性？如何选用？
4. 防水涂料如何分类？有哪些主要品种？
5. 防水涂料有何特点？适用于什么部位的防水工程？
6. 目前常用的新型防水材料有哪些？

# 单元七 铁 路 道 砟*

 职业能力目标

能进行铁路道砟的性能指标检测。

 知识目标

1. 了解铁路道砟的特点及应用；
2. 了解铁路道砟的运输与储存；
3. 熟悉铁路道砟的检验规则及技术要求。

## 一 概述

1. 道砟的分类

铁路道砟(Railway Ballast)主要包括碎石道砟、筛选卵石道砟、天然级配卵石道砟、砂子道砟和熔炉矿渣道砟等，最常用的是碎石道砟。碎石道砟按材质指标可分为特级道砟和一级道砟。

2. 道砟的适用范围

(1)高速铁路道床应采用特级碎石道砟。

(2)Ⅰ、Ⅱ级铁路的碎石道床材料应采用一级道砟。

3. 铁路道砟的作用

道砟(图 2-7-1)位于轨枕以下、路基面以上，主要作用是支承轨枕，把来自轨枕上部的巨大荷载均匀地分布到路基面上，大大减少了路基的变形。

图 2-7-1　铁路道砟

道砟块与块之间存在着空隙和摩擦力，使得轨道具有一定的弹性，这种弹性不仅能吸收机车车辆的冲击和振动，使列车运行比较平稳，而且大大改善了机车车辆和钢轨、轨枕等部件的工作条件，延长了使用寿命。道砟的弹性一旦丧失，钢筋混凝土轨枕上所受的荷载比正常状态

时要增加 $50\% \sim 80\%$。而且道砟依靠本身和轨枕间的摩擦,起到固定轨枕的位置,阻止轨枕纵向或横向的移动。这在无缝线路区段显得更为重要,因为这种区段如果线路的纵向或横向阻力减少到一定程度,很容易发生胀轨跑道事故,严重危及行车安全。

道砟有排水作用。由于道砟块间的空隙,使得地表水能够顺畅地通过道床排走,这样路基表面就不会长期积水。路基表面长期积水,不仅会使承载能力大大下降,而且还会造成翻浆和冻胀等很多病害。

道砟作为道床材料,还有利于调节轨道高度的作用。一旦道床下部基础变形超出允许范围,有砟轨道比无砟轨道更容易修复和整治。

底砟是铁路碎石道床的重要组成部分,位于碎石道床道砟层和路基基床层之间,起着传递、分布列车荷载,防止面砟和路基基床表层颗粒之间的相互渗透,具有渗水过渡和防冻保温等作用。

使用道砟作为道床材料也有弱点。道砟长年暴露在大自然中,在列车的动力和线路的冲击作用下,易出现变形、粉化、脏污现象,降低了承载能力和排水性能,失去了应有的弹性。因此必须定期地对道床进行清筛,剔除污土,补充新砟,线路的养护维修工作量较大。

### 4.铁路道砟的检验规则

根据《铁路碎石道砟》(TB/T 2140—2008)和《铁路碎石道床底砟》(TB/T 2897—1998)标准,砟场建场和生产质量管理均有严格的程序。

1)道砟的检验规则

道砟应进行资源性检验、生产检验和出场检验。道砟检验由采石场质量检验部门负责,用户有权参与检验和复检。

(1)资源性材质检验。

①新建采石场及旧采石场转移工作或工作面上岩层材质、种类有明显变化时,应按表 2-7-1规定各项内容进行检验,划分道砟材质等级。

生产检验碎石试样                                          表 2-7-1

| 粒径(方孔筛)(mm) | 50~63 | 40~50 | 31.5~40 | 22.5~31.5 | 20~25 | 16~20 | 10~16 | 10~7.1 |
|---|---|---|---|---|---|---|---|---|
| 备料数量(kg) | ≥20 | ≥30 | ≥40 | ≥10 | ≥25 | ≥4 | ≥15 | ≥3 |

②由具有固体矿产勘察乙级及以上资质的受委托单位,在每一个开采面(开采面岩层较多时按岩层)取一组有代表性的试样,附试验委托单送交检验。

③一组试样应包括下列内容。

碎石试样:粒径(方孔筛)30~70mm,质量 240kg。

块石试样:200mm×160mm×140mm,两块,不应有裂纹。

(2)生产检验。

①采石场每生产 $1.5 \times 10^5 \text{m}^3$ 道砟(年产量少于 $1.5 \times 10^5 \text{m}^3$ 的采石场,时间不超过一年),应按表 2-7-1 规定各项内容进行一次生产检验。

②若生产检验结果低于原划定等级,应立即停止生产、供砟,并及时复验。根据复验结果重新划分道砟材质等级。

③在采石场生产过程中,应对道砟粒径级配、颗粒形状及清洁度指标进行检验,除定期每周检验一次外,每生产工班均应通过目测进行监视,如发现问题,应及时检验。监视及检验结

果均应填入生产日记,作为填发道砟产品合格证的依据。

④块石试样与资源性材质检验用块石试样相同。

⑤碎石试样从成品出料口或成品运输带上有间隔地取四个子样,每个子样质量约100kg拌和均匀,用四分法取两个子样进行级配检验和颗粒形状及清洁度指标检验,另外两个子样进行材质检验,按表规定筛分试样(粒径7.1~10mm,10~16mm,16~20mm,20~25mm的四组试样,从道砟副产品中提取),剔除针、片状颗粒、插入标签,分别装袋,送交材质检验部门进行检验。若试样不足,可从另两个子样中筛选补充。

(3)出场检验、验交。

①采石场质量检验员在装车前负责组织产品进行出场检验。检验项目为道砟粒径级配、颗粒形状及清洁度指标,并填写道砟产品合格证。质量检查员对不符合标准的产品有权拒绝装车。

②道砟产品按批交付。一列车装运同一等级、交付同一用户的道砟算一批。用汽车运输时,一昼夜内装运同一等级、交付同一用户的道砟算一批。每批产品应附有质量检查员签发的产品合格证,采石场同时应向用砟单位提交开采面资源性材质检验证书副本或有效期内的生产检验证书副本。

③用砟单位有权对采石场的粒径级配等道砟加工指标进行抽检。

④用砟单位如发现最大、最小粒径,颗粒形状或清洁度指标与标准不符,应通知采石场赴现场复验。复验时的采样方法如下:卸砟前,如装砟车少于三辆,则每一个车辆中取一个子样;如多于三辆,则任意两辆中各取一个子样。每个子样约130kg,并从车辆的四角及中央五处提取。卸砟后,由用砟单位任选125m长度的卸砟地段,每隔25m由砟肩到底坡均匀选一个子样(合计五个),每个子样约70kg。

若复验结果为不合格,则应在现场采取相应补救措施。

5.道砟的运输与储存

(1)运输道砟产品的车辆每次装车前车内要进行清扫,不应残留泥土、灰土等杂物,公路运输道砟的车辆应做好表面覆盖。

(2)道砟产品的储料场(或临时堆料场)地面应硬化处理,防止黏土、粉尘等杂物的渗入,并采取覆盖等有效措施防止道砟污染。

(3)道砟装卸作业时,严禁装料机在砟面上行走,铲装作业不应将泥土、粉尘铲入。

在堆料场基地,要防止确保道砟清洁。在堆料场进行收料装车时,机器不要在同一砟面上来回,防止颗粒破碎。

(4)采石场和施工单位应采取有效措施,防止或减少道砟颗粒的离析,保证出场上道的道砟符合级配要求。

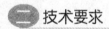 技术要求

1.特级道砟的技术要求

根据高速列车轴重较轻,而冲击、振动等频率较高的动附加荷载较大的特点,道砟材质最重要的性能是抗磨性、抗冲击,其次是抗压碎性能,另外,道砟颗粒形状和清洁度也是非常重要的指标。特级道砟相关技术要求如下:

(1)道砟由开山块石破碎筛分而成,颗粒表面全部(100%)为破碎面。

(2)道砟材质性能参数指标应符合表 2-7-2 的规定。

**道砟材质性能**　　　　　　　　表 2-7-2

| 性能 | 项目号 | 参　数 | 特级道砟 | 一级道砟 | 评 定 方 法 | |
|---|---|---|---|---|---|---|
| | | | | | 单项评定 | 综合评定 |
| 抗磨耗、抗冲击性能 | 1 | 洛杉矶磨耗率 LAA(%) | ≤18 | 18<LAA<27 | — | 道砟的最终等级以项目号 1、2、3、4 中的最低等级为准,特级、一级道砟均应满足 5、6、7、8 项目号的要求 |
| | 2 | 标准集料冲击韧度 IP | ≥110 | 95<IP<110 | 若两项指标不在同一个等级,以高等级为准 | |
| | | 石料耐磨硬度系数 $K_{干磨}$ | >18.3 | 18<$K_{干磨}$≤18.3 | | |
| 抗压碎性能 | 3 | 标准集料压碎率 CA(%) | <8 | 8≤CA<9 | — | |
| | 4 | 道砟集料压碎率 CB(%) | <19 | 19≤CB<22 | | |
| 渗水性能 | 5 | 渗透系数 $P_m$(10~6cm/s) | >4.5 | | 至少有两项指标满足要求 | |
| | | 石粉试模件抗压强度 $\sigma$(MPa) | <0.4 | | | |
| | | 粉末液限(%) | >20 | | | |
| | | 粉末塑限(%) | >11 | | | |
| 抗大气腐蚀性能 | 6 | 硫酸钠溶液浸泡损失率 L(%) | <10 | | | |
| 稳定性能 | 7 | 密度 $\rho$(g/cm³) | >2.55 | | | |
| | 8 | 重度 R(g/cm³) | >2.50 | | | |

(3)道砟粒径级配应符合表 2-7-3 的规定,其粒径级配曲线如图 2-7-2 所示。

**特级道砟粒径级配**　　　　　　　　表 2-7-3

| 方孔筛孔边长(mm) | | 22.4 | 31.5 | 40 | 50 | 63 |
|---|---|---|---|---|---|---|
| 过筛质量百分率(%) | | 0~3 | 1~25 | 30~65 | 70~99 | 100 |
| 颗粒分布 | 方孔筛孔边长(mm) | 31.5~50 | | | | |
| | 颗粒质量百分率(%) | ≥50 | | | | |

注:检验用方孔筛系指金属丝编织的标准方孔筛。

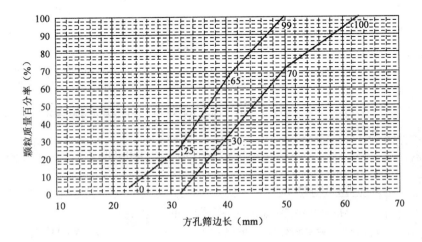

图 2-7-2　特级道砟粒径级配图

(4)道砟颗粒形状和清洁度指标如下。

①针状指数不大于 20%，片状指数不大于 20%。

②粒径 0.5mm 以下的颗粒含量的质量百分率不大于 0.6%；粒径 0.063mm 以下的粉末含量的质量百分率不大于 0.5%。

③道砟出场前应用水清洗，且不含黏土团及其他杂质。

2.普通道砟的技术要求

(1)道砟的级配应符合表 2-7-4 的规定。

一级道砟粒径级配 表 2-7-4

| 方孔筛孔边长(mm) | 16 | 25 | 35.5 | 45 | 56 | 63 |
|---|---|---|---|---|---|---|
| 过筛质量百分率(%) | 0～5 | 5～15 | 25～40 | 55～75 | 92～97 | 97～100 |

(2)针状指数不大于 30%，片状指数不大于 30%。

(3)黏团及其他杂质含量的质量百分率不大于 1%。

(4)粒径 0.1mm 以下的粉末含量的质量百分率不大于 1%。

## ◀ 单 元 小 结 ▶

铁路道砟主要包括碎石道砟、筛选卵石道砟、天然级配卵石道砟、砂子道砟和熔炉矿渣道砟等。最常用的是碎石道砟，其主要作用是支承轨枕，减少路基变形；使轨道具有一定的弹性，使列车运行比较平稳。

道砟应进行资源性检验、生产检验和出场检验。道砟检验由采石场质量检验部门负责，用户有权参与检验和复检；道砟材质最重要的性能是抗磨性、抗冲击，其次是抗压碎性能，另外，道砟颗粒形状和清洁度也是非常重要的指标。

## ◀ 拓 展 知 识 ▶

标准集料冲击韧度试验见表 2-7-5，其试验记录参见表 2-7-6。

标准集料冲击韧度试验 表 2-7-5

| 试样制备 | 粒径大小 | 7.1～10mm、10～16mm、16～20mm、20～25mm | |
|---|---|---|---|
| | 颗粒要求 | 风干或烘干状态，剔除针片状颗粒，针、片状颗粒质量分别不大于 5%，每组质量 1000g±5g | |
| 求重度 | | 试样混合，距金属筒(1L)顶面约 50mm 高卸入，分三次用捣实棒各捣 25 次，平整容器内试样，称量试样质量 | |
| 确定试样质量 $4G_0$（一份试样） | | 筛分 7.1～10mm、10～16mm、16～20mm、20～25m 试样，质量分别为 $G_0 = \dfrac{D \times 500}{4}$ | |
| 冲击试样 | | 一份试样装入冲击机的铁砵内，经 40 次冲击，用 7.1mm、3.15mm、1.0mm 和 0.5mm 方孔筛筛分，分别称试样的筛余质量 $G'_{7.1}$、$G'_{3.15}$、$G'_{1.0}$、$G'_{0.5}$。按同样的程序分别进行另两份试样的试验 | |
| 计算标准集料冲击韧度 IP | $M = \dfrac{4G'_{7.1} + 3G'_{3.15} + 2G'_{1.0} + G'_{0.5}}{G}$  $\text{IP} = \dfrac{0.37 \times 100}{4 - M}$ 式中：0.37——标准辉绿岩的粉碎度； 100——标准辉绿岩韧度计算系数； 4——试验前颗粒系数； $M$——试验后颗粒系数 | | 取三份试样标准集料冲击韧度的平均值；IP 值取整数位 |

标准集料冲击韧度试验记录                    表 2-7-6

| 次数 | 试样质量 $G$(g) | 分级筛余质量(g) | | | | $\Sigma = 4G'_{7.1} + 3G'_{3.15} + 2G'_{1.0} + G'_{0.5}$ | $M = \dfrac{\Sigma}{G}$ | $IP = \dfrac{0.37 \times 100}{4 - M}$ | IP 平均值 |
| --- | --- | --- | --- | --- | --- | --- | --- | --- | --- |
| | | $G'_{7.1}$ | $G'_{3.15}$ | $G'_{1.0}$ | $G'_{0.5}$ | | | | |
| 1 | | | | | | | | | |
| 2 | | | | | | | | | |
| 3 | | | | | | | | | |

◀能力拓展题▶

通过查阅资料,完成铁路道砟石料耐磨硬度系数、渗透系数、粉末液限和粉末塑限的试验检测流程图。

295

# 单元八 装饰、吸声和绝热材料

◎ **职业能力目标**

具有初步选择装饰材料、绝热材料和吸声材料和的能力。

◎ **知识目标**

了解装饰材料、绝热材料和吸声材料的主要类型、性能特点及应用。

## 学习项目一　装　饰　材　料

建筑装饰材料一般指结构工程和水、电、暖气空调管道安装等工程基本完成后,在最后装修阶段所使用的各种起装饰和美化环境作用的材料,它是集功能与艺术性于一体的工业制品。

建筑装饰材料是建筑装饰工程的物质基础,建筑装饰工程的总体效果及功能的实现,无一不是通过运用装饰材料及其配套设备的形体、质感、图案、色彩功能等表现出来。在普通建筑物中,装饰材料的费用占其建筑材料成本的 50％左右,而在豪华型建筑中,装饰材料的费用要占 70％以上。建筑装饰材料浩如烟海,品种花色繁多,通常按其在建筑物不同的装饰部位,分为地面、外墙、内墙、顶棚装饰材料等几类。

### 一 装饰材料的基本要求及选用

1. 装饰材料的基本要求

建筑装饰性的体现在很大程度上受装饰材料的制约,尤其是受材料的颜色、光泽、线条与花纹图案、质感等装饰特性的影响,因此,只有把握住选择建筑装饰材料的基本要求,才能取得理想的装饰效果。对装饰材料的基本要求如下。

1)材料的颜色、光泽、透明性

不同的颜色给人以不同的感觉,装饰材料对颜色的要求应与建筑物的内外环境相协调,同时应考虑建筑物的类型、使用功能以及人们对颜色的习惯心理。

光泽是材料表面的一种特性,与材料表面对光线反射的能力有关。不同的光泽度,可改变材料表面的明暗程度,并可扩大视野或造成不同的虚实对比。有的大型建筑物采用反光很强的装饰材料具有很好的艺术效果。材料的光泽是评定材料装饰效果时仅次于颜色的一个重要因素,光泽的要求也要根据装饰的环境和部位来确定。

透明性是光线透过材料的性质。有的材料既能透光又能透视,称为透明材料;有的只能透光而不能透视称为半透明材料;既不透光也不透视的为不透明材料。利用不同的透明度可隔断或调整光线的明暗,造成特殊的光学效果,可使物体清晰或朦胧。

2)材料的花纹图案、形状、尺寸

在生产和加工材料时,利用不同的工艺将材料的表面做成各种不同的表面组织,如粗糙、平整、光滑、镜面、凹凸、麻点等;或将材料的表面制成各种花纹图案(或镶拼成各种图案),如山水风景画、人物画、仿木花纹、陶瓷壁画、拼镶陶瓷锦砖等。

建筑装饰的形状和尺寸对装饰效果有很大影响,改变装饰材料的形状、尺寸,并配合花纹、颜色、光泽等可拼镶出各种线形和图案,从而获得不同的装饰效果,以满足不同建筑型体和线形的需要,最大限度地发挥材料的装饰性。

3)材料的质感

质感是材料的表面组织结构、花纹图案、颜色、光泽、透明性等给人的一种综合感觉。如钢材、陶瓷、木材、玻璃、呢绒等材料对人的感官形成的软硬、粗犷、细腻、冷暖等感觉。组成相同的材料,如普通玻璃与压花玻璃、镜面花岗岩板材与剁斧石等却有不同的质感。相同的表面处理形式往往具有相同或类似的质感,但有时并不完全相同,如人造花岗岩、仿木纹制品,一般均没有天然的花岗岩和木材亲切、真实,而略显得单调呆板。

2.装饰材料的选用

建筑装饰是为了创造环境和改造环境,这种环境是自然环境和人造环境的高度统一与和谐。然而各种装饰材料的色彩、光泽、质感、触感、耐久性等性能的不同,会在很大程度上影响到环境。在建筑装饰工程中,为确保工程质量,应当按照不同档次的装修要求,考虑以下三方面的问题。

1)装饰效果

建筑装饰效果最突出的一点是材料的色彩,它是构成人造环境的重要内容。

(1)建筑物外部色彩的选择应根据建筑物的规模、环境及功能等因素来决定。浅色块给人以庞大、肥胖感,深色块使人感到瘦小和苗条。因此,现代建筑中,庞大的高层建筑宜采用较深的色调,使在与蓝天白云相衬时,更显得庄重和深远;小型民用建筑宜用淡色调,使人不致感觉矮小和零散,同时还能增加环境的幽雅感。

此外,建筑物外部装饰色彩的观赏性,还应与其周围的道路、园林、小品以及其他建筑物的风格和色彩相配合,力求构成一个完美的、色彩协调的环境整体。

(2)建筑物内部色彩的选择不仅要从美学上考虑,还要考虑到色彩功能的重要性上考虑,力求合理应用色彩,以使生理上、心理上均能产生良好的效果。红、橙、黄色使人联想到太阳、火焰而感觉温暖,故称为暖色;绿、蓝、紫罗兰色使人会联想到大海、蓝天、森林而感到凉爽,故称为冷色。暖色调使人感到热烈、兴奋、温暖;冷色调使人感到宁静、幽雅、清凉。所以,夏天的工作和休息环境应采用冷色调,以给人清凉感;冬天则宜用暖色调,给人以温暖感;寝室宜用浅蓝色或淡绿色,以增加室内的舒适和宁静感;幼儿园的活动室应采用中黄、淡黄、橙黄、粉红等暖色调,以适应儿童天真活泼的心理;饭馆餐厅宜用淡黄、橘黄色,有利增进食欲;医院病房则宜采用浅绿、淡蓝、淡黄等色调,以使病人感到宁静和安全。

2)耐久性

用于建筑装饰的材料,要求既要美观,又要耐久。通常建筑物外部装饰材料要经受日晒、雨淋、霜雪、冰冻、风化、介质等侵袭,而内部装饰材料要经受摩擦、潮湿、洗刷等作用。因此,对装饰材料的耐久性要求,应包括以下三方面性能。

(1)力学性能。包括强度(抗压、抗拉、抗弯、冲击韧性等)、受力变形、黏结性、耐磨性及可加工性等。

(2)物理性能。包括密度、吸水性、耐水性、抗渗性、抗冻性、耐热性、绝热性、吸声性、隔声性、光泽度、光吸收性及光反射性等。

（3）化学性能。包括耐酸性、耐碱性、耐大气侵蚀性、耐污染性、抗风化性及阻燃性等。

各种建筑装饰材料均各具特性，选用时应根据其使用部位及条件不同，提出相应的性能要求。必须十分明确：只有保证了装饰材料的耐久性，才能切实保证建筑装饰工程的耐久性。

3）经济性

从经济角度考虑材料的选择，应有一个总体观念，既要考虑到工程装饰一次投资的多少，也要考虑到日后的维修费用，有时在关键性问题上，应适当加大一点一次投资，延长使用年限，从而达到保证总体上的经济性。

优美的建筑艺术效果，不在于多种材料的堆砌，而在于在体现材料内在构造和美的基础上，精于选材，贵在使材料合理配置及质感的和谐运用。特别是对那些贵重而富有魅力感的材料，要施以"画龙点睛"的手法，才能充分发挥材料的装饰特性。

## 二　地面装饰材料

### 1. 天然石材和人造石材

1）天然石材

（1）花岗石天然花岗石（图 2-8-1）具有装饰性好（色彩斑斓、华丽庄重）；坚硬密实、耐磨性好；耐酸、耐碱、耐风化，使用年限达 75～200 年，但耐火性差，发生火灾会使其产生严重开裂而破坏。根据表面加工方式分为剁斧板材、机刨板材、磨光板材。花岗石板材多用于室外地面、台阶、勒脚、纪念碑，也是重要的外墙面、柱面装饰材料。

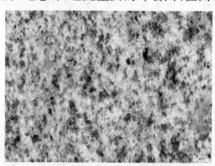

图 2-8-1　天然花岗岩石

（2）大理石由于盛产在中国云南省大理县而得名，见图 2-8-2。大理石具有花纹美丽、自然、流畅；易打磨抛光；硬度、耐磨性、耐久性次于花岗石；耐酸性差，酸性介质会使其表面腐蚀、破坏。因此，大理石宜用于室内地面、墙、柱等处，也可作楼梯栏杆、窗台板、门脸、服务台等。仅有汉白玉、艾叶青等少数质纯、杂质少的品种可用于室外。

2）人造石材

人造石材是以大理石碎料、石英砂、石粉为集料，拌和树脂、聚酯等聚合物或水泥，经搅拌、加压成型、打磨抛光以及切割等工序制成的材料。与天然石材相比，其特色是质量和颜色能自由设计，具有天然石材的花纹和质感，且质量仅为天然石材的 1/2，强度高、厚度薄、易黏结，在现代建筑室内地面中得到广泛应用。常用品种有聚酯型人造石材（人造大理石，见图 2-8-3、人造花岗石、人造玛瑙石、人造玉石等）、仿花岗岩水磨石砖、仿黑色大理石、高级石化瓷砖等。

图2-8-2 云南大理石

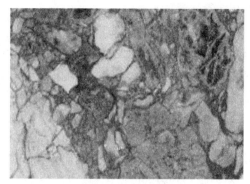

图2-8-3 人造大理石

## 2.建筑陶瓷

建筑陶瓷具有内部结构致密,有一定强度和硬度,化学稳定性好、耐久性高,有一定的颜色、图案、装饰性好。其地面材料主要有以下品种。

### 1)铺地砖

铺地砖以优质陶土原料加入其他材料,经半干压成型后焙烧而成,见图2-8-4。其形状有正方形、长方形、六角形等,表面光泽较低,有暗红、黄色和彩色图案。铺地砖强度高、硬度大、耐磨、耐腐蚀、耐冻、吸水率小,常用于人流较多的建筑物室内地面,如客厅、车间、实验室、盥洗室、通道、站台、售票厅等地面。

### 2)陶瓷锦砖

陶瓷锦砖是指边长不大于40mm,具有多种色彩和不同形状、镶拼组成各种花色图案的陶瓷小块砖,又称马赛克。其特性与铺地砖基本相同,主要用于浴室、厨房、卫生间、餐厅的地面,也可用于建筑外墙饰面,见图2-8-5。

图2-8-4 地砖

图2-8-5 陶瓷地砖

## 3.木地板

木材纹理的美感、色彩的暖感以及保湿性、清洁性等方面所具有的优越性,使得人们钟爱于它,成为当今高档地面装饰材料之一,发展前景广阔。其种类有天然木质地板(图2-8-6)和复合木质地板两类。

### 1)天然木地板

(1)条木地板是使用最普遍的木质地板。普通条木地板的板材常选用松、杉等软质树材,硬木条板多选用水曲柳、柞木、枫木、抽木、榆木等硬质树材。材质要求采用不易腐朽、不易变形开裂的木板。条板宽度一般不大于120mm，板厚为20～30mm。条木拼缝做成企口或错口，直接铺钉在木龙骨上，端头接缝要相互错开。条木地板铺设完工后，应经过一段时间，待木材变形稳定后再进行刨光、清扫及油漆。条木地板采用调和漆，当地板的木色和纹理较好时，可采用透明的清漆，使木材的天然木纹清晰可见，极大地增添室内装饰感。

条木地板适用于办公室、会议室、会客室、休息室、住宅起居室、幼儿园及仪器室等地面。

（2）拼花木地板是较高级的室内地面装饰材料，分双层和单层两种，两者面层均为拼花硬木板层，双层者下层为毛板层。面层拼花板材多选用水曲柳、柞木、核桃木、槐木、榆木等质地优良、不易腐朽开裂的硬质树材。拼花小木条的尺寸一般为长250～300mm，宽40～60mm，厚20～25mm，木条均带有企口。

拼花木地板通过小木板条不同方向的组合，可拼造出多种图案花纹。拼花木地板均采用清漆进行油漆，以显露出木材漂亮的天然纹理。

拼花木地板分高、中、低三个档次，高档产品适合于三星级以上中高档宾馆、大型会议室等室内地面装饰；中档产品适于办公室、疗养院、幼儿园、体育馆、舞厅、酒吧等地面装饰；低档的适用于各类民用住宅的地面装饰。

2）复合木地板（强化木地板）

复合木地板是以中密度纤维板或木条为基材，并用特种高强耐磨漆作为覆面材料而制成的一种板材。它除具有天然木地板的优点外，还具有耐烫、耐磨、节约木材、施工方便等特点。

复合木地板的形状为长条形，规格为长900mm，宽300mm，厚11～14mm（图2-8-7）。安装时，板与板之间通过槽榫进行连接，在地面平整度保证的前提下，安装复合木地板可直接浮铺在地面上而不需用黏结剂黏结。

复合木地板适用于办公室、会议室、高清洁实验室和家庭室内地面装饰。

4. 地毯

地毯按材质分为纯毛地毯、化纤地毯、混纺地毯、塑料地毯、丝毯、橡胶绒地毯和植物纤维地毯等，按工艺分为编织地毯、簇绒地毯、无纺地毯。

1）纯毛地毯

纯毛地毯历史悠久，是中国传统的手工艺品之一，有手织、机制和无纺地毯三种。纯羊毛与各种合成纤维混纺编制而成的地毯称为混纺地毯。

纯毛地毯图案优美，色彩鲜艳，质地厚实，铺地柔软，脚感舒适，经久耐用。主要用于宾馆、饭店、住宅、会客厅、大会堂等装饰要求高的场所，图2-8-8。

图2-8-6 天然木地板　　　　　　　图2-8-7 复合木地板

### 2)化纤地毯

化纤地毯是由传统的羊毛地毯发展而来。虽然羊毛堪称纤维之王,但它价高,资源有限,且有易受虫蛀、霉变等缺点。化纤地毯(图2-8-9)则具有质轻耐磨、色彩鲜艳、脚感舒适、富有弹性、铺设简便、价格便宜、吸声隔声、保温等功能。其应用领域已大大超越了传统的羊毛地毯,是一种高级又普及的地面装饰材料。适用于宾馆、饭店、大会堂、影剧院、播音室、办公室、展览厅、医院、体育馆、住宅居室及船舶、车辆等地面装饰铺设。

图 2-8-8　纯毛地毯

图 2-8-9　化纤地毯

## 三　内墙装饰材料

墙面装饰材料可分为内墙和外墙装饰材料。外墙装饰材料的主要功能是保护墙体和装饰立面,内墙装饰材料除保护墙体和增加美观外,还应为室内的使用创造更好的条件(如墙面应易于清洁、应有适当的保温、隔声、防水功能等)。有些材料只能用于内墙装饰,有些只适用于外墙装饰,但也有许多材料内外墙面均可使用。在选用时应当从装饰效果和使用性能以及经济等方面加以考虑。

### 1.壁纸、墙布

壁纸、墙布因其具有色彩丰富,质感多样,图案装饰性强,吸声、隔热、防菌、防霉、耐水,维护保养简单,用久后调换更新容易,且有高、中、低多品种供选择,是目前使用广泛的内墙面装饰材料。

### 1)塑料壁纸

塑料壁纸又称塑料墙纸,它是以纸为基层,经复合印花、压花等工序制成。塑料壁纸图案清晰、色调雅丽、立体感强、无毒、无异味、无污染、施工简便、可以擦洗,品种多、款式新、选择性强,适用于各种建筑的内墙、顶棚、柱面的装饰。

塑料壁纸一般可分为三大类:普通壁纸、发泡壁纸和功能型壁纸。

(1)普通壁纸以 $80g/m^2$ 的原纸作基层,涂以 $100g/m^2$ 聚氯乙烯糊状树脂为面层,或以 $0.1\sim0.2mm$ 厚的聚氯乙烯薄膜压延复合,经印花,压花而成。这种壁纸花色品种多,表面光滑平整,花纹清晰,质感舒适,亦可压成仿丝绸、锦缎、布纹、凹凸纹饰等多种花色。它价格较低,使用面广。

(2)发泡壁纸以 $100g/m^2$ 的原纸作基层,涂以 $300\sim400g/m^2$ 的掺有发泡剂的聚氯乙烯糊状树脂为面层,或以 $0.17\sim0.2mm$ 厚的掺有发泡剂的聚氯乙烯薄膜压延复合,经印花、发泡压花而成。这种壁纸表面呈现富有弹性的凹凸花纹,立体感强、吸声、纹饰逼真,适用于影剧院、居室、会议厅等建筑的天棚、内墙装饰。引入不同的含有抑制发泡剂的油墨,先印花后发泡,制成各种仿木纹、拼花、仿瓷砖、仿清水墙等花色图案的壁纸,用于室内墙裙、内廊墙面及会客厅等装饰。

(3)功能型壁纸用特种纤维作为基层或对基层、面层作特殊处理而制成的,具有特殊功能的壁纸。如阻燃壁纸一般选用 $100\sim200g/m^2$ 的石棉纸为基层,并在聚氯乙烯树脂中掺入阻燃剂,具有较好的阻燃性能。使用阻燃壁纸可以阻止或延缓火灾的蔓延和传播,避免或减少火灾造成的生命和财产损失;防潮壁纸以玻璃纤维毡为基层,防水耐潮,适用于裱贴有防水要求的部位,如卫生间墙面等,它在潮湿状态下无霉变;抗静电壁纸在面层中加入电阻较小的附加剂,使其表面电阻小于等于 $10^9\Omega$,适用于计算机房及其他电子仪表行业需要抗静电的室内墙面及顶棚等处。

塑料壁纸(图 2-8-10)的规格主要是根据壁纸的幅宽大小及每卷的长度划分的,一般为 $530mm\times10000mm$、$920mm\times10000\sim50000mm$、$1000mm\times10000\sim50000mm$、$1200mm\times50000mm$。个别产品为 $510mm\times10050mm$(即 $21in\times33in$)。

2)墙布

(1)玻璃纤维墙布(图 2-8-11)以中碱玻璃纤维为基材,表面涂以耐磨树脂,印上彩色图案而制成。这种墙布色彩鲜艳、花色繁多;防火、防水、耐湿、不虫蛀、不霉、可洗刷;有布纹质感、价格便宜、施工方便。它适用于宾馆、饭店、商店、展览馆、住宅、餐厅等的内墙饰面,特别适合于室内卫生间、浴室等的墙面装饰。其规格技术性能见表 2-8-1。

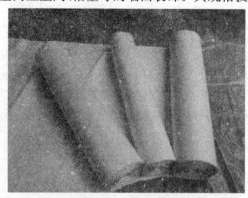

图 2-8-10 塑料壁纸　　　　　　　图 2-8-11 玻璃纤维墙布

玻璃缝纫印花贴墙布的规格和技术性能　　　　　　　　　　表 2-8-1

| 名　称 | 规　格 | 技术性能 |
|---|---|---|
| 涤纶无纺墙布 | 厚:$0.12\sim0.18mm$<br>宽:$850\sim900mm$<br>单位质量:$75g/m^2$ | 抗拉强度:2.0MPa<br>粘贴牢度(白乳胶):混合砂浆墙面 5.5N/25mm;<br>油漆墙面 3.5N/25mm |
| 麻无纺墙布 | 厚:$0.12\sim0.18mm$<br>宽:$850\sim900mm$<br>单位质量:$100g/m^2$ | 抗拉强度:1.4MPa<br>粘贴牢度(白乳胶):混合砂浆墙面 2.0N/25mm;<br>油漆墙面 1.5N/25mm |

| 名　称 | 规　格 | 技术性能 |
|---|---|---|
| 无纺印花涂塑墙布 | 厚：0.12～0.18mm<br>宽：920mm<br>长：50m/卷，4卷/箱，200mm | 抗接强度：2.0MPa<br>耐磨牢度：3～4<br>胶粘剂：白乳胶 |
| 无纺墙布 | 厚1.0mm，质量70g/m² | 透气性好，无刺激作用 |

图 2-8-12　无纺贴墙布

(2)无纺贴墙布(图 2-8-12)采用棉、麻等天然纤维或涤、腈纶等合成纤维,经过无纺成型、上涂树脂、印制彩色花纹而制成的一种内墙材料。它的特点是挺括、富有弹性、不易折断;纤维不老化、不散失气对皮肤无刺激作用,与玻璃纤维墙布比较,其色彩鲜艳、图案雅致,具有一定的通气性和防潮性,可擦洗而不褪色,适用于宾馆、饭店、商店、展览馆、住宅、餐厅等内墙装饰。其规格和技术性能见表 2-8-2。

**无纺墙布规格和技术性**　　　　　　　　　　表 2-8-2

| 规　格 | | | | 技术性能 | | | | |
|---|---|---|---|---|---|---|---|---|
| 长<br>(m) | 宽<br>(m) | 厚<br>(mm) | 单位质量<br>(g/m²) | 日晒牢<br>度级 | 刷洗牢<br>度级 | 摩擦牢<br>度级 | 断裂力(N/25mm) | |
| | | | | | | | 经向 | 纬向 |
| 50 | 830～840 | 0.17～0.20 | 190～200 | 5～6 | 4～5 | 3～4 | ≥700 | ≥600 |
| 50 | 850～900 | 0.17 | 170～200 | | | | ≥600 | |
| 50 | 880 | 0.2 | 200 | 4～6 | 4(干洗) | 4～5 | ≥500 | |
| 50 | 860～880 | 0.17 | 180 | 5 | 3 | 4 | ≥450 | ≥400 |
| 50 | 900 | 0.17～0.20 | 170～200 | | | | | |
| 50 | 840～880 | 0.17～0.20 | 170～220 | | | | | |

(3)化纤装饰墙布以化学纤维或化学纤维与棉纤维织物为基材,以印花等技术处理而成,前者称为"单纶"墙布,后者称为"多纶"墙布。化纤装饰墙布(图 2-8-13)具有无毒、无味、通气、防潮、耐磨、无分层等优点,适用于各级宾馆、旅店、办公室、会议室和住宅的内墙装饰。

(4)纯棉装饰墙布以纯棉平布经过表面涂布耐磨树脂处理,经印花制作而成。其特点是强度大、静电弱、蠕变性小、无光、吸声、无毒、无味、花型色泽美观大方。可用于宾馆、饭店、公共建筑和高级民用住宅中的墙面装饰,见图 2-8-14。

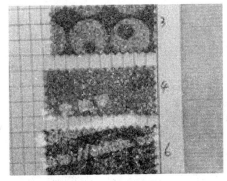

图 2-8-13　化纤装饰墙布

图 2-8-14　纯棉装饰墙布

### 2.内墙涂料

内墙涂料的主要功能是装饰及保护室内墙面(亦可作顶棚涂料),使其美观整洁,让人们处于舒适的居住和工作环境中。为了获得良好的装饰效果,内墙涂料应具有以下特点。

(1)色彩丰富、细腻、柔和 内墙的装饰效果主要由质感、线条和色彩三个因素构成,采用涂料装饰则以色彩为主要因素。内墙涂料的色彩一般应浅淡、明亮,由于居住者对颜色的喜爱不同,因此,要求色彩品种要丰富。内墙与人的目视距离最近,因此,要求内墙涂料应质地平滑、细腻、色调柔和。

(2)耐碱性、耐水性、耐粉刷性良好 由于墙面多带碱性,并且为了保持内墙洁净,需经常擦洗墙面,为此必须有一定的耐碱性、耐水性、耐洗刷性,避免脱落造成的烦恼。

(3)施工容易、价格低廉 为保持居室常新,能够经常进行粉刷翻修,所以,要求施工容易、价格低廉。

1)国产内墙涂料

用于建筑内墙(顶棚)的国产涂料常用品种及性能、用途见表 2-8-3。

国产内墙(顶棚)涂料 表 2-8-3

| 品　种 | 特　点 | 用　途 | 技术性能 |
|---|---|---|---|
| QH 型多彩纹塑膜内墙涂料 | 单组分液态涂料,喷涂而形成塑料膜层。耐老化、耐油、耐酸碱、耐水洗刷、抗潮、阻燃、有立体感、装饰效果好 | 宾馆、馆店、影剧院、商场、办公楼、家庭居室 | 固体含量:40%<br>耐碱性:18h,无异常<br>耐水性:浸水 96h,无异常<br>耐洗刷性:300 次无露底<br>干燥时间:24h 以内<br>储存稳定性:6 个月 |
| 过氯乙烯内墙涂料 | 具有色彩丰富、表面平滑、装饰效果好、较好的耐老化和防水性 | 住宅、公共建筑的内墙墙面 | 干燥时间:≤45min<br>流平性:无刷痕<br>遮盖力:≤250g/m²<br>附着力:100%<br>抗冲击:150J/cm² |
| 聚乙酸乙烯乳胶漆内墙涂料 | 无毒、无味、易于施工、干燥块、透气性好、附着力强、颜色鲜艳、装饰效果好 | 要求较高的内墙装饰 | 冲击强度:≥50J/cm²<br>遮盖力:≤250g/m³<br>附着力:100%<br>硬度:≥0.3<br>耐水性:浸水 24h,无发粘开裂<br>耐热性:80℃,5h,无发粘开裂变化 |
| 乙丙内墙乳胶漆 | 由乙酸乙烯和丙烯酸共聚制成。外观细腻、有良好的耐久性、耐水性和保色性 | 高级的内墙面装饰,也可用于木质门窗 | 干燥时间:表干≤30min,实干 24h<br>光泽:≤20%<br>耐水性:浸水 96h 破坏 5%<br>遮盖力:≤170g/m²<br>最低成膜温度:≥15℃ |
| 苯丙乳胶内墙涂料 | 可喷、刷,施工方便,流动性好、干燥快、不燃,并能在稍湿的表面施工,保色性良好,耐擦洗 | 要求较高的住宅及各种公共建筑的内墙装饰 | 涂布量:4～6kg/m²<br>遮盖率(反差比%):>90%<br>耐水性:>96h<br>耐碱性:>48h<br>施工温度:>3℃<br>储存稳定性:6 个月以上 |

2)国外内墙涂料

用于建筑内墙(顶棚)的国外涂料常用品种及性能、用途见表2-8-4。

国外内墙涂料　　　表2-8-4

| 品　种 | 特　点 | 用　途 | 技术性能 |
|---|---|---|---|
| 美国保丽雅100 | 乙烯、丙烯酸产品。内墙无光乳胶漆 | 正确涂刷底漆后的塑料、墙壁、木材、壁纸的表面。正常使用时一次涂刷即可覆盖墙面 | 溶剂类别:水<br>最低闪点:不会燃烧<br>固型物含量(质量比):48%+1%<br>固型物含量(体积比):29.35%+1%<br>平均干燥时间:24℃,30~60min,可触摸 |
| 美国保丽雅104 | 高级内墙无光乳胶漆,具有高黏结力、柔韧性及应用性能。表面坚硬、抗磨性好,易除污性及平整度好 | 正确涂刷底漆后的塑料、墙壁、木材、壁纸的表面 | 溶剂类别:水<br>最低闪点:不会燃烧<br>固型物含量(质量比):50.92%+1%<br>固型物含量(体积比):34.63%+1%<br>平均干燥时间:24℃,30~60min,可触摸 |
| 美国保丽雅 | 高级内墙蛋光乳胶漆,风干后成为饱满、平滑、丝绒般的表面,具有耐擦性、易除污性及平整度好 | 正确涂刷底漆后的塑料、墙壁、木材、壁纸的表面 | 溶剂类别:水<br>最低闪点:不会燃烧<br>固型物含量(质量比):50.92%+1%<br>固型物含量(体积比):34.6%+1%<br>平均干燥时间:24℃,30~60min,可触摸 |
| 法国多伦斯涂料 | 包括两大类,水性内墙涂料和溶剂性内墙涂料。其外观效果分为毛面型、光面型、半光亮型和装饰型 | 写字楼、酒店、商场、运动场馆、医院等大型建筑及民用住宅 | 干燥时间:2h,可操作 |

3. 微薄木贴面板

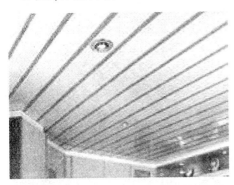

图2-8-15　微薄木贴面板

微薄木贴面板(图2-8-15)是以柚木、水曲柳、柳按木等珍贵树种,通过精密刨切,制得厚度为0.2~0.8mm的微薄木,以胶合板为基材,采用先进的胶粘工艺及胶粘剂制成的高级装饰材料。

微薄木贴面板既保持了天然木材的特性,又节约了木材,使珍贵木材得以充分利用。它具有花纹美丽、真实感和立体感强的特点,给人以自然美的感觉。适用于建筑室内装饰以及车辆、船舶的内部装修,高级家具、乐器的制作等,其规格和技术性能见表2-8-5。

微薄木贴板的规格和技术性能　　　表2-8-5

| 名　称 | 规　格 | 性能指标 |
|---|---|---|
| 装饰微薄木面板 | 长:1830~2135mm<br>宽:915mm<br>厚:3~6mm | 胶合强度:1.0MPa<br>裂缝宽度:≤0.2mm<br>孔洞直径:≤2mm<br>透胶污染:≤1%<br>自然开裂:≤0.5%面积<br>无叠层开裂 |

### 4. 浮印大理石装饰板

浮印大理石装饰板(图 2-8-16)以胶合板、纤维板、陶瓷板、硬石膏板、水泥板等为基材,用浮印法在其表面仿印大理石花纹,从而加工成装饰板,还可浮印制作卫生洁具及各种器具。

浮印大理石装饰板花纹多,逼真,可与天然大理石媲美;品种多,质量轻,成本低,易安装;施工期短,施工方法比天然大理石简便,可锯、钉、刨、钻。其产品规格有 600mm×300mm、900mm×900mm、400mm×400mm。

浮印大理石装饰板适用于高、中档建筑的室内墙面、柱面装饰。

### 5. GRC 人造大理石复合装饰板

GRC 人造大理石复合装饰板是以玻璃纤维增强水泥(GRC)为基材,以树脂型人造大理石为装饰面层,采用特定工艺复合而成的建筑装饰板材,见图 2-8-17。

图 2-8-16　浮印大理石装饰板

图 2-8-17　人造大理石复合装饰板

GRC 人造大理石复合装饰板克服了以往这类无机、有机复合材料存在的强度低、韧性差、易变形和界面易分层的严重缺陷,使之既具有 GRC 的高强高韧性及防水耐水的优良性能,又具有人造大理石表面光亮似镜、色彩鲜艳持久、图案新颖丰富的装饰效果。产品成本低,只有普通树脂人造大理石成本的 1/2～1/3。

GRC 人造大理石复合装饰板的品种按其材性分为普通型和轻质型;按其花纹形状分为仿天然大理石、仿木纹、仿花岗石单色带点、花纹呈流畅线条型和花纹呈块、片、云雾状等多种类型。

GRC 人造大理石复合装饰板适用于各类建筑(包括办公室、会议室、客厅、门厅、餐厅、厨房、卫生间、地下室等)室内墙面、柱面装饰。普通型装饰板适合于砖、石、水泥等普通墙面的装饰;轻质型装饰板适合于石膏等轻型墙体墙面的装饰。

### 6. 聚酯装饰板

聚酯装饰板(图 2-8-18)是一种新型装饰板材,它是在胶合板、刨花板、中密度纤维板、水泥石棉板、金属板等基材表面复塑聚酯而制成。

聚酯装饰板适用于建筑室内墙面、吊顶的装饰,船舶、火车、汽车内部装饰及各式家具的制作。

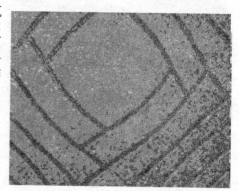

图 2-8-18　聚酯装饰板

建筑外墙除采用传统的水泥砂浆饰面外,还有涂装外墙涂料,安装玻璃幕墙,镶贴花岗石板、彩釉面砖、陶瓷锦砖、玻璃马赛克等形式。安装玻璃幕墙,镶贴花岗石板、彩釉面砖、陶瓷锦砖、玻璃马赛克等除费用较高外,还存在加大建筑物质量,面临装饰材料脱落造成人员伤害及脱落后难于修补成原样等问题,而且这些装饰材料大都是高耗能材料,所以,其使用受到限制。现在国家大力提倡推广使用建筑外墙涂料。

1. 外墙涂料

外墙涂料的主要功能是装饰和保护建筑物的外墙面,使建筑外貌整洁美观,从而达到美化城市环境,延长建筑物使用寿命的目的。为了获得良好的装饰与保护效果,外墙涂料一般应具有以下特点。

(1)装饰性好要求外墙涂料色彩丰富多样,保色性好,能较长时间保持良好的装饰性能。

(2)耐玷污性能好,大气中经常有灰尘及其他物质落在涂层上,使涂层的装饰效果变差,甚至失去装饰性能,因而要求外墙装饰层不易被这些物质玷污或玷污后容易清洁。

(3)与基层黏结牢固,涂膜不裂外墙涂料如出现剥落、脱皮现象,维修较为困难,对装饰性及外墙的耐久性都有较大的影响,故外墙涂料在这方面的性能要求较高。

(4)耐候性和耐久性好暴露在大气中的涂层,要经受日光、雨水、风沙、冷热变化等作用,在这些因素反复作用下,一般的涂层会发生开裂、脱粉、变色等现象,使涂层失去原有的装饰和保护功能。因此,作为外墙涂料,要求在一定的使用年限内,不发生上述破坏现象,即有良好的耐候性和耐久性。

外墙涂料品种很多,目前国内外常用的外墙涂料品种、特点、性能及用途见表 2-8-6 和表 2-8-7。

国产外墙涂料 表 2-8-6

| 品 种 | 特 点 | 用 途 | 技术性能 |
| --- | --- | --- | --- |
| 001 企鹅建筑涂料 | 丙燃酸底层涂料;<br>有良好的抗碱、抗毒菌性 | 室外混凝土、砖石块料墙体 | 干燥时间:触摸 3h,再涂 3h |
| 002 企鹅建筑涂料 | 平光丙烯酸面层涂料;<br>含丙烯酸共聚物,流平性好,涂层外观光滑,耐水性能优越 | 室外混凝土、砖石块料墙体 | 干燥时间:触摸 6h,再涂 6h,可刷洗 2000 次 |
| 002-2 企鹅建筑涂料 | 亚光丙烯酸面层涂料;<br>亚光乳胶涂料,流平性好,涂层外观光滑平整,颜色经久不变,耐水洗 | 室外混凝土、砖石块料墙体 | 可刷洗 2000 次,在 $-40 \sim 50°C$ 之间无变化 |
| 002-3 企鹅建筑涂料 | 半光丙烯酸面层涂料;<br>流平性好,涂层光滑平整,颜色经久不变,按色卡电脑调色 16000 种 | 室外混凝土、砖石块料墙体 | 干燥时间:触摸 6h,再涂 6h |

2. 玻璃幕墙

玻璃幕墙是现代建筑的重要组成部分,它采用的是热反射玻璃,具有自重轻,绝热、隔声性好,具有单向透视以及装饰性好等特点。在宾馆、饭店、大型公共建筑的外墙装上闪闪生辉的绿色、蓝色、茶色、银色、金色的玻璃幕墙(图 2-8-19)后,能将建筑物周围景物、蓝天、白云等现象都反映到建筑物表面,使建筑物的外表情景交融、层层交错,具有变幻莫测的感觉。近看景物丰富,远看又有熠熠生辉、光彩照人的效果,极大地丰富了建筑的艺术形象,但造价高,适用于高等级的建筑物。玻璃幕墙的安装有现场安装和预制拼装两种。

预制拼装则是将边框和玻璃原片全部在预制厂内加工完成,生产标准化,容易控制质量,密封性能好,现场施工速度快。缺点是型材消耗大,需增加15%～20%。

图 2-8-19　玻璃幕墙

国外外墙涂料　　　　　　　　表 2-8-7

| 品　种 | 特　点 | 用　途 | 技　术　性　能 |
|---|---|---|---|
| 104 外墙涂料 | 由有机高分子胶粘剂和无机胶粘剂制成。无毒无味、涂层厚且呈片状,防水、防老化性良好,涂层干燥块,黏结力强,色泽鲜艳,装饰效果好 | 各类工业与民用建筑外墙 | 黏结力:0.8MPa<br>耐水性:20℃浸水 1000h 无变化<br>紫外线照射:520h 无变化<br>人工老化:432h 无变化<br>冻融循环:25 次无脱落 |
| 乳胶外墙涂料 | 由聚乙烯醇水溶液及少量氟乙烯偏二氟乙烯乳液为成膜物质,加填料等制成。具有无毒无味、干燥快,黏结力强,装饰效果好等特点 | 住宅、商店、宾馆、工矿、企事业单位的建筑外墙饰面 | 黏结力:0.76～0.97MPa<br>耐水性:20℃浸水 1000h 无变化<br>紫外线照射:500h 无变化<br>人工老化:418h 无变化<br>冻融循环:25 次无脱落<br>最低成膜温度:≥5℃ |
| 乙丙外墙乳胶漆 | 由乙丙乳液、颜料、填料及各种助剂制成。以水作稀释剂,安全无毒,施工方便,干燥快,耐候性、保光保色性较好 | 住宅、商店、宾馆、工矿、企事业单位的建筑外墙饰面 | 黏度:≥17<br>遮盖力:170g/m²<br>固体含量:≥45%<br>干燥时间:表干≤30min,实干≤24h<br>耐湿性:浸 96h 破坏<5%<br>耐碱性:浸 48h 破坏<5%<br>冻融稳定性:>5 循环不破坏 |
| 氯化橡胶墙面涂料 | 由天然橡胶或合成橡胶配制而成。使用方便,干燥快,施工不受气温限制,有良好的附着力,防腐蚀性优良 | 高层建筑的外墙、游泳池、污水池等 | 干燥时间:25℃,表干 2h,实干 4h<br>涂装间隔时间:20℃,6h<br>理论合用量:200g/m²<br>建议涂装道数:2～3<br>闪点:38℃ |
| SE-1 仿石型外墙涂料 | 仿石纹层由主涂层和面涂层组成。用特制双管喷松一次喷成仿石材涂层。以水为溶剂,安全稳定,黏结力好,涂层立体感强,质感丰富,美观大方 | 高层建筑、高级宾馆等建筑的外墙装饰 | 抗裂性:4m/s 气流下,6h 涂层不产生裂纹<br>耐刷洗性:0.5%皂液 1000 次不露底<br>黏结强度:标准状态>1MPa<br>透水率:25℃,24h,<0.5mL<br>碳弧性:碳弧灯 250h,无粉化 |
| 彩砂涂料 | 由丙烯酸酯乳液为黏结剂、彩色石英砂为集料,加各种助剂制成。无毒、无溶剂污染、快干、不燃、耐强光、不褪色、耐污染性能好 | 用于板材及水泥砂浆抹面的外墙装饰 | 耐碱性:浸碱溶液 1000h,无变化<br>耐水性:浸水 1000h,无变化<br>耐洗净性:1000 次无变化<br>黏结强度:1.5MPa<br>耐冻融性:50 次循环无变化<br>耐污染性:高档<10%,一般 35% |

### 3.铝合金墙板和铝塑板

1)铝合金墙板

铝合金墙板是以防锈铝合金板为基材,用 Interpon-D 粉末涂料及氟碳液体涂料进行表面喷涂,经高温处理后制得。

铝合金墙板作成幕墙一般为隐框型,可用于现代化办公楼、商场、车站、会堂、机场等公共场所的外墙装饰,能使建筑物生动活泼,富有现代气息。

2)铝塑板

铝塑板是将表面经氟化乙烯树脂处理过的铝片用黏结剂覆贴到聚乙烯板上制成。

铝塑板的耐腐蚀性、耐污性和耐候性较好,板面的色彩有红、黄、蓝、白灰等,装饰效果好,施工时可弯折、截割,加工灵活方便。与铝合金板相比,具有质量小、施工简便、造价低等特点。

铝塑板可用作建筑物的幕墙饰面材料和门面(图 2-8-20)及广告牌等处的装饰。

### 4.装饰混凝土

通过一定的工艺,使浇灌物在硬化后,具有美观饰面的混凝土,称为装饰混凝土。装饰混凝土主要有以下三种类型。

1)彩色混凝土

彩色混凝土可用白水泥加入矿质颜料一步完成,也可以在硬化的混凝土制品表面再进行涂刷或浸渍颜色两步法完成。也有用化学着色法,将表面着色剂喷于养护过一定时间的混凝土表面,颜色能深入一定的深度。采用丙烯酸涂料喷涂表层,能够遮掩混凝土表层的缺陷,且色泽均匀,但会造成混凝土失真。

2)表面图案及线型的混凝土

采用印花、压花、表面轧机等工艺,使未完全凝固的混凝土表面经压印后呈现各种图案或线型;或利用模板浇注成仿真纹理的面层。后者对模板的要求严格,工艺也要求十分讲究,但装饰效果真切自然。

3)露石混凝土

露石混凝土(图 2-8-21)即集料外露的混凝土,可采用喷砂、缓凝法或劈裂法使混凝土的集料外露。

图 2-8-20　铝塑板门面(黄色部分)

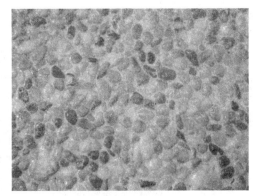

图 2-8-21　露石混凝土

进行装饰混凝土的作业,对模板的要求十分严格,应一次达到符合设计要求的外表面,否则修补困难。要采用专门的脱模剂,所用的材料要稳定,配合比要格外准确,工艺制度要保持一致。为防止表面白花,拆模时间应尽量提前,脱模后应施以表面养护剂。

5.顶棚装饰材料

室内顶棚是室内空间的重点装饰部位。顶棚的造型、色彩和材料,对室内装饰艺术风格具有极大的影响。顶棚材料的选择既要满足顶棚装修的功能要求,又要满足美化空间环境的要求。顶棚饰面材料一般分为抹灰类、裱糊类和板材类三种,目前其发展趋向于多功能、复合型、装配化的方向,因此,各类装饰板材是当前应用最多的顶棚材料。

装饰板材过去多用纤维板、木丝板、胶合板等,近年来,为满足装饰、吸声、消防等多方面的要求,并致力于简化施工,易于维修和更换,发展了矿物棉、玻璃棉、石膏、珍珠岩及金属板(铝合金装饰板等)等新型顶棚装饰材料。

1)矿棉装饰吸声板

矿棉装饰吸声板(图 2-8-22)是以矿渣棉为主要原料,掺入适量的黏结剂和防潮剂等,经成型、烘干、表面加工处理而成的一种新型的顶棚材料,亦可作为内墙装饰材料。它是集装饰、吸声、防火三大特点于一身的高级吊顶装饰材料,因而成为高级宾馆和高层建筑比较理想的顶棚板材,发展极快。

矿棉装饰吸声板具有质轻、不燃、吸声、保温、美观大方、色彩丰富、图纹多样、可选择性强、施工简便等特点。其常用规格有 596mm×596mm×12mm,496mm×486mm×2mm。

图 2-8-22　矿棉装饰吸声板

矿棉装饰吸声板用于影剧院、会堂、录音室、音乐厅、播音室等装饰,可以控制和调整室内的混响时间,消除回声,改善室内音质,提高语言清晰度;用于宾馆、医院、办公室、会议室、商场以及吵闹场所,可以降低噪声,改善生活环境。

2)石膏装饰板

石膏装饰板(图 2-8-23)是以建筑石膏为基料;掺入纤维增强材料、胶粘剂、改性剂等,经搅拌、成型、烘干等工艺制成。主要品种有各种平板、半穿孔板、全穿孔板、浮雕板、组合花纹板、浮雕钻孔板及全穿孔板背衬吸声材料的复合板以及浮雕艺术石膏线角、花角、灯圈、壁炉、罗马柱等。

石膏装饰板主要用于宾馆、饭店、剧院、礼堂、商店、车站、工矿车间、住宅宿舍、地下建筑等各种建筑工程室内吊顶(图 2-8-23)、墙面装饰材料。采用轻钢龙骨或铝合金龙骨或粘贴安装等方法。

3)聚氯乙烯塑料天花板

聚氯乙烯塑料天花板是以聚氯乙烯树脂为基料,加入一定量的抗氧化剂、改性剂等助剂,经混炼、压延、真空吸塑等工艺而制成的浮雕型装饰材料。其主要品种有吊顶板、塑料扣板、复合板等。

聚氯乙烯塑料天花板具有质轻、防潮、隔热、不燃、不吸尘、不破裂、可涂饰、易安装等优点。它适用于影剧院、会议室、商店、公共设施及住宅建筑的室内吊顶及墙面装饰,见图 2-8-24。

图 2-8-23　石膏装饰板

图 2-8-24　聚氯乙烯塑料天花板

聚氯乙烯塑料天花板的安装可用钉和粘两种方法。前者用 2～2.5cm 的木条制成 50cm 的方形木格,用小铁钉将塑料天花板钉上,然后再用 2cm 宽的塑料压条(或铝合金压条)钉上,以固定板面,或钉上特制的塑料装饰小花来固定板面。后者用建筑胶水直接将天花板粘贴在水泥楼板上,或固定在龙骨架上。

# 学习项目二　绝 热 材 料

## 绝热材料的作用和基本要求

绝热材料是指热导率低于 $0.175W/(m \cdot K)$ 的材料。在建筑中,习惯上将用于控制室内热量外流的材料叫做保温材料;把防止室外热量进入室内的材料叫做隔热材料。保温、隔热材料统称为绝热材料。绝热材料通常是轻质、疏松、多孔、纤维状的材料。

### 1.绝热材料的作用

绝热材料对热流具有显著的阻抗作用,这一特性决定了绝热材料常用于屋面、墙体、地面、管道等的隔热与保温,以减少建筑物的采暖和空调能耗(据统计,绝热良好的建筑,其能源消耗可节省 25%～50%),保持室内的温度适宜于人的工作学习和生活。

目前,国外把节约能源称为"第五能源气",所以,在开发煤、石油、天然气和电力的同时,积极生产、合理使用优质绝热材料,将工业、建筑、交通等方面的保温、隔热,作为开发第五能源的重要措施。

### 2.绝热材料的基本要求

建筑构造上使用的绝热材料一般要求其热导率不大于 $0.15W/(m \cdot K)$;体积密度不大于 $500kg/m^3$;硬质成型制品的抗压强度不小于 $0.3MPa$;线膨胀系数一般小于 $2\%$。绝热材料除满足上述技术要求外,其透气性、热稳定性、化学性能、高温性能等也必须满足要求。

## 常用绝热材料

### 1.岩棉、矿渣棉及其制品

岩棉、矿渣棉及其制品是以玄武岩、辉绿岩、高炉矿渣等为主要原料,经高温熔化、成棉等工序制成的松散纤维状材料。以高炉矿渣等工业废渣为主要原料制成的叫矿渣棉;以玄武岩、辉绿岩等为主要原料制成的叫岩棉,也可统称为矿物棉。这是目前应用最广的高效保温材料之一。

岩棉制品主要有岩棉板、岩棉缝毡、岩棉保温带、岩棉管壳等;矿渣棉制品主要有粒状棉、矿棉板、矿棉缝毡、矿棉保温带、矿棉管壳等。矿渣棉的物理性能指标应符合国家标准《绝热用岩棉、矿渣棉及其制品》(GB 11835—2007)的规定,见表2-8-8。

岩棉和矿渣棉制品质量轻,绝热和吸声性能良好,具有耐热性、不燃性和化学稳定性,所以在建筑工程和其他工业部门应用非常广泛,其主要用途如下。

(1)岩棉板(图2-8-25)和矿渣棉板广泛用于平面和曲面半径较大的罐体、锅炉、热交换器等设备和建筑的保温、吸声,一般使用温度为350℃,若控制初次运行的升温速度每小时不超过500℃,则使用温度可达500℃。

矿渣棉的物理性能指标 表2-8-8

| 项　目 | 性能指标 | | | 说　明 |
|---|---|---|---|---|
| | 优等品 | 一等品 | 合格品 | |
| 渣球含量(颗粒直径>0.25mm) | ≤12 | ≤15 | ≤18 | 按GB/T 5480—2008规定的方法测定 |
| 密度(kg/m³) | ≤150 | ≤150 | ≤150 | 按GB/T 5480—2008规定的方法测定 |
| 纤维平均直径(μm) | ≤7 | ≤7 | ≤8 | 按GB/T 5480—2008规定的方法测定 |
| 热导率[W/(cm·K)] | ≤0.044 | ≤0.044 | ≤0.044 | 按GB/T 10294—2008规定的方法测定 |
| 最高使用温度(℃) | 650 | 650 | 650 | 按GB/T 11835—2007规定的方法测定 |

(2)毡岩棉玻璃布缝毡(图2-8-26)可用于形状复杂的设备保温,一般使用温度为400℃,采取金属外护等措施使用温度可达600℃;岩棉铁丝网缝毡用于罐体、管道、锅炉等高温设备的保温,使用温度为600℃;矿棉缝毡的使用范围与使用温度,与岩棉毡相同。

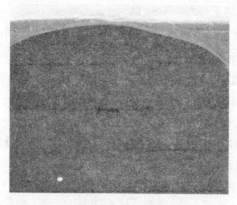

图2-8-25　岩棉板

图2-8-26　岩棉玻璃布缝毡

(3)管壳(图2-8-27)用于口径较小的管道和阀门(异型管壳)的保温,使用温度350℃,若初次运行的控制升温速度为500℃/h以下,则使用温度可达500℃。

(4)粒状棉(图2-8-28)可作为建筑物墙面、屋面以及各种设备、罐塔、工业炉等的保温(隔热)材料使用,也可作为隔热防火的喷涂材料使用。

图 2-8-27　岩棉管壳

图 2-8-28　粒状棉

### 2.膨胀珍珠岩及其制品

膨胀珍珠岩(图2-8-29)是酸性火山玻璃质熔岩,因其具有珍珠裂隙结构而得名。其高温膨胀机理在于:珍珠岩矿石中含有4%~6%的结合水,当矿石接近软化点并迅速软化成熔体时,其结合水汽化膨胀形成气泡,此时使玻璃质迅速冷却到软化点以下,就形成了多孔结构的膨胀珍珠岩产品。

膨胀珍珠岩为白色颗粒,内部为蜂窝状结构,具有轻质、绝热、吸声、无毒、无臭味、不燃烧等特性。既可作绝热材料,又可作吸声材料,还可作工业滤料,是一种用途相当广泛的材料。除散料应用外,还可以加工成板、砖、管壳等各种制品。

图 2-8-29　膨胀珍珠岩

膨胀珍珠岩的技术性能与特点如下。

(1)热导率。这是膨胀珍珠岩最重要最有价值的技术性能。在常温下为0.047~0.074W/(m·K),随产品的堆积密度增大而提高,随含水率的提高而增大。在低温下,膨胀珍珠岩的热导率为0.027W/(m·K),比许多保温材料都低,具有良好的低温绝热性能。

(2)使用温度。膨胀珍珠岩的耐火度为1280~1360℃,安全使用温度为800℃,低温可在-200℃下使用。

(3)吸水性和吸湿性。短时间内吸水性极强,浸水15~30min,质量吸水率可达400%,体积吸水率为29%~30%,密度越小,吸水性越强。在相对湿度95%~100%的条件下,吸湿率为0.006%~0.08%(质量),比其他保温材料的吸湿性弱。

(4)抗冻性。经15次冻融循环后,粒度组成不变,抗冻性良好。

(5)耐酸耐碱性。膨胀珍珠岩(密度100~227kg/m³)在10%~40%的NaOH溶液中浸泡24h,其质量剩余量仅为18%~31%,所以耐碱性很差;但耐酸性良好,浸泡24h后的质量剩余量高达98%~100%。因此,膨胀珍珠岩产品不宜用于耐碱的部位。

(6)电绝缘性。电阻率为$(1.95\sim2.30)\times10^{10}\,\Omega/cm$,为电绝缘材料。

(7)吸声性。用混响法测定,堆积密度为106kg/m³,厚度为40mm的膨胀珍珠岩,125~3000Hz声频内,平均吸声系数为0.556。

膨胀珍珠岩在建筑上广泛用于围护结构、低温及超低温保冷设备、热工设备等的绝热材料,也可用于制作吸声制品。

### 3. 膨胀蛭石及其制品

蛭石是一种天然矿物,在 $850 \sim 1000℃$ 的温度下煅烧时,体积急剧膨胀,单个颗粒的体积能膨胀约 20 倍,见图 2-8-30。

膨胀蛭石的主要特性是:体积密度 $80 \sim 900 \text{kg/m}^3$,热导率 $0.046 \sim 0.07 \text{W/(m·K)}$,可在 $1000 \sim 1100℃$ 温度下使用,不蛀、不腐,但吸水率较大。

膨胀蛭石的用途:膨胀蛭石可以呈松散状铺设于墙壁、楼板、屋面等夹层中,作为绝热、隔声之用,使用时应注意防潮,以免吸水后影响绝热功能;膨胀

图 2-8-30 膨胀蛭散料

蛭石也可以与水泥、水玻璃等胶凝材料配合,浇制成板,用于墙、楼板和屋面板等构件的绝热。其水泥制品通常用 $10\% \sim 15\%$ 体积的水泥,$85\% \sim 90\%$ 的膨胀蛭石,加适量的水经拌和、成型、养护而成。水玻璃膨胀蛭石制品是以膨胀蛭石、水玻璃和适量氟硅酸钠($NaSiF_6$)配制而成。

### 4. 泡沫塑料

泡沫塑料是以各种树脂为基料,加入发泡剂等辅助材料,经加热发泡制成。具有质轻、绝热、吸声、防振等性能。主要品种有聚苯乙烯泡沫塑料、聚氨酯泡沫塑料、脉醛泡沫塑料等制成平板、管壳、珠粒等制品。可用高速无齿锯或低压电阻丝切割。

该类绝热材料由于具有优良的性能,低廉的价格,在建筑工程中应用较多,已经成为建筑节能设计中优先选用的绝热材料之一。可做复合墙板及屋面板的夹芯层,制冷设备、冷藏设备和包装的绝热材料。

在储存运输和使用过程中,要严禁烟火,不要超过规定的温度使用范围,不要与强酸、强碱及有机溶剂等接触,要避免长期承受压力,避免用锋利的工具或器械划伤泡沫体表面。具体技术性能及用途见表 2-8-9。

**常用绝热材料的技术性能及用途**

表 2-8-9

| 材料名称 | 体积密度 $(\text{kg/m}^3)$ | 强度 $(\text{MPa})$ | 热导率 $[\text{W/(m·K)}]$ | 最高使用温度 $(℃)$ | 用途 |
|---|---|---|---|---|---|
| 超细玻璃纤维 沥青玻璃纤维制品 | $30 \sim 60$ $100 \sim 150$ | | $0.035$ $0.041$ | $300 \sim 400$ $250 \sim 300$ | 墙体、屋面、冷藏等 |
| 矿渣棉纤维 | $110 \sim 130$ | | $0.044$ | $\leqslant 600$ | 填充材料 |
| 岩棉纤维 | $80 \sim 150$ | $F_c > 0.012$ | $0.044$ | $250 \sim 600$ | 填充墙体、屋面、热力管道等 |
| 岩棉制品 | $80 \sim 160$ | | $0.04 \sim 0.052$ | $\leqslant 600$ | |
| 膨胀珍珠岩 | $300 \sim 400$ | | 常温:$0.02 \sim 0.044$ 常温:$0.06 \sim 0.17$ 常温:$0.02 \sim 0.038$ | $\leqslant 800$ $(-200)$ | 高效能保温保冷填充材料 |
| 水泥膨胀珍珠岩制品 | $300 \sim 400$ | $F_c = 0.5 \sim 1.0$ | 常温:$0.05 \sim 0.081$ 常温:$0.081 \sim 0.12$ | $\leqslant 600$ | 保温绝热用 |

314

| 材料名称 | 体积密度<br>（kg/m³） | 强度<br>（MPa） | 热导率<br>[W/(m·K)] | 最高使用温度<br>（℃） | 用途 |
|---|---|---|---|---|---|
| 水玻璃膨胀珍珠岩制品 | 200～300 | $F_c=0.6～1.7$ | 0.056～0.093 | ≤650 | 保温绝热用 |
| 沥青膨胀珍珠岩制品 | 400～500 | $F_c=0.2～1.2$ | 0.093～0.12 | | 用于常温及负温 |
| 膨胀蛭石 | 80～900 | | 0.046～0.070 | 1000～1100 | 填充材料 |
| 水混膨胀蛭石制品 | 300～500 | $F_c=0.2～1.0$ | 0.076～0.105 | ≤600 | 保温绝热用 |
| 微孔硅酸钙制品 | 250 | $F_c>0.3$ | 0.041～0.056 | ≤650 | 围护结构及保温管道用 |
| 轻质钙塑板 | 100～150 | $F_c=0.1～0.7$ | 0.047 | 650 | 保温绝热兼防水功能,并具有装饰效果 |
| 泡沫玻璃 | 150～600 | $F_c=0.55～15$ | 0.058～0.128 | 300～400 | 砌筑墙体及冷藏库绝热 |
| 泡沫混凝土 | 300～500 | $F_c≥0.4$ | 0.081～0.19 | | 围护结构 |
| 加气混凝土 | 400～700 | $F_c≥0.4$ | 0.093～0.16 | | 围护结构 |
| 木丝板 | 300～600 | $F_c=0.4～0.5$ | 0.11～0.26 | | 顶棚、隔墙板、护墙板 |
| 铁质纤维板 | 150～400 | | 0.047～0.093 | | 顶棚、隔墙板,护墙板表面较光洁 |
| 芦苇板 | 250～400 | | 0.093～0.13 | | 顶棚、隔墙板 |
| 铁木板 | 105～437 | $F_c=0.15～2.5$ | 0.044～0.079 | ≤130 | 绝热结构 |
| 聚苯乙烯泡沫塑料 | 20～50 | $F_c=0.15$ | 0.031～0.047 | | 屋面、墙体绝热等 |
| 轻质聚氨酯泡沫塑料 | 30～40 | $F_c≥0.2$ | 0.037～0.055 | ≤120<br>（-60） | 屋面、墙体保温、冷库绝热 |
| 聚氯乙烯泡沫塑料 | 12～72 | | 0.045～0.081 | ≤70 | 屋面、墙体保温、冷库绝热 |

## 学习项目三 吸声材料

吸声材料是一种能在较大程度上吸收由空气传递的声波能量的建筑材料。吸声系数大于等于 0.2 的材料为吸声材料。在音乐厅、影剧院、大会堂、播音室等内部的墙面、地面、顶棚等部位,适当采用吸声材料,能改善声波在室内传播的质量,保持良好的音响效果。

### 一 常用吸声材料的品种及性能

建筑工程中常用吸声材料品种、吸声系数及安装方法见表 2-8-10。

## 常用吸声材料的主要性质

表 2-8-10

| 品　种 | 厚度 (cm) | 体积密度 (kg/m³) | 不同频率下的吸声系数 | | | | | | 其他性质 | 装置情况 |
|---|---|---|---|---|---|---|---|---|---|---|
| | | | 125 | 250 | 500 | 1000 | 2000 | 4000 | | |
| 石膏砂浆(掺有水泥、玻璃纤维) | 2.2 | | 0.24 | 0.12 | 0.09 | 0.30 | 0.32 | 0.83 | | 粉刷在墙上 |
| 水泥膨胀珍珠岩板 | 2 | 350 | 0.16 | 0.46 | 0.64 | 0.48 | 0.56 | 0.56 | 抗压强度为 0.2~1.0MPa | 贴实 |
| 岩棉板 | 2.5 | 80 | 0.04 | 0.09 | 0.24 | 0.57 | 0.93 | 0.97 | | 贴实 |
| | 2.5 | 150 | 0.07 | 0.10 | 0.32 | 0.65 | 0.95 | 0.95 | | |
| | 5.0 | 80 | 0.08 | 0.22 | 0.60 | 0.93 | 0.98 | 0.99 | | |
| | 5.0 | 150 | 0.11 | 0.33 | 0.73 | 0.90 | 0.80 | 0.96 | | |
| | 10 | 80 | 0.35 | 0.64 | 0.89 | 0.90 | 0.96 | 0.98 | | |
| | 10 | 150 | 0.43 | 0.62 | 0.73 | 0.82 | 0.90 | 0.95 | | |
| 矿渣棉 | 3.13 | 210 | 0.1 | 0.21 | 0.60 | 0.95 | 0.85 | 0.72 | | |
| | 8.0 | 240 | 0.35 | 0.65 | 0.65 | 0.75 | 0.88 | 0.92 | | |
| 玻璃棉 | 5.0 | 80 | 0.06 | 0.08 | 0.18 | 0.44 | 0.72 | 0.82 | | 贴实 |
| | 5.0 | 130 | 0.10 | 0.12 | 0.31 | 0.76 | 0.85 | 0.99 | | |
| 超细玻璃棉 | 5.0 | 20 | 0.10 | 0.35 | 0.85 | 0.85 | 0.86 | 0.86 | | 贴实 |
| | 15.0 | 20 | 0.50 | 0.80 | 0.85 | 0.85 | 0.86 | 0.80 | | |
| 脲醛泡沫塑料 | 5.0 | 20 | 0.22 | 0.29 | 0.40 | 0.68 | 0.95 | 0.94 | 抗压强度 >0.2MPa | 贴实 |
| 软质聚氨酯泡沫塑料 | 2.0 | 30~40 | | 0.11 | 0.17 | | | 0.72 | | 贴实 |
| | 4.0 | 30~40 | | 0.24 | 0.43 | | | 0.74 | | |
| | 6.0 | 30~40 | | 0.40 | 0.68 | | | 0.97 | | |
| | 8.0 | 30~40 | | 0.63 | 0.93 | | | 0.93 | | |
| 吸声泡沫玻璃 | 4.0 | 120~180 | 0.11 | 0.32 | 0.52 | 0.44 | 0.52 | 0.33 | 开口孔隙率达40%~60%, 吸水率高, 抗压强度0.8~4.0MPa | 贴实 |
| 地毯 | 厚 | | 0.20 | | 0.30 | | 0.50 | | | 铺于木桷栅楼板上 |
| 帷幕 | 厚 | | 0.10 | | 0.50 | | 0.60 | | | 有折叠、靠墙装置 |
| 装饰吸声石膏板(穿孔板) | 12 | 80~750 | | 0.80~0.12 | 0.60 | 0.04 | 0.34 | | 防火性, 装饰性好 | 后面有5~10cm的空气层 |
| 铝合金穿孔板 | 0.1 | | | | | | | | 孔径6mm, 孔距10mm 耐腐蚀, 防火, 装饰性好 | 后面有5~10cm的空气层 |

316

## 二 选用吸声材料的基本要求

（1）为发挥吸声材料的作用，必须选择材料的气孔是开口的，且是互相连通的。气孔越多，吸声性能越好。这与绝热材料有着完全不同的要求，同样都是多孔性材料，但在气孔特征上，绝热材料则要求封闭、不相连通的气孔。通过所用材料的选择，生产工艺，加热、加压制度的不同，可获得气孔特征不同的产品。

（2）大多数吸声材料强度低，因此，吸声材料应设置在墙裙以上，以免碰撞损坏。多孔吸声材料易吸湿，安装时应考虑胀缩的影响。

（3）应尽可能选用吸声系数较高的材料，这样可以使用数量较少的材料达到较高的经济效果。

◄ 单 元 小 结 ►

功能材料是指担负某些建筑功能（如装饰、绝热、吸声和隔声等）的非承重用材料。随着社会的发展和人民生活水平的提高，这类材料将会越来越多地应用于建筑物上。

装饰材料按使用部位不同分为地面、外墙、内墙、顶棚装饰材料。地面装饰材料中以复合木地板、陶瓷材料发展使用较广泛；内墙装饰材料以涂料和壁纸、墙布应用最广泛；外墙装饰材料主要有：涂料、陶瓷材料、玻璃幕墙、铝合金墙板、铝塑板、装饰混凝土等；顶棚装饰材料以板材类应用最广，其产品主要有矿棉装饰吸声板、石膏装饰板、聚氯乙烯天花板等。

常用的绝热材料主要有岩棉、矿棉及制品，膨胀珍珠岩及制品，膨胀蛭石及制品，泡沫塑料等。

建筑物内部选用适当的吸声材料，可以改善声波在室内的传播质量，保持良好的音响，减少噪声的危害。

◄ 拓 展 知 识 ►

日本，被赋予"不产生废料垃圾"的美誉。可以说日本在垃圾处理技术上的突破是日本环保领域飞速发展的一个缩影。近 20 年来，随着经济的快速发展，日本的垃圾年产生量逐年递增，对于废弃物的处理，日本一直以减少最终填埋量为目的。19 世纪 80 年代初期，日本垃圾处理方式中，焚烧占 60.4%，填埋占 37.1%，而到 2000 年，直接填埋只占 5.9%，焚烧已占 77.4%，其余部分为资源化回收或利用。日本明确提出了"3R"原则，即减量控制，回收利用和循环再利用。

在垃圾分类方面，日本走在了世界的前列。日本垃圾分类精细，回收及时。垃圾最大分类有可燃物、不可燃物、资源类、粗大垃圾，这几类再细分为若干子项目，每个子项目又可分为孙项目。在回收方面，有的社区摆放着一排分类垃圾箱，有的没有垃圾箱而是规定在每周特定时间把特定垃圾放在特定地点，由专人及时拉走。分类垃圾被专人回收后，报纸被送到造纸厂，用以生产再生纸，很多日本人以名片上印有"使用再生纸"为荣；饮料容器被分别送到相关工厂，成为再生资源；废弃电器被送到专门公司分解处理；可燃垃圾燃烧后可作为肥料；不可燃垃圾经过压缩无毒化处理后可作为填海造田的原料。日本商品的包装盒上就已注明了其属于哪类垃圾。

## 思考与练习

1. 什么是装饰材料？有哪几大类？装饰材料在建筑中起什么作用？
2. 装饰材料的基本要求是什么？如何选用？
3. 地面装饰材料有哪几类？各有什么特点？
4. 内墙装饰材料有哪几类？各有什么特点？
5. 外墙装饰材料有哪几类？各有什么优缺点？
6. 什么是绝热材料？为什么绝热材料需防潮防水？建筑物使用绝热材料有何意义？
7. 调查你所在周围场所(如教室、餐厅、卫生间、体育馆和大型超市等)所用装饰材料品种，并分析其特点。

# 参 考 文 献

[1] 吴芳. 新编土木工程材料教程[M]. 北京：中国建材工业出版社,2007.

[2] 王福川. 土木工程材料[M]. 北京：中国建材工业出版社,2001.

[3] 周士琼. 土木工程材料[M]. 北京：中国铁道出版社,2006.

[4] 湖南大学,天津大学,同济大学,东南大学. 土木工程材料[M]. 北京：中国建筑工业出版社,2003.

[5] 严家伋. 道路建筑材料[M]. 北京：人民交通出版社,2001.

[6] 卢经扬,于素萍. 建筑材料[M]. 北京：清华大学出版社,2006.

[7] 高琼英. 建筑材料[M]. 武汉：武汉理工大学出版社,2003.

[8] 陈晓明. 道路建筑材料[M]. 北京：人民交通出版社,2005.

[9] 杨茂森,殷凡勤,周明月. 建筑材料质量检测[M]. 北京：中国计划出版社,2004.

[10] 张登良. 沥青路面[M]. 北京：人民交通出版社,1999.

[11] 王燕谋. 中国水泥发展史[M]. 北京：化学工业出版社,2005.

[12] 孙忠义,王建华. 公路工程试验工程师手册[M]. 北京：人民交通出版社,2005.

[13] Steven H. Kosmatka,Beatrix Kerkhoff,William C. Panarese. 混凝土设计与控制[M]. 钱觉时,唐祖全,卢忠远,王智,译. 重庆：重庆大学出版社,2005.

[14] 康忠寿. 道路建筑材料[M]. 北京：大连理工大学出版社,2011.

[15] 吴承建,等. 金属材料学[M]. 北京：冶金工业出版社,2000.

[16] 张宪江. 建筑材料与检测[M]. 杭州：浙江大学出版社,2010.

[17] 中华人民共和国国家标准. GB 50204—2002 混凝土结构工程施工质量验收规范[S]. 北京：中国建筑工业出版社,2002.

[18] 中华人民共和国国家标准. GB/T 50080—2002 普通混凝土拌合物性能试验方法标准[S]. 北京：中国建筑工业出版社,2002.

[19] 中华人民共和国国家标准. GB/T 50081—2002 普通混凝土力学性能试验方法标准[S]. 北京：中国建筑工业出版社,2002.

[20] 中华人民共和国行业标准. JGJ 55—2011 普通混凝土配合比设计规程[S]. 北京：中国建筑工业出版社,2011.

[21] 中华人民共和国行业标准. JGJ 70—2009 建筑砂浆基本性能试验方法标准[S]. 北京：中国建筑工业出版社,2009.

[22] 中华人民共和国行业标准. JGJ/T 98—2010 砌筑砂浆配合比设计规程[S]. 北京：中国建筑工业出版社,2010.

[23] 中华人民共和国国家标准. GB/T 14684—2011 建筑用砂[S]. 北京：中国建筑工业出版社,2011.

[24] 中华人民共和国国家标准. GB/T 14685—2011 建筑用卵石、碎石[S]. 北京：中国建筑工业出版社,2011.

[25] 中华人民共和国国家标准. GB/T 1345—2005 水泥细度检验方法 筛析法[S]. 北京：中国建筑工业出版社,2005.

[26] 中华人民共和国国家标准.GB/T 1346—2011 水泥标准稠度用水量、凝结时间、安定性检测方法[S].北京：中国标准出版社,2011.

[27] 中华人民共和国国家标准.GB/T 1346—2011 金属材料、室温拉伸试验方法[S].北京：中国标准出版社,2002.

[28] 中华人民共和国国家标准.GB 1499.2—2007 钢筋混凝土用钢 第2部分：热轧带肋钢筋[S].北京：中国标准出版社,2007.

[29] 中华人民共和国国家标准.GB 1499.1—2008 钢筋混凝土用钢 第1部分：热轧光圆钢筋[S].北京：中国标准出版社,2008.

[30] 中华人民共和国行业标准.JTG F40—2004 公路沥青路面施工技术规范[S].北京：人民交通出版社,2004.

[31] 中华人民共和国行业标准.JTG E20—2011 公路工程沥青及沥青混合料试验规程[S].北京：人民交通出版社,2011.

[32] 中华人民共和国行业标准.JTG E30—2005 公路工程水泥及水泥混凝土试验规程[S].北京：人民交通出版社,2005.

[33] 中华人民共和国行业标准.JTG E42—2005 公路工程集料试验规程[S].北京：人民交通出版社,2005.

[34] 中华人民共和国行业标准.JTJ 034—2000 公路路面基层施工技术规范[S].北京：人民交通出版社,2000.

[35] 中华人民共和国行业标准.JTG F80/1—2004 公路工程质量检验评定标准[S].北京：人民交通出版社,2004.

[36] 中华人民共和国行业标准.JTG E40—2007 公路土工试验规程[S].北京：人民交通出版社,2007.

[37] 中华人民共和国行业标准.JTG E51—2009 公路工程无机结合料稳定材料试验规程[S].北京：人民交通出版社,2009.

[38] 中华人民共和国行业标准.JTG D40—2011 公路水泥混凝土路面设计规范[S].北京：人民交通出版社,2011.

[39] 中华人民共和国国家标准.GB 50010—2010 混凝土结构设计规范[S].北京：中国建筑工业出版社,2010.

[40] 中华人民共和国国家标准.GB 50119—2003 混凝土外加剂应用技术规范[S].北京：中国建筑工业出版社,2003.

[41] 中华人民共和国国家标准.GB/T 50107—2010 混凝土强度检验评定标准[S].北京：中国计划出版社,2010.

[42] 中华人民共和国国家标准.GB 13693—2005 道路硅酸盐水泥[S].北京：中国标准出版社,2005.

[43] 中华人民共和国国家标准.GB/T 3183—2003 砌筑水泥[S].北京：中国标准出版社,2003.

[44] 中华人民共和国国家标准.GB 748—2005 抗硫酸盐硅酸盐水泥[S].北京：中国标准出版社,2005.

[45] 中华人民共和国国家标准.GBJ 146—90 粉煤灰混凝土应用技术规范[S].北京：中国

计划出版社,1991.

[46] 中华人民共和国国家标准.GB/T 1596—2005 用于水泥和混凝土中的粉煤灰[S].北京:中国建筑工业出版社,2005.

[47] 中华人民共和国行业标准.GB 18242—2008 弹性体改性沥青防水卷材[S].北京:中国标准出版社,2008.

[48] 朱颖.客运专线无砟轨道铁路工程测量技术[M].北京:中国铁道出版社,2006.

参考文献